高等院校信息与通信工程实验实训教材

实用电子电路设计及应用实例

陈书旺　安胜彪　武瑞红　主编

北京邮电大学出版社
www.buptpress.com

内容简介

本书重点介绍了应用于家庭、医疗、工业和农业等方面的一些实用电子电路。全书共分7章，重点介绍了有关电子电路设计的基础知识，一些常用的电子元器件，简单的单元电路、家用报警电路、医用电子电路、不同工业参数的检测电路和应用于农业的电子电路。本书中的示例典型，应用性强，在选题上特别侧重电子电路方面的设计，培养读者分析问题和解决问题的能力。

本书可以作为电子信息工程、自动化控制技术、测试计量技术及仪器等专业在校学生课程设计或毕业设计的参考书，也可为相关行业的技术人员提供实际参考例证。

图书在版编目(CIP)数据

实用电子电路设计及应用实例 / 陈书旺，安胜彪，武瑞红主编. -- 北京 ：北京邮电大学出版社，2014.11
ISBN 978-7-5635-4079-2

Ⅰ. ①实… Ⅱ. ①陈…②安…③武… Ⅲ. ①电子电路－电路设计 Ⅳ. ①TN702

中国版本图书馆 CIP 数据核字（2014）第 176099 号

书　　名：实用电子电路设计及应用实例
著作责任者：陈书旺　安胜彪　武瑞红　主编
责任编辑：徐夙琨
出版发行：北京邮电大学出版社
社　　址：北京市海淀区西土城路10号(邮编：100876)
发 行 部：电话：010-62282185　传真：010-62283578
E-mail：publish@bupt.edu.cn
经　　销：各地新华书店
印　　刷：北京源海印刷有限责任公司
开　　本：787 mm×1 092 mm　1/16
印　　张：17.5
字　　数：436千字
印　　数：1—3 000册
版　　次：2014年11月第1版　2014年11月第1次印刷

ISBN 978-7-5635-4079-2　　定　价：35.00元

· 如有印装质量问题，请与北京邮电大学出版社发行部联系 ·

前　言

本书重点介绍了电子电路在家庭、医疗、工业和农业等方面的一些实际应用案例，精选了在国内外杂志上发表的及编者在实践中总结的实用电路，书中还介绍了电子电路的基础知识，详细介绍了各种元器件的选型及电路分析。全书共分7章：第1章介绍了有关电子电路设计的基础知识，包括基本概念和基本设计思路；第2章介绍了一些常用的电子元器件，包括电阻、电容、电感等；第3章介绍了一些常见的单元电路，包括运放电路、数字逻辑电路、滤波电路、显示电路和电源电路等；第4章介绍了家用报警电路，主要分析了报警电路的元件选型及工作原理；第5章介绍了医用电子电路，包括电子血糖仪、体温计以及血压计等；第6章介绍了工业用电子电路，主要以不同工业参数的检测为主，包括温湿度、压力、液位、速度、位移等；第7章介绍了农业用电子电路，包括粮食中的水分检测、恒温装置等。每种应用均附有实际应用电路图或应用设计原理图。

本书具有以下特点：

(1) 根据当前电子电路的实际状况，从家庭、医疗、工业、农业等方面的应用实例入手，按不同应用领域进行分章节讲述，示例典型，应用性强。

(2) 基础知识和实际应用相结合，检测的方法种类较多，应用领域广阔。本书从实际应用入手，在选题上特别侧重电子电路方面的设计，培养读者的分析问题和解决问题的能力。

(3) 信息量大，知识面宽，便于读者触类旁通，灵活运用。对于不同领域的应用，均以实际应用电路为例，针对性强。

(4) 针对不同的应用电路，分析了主要元器件的选型以及工作原理，实用性强。

本书从家用、医用、工业和农业等方面，用实际的示例，详细阐述了电子电路在这些领域的应用，而且这些典型电路可以推广引申应用到其他领域的实际中。所举示例典型，原理分析透彻，紧密结合实际。本书可以作为电子信息工程、自动化控制技术、测试计量技术及仪器等专业在校学生课程设计或毕业设计的参考书，也可为相关行业的技术人员提供实际参考例证。

本书由陈书旺、安胜彪、武瑞红任主编，负责全书的策划、内容安排、文稿修改及审订工作。其中，陈书旺、王军星、杜利波、高双喜编写了第1、5、6章，安胜彪、邢德胜、苏越、王书海、薛玉玺、范文会编写了第2、3章，武瑞红、左珺、尹少东、闫鑫、刘建辉、杨亚静编写了第4、7章。

由于作者水平有限，加之编写时间仓促，书中难免存在错误及不足之处，恳请读者批评指正。

编 者

目　　录

第 1 章

电子电路系统设计的基础知识

1.1 概　　述

目前，现代社会已经进入了电子信息时代，大到全球各大洲，小到每个家庭，无不与电子和信息产业相关，学会并掌握电子电路系统的设计与开发方法尤为重要。因此，电子电路系统是什么？它有什么特点？包括哪些内容？设计思路如何？这些都要有所了解。

电子电路系统有大有小，大到航天飞机的控制系统，小到出租车的计价器，它们都是电子电路系统。概括地讲，凡是可以完成一个特定功能的电子装置都可称为电子电路系统。一个典型的电子电路系统的组成框图如图 1.1.1 所示。

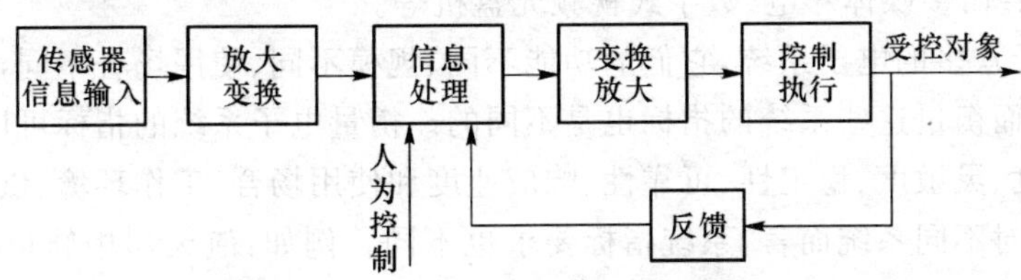

图 1.1.1　电子电路系统组成框图

从电子系统的组成来看，一个电子系统一般包括模拟系统——传感、高低频放大、模/数、数/模变换以及执行机构等；数字系统——信息处理、决策和控制。但是，对于软、硬件结合的电子系统而言，它的信息处理、决策与控制部分大部分可用含有 CPU 微处理机（如单片机）的电子系统来实现。所以从组成来讲，一般可以把电子系统看成由三大部分组成：模拟子系统、数字子系统与微处理机子系统。之所以把以上三个部分称为三个子系统，是因为这些部分一般已不是由一两块简单模块电路可以实现的，它们本身也构成了一个具有特定功能且相对完整的电路系统。实现电子系统的器件比较广泛，基本上包括了大部分电子元器件。它们是中、大规模或超大规模集成电路、专用集成电路、可编程器件以及不可缺少的少量分立元件和机电元件。

从电子系统的类型来看，电子系统又可分为智能型与非智能型两种。顾名思义，非智能型电子系统应该是那些功能简单或功能固定的电子系统，如简单的巡回检测报警系统等。可以参照人类活动规律，找出智能型系统所应具有的特点，从而得出必要的结论。智能型的第一个特点是必须有记忆能力，如果没有记忆力则根本不可能由此及彼地全面地进行分析；

第二个特点是具有学习能力以便于学习各种知识，而且这些知识可运用于实践；第三个特点是易于接收信息和命令；第四个特点是具有分析、判断和决策能力；最后一个特点是可以控制或执行所作的决定。

对照以上特点，显然纯硬件的电子系统是不可能被划在智能型范围内。它的最大弱点是硬件与功能是一一对应的，增加一个功能必须增加一组硬件，改变功能必须改变电路结构。所以纯硬件结构不具有便于学习的能力，因此它不具有智能型的特点。只有由带有CPU的微机（如单片机）配以必要的外围电路从而构成软、硬件结合的电子系统才具有智能型的特点。首先，它具有存储单元及输入/输出接口，可以接收并记忆信息、数据、命令以及输出并控制决策的执行；其次它便于学习，只要将合适的软件装入系统，人们不必改动系统结构就可使它具有某种新功能。有了记忆能力，它就可以进行必需的分析与判断，完成一些决策，从而具有智能型的特点。因此，人们把以微机（如单片机）为核心组成的软、硬件结合的电子系统称为智能型电子系统。

根据不同功能，电子系统大概分为以下几种类型。

(1) 测控系统：大到航天器的飞行轨道控制系统，小到自动照相机快门系统以及工业生产控制等；

(2) 测量系统：电量及非电量的精密测量；

(3) 数据处理系统：语音、图像、雷达信号处理等；

(4) 通信系统：数字通信、微波通信等；

(5) 计算机系统：计算机本身就是一个电子系统，可以单台工作也可以多台联网；

(6) 家电系统：多媒体彩电、数字式视频光盘机等。

以上列举了众多的电子系统，它们的功能不同、规模不同、使用场合不同，因此对它们的要求也不同，从而衡量这些系统的指标也是不同的。衡量电子系统的指标可以有功能、工作范围、容量、精度、灵敏度、稳定性、可靠性、响应速度和使用场合、工作环境、供电方式、功耗、体积、重量等。对不同系统而言，系统指标要求也不同。例如：航天器中轨道控制系统的动态工作范围、精度、响应速度、可靠性、体积、重量、功耗、工作环境等必须重点考虑；通信系统则重视容量、灵敏度、稳定性、使用场合等；家电系统则主要考虑功能、稳定性、可靠性、成本及价格等，而对供电方式、精度、响应速度等指标不作过多考虑。系统设计人员应根据系统类型、功能要求及指标要求，细化出每个特定的子系统的技术指标以便进行设计。在细化过程中必须注意尽量符合国家标准或部级标准，有可能时还应符合国际标准，以便产品走向世界。应该注意系统的档次定位合适、技术含量恰当、符合发展趋势、性能价格比高，以满足市场需求。

根据待设计的电子系统的特点以及使用的技术层次，可将电子系统设计分成三种类型。

(1) 新系统开发型设计：开拓、研制一个崭新的电子系统，所用的部分技术、电路、器件有待于同期开发，属于创新、开拓、科研型的设计类型；

(2) 新产品开发型设计：利用现有成熟技术、电路及器件，开发出满足市场需求的新产品、新设备，属于开发型的设计类型；

(3) 新技术应用型开发设计：介于以上两种类型之间，将新技术、新器件应用于电子系统的开发，将电子系统的性能提高到一个新的档次。

根据以上介绍的电子系统功能、应用范围以及设计类型可知，电子系统设计牵涉的范围非常广,而且涉及的技术层次也大不相同。本书的内容将注重于设计一个实用的、完整的小型电子系统,如工业参数控制系统、家用报警系统、农业用温湿度控制检测系统等,属于新产品开发型设计类型。通过对实用型电子系统的介绍,集中篇幅给读者提供一个由单元电路、基本原理、实用器件到实用小系统的桥梁,使读者学会并掌握电子系统设计与开发的方法。

根据以上目的,同时根据电子系统的组成和使用器件,本书的主要内容包括:

(1) 电子系统的设计方法,包括各个子系统的设计方法;

(2) 电子系统可能涉及的一些器件,诸如传感器、输入/输出设备、执行机构以及一些实用器件的特性及使用方法;

(3) 若干实用性很强的设计实例分析,供学习设计方法时参考;

(4) 电子系统的调试及实现方法,用以指导读者的实际应用。

本书既有理论方法又有实际设计举例,具有很强的实用性。同时它又是一本自学参考书,是广大读者进入电子系统设计领域的得力助手和工具。

1.2 电子电路系统的设计方法

1.2.1 电子电路系统的设计过程

在大多数情况下,电子系统的设计方法采用自上而下(top-down)的设计方法,设计人员根据用户要求进行设计。用户要求一般表示为无二义性的自然描述语言、硬件描述语言以及系统的总体技术指标等,以系统设计要求或系统说明书方式提供。有些资料把用户要求这一层次概括为功能级。设计人员首先根据对设计要求的理解及系统可能的工作方式、结构等知识构成系统总体方框图。在构成总体方框图时应不断地消化并理解用户要求,必要时与用户磋商讨论,进一步明确一些可能存在的不明确的地方,补充确定一些设计要求中未曾列出的必要的技术要求及指标等。总体方框图由若干个方框构成,每一个方框都是一个功能相对单一的子系统,例如:存储器系统、数据处理系统、输入/输出系统等。同时,根据设计要求及指标,规定每个子系统的性能指标,类似于把用户要求层次概括为功能级,把带有技术指标要求的系统总体方框图概括为处理器级;然后,设计人员应对总体方框图中的每一个方框(子系统)的结构进行分析及设计,根据它在系统中的功能及指标构成该部分(子系统)的详细方框图,要使每个小方框都落实到通用中、大规模集成电路层次,同时规定一些关键器件的指标以保证该子系统的性能指标的实现,通常把这个层次概括为寄存器级。对于一个初级的电子系统设计人员而言,构成了寄存器级方框图就等于初步完成了子系统设计的理论部分。还应该说明的是,自上而下的设计方法是一个不断求精、逐步细化与分解的过程,但并不是单一方向的。在下一级的构成及设计过程中可能会发现上一级的问题或不足,从而必须反过来对上一级的构成及设计加以修正。所以自上而下的设计过程是一个不断反复修正的过程,最后制定出可行的方案。完成了理论设计后,下一步的工作就是根据框图及要求,采购器件、设计印刷电路板、装配与调试。如果在调试中发生问题还要修改部分设计及更换器件,以保证性能合乎要求。最后还应完成必需的设计报告、测试报告及各种文档资料的整理,从而完整地结束系统的设计过程。

如果还希望进一步提高结果的档次,可考虑用可编程器件实现部分电路或者直接设计成专用集成电路(ASIC)。在获得了寄存器级方框图后,设计人员应该用寄存器描述语言(当前通用 VHDL 语言)或软件规定的语言对寄存器级方框图进行描述,经过编译、仿真等操作后生成可编程器件或专用集成电路的版图供集成电路厂家去生产专用集成电路。电子系统的理论设计过程可用图 1.2.1 表示。

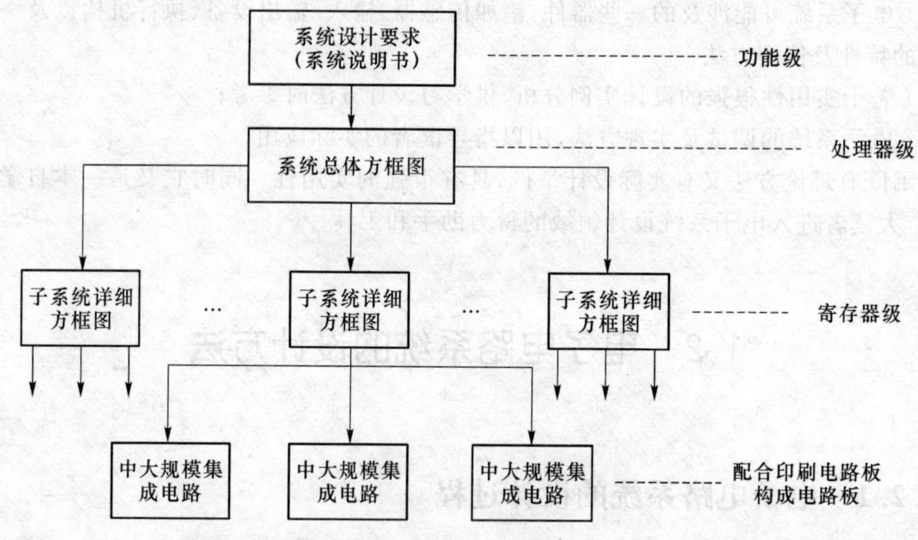

图 1.2.1　电子系统的理论设计过程

应该说明的是,以上的系统设计过程实际上主要是数字子系统硬件的设计过程。一个智能型电子系统应包括软、硬件两部分,同时还应有模拟子系统部分。对于一个智能型电子系统而言,在设计开始时就应该有一个软、硬件分工的安排,然后再分别进行硬件系统设计和软件系统设计。有关模拟子系统的设计应在系统设计的同时,根据模拟信号的特点采用数据流法对模拟子系统的结构进行安排。因为在一个电子系统中,一般占主要部分的是数字子系统,模拟子系统只在信号的输入、输出等局部电路中起主要作用,而且总是根据模拟信号的流向及对模拟信号的要求安排模拟子系统的各个环节。设计人员可用方框图及技术指标来描述模拟子系统,然后再用硬件实现。但由于模拟集成电路的集成度较低、品种不齐、覆盖面不广,以致个别电路还必须用小规模电路或是分立元件来实现,因此模拟子系统的方框图中最后应落实到硬件可以实现的层次,而不只局限于集成电路。

还应该明确指出的是,以上全部设计过程都是手工设计过程(可编程器件及专用集成电路实现除外),这也是目前小系统常用的设计方法。对初学者及简单用户来讲是有实用价值的,它是电子系统设计的基础知识,也是本书介绍的主要内容。

1.2.2　电子电路系统的设计步骤

1.2.2.1　总体方案的设计与选择

一个复杂的系统需要进行原理方案的构思,也就是用什么原理来实现系统要求。因此,应对课题的任务、要求和条件进行仔细的分析与研究,找出其关键问题是什么,然后根据此关键问题提出实现的原理与方法，并画出其原理框图（即提出原理方案）。提出原理方案关系到设计全局，应广泛收集与查阅有关资料，广开思路，开动脑筋，利用已有的各种理论知识，提出尽可能多的方案，以便作出更合理的选择。所提方案必须对关键部分的可行性进行讨论，一般应通过实验加以确认。

原理方案提出后，必须对所提出的几种方案进行分析比较。在详细的总体方案尚未完成之前，只能就原理方案的简单与复杂、方案实现的难易程度进行分析比较，并作出初步的选择。如果有两种方案难以敲定，那么可对两种方案都进行后续阶段设计，直到得出两种方案的总体电路图，然后就性能、成本、体积等方面进行分析比较，最后才能确定下来。

原理方案选定以后，便可着手进行总体方案的确定，原理方案只着眼于方案的原理，不涉及方案的许多细节，因此，原理方案框图中的每个框图也只是原理性的、粗略的，它可能由一个单元电路构成，也可能由许多单元电路构成。为了把总体方案确定下来，必须把每一个框图进一步分解成若干个小框，每个小框为一个较简单的单元电路。当然，每个框图不宜分得太细，亦不能分得太粗。太细对选择不同的单元电路或器件不利，并使单元电路之间的相互连接复杂化；太粗将使单元电路本身功能过于复杂，不好进行设计或选择。总之，应从单元电路和单元之间连接的设计与选择出发，恰当地分解框图。

1.2.2.2 单元电路的设计与选择

按已确定的总体方案框图，对各功能框分别设计或选择出满足其要求的单元电路。因此，必须根据系统要求，明确功能框对单元电路的技术要求，必要时应详细拟定出单元电路的性能指标，然后进行单元电路结构形式的选择或设计。在选择单元电路的结构形式时，最简单的办法是从过去学过的和所了解的电路中选择一个合适的电路，同时还应去查阅各种资料，通过学习、比较来寻找更好的电路形式。一个好的电路结构应该是满足性能指标的要求，功能齐全，结构简单合理，技术先进等。

满足功能框图要求的单元电路可能不止一个，因此必须进行分析比较，择优选择。元器件的选择作为电子电路设计的重要组成部分如何进行呢？简单来说，只要弄清“供”与“求”两个问题就行了。

所谓“求”，就是“需求”，是指所设计的单元电路需要什么样的元器件，也就是选用的元器件应有什么样的性能指标？所谓“供”，就是“供给”，是指有哪些可供选用的元器件，如哪些元器件实验室里有，哪些型号可以替换，它们的性能各是什么，体积多大等。要做到更多地了解元器件（了解性能、特点与使用要点等），必须多查资料。这样不但对电路的合理选择与设计有利，而且对以后实验调试的正常进行也有很大帮助。

元器件的品种规格十分繁多，性能、价格和体积各异，而且新品种不断涌现，这就需要我们经常关心元器件的信息和新动向，多查阅器件手册和有关的科技资料，尤其要熟悉一些常用的元器件型号、性能和价格，这对单元电路和总体电路设计极为有利。选择什么样的元器件最合适，需要进行分析比较。首先应考虑满足单元电路对元器件性能指标的要求，其次是考虑价格、货源和元器件体积等方面的要求。

众所周知，由于集成电路具有体积小、功耗低、工作性能好、安装调试方便等一系列的优点而得到了广泛的应用，成为现代电子电路的重要组成部分之一。随着微电子技术的飞速发展，各种集成电路大量涌现，集成电路的应用越来越广泛。因此，在电子电路设计中，优先选用集成电路已成为人们所认可的一致观点。例如在模拟电子电路中，有大量的模拟信号需要进行处理，而品种繁多、功能齐全的各类模拟集成电路为这些应用电路提供了极大的方便与灵活性。相比之下，若改用分立元件来实现这些功能电路则逊色许多。

但是也不要以为采用集成电路就一定比分立元件好。例如有些功能相当简单的电路，只要用一只三极管或二极管就能解决问题，就不必选用集成电路了。如数字电路中的缓冲、倒相、驱动等应用场合就是如此。另外有些特殊应用情况（如高电压、大电流输出），采用分立元件往往比用集成电路更切合实际。

集成电路的品种很多，可分为模拟集成电路、数字集成电路和模数混合集成电路三大类。按功能分，模拟集成电路有：集成运算放大器、比较器、模拟乘法器、集成功率放大器、集成稳压器、集成函数发生器以及其他专用模拟集成电路等；数字集成电路有：集成门、驱动器、译码器/编码器、数据选择器、触发器、寄存器、计数器、存储器、微处理器、可编程器件等；混合集成电路有：定时器、A/D 转换器、D/A 转换器、锁相环等。

按集成电路中有源器件的性质又可分为双极型和单极型两种集成电路。同一功能的集成电路可以是双极型的，亦可以是单极型的。双极型与单极型集成电路在性能上的主要差别是：双极型器件工作频率高、功耗大、温度特性差、输入电阻小等，而单极型器件正好相反。至于采用哪一种，这要由单元电路所要求的性能指标来决定。

数字集成电路有：双极型的 TTL、ECL 和 I^2C 等，单极型的 CMOS、NMOS 和动态 MOS 等。选择集成电路的关键因素主要包括性能指标、工作条件、性能价格比等，集成电路选择流程如图 1.2.2 所示。

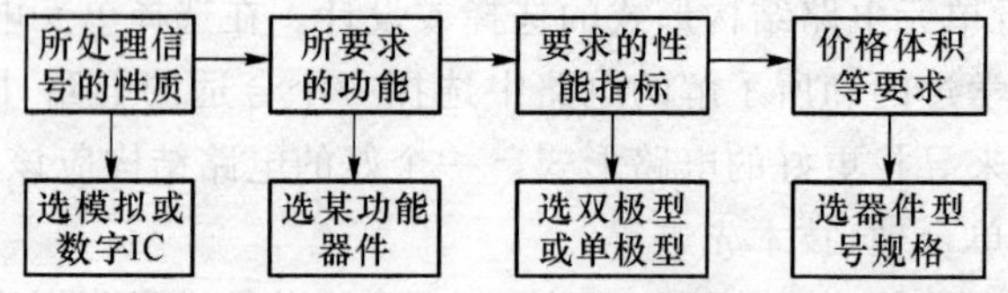

图 1.2.2　集成电路选择的流程

设计中选择模拟集成电路的方法一般是先粗后细，先根据总体设计方案考虑选用什么类型的集成电路，如运算放大器有通用型、低漂移型、高阻型、高速型等；然后再进一步考虑它的性能指标与主要参数，如运算放大器的差模和共模输入电压范围、输出失调参数、开环差模电压增益、共模抑制比、开环带宽、转换速率等，这些参数是选择集成运算放大器的主要参考依据；最后应综合考虑价格等其他因素而决定选用什么型号的器件。

数字集成电路（简称数字 IC）的发展速度非常快，经过近几十年的更新换代，到目前为止，已形成多种系列化产品同时并存的局面，各系列品种的功能配套齐全，可供用户自由选择。在选择数字集成电路时，必须了解数字集成电路的种类和特点，主要是要考虑数字集成电路的运行速度（频率）和逻辑功能。

1.2.2.3　各单元电路的级联设计

各单元电路确定以后，还要认真仔细地考虑它们之间的级联问题，如：电气特性的相互匹配、信号耦合方式、时序配合以及相互干扰等问题。

关于单元电路之间电气性能相互匹配的问题主要有：阻抗匹配、线性范围匹配、负载能力匹配、高低电平匹配等。前两个问题是模拟单元电路之间的匹配问题，最后一个问题是数字单元电路之间的匹配问题，而负载能力匹配是两种电路都必须考虑的问题。从提高放大倍数和负载能力考虑，希望后一级的输入电阻要大，前一级的输出电阻要小。但从改善频率响应角度考虑，则要求后一级的输入电阻要小。

对于线性范围匹配问题，这涉及前后级单元电路中信号的动态范围。显然，为保证信号不失真地放大，要求后一级单元电路的动态范围大于前一级。

负载能力的匹配实际上是前一级单元电路能否正常驱动后一级的问题。这在各级之间均存在，但特别突出的是在后一级单元电路中，因为末级电路往往需要驱动执行机构。如果驱动能力不够，则应增加一级功率驱动单元。在模拟电路里，如对驱动能力要求不高，可采用运放构成的电压跟随器，否则需采用功率集成电路，或互补对称输出电路。在数字电路里，则采用达林顿驱动器、单管射极跟随器或单管反向器。电平匹配问题在数字电路中经常遇到，若高低电平不匹配，则不能保证正常的逻辑功能。为此，必须增加电平转换电路。尤其是 CMOS 集成电路与 TTL 集成电路之间的连接，当两者的工作电源不同时（如 CMOS 为＋15 V，TTL 为＋5 V），此时两者之间必须加电平转换电路。

单元电路之间信号作用的时序在数字系统中是非常重要的。哪个信号作用在前，哪个信号作用在后，以及作用时间长短等，都是根据系统正常工作的要求而决定的。换句话说，一个数字系统有一个固定的时序，时序配合错乱，将导致系统工作失常。

时序配合是一个十分复杂的问题，为确定每个系统所需的时序，必须对该系统中各个单元电路的信号关系进行仔细地分析，画出各信号的波形关系图——时序图，确定出保证系统正常工作下的信号时序，然后提出实现该时序的措施。

1.2.2.4 总体电路实验

单元电路和它们之间连接关系确定后，就可以进行总体电路图的绘制。总体电路图是电子电路设计的结晶，是重要的设计文件，它不仅仅是电路安装和电路板制作等工艺设计的主要依据，而且是电路实验和维修时不可缺少的文件。总体电路涉及的方面和问题很多，不可能一次就把它画好，因为尚未通过实验的检验，所以不能算是正式的总体电路图，而只能是一个总体电路草图。

对总体电路图的要求是：能清晰工整地反映出电路的组成、工作原理、各部分之间的关系以及各种信号的流向。因此，图纸的布局、图形符号、文字标准等都应规范统一。

由于电子元器件品种繁多且性能分散，电子电路设计与计算中又采用工程估算，加之设计中要考虑的因素相当多，所以，设计出的电路难免会存在这样或那样的问题甚至差错。实践是检验设计正确与否的唯一标准，任何一个电子电路都必须通过实验检验，未经过实验的电子电路不能算是成功的电子电路。通过实验可以发现问题、分析问题、找出解决问题的措施，从而修改和完善电子电路设计。只有通过实验，证明电路性能全部达到设计的要求后，才能画出正式的总体电路图。

电子电路实验应注意以下几点：

(1) 审图。电子电路组装前应对总体电路草图全面审查一遍，尽早发现草图中存在的问题，以避免实验中出现过多反复或重大事故。

(2) 电子电路组装。一般先在面包板上采用插接方式组装，或在多功能印刷板上采用焊接方式组装，有条件时亦可试制印刷板后焊接组装。

(3) 选用合适的实验设备。一般电子电路实验必备的设备有：直流稳压电源、万用表、信号源、双踪示波器等，其他专用测试设备视具体电路要求而定。

(4) 先局部后整体。先对每个单元电路进行实验，重点是主电路的单元电路实验。可以先易后难，亦可依次进行，视具体情况而定，调整后再逐步扩展到整体电路。只有整体电路调试通过后，才能进行性能指标测试，性能指标测试合格才算实验完结。

经过总体电路实验后，可知总体电路的组成是否合理及各单元电路是否合适，各单元电路之间连接是否正确，元器件参数是否需要调整，是否存在故障隐患，以及解决问题的措施，从而为修改和完善总体电路提供可靠的依据。画正式总体电路图应注意的几点与画草图一样，只不过要求更严格，更工整。

1.2.3 电子电路系统的设计工具

由于电子技术的飞速发展，集成电路和电子系统的复杂程度大概是每 6 年提高 10 倍。由于电子系统设计的复杂程度在相应提高，简单的手工设计方法已无法满足现代电子系统设计的要求，因此许多软件公司纷纷研制采用自上而下设计方法的计算机辅助设计系统。20 世纪 70 年代中叶有了基于手工布局布线的第一代 CAD(计算机辅助设计)。1981 至 1982 年出现了基于原理图设计仿真的第二代 EDA 系统(电子系统设计自动化)，1987 至 1988 年又推出了基于 RTL(寄存器传输语言)的设计、仿真、逻辑综合的第三代 EDA 技术。时至今日，电子系统的复杂程度又提高了十多倍。第三代 EDA 工具面临以下四大难题：

(1) 功能验证需要花费大量时间。可能要花费半年时间才可能对实用的电子系统(诸如图像、信号处理、无线通信及网络应用方面)的设计进行模拟验证。

(2) 控制系统的设计相当复杂。描述、设计、修改困难而且非常容易出错，稍一不慎就会导致重新设计。

(3) 体系结构的优化代价太大。实现一个方案需经大量时间的设计及验证，无法对多种方案进行优化选择。

(4) 理论设计与实际器件性能在时间延迟方面严重不同。由于深亚微米(0.25 μm 以下)的器件工艺导致理论设计与实际器件之间在时间延迟方面相差非常大，很难在设计阶段发现并解决。

为了解决以上难题，世界上各大软件公司纷纷推出新一代 EDA 设计软件，在数据处理以及一些通信领域中，以新思公司(Synopsys)推出的高级 DSP 系统设计工具 Cossap 及行为级综合优化工具 Behavioral compiler 为代表的新一代 EDA 设计软件为设计人员提供了一个完整的系统设计环境，使人们摆脱了手工设计所带来的各种弊端。Cossap 软件的最基本的特点是实现系统级描述，人们只需要将系统的功能(行为)及算法用类似于 C 语言的程序写出源代码，在 Cossap 的框图编辑器环境中调用一些模块连同源代码即构成了一个完整的仿真环境并进行仿真，最后得到满足要求的行为级 VHDL 描述。这个描述相当于手工设计中的处理器"框图"，与此同时还得出软、硬件分配的安排，保证了系统的最佳配置。有了行为级的 VHDL 描述，再加上一些必要的约束条件一起送入 Behavioral Compiler 进行行为级综合，则可同时生成寄存器级和门级的 VHDL 描述，自动地完成了手工设计的第二步。人们通过修改约束条件可以得到不同结构的门级电路，为优化设计方案提供了方便，而且由于行为级的抽象层次较高，多种控制信号相对地减少许多，很复杂的电路也可以一次仿真完成，所以行为级描述又具有仿真速度快、结果精确的优点。由以上介绍可知，新一代的 EDA 设计软件已经实现了真正的设计自动化，但目前还只限于数据处理、通信及多媒体领域。将来还会有更新、功能更全的设计软件出现，使得电子系统设计工作有进一步的飞跃。以上介绍的行为级设计软件都是数字系统的设计软件。出于模拟电路的复杂性，目前实用的模拟行为级模型的建立刚刚开始，要达到数字系统设计的水平还需要一定时间。

电子设计自动化的广泛使用，使得设计者可以集中精力于系统的高层设计，诸如算法、功能等概念设计方面，而把大量的具体设计过程留给EDA软件完成，改变了传统设计过多地依赖设计者的知识和经验，代之以定性化的系统级目标设计和由软件完成的定量化的多层次设计。同时在EDA软件中集成了大量的成熟经验、算法及工具，保证了设计的可靠性及水平，加速了设计速度，满足了日益复杂的设计需要。由于EDA的广泛应用，使具有一定电路基础知识及计算机技能的人员经过培训即可胜任这项工作。由此可见，电子设计自动化是现代电子系统设计的基本手段，是走向市场、走向社会、走向国际的基本技能。由于条件限制，目前国内高校的电子类课程，特别是实验手段，不少学校还停留在传统的中、小规模集成电路的安装、焊接、调试的初级阶段，这与当前的电子和信息产业的发展现状极不适应，满足不了日益增长的需求。但可以预见，在不久的将来电子设计自动化将在广大本科生中得到推广，我国的本科毕业生将可以直接进入现代社会所要求的岗位上，实现教育与社会接轨。

第 2 章

常用电子元器件的基本知识

2.1 电 阻 器

电阻器是电子电路中应用最广泛的基本元器件之一，在电子设备中约占元件总数的30%以上，其性能的好坏对电路工作的稳定性有极大影响。

电阻器简称电阻(Resistor，通常用“R”表示)，是指具有一定阻值、一定几何形状、一定技术性能的在电路中起特定作用的元件。

在电子设备中，电阻器主要用于稳定和调节电路中的电流和电压，其次还可作为消耗电能的负载、分流器、分压器、稳压电源中的取样电阻、晶体管电路中的偏置电阻等。

电阻器的基本单位是欧姆，用希腊字母 Ω 表示。在实际应用中，常常使用由欧姆导出的单位，如千欧(kΩ)、兆欧(MΩ)等。

2.1.1 电阻器的分类

电阻器种类繁多，形状各异，有多种分类方法。按外形分：有圆柱形、圆盘形、管形、方形、片状、纽扣状电阻等。按安装方式分：有插件电阻和贴片电阻。按引线形式分：有轴向引线型、同向引线型、径向引线型和无引线型电阻。按材料分：有合金型、薄膜型、合成型等。下面从用途及结构方面详细加以介绍。

2.1.1.1 按用途分

电阻器按用途可分为下面几种类型。

(1) 普通型(通用型)：适用于一般技术要求的电阻，功率在 0.05～2 W 之间，阻值为 1 Ω～22 MΩ，偏差为±5%～±20%。

(2) 精密型：功率小于 2 W，阻值为 0.01 Ω～20 MΩ，偏差为 0. 001%～2%。

(3) 功率型：功率在 2～200 W 之间，阻值为 0.15～1 MΩ，精度为±5%～20%，多为线绕电阻，不宜在高频电路中使用。

(4) 高压型：适用于高压装置中，工作在 1 000 V～100 kV 之间，高的可达 35 GV，功率在 0. 5～100 W 之间，阻值可达 1 000 MΩ。

(5) 高阻型：阻值在 10 MΩ 以上，最高可达 10^{14} Ω。

(6) 高频型(无感型)：电阻自身电感量极小，又叫无感电阻，阻值小于 1 kΩ，功率可达

100 W,用于频率在 10 MHz 以上的电路。

(7) 保险型:采用不燃性金属膜制造,具有电阻与保险丝的双重作用,阻值范围为 0.33 Ω～10 kΩ。当实际功率为额定功率 30 倍时,7 s 断;当实际功率是额定功率 12 倍时,30～120 s 断。

(8) 熔断型:可分为一次性熔断型和可恢复式熔断型。

2.1.1.2　按结构分

电阻器按结构可分为固定电阻器、可变电阻器和敏感电阻器三大类,它们的符号如图 2.1.1 所示。

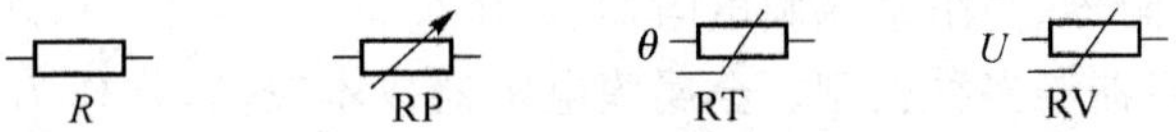

R　RP　θ RT　U RV

(a) 固定电阻器　(b) 可变电阻器　(c) 热敏电阻器　(d) 压敏电阻器

图 2.1.1　电阻器的符号

1. 固定电阻器

固定电阻器按组成材料可分为非线绕电阻器和线绕电阻器两大类。非线绕电阻器可分为薄膜电阻器、实心型电阻器、玻璃釉膜电阻器。其中薄膜电阻器又可分为碳膜电阻和金属膜电阻两类。

下面介绍几种常用固定电阻器的结构、特点及型号。

(1) 碳膜电阻器(RT 型)

碳膜电阻器是以小磁棒或瓷管做骨架,在真空和高温下,沉积一层碳膜做导电膜,瓷管两端装上金属帽盖和引线,并外涂保护漆制作而成。碳膜的厚度决定阻值的大小,通常通过控制膜的厚度和刻槽来控制电阻器。碳膜电阻器的特点是:稳定性好(指电压、温度的变化对阻值的影响较小)、噪声低、价格便宜、阻值范围宽(10 Ω～10 MΩ)、高频特性好,适用于交流、直流和脉冲电路。碳膜电阻器的外形如图 2.1.2 所示。

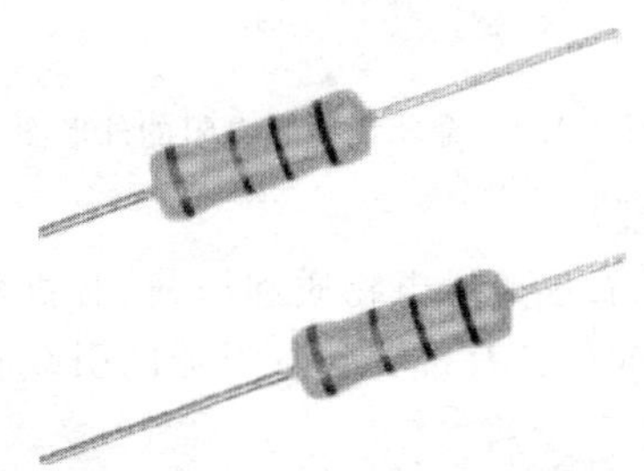

图 2.1.2　碳膜电阻器的外形图

碳膜电阻是引线式电阻,方便手工安装及维修,而且是引线电阻中价格最低廉的,因此多用在一些如电源、适配器之类低价的低端产品或早期设计的产品中。

(2) 金属膜电阻器(RJ 型)

金属膜电阻器的结构与碳膜电阻器相似,只是导电膜是由合金粉蒸发而成的金属膜。它各方面的性能均优于碳膜电阻,且体积远小于同功率的碳膜电阻,阻值范围在 10 Ω～10 MΩ之间。普通金属膜电阻器外形如图 2.1.3 所示。

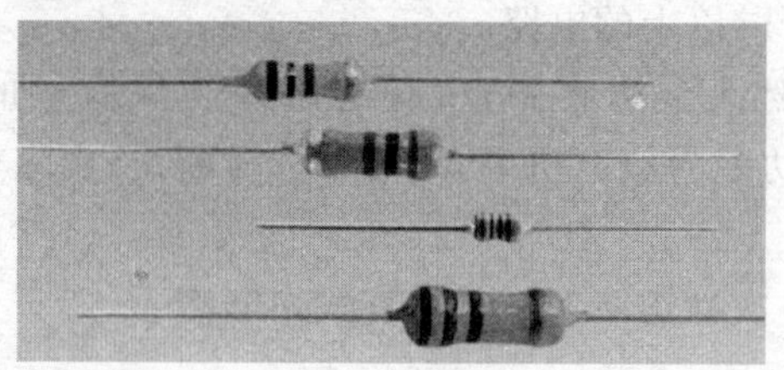

图 2.1.3　金属膜电阻的外形图

金属膜电阻器分为普通金属膜电阻器、半精密金属膜电阻器、低阻半精密金属膜电阻器、高精密金属膜电阻器、高阻金属膜电阻器、高压金属膜电阻器、超高频金属膜电阻器和无引线精密金属膜电阻器等多种类型。金属膜电阻器成本较高，常作为精密和高稳定性的电阻器而广泛应用，同时也通用于各种无线电电子设备中。

(3) 金属氧化膜电阻器(RY 型)

金属氧化膜电阻器的结构与金属膜电阻器相似，如图 2.1.4 所示。不同的是导电膜为一层氧化锡薄膜，其特点是性能可靠、过载能力强、额定功率大(最大可达 15 kW)，但其阻值范围较小(10 Ω～200 kΩ)。

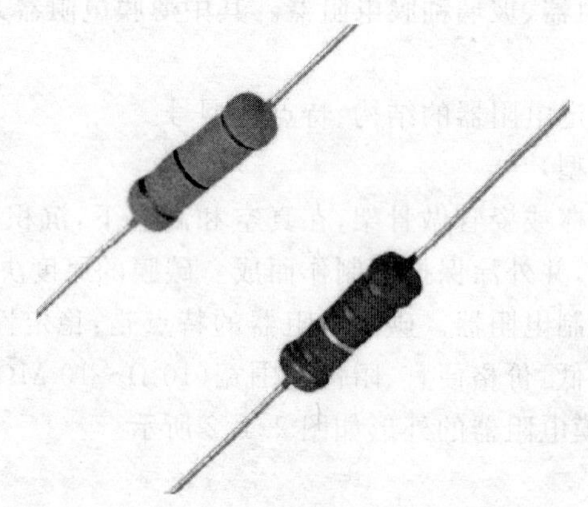

图 2.1.4　金属氧化膜电阻的外形图

(4) 实心碳质电阻器(RS 型)

有机实心电阻器是将炭黑、石墨等导电物质和填料、有机黏合剂混合成料粉，经专用设备热压成型后装入塑料壳内制成的。有机实心电阻器的引线直接压制在电阻体内，其结构图如图 2.1.5 所示。

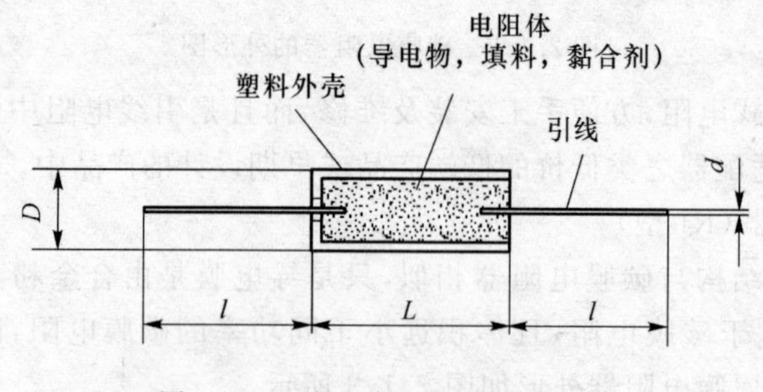

图 2.1.5　有机实心电阻器结构图

有机实心电阻器的优点是机械强度高，可靠性好，具有较强的过负荷能力，阻值范围宽，便于自动化生产，价格便宜；缺点是固有噪声大，分布电容和分布电感严重，不适用于高频电路，电压和温度稳定性差，不适用于性能要求较高的电路。

(5) 线绕电阻器(RX型)

线绕电阻是一种在绝缘的核心外面缠绕镍-铬合金等金属丝制成的电阻，为防潮和避免线圈松动，其外层用被釉(玻璃釉、珐琅或漆)涂覆加以保护，分固定式和可调试两种。通过调整缠绕金属丝的长度，可以精确调整电阻的阻值；而通过增大电阻丝直径的方法，还可以制成大功率的电阻，如图 2.1.6 所示。

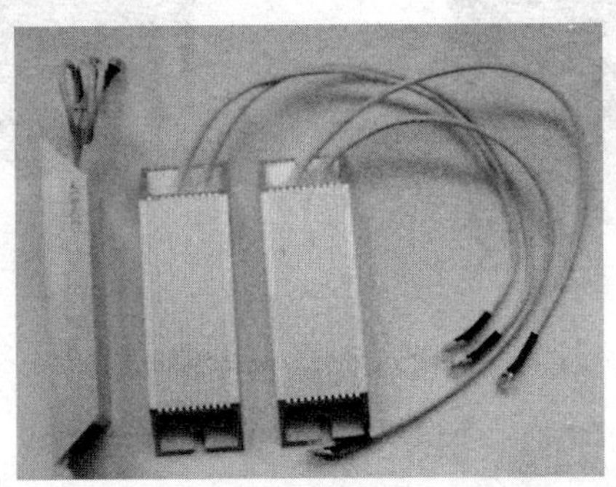

图 2.1.6 线绕电阻器

线绕电阻器的优点是阻值精确(电阻值在 5 Ω～56 kΩ 范围)、功率范围大、工作稳定可靠、噪声小、耐热性能好，主要用于精密和大功率场合；它的缺点是体积较大、高频性能差、时间常数大、自身电感较大，不适用于高频电路。

(6) 水泥电阻器

水泥电阻的外侧主要是陶瓷材质。将电阻线绕在无碱性耐热瓷件上，外面加上耐热、耐湿及耐腐蚀的材料保护固定，并把绕线电阻体放入方形瓷器框内，用特殊非燃性耐热水泥充填密封而成，如图 2.1.7 所示。

水泥电阻的耐热性好、电阻温度系数小、耐短时间超负载、低杂音、阻值经年无变化、防爆性能好；缺点是体积大、使用时发热量高且不易散发。通常用于功率大、电流大的场合。而由于它完全绝缘，还可适用于印刷电路板。

(7) 无感电阻器

无感电阻器如图 2.1.8 所示。

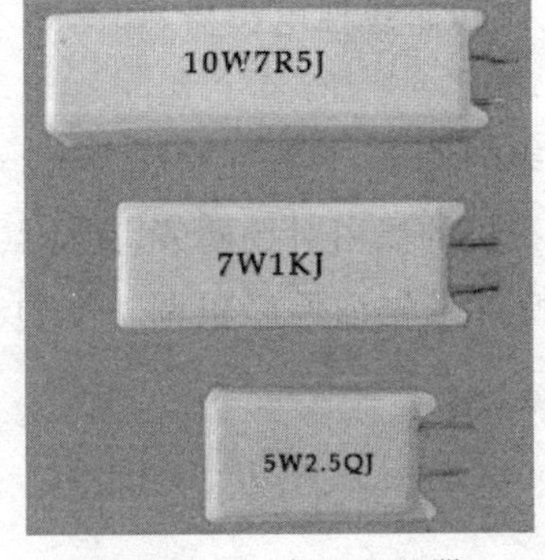

图 2.1.7 水泥电阻器

图 2.1.8 无感电阻器

2. 可变电阻器

可变电阻器也叫电位器，它是靠一个电刷(运动接点)在电阻体上移动而获得变化的电阻值，在一定范围内连续可调。电位器是一种机电元件，可以把机械位移变换成电压变化。电位器的图形符号如图 2.1.9 所示。

图 2.1.9 电位器

电位器的分类有以下几种：

(1) 按电阻体材料可分为薄膜(非线绕)电位器和线绕电位器两种。薄膜电位器又可分为 WTX 型小型碳膜电位器、WTH 型合成碳膜电位器、WS 型有机实心电位器、WTJ 型精密合成电位器和 WHD 型多圈合成膜电位器等。线绕电位器的代号为 WX 型，这种电位器由于电阻体由金属线绕制而成能承受较高的温度，因此可制成功率型的电位器，其额定功率范围一般在 0.25～50 W 之间，阻值范围在 100 Ω～100 kΩ 之间。一般线绕电位器的误差不大于±10%，非线绕电位器的误差不大于±2%，其阻值、误差和型号均标在电位器上。

(2) 按调节活动机构的运动方式可分为旋转式和直滑式电位器。旋转式电位器调节时，接触刷在电阻体上做旋转运动，如多数的微调和半可调电位器，普通单圈和多圈电位器都属于这类。直滑式电位器的电阻体为板条形，通过与滑座相连的滑柄做直线运动使电阻值发生变化。

(3) 按结构分，有单圈、多圈、单联、双联和多联电位器；按有无开关可分为带开关和不带开关电位器，开关形式有旋转式、推拉式、按键式等；按用途又有普通电位器、精密电位器、功率电位器、微调电位器和专用电位器之分。

(4) 按输出特性的函数关系，又可分为线性电位器和非线性电位器，如图 2.1.10 所示(图中 RP_{1-2}/RP_{1-3} 表示可变电阻与最大电阻的比值)。

图中，X 式(直线式)常用于示波器的聚焦和万用表的调零，其线性精度为±2%、±1%、±0.3%、±0.1%、±0.05%；D 式(对数式)常用于电视机的黑白对比调节，其特点是先粗调后细调；Z 式(指数式)常用于收音机的音量调节，其特点是先细调后粗调。X、D、Z 字母符号一般印在电位器上，使用时应注意。

其他的还有滑线变阻器等，如图 2.1.11 所示。

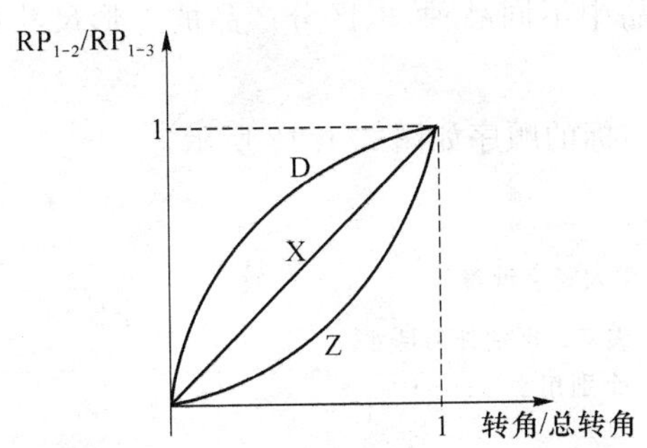

图 2.1.10 电位器输出特性的函数关系

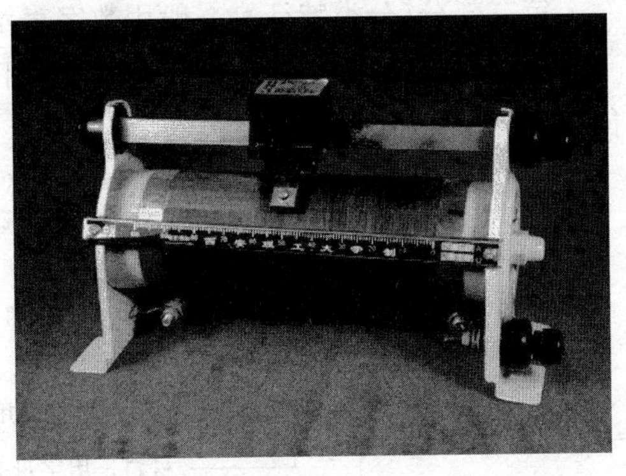

图 2.1.11 滑线变阻器

3. 敏感电阻器

敏感电阻器的电特性(例如电阻率)是对温度、光、机械力等物理量表现敏感,如光敏、热敏、压敏、气敏电阻器等。

(1) 热敏电阻

热敏电阻通常由单晶或多晶等半导体材料构成,是以钛酸钡为主要原料,辅以微量的锶、钛、铝等化合物加工制成的。它是一种电阻值随温度变化的电阻,可分为阻值随温度升高而减小的负温度系数热敏电阻(MF)和阻值随温度升高而升高的正温度系数热敏电阻(MZ),有缓变型和突变型。主要用于温度测量,温度控制(电磁灶控温),火灾报警,微波和激光功率测量,在收音机中作温度补偿,在电视机中作消磁限流电阻。

(2) 光敏电阻

光敏电阻是将对光敏感的材料涂在玻璃上,引出电极制成的。根据材料不同,可制成对某一光源敏感的光敏电阻。它是利用半导体光敏效应制成的一种元件。电阻值随入射光线的强弱而变化,光线越强,电阻越小。无光照射时,呈现高阻抗,阻值可达 1.5 MΩ 以上;有光照射时,材料激发出自由电子和空穴,其电阻值减小,随着光强度的增加,阻值可小至 1 kΩ以下。如:可见光敏电阻,主要材料是硫化镉,应用于光电控制;红外光敏电阻,主要材料是硫化铅,应用于导弹、卫星监测。

(3) 压敏电阻

压敏电阻是以氧化锌为主要材料制成的半导体陶瓷元件,电阻值随加在两端电压的变化按非线性特性变化。当加到两端电压不超过某一特定值时,呈高阻抗,流过压敏电阻的电流很小,相当于开路;当电压超过某一值时,其电阻急骤减小,流过电阻的电流急剧增大。压敏电阻在电子和电气线路中主要用于过压保护和用来作为稳压元件。

2.1.2 电阻器的型号命名

根据国家标准 GB 2470—81《电子设备用电阻器、电容器型号命名法》的规定,国产电阻器、电位器、电容器型号命名法根据部颁标准(SJ—73)规定,电阻器、电位器的命名由下列四部分组成:

第一部分(主称):用字母表示,表示电阻的名字。

第二部分(材料):用字母表示,表示电阻体的组成材料。

第三部分(分类特征):一般用数字表示,个别类型用字母表示,表示电阻的类型。

第四部分(序号):用数字表示,表示同类产品中不同品种,以区分产品的外形尺寸和性能指标等。

一般大型电阻器标出材料、阻值、功率、偏差,标的顺序如图 2.1.12 所示。

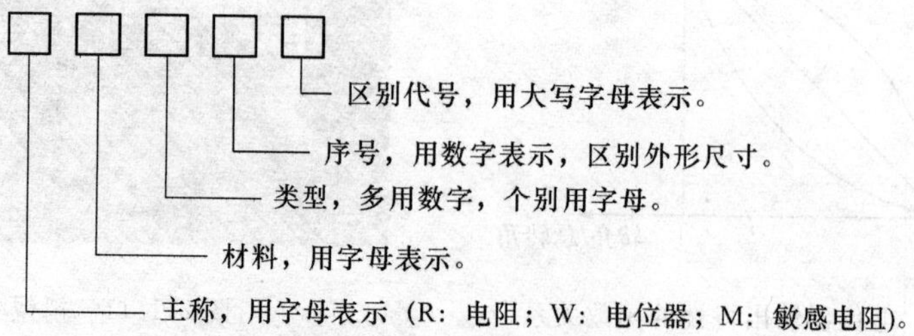

图 2.1.12　电阻器标称顺序

2.1.3　电阻器的主要性能指标

电阻器的主要技术指标有额定功率、标称阻值、允许偏差、温度系数、非线性度、噪声系数等。由于电阻器表面积有限,一般只标明阻值、精度、材料和额定功率,而对于小于 0.5 W 的小电阻,通常只标明阻值和精度,材料及功率由外形颜色和尺寸判断。

1. 额定功率

额定功率指在规定的环境温度下,假设周围空气不流通,在长期连续工作而不损坏或基本不改变电阻器性能的情况下,电阻器上所允许消耗的最大功率。电阻器的额定功率不是电阻器在实际工作时所必须消耗的功率,而是电阻器在工作时,允许消耗功率的限制。

功率的单位为瓦(用 W 表示)。当超过其额定功率范围时,电阻器的阻值及性能将会发生变化,甚至发热烧毁。一般选用额定功率时要有余量(大 1~2 倍)。常用电阻值的额定功率系列如表 2.1.1 所示。在电路图中电阻器额定功率的符号表示如图 2.1.13 所示。

表 2.1.1　常用电阻器额定功率系列

种类	电阻器额定功率系列/W
绕线	0.05　0.125　0.25　0.5　1　2　4　8　10　16　25　40　50　75　100　150　250　500
非绕线	0.05　0.125　0.25　0.5　1　2　5　10　25　50　100

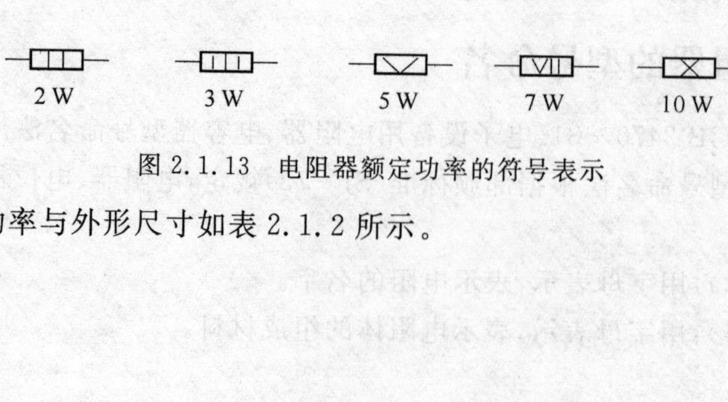

1/20 W　1/8 W　1/4 W　1/2 W　1 W

2 W　3 W　5 W　7 W　10 W

图 2.1.13　电阻器额定功率的符号表示

常用电阻器功率与外形尺寸如表 2.1.2 所示。

表 2.1.2 常用电阻器功率与外形尺寸

名称	型号	额定功率/W	外形尺寸/mm	
			最大直径	最大长度
超小型碳膜电阻	RT13	0.125	1.8	4.1
小型碳膜电阻	RTX	0.125	2.5	6.4
碳膜电阻	RT	0.25	5.5	18.5
碳膜电阻	RT	0.5	5.5	28.0
碳膜电阻	RT	1	7.2	30.5
碳膜电阻	RT	2	9.5	48.5
金属膜电阻	RJ	0.125	2.2	7.0
金属膜电阻	RJ	0.25	2.8	8.0
金属膜电阻	RJ	0.5	4.2	10.8
金属膜电阻	RJ	1	6.6	13.0
金属膜电阻	RJ	2	8.6	18.5

注：有些 RT 型电阻的型号后标有 0.25，0.5 等数值，如 RT0.25，RT0.5 等，该数值表示额定功率。

2. 标称阻值及允许误差

标志在电阻器上的电阻值称为标称阻值(简称标称值)。电阻器的实际阻值对于标称阻值的最大允许范围称为电阻器的允许误差，它表示产品的精度。标称值是产品标志的“名义”阻值，其单位为欧姆(Ω)、千欧(kΩ)、兆欧(MΩ)，它们之间的关系是：1 MΩ＝10^3 kΩ＝10^6 Ω。通用电阻的标称值系列和允许误差等级如表 2.1.3 所列，任何电阻器的标称阻值都应符合表 2.1.3 所列数值乘以 10^n Ω，其中 n 为整数。精密电阻的误差等级有±0.05%、±0.2%、±0.5%、±1%、±2%等。

表 2.1.3 通用电阻的标称系列

系列	允许误差	电阻标称值系列
E_{24}	Ⅰ级 ±5%	1.0 1.1 1.2 1.3 1.5 1.6 1.8 2.0 2.2 2.4 2.7 3.0 3.3 3.6 3.9 4.3 4.7 5.1 5.6 6.2 6.8 7.5 8.2 9.1
E_{12}	Ⅱ级 ±10%	1.0 1.2 1.5 1.8 2.2 2.7 3.3 3.9 4.7 5.6 6.8 8.2
E_6	Ⅲ级 ±20%	1.0 1.5 2.2 3.3 4.7 6.8

3. 电阻器的阻值和误差的标注方法

(1) 直标法

直标法是将电阻器的主要参数和技术性能用数字或字母直接标注在电阻体上。用数字和单位符号在电阻器表面标出阻值，其允许误差直接用百分数表示，若电阻上未注偏差，则均为±20%。直标法中可用单位符号代替小数点，如图 2.1.14 所示。直标法一目了然，但只适用于较大体积元件，且国际上不能通用。

(2) 文字符号法

文字符号法是将需要标志出的主要参数与技术性能用文字、数值符号两者有规律地组合起来标注在电阻器上。用阿拉伯数字和文字符号两者有规律的组合来表示标称阻值，其允许偏差也用文字符号表示。符号前面的数字表示整数阻值，后面的数字依次表示第一位小数阻值和第二位小数阻值。如 0.1 Ω 标志为 Ω1，3.3 Ω 标志为 3Ω3，3.3 kΩ 标志为 3k3，10 MΩ 标志为 10 M 等，如图 2.1.15 所示。

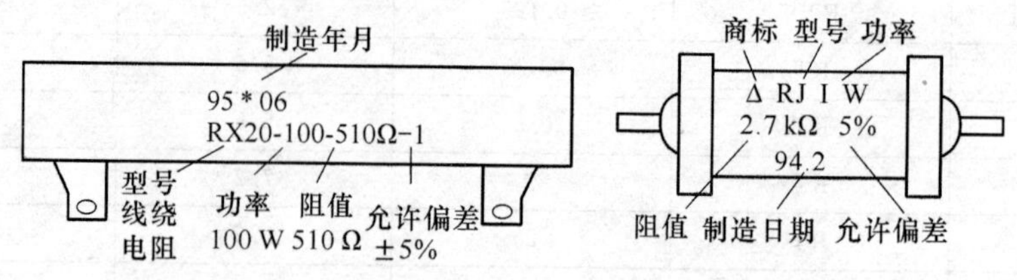

图 2.1.14 直标法示例

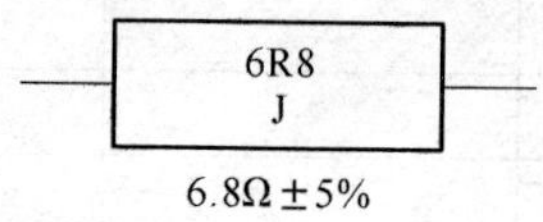

图 2.1.15 文字符号法示例

(3) 色标法

色标法(又称色环表示法)，是用不同颜色的色环来表示电阻器的阻值及误差等级，用不同颜色的带或点在电阻器表面标出标称阻值和允许偏差。国外电阻大部分采用色标法。它分为两种：分别为四环电阻和五环电阻。当电阻为四环时，最后一环必为金色或银色，前两位为有效数字，第三位为乘方数，第四位为偏差。当电阻为五环时，最后一环与前面四环距离较大，前三位为有效数字，第四位为乘方数，第五位为偏差。

用于电阻标注时，还常用背景颜色区别材料，用浅色(淡绿色、浅棕色)表示碳膜电阻；红色(或浅蓝色)表示金属膜或氧化膜电阻；深绿色表示线绕电阻。各色环颜色所代表的含义见表 2.1.4 所列，色环法表示的电阻值一律是欧姆。图 2.1.16 为电阻器色标示例。

表 2.1.4 色环颜色代表的含义

颜色	所代表的有效数字	乘数	允许误差	误差的英文代码	颜色	所代表的有效数字	乘数	允许的误差	误差的英文代码
银	—	10^{-2}	±10%	K	绿	5	10^5	±0.5%	D
金	—	10^{-1}	±5%	J	蓝	6	10^6	±0.2%	C
黑	0	10^0	—		紫	7	10^7	±0.1%	B
棕	1	10^1	±1%	F	灰	8	10^8		
红	2	10^2	±2%	G	白	9	10^9		
橙	3	10^3	—		无色	—	—	±20%	M
黄	4	10^4	—						

4. 最高工作电压

最高工作电压是指电阻器长期工作不发生过热或电击穿损坏的工作电压限度。

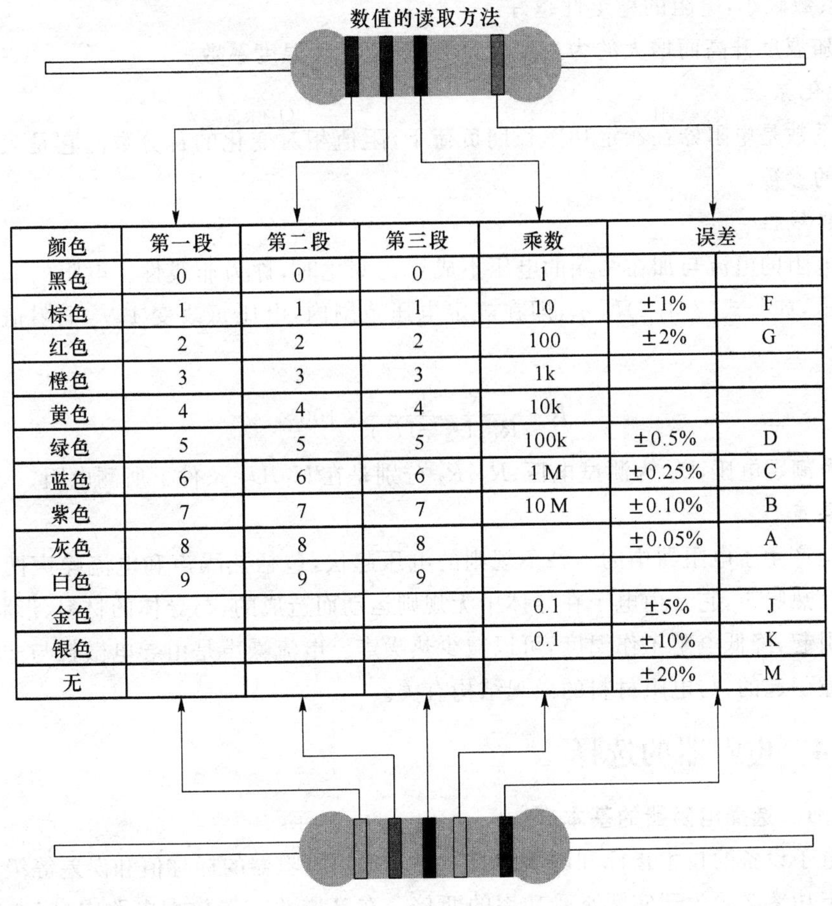

颜色	第一段	第二段	第三段	乘数	误差	
黑色	0	0	0	1		
棕色	1	1	1	10	±1%	F
红色	2	2	2	100	±2%	G
橙色	3	3	3	1k		
黄色	4	4	4	10k		
绿色	5	5	5	100k	±0.5%	D
蓝色	6	6	6	1M	±0.25%	C
紫色	7	7	7	10 M	±0.10%	B
灰色	8	8	8		±0.05%	A
白色	9	9	9			
金色				0.1	±5%	J
银色				0.1	±10%	K
无					±20%	M

图 2.1.16 电阻器色标示例

5. 允许误差

电阻器的实际阻值对于标称值的最大允许偏差范围，即标称阻值与实际阻值的差值跟标称阻值之比的百分数，称为允许误差。

6. 额定电压

额定电压是由阻值和额定功率换算出的电压：$U=\sqrt{PR}$。

7. 极限电压

电阻两端电压增加到一定数值时，会发生电击穿现象，使电阻损坏，这个电压即电阻的极限电压。它取决于电阻的外形尺寸及工艺结构。

一般常用电阻器功率与极限电压如下：

0.25 W，250 V；0.5 W，500 V；1～2 W，750 V。

8. 温度系数

温度系数即温度每变化1℃所引起的电阻值的相对变化。所有材料的电阻率都随温度而变化，在衡量电阻温度稳定性时，使用温度系数如公式 2.1.1 所示。

$$\alpha_r=\frac{R_2-R_1}{R_1(t_2-t_1)} \tag{2.1.1}$$

式中，α_r 为电阻温度系数，单位为 1/℃；R_1、R_2 分别是温度为 t_1、t_2 时电阻的电阻值，单位为

Ω。温度系数越小,电阻的稳定性越好。

阻值随温度升高而增大的为正温度系数,反之为负温度系数。

9. 老化系数

老化系数是电阻器在额定功率长期负荷下,阻值相对变化的百分数。它是表示电阻器寿命长短的参数。

10. 非线性

流过电阻的电流与加在两端的电压不成正比变化时,称为非线性。电阻的非线性用电压系数表示,如公式(2.1.2)所示,即在规定电压范围内,电压每改变1 V,电阻值的平均相对变化量。

$$K=\frac{R_2-R_1}{R_1(U_2-U_1)}\times 100\% \tag{2.1.2}$$

式中,U_2 为额定电压,U_1 为测试电压;R_1,R_2 分别是在 U_1,U_2 条件下所测电阻。

11. 噪声

噪声是产生于电阻器中的一种不规则的电压起伏,包括热噪声和电流噪声两部分。任何电阻都有热噪声,它是由电子在导体中无规则运动而造成的,与导体的材料、形状无关,主要由温度引起,降低电阻工作温度,可以减少热噪声。电流噪声是由导电微粒与非导电微粒之间的碰撞引起的,与电阻材料的微观结构有关。

2.1.4 电阻器的选择

2.1.4.1 选择电阻器的基本方法

根据电子设备的技术指标和电路的具体要求选用电阻器的标称值和误差等级。选用电阻器的额定功率必须大于实际承受功率的两倍。在高增益前置放大电路中,应选用噪声电动势小的金属膜电阻器、金属氧化膜电阻器、碳膜电阻器等。线绕电阻器分布参数较大,不适于高频前置电路。

根据电路的工作频率选择电阻器的类型。RX型线绕电阻器的分布电感和分布电容都较大,只适用于频率低于50 Hz的电路中;RH型合成膜电阻器和RS型有机实心电阻器可在几十兆赫兹的电路中工作;RT型碳膜电阻器可用于100 MHz左右的电路中;而RJ型金属膜电阻器和RY型氧化膜电阻器可在高达数百兆赫兹的高频电路中工作。

根据电路对温度稳定的要求,选择温度系数不同的电阻器。线绕电阻器由于采用特殊的合金导线绕制,温度系数小,阻值最为稳定。金属膜、金属氧化膜、玻璃釉膜电阻器和碳膜电阻器都具有较好的温度特性,适合于稳定度要求较高的场合。实心电阻器温度系数较大,不适用于稳定性要求较高的电路。

2.1.4.2 电阻器的使用注意事项

在使用前首先检查外观有无损坏,用万用表测量其阻值是否与标志值相符合。

在安装时,应先将其引线刮光镀锡,以保证焊接可靠,不产生虚焊。高频电路中电阻器的引线不宜过长,以减小分布参数。小型电阻器的引线不应剪得过短,一般不要小于5 mm。焊接时应用尖嘴钳和镊子夹住引线根部,以免过热使电阻器变值。装配时应使电阻器的标志部分朝上,便于调试和维修查对。

电阻器引线不可反复弯曲和从根部弯曲，否则易将引线折断。安装、拆卸时不可过分用力，以免电阻体与接触帽之间松动造成隐患。安装精密电子设备时，非线绕电阻器必须经过人工老化处理，以提高其稳定性。

使用时应注意电阻器的额定功率和最高工作电压的限制。超过额定功率，电阻器会受热损坏；超过最高工作电压，电阻器内部会产生火花，使电阻器击穿烧坏。额定功率在10 W以上的线绕电阻器，安装时必须焊接在特制的支架上，并留有一定的散热空间。

1. 固定电阻器的检测

当电阻器的参数标志因某种原因脱落或欲知道其精确阻值时，就需要用仪器对其进行测量。对于常用的碳膜、金属膜电阻器以及线绕电阻器的阻值，可用普通指针式万用表的电阻挡直接测量。

将两表笔（不分正负）分别与电阻的两端引脚相接，即可测出实际电阻值。为了提高测量精度，应根据被测电阻标称值的大小来选择量程。由于欧姆挡刻度的非线性关系，它的中间一段分度较为精细，因此应使指针指示值尽可能落到刻度的中段位置，即全刻度起始的20%～80%弧度范围内，以使测量更准确。根据电阻误差等级不同，读数与标称阻值之间分别允许有±5%、±10%或±20%的误差。如不相符，超出误差范围，则说明该电阻值变值了。

注意：测试时，注意“调零”，特别是在测几十千欧以上阻值的电阻时，手不要触及表笔和电阻的导电部分；被检测的电阻从电路中焊下来，至少要焊开一个头，以免电路中的其他元件对测试产生影响，造成测量误差；色环电阻的阻值虽然能以色环标志来确定，但在使用时最好还是用万用表测试一下其实际阻值。

2. 熔断电阻器的检测

在电路中，当熔断电阻器熔断开路后，可根据经验作出判断：若发现熔断电阻器表面发黑或烧焦，可断定是其负荷过重，由于通过它的电流超过额定值很多倍所致；如果其表面无任何痕迹而开路，则表明流过的电流刚好等于或稍大于其额定熔断值。对于表面无任何痕迹的熔断电阻器好坏的判断，可借助万用表$R\times1$挡来测量，为保证测量准确，应将熔断电阻器一端从电路上焊下。若测得的阻值为无穷大，则说明此熔断电阻器已失效开路；若测得的阻值与标称值相差甚远，表明电阻变值，也不宜再使用。在维修实践中发现，也有少数熔断电阻器在电路中被击穿短路的现象，检测时应予以注意。

2.1.5 电位器

电位器是一种阻值可调的电阻器，它是可变电阻器演变而来的，一般均由电阻体、滑动臂、转柄（滑柄）、外壳及焊片构成，如图2.1.17所示。焊片A、B与电阻体两端相连，其阻值为电位器的最大阻值，是一个固定值。焊片C与滑动臂相连，滑动臂是一个有一定弹性的金属片，它靠弹性紧压在电阻片上。滑动臂随转柄转动在电阻体上滑动。C与A或C与B之间阻值随滑柄转动而变化，电阻片两端有一段涂银层，是为了让滑臂滑到端点时，与A、B焊片之间的电阻为最小，并保持良好的接触。

除普通电位器外，还有带开关的电位器，开关由转柄控制。习惯上，一般将带柄、有外壳的可调电阻叫作电位器，不带柄的或无外壳的叫作微调电阻，又叫作预调电阻。

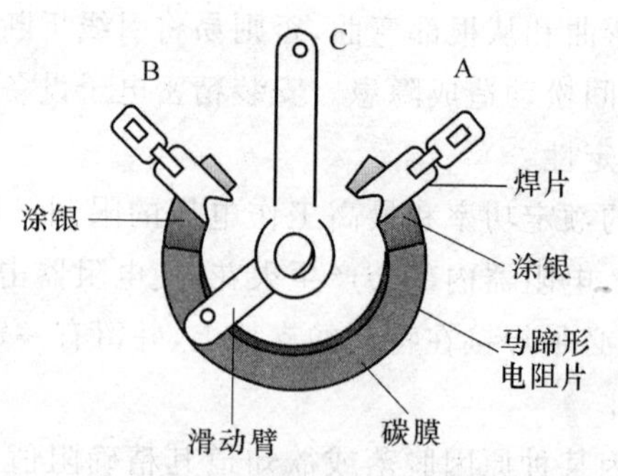

图 2.1.17 电位器

2.1.5.1 分类

电位器可分为接触式、非接触式和数字式三大类。对接触式电位器又可进一步细分。

(1) 按电阻材料分类:分为合金型(线绕型、块金属膜型)、合成型(合成碳膜型、合成实心型、金属玻璃釉、导电塑料型)、薄膜型(金属膜型、金属氧化膜型、氮化钽膜型)。

(2) 按阻值变化分类:分为直线型、函数型(指数、对数、正弦)、步进型。

(3) 按调节方式分类:分为直滑式、旋转式(单圈、多圈)。

(4) 按结构特点分类:分为抽头式、带开关(旋转开关型、推拉开关型)、单联、多联(同步多联式、异步多联式)。

(5) 按用途分类:分为普通型、微调型、精密型、功率型、专用型。

2.1.5.2 主要技术指标

1. 标称阻值与偏差

电位器的标称阻值是指电位器两固定端的最大阻值。阻值系列及偏差要符合 E 系列。

2. 额定功率

电位器的两个固定端上允许耗散的最大功率称为额定功率。滑动抽头与固定端所能承受的功率要小于电位器的额定功率。

3. 滑动噪声

电位器的滑动触头叫作电刷,当电刷在电阻体上滑动时,电位器中心端与固定端的电压出现无规则的起伏现象,叫作电位器的滑动噪声。它是由于电阻体电阻率分布不均匀性和电刷滑动时,接触电阻的无规律变化引起的。产生滑动噪声的主要原因是电阻体不均匀性、转动系统公差配合不当、接触刷滑动时接触电阻的无规则变化等多种因素。滑动噪声应在一定范围内,否则影响电子设备的正常工作。

4. 分辨力

电位器对输出量可实现的最精细的调节能力,称为分辨力。输出量变化越细微,则分辨力越高,膜式电位器从理论上讲应是最精细的。

5. 机械零位电阻

机械零位电阻是指电位器动接点处于电阻体始(或末)端时,动接点与电阻体始(或末)端之间的电阻值。理论上讲应为零,但实际上,由于电位器的结构、制造电阻体的材料及工艺等因素的影响,常常不为零,而是有一定的阻值,此阻值叫作零位电阻。

6. 阻值变化规律

常用电位器阻值变化规律有三种:直线式(A)、对数式(B)、反转对数式(C)。

2.2 电 容 器

电容器是由两个相互靠近的金属电极板，中间夹一层电介质构成的。电容器从物理学上讲，它是一种静态电荷存储介质。电容(或称电容量)则是表征电容器容纳电荷本领的物理量。电容器的两极板间的电势差增加 1 V 所需的电量，叫作电容器的电容。它可以并联于电源两端用作滤波，并联于电阻两端旁路交流信号，串联于电路中隔断直流通路并耦合交流信号，也可以与其他元件配合组成谐振回路，产生锯齿波、定时等。

2.2.1 电容器的分类

电容器的种类很多，按介质不同，可分为空气介质电容器、纸质电容器、有机薄膜电容器、瓷介电容器、玻璃釉电容器、支线电容器、电解电容器等；按结构不同，可分为固定电容器、半可变电容器、可变电容器等。

(1) 固定电容器：固定电容器的容量是不可调的。

(2) 半可变电容器：半可变电容器又称微调电容器或补偿电容器。其特点是容量可在小范围内变化，可变容量通常在几皮法或几十皮法之间，最高可达 100 pF(陶瓷介质时)。半可变电容器通常用于整机调整后，电容量不需经常改变的场合。

(3) 可变电容器：可变电容器的容量可在一定范围内连续变化，它由若干片尺寸相同的金属片并接成一组(或几组)定片和一组(或几组)动片组成，动片可以通过转轴转动，以改变动片插入定片的面积，从而改变电容量。其介质有空气、有机薄膜等。

2.2.2 电容器的特性参数

1. 型号命名法

电容器型号由四个部分组成，依次分别代表名称、材料、分类和序号，如表 2.2.1 所列。示例：CJX-250-0.33±10%电容器，其示例图如图 2.2.1 所示。

2. 标称容量

电容器的容量表示电容储存电荷的能力，单位是法拉(F)、微法(μF)、纳法(nF)和皮法(pF)。标称容量是标志在电容器上的名义电容量。实际电容器的容量与标称值之间的最大允许偏差范围，称为电容量的允许误差。一般电容器的容量及误差都标志在电容器上。体积较小的电容器常用数字和文字标志。采用数字标志容量时用三位整数，第一、二位为有效数字，第三位表示有效数字后面加零的个数，单位为皮法(pF)。如："223"表示该电容器的容量为 22 000 pF(或 0.022 μF)。采用文字符号标志电容量时，将容量的整数部分写在容量单位标志符号的前面，小数部分放在容量单位符号的后面。例如：0.68 pF 标志为 p68，3.3 pF 标志为 3p3，1 000 pF 标志为 1n，6 800 pF 标志为 6n8，2.2 μF 可标志为 2μ2 等。

表 2.2.1　电容器型号四个组成部分

第一部分		第二部分		第三部分		第四部分
用字母表示主体		用字母表示材料		用字母表示特征		用字母或数字表示序号
符号	意义	符号	意义	符号	意义	包括品种、尺寸、代号、温度特征、直流工作电压、标称值、允许误差、标准代号
C	电容器	C	瓷介	T	铁电	
		I	玻璃釉膜	W	微调	
		O	玻璃膜	J	金属化	
		Y	云母	X	小型	
		V	云母纸	S	独石	
		Z	纸介	D	低压	
		J	金属化纸	M	密封	
		B	聚苯乙烯	Y	高压	
		F	聚四氟乙烯	C	穿心式	
		L	涤纶(聚酯)			
		S	聚碳酸酯			
		Q	涤膜			
		H	制膜复合			
		D	铝电解			
		A	钽电解			
		G	金属电解			
		N	铌电解			
		T	钛电解			
		M	压敏			
		E	其他材料电解			

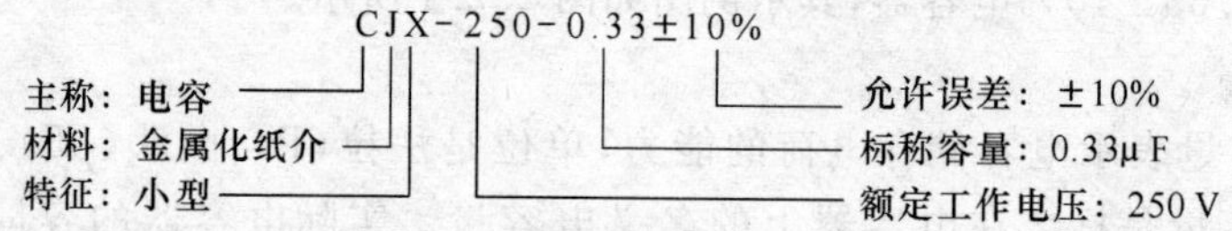

图 2.2.1　电容器型号示例

3．允许误差

误差的标志方法一般有三种：将容量的允许误差直接标在电容器上。用罗马数字“Ⅰ”、“Ⅱ”、“Ⅲ”分别表示±5％、±10％、±20％；用英文字母表示误差等级；用 J、K、M、N 分别表示±5％、±10％、±20％、±30％。

电容器的容量及误差除上述方法标志外，还可采用色标法来标志，电容器的色标法原则上与电阻器色标法相同，单位为 pF。

4．额定工作电压

额定工作电压是指电容器在规定的工作温度范围内，长期、可靠地工作所能承受的最高电压(又称耐压值)。常用固定式电容器的耐压值有:1.6 V、4 V、6.3 V、10 V、16 V、25 V、32 V(*)、40 V、50 V(*)、63 V、100 V、125 V、160 V、250 V、300 V(*)、400 V、450 V(*)、500 V、630 V、1 000 V等,其中有"*"符号的只限于电解电容用。耐压值一般都直接标在电容器上,但也有些电解电容在正极根部标上色点来代表不同的耐压等级。如棕色表示耐压值为6.3 V,红色表示10 V,灰色表示16 V等。

5. 绝缘电阻

绝缘电阻(又称漏阻)。理想电容器的绝缘电阻应为无穷大,但实际电容器的绝缘电阻往往达不到无穷大,一般电容器的绝缘电阻应在5 000 MΩ以上。绝缘电阻大,电容器的漏电小,性能好。优质电容器的绝缘电阻可达太欧(TΩ)级。

6. 介质损耗

理想电容器应没有能量损耗,但实际上电容在工作时总有一部分电能转换成热能而损耗掉,包括漏电流损耗和介质损耗两部分。小功率电容器主要是介质损耗。介质损耗是由介质反复极化和介质导电所引起的损耗。

在容量、工作条件相同的情况下,损耗越大,电容器传递能量的效率就越低。损耗较大的电容不宜用在高频电路中。

2.2.3 几种常用电容器的结构及特点

1. 纸介电容器

用两片金属箔做电极,夹在厚度为0.008～0.012 mm的电容纸中,卷成圆柱形或者扁柱形芯子,然后密封在金属壳或者绝缘材料(如火漆、陶瓷、玻璃釉等)壳中制成。

优点:比率电容大,电容范围宽,工作电压高,制造工艺简单,价格便宜,体积较小,能得到较大的电容量。

缺点:稳定性差,固有电感和损耗都比较大,只能应用于低频或直流电路,通常不能在高于3～4 MHz的频率上运用,目前已被合成膜电容取代,但在高压纸介电容中还有一席之地。

拓展:金属化纸介电容的结构和纸介电容基本相同,它是在电容器纸上覆上一层金属膜来代替金属箔,体积小,容量较大,多用在低频电路中。油浸纸介电容是把纸介电容浸在经过特别处理的油里,能增强它的耐压性。其特点是电容量大,耐压比普通纸质电容器高,稳定性较好,适用于高压电路,但体积较大。

2. 云母电容器

云母电容器可分为箔片式和被银式。用金属箔或在云母片上喷涂银层做电极板,极板和云母一层一层叠合后,再压铸在胶木粉或封固在环氧树脂中制成,形状多为方块状。

优点:采用天然云母作为电容极间的介质,耐压高,性能相当好,介质损耗小,绝缘电阻大,温度系数小。

缺点:由于受介质材料的影响,容量不能做得太大,一般在10～10 000 pF之间,且造价相对其他电容要高。

应用:云母电容高频性能稳定、介质损耗小、漏电电流小、耐高压(50～5 000 V)、容量小(10～30 000 pF)、绝缘电阻高(1 000～7 500 MΩ)、分布电感小。适合于高波段高压电路,是性能优良的高频电容之一,广泛应用于对电容的稳定性和可靠性要求高的场合,并可用作标准电容器。

3. 有机薄膜电容器

薄膜电容器结构和纸介电容相同，是以金属箔当电极，将其和聚乙酯、聚丙烯、聚苯乙烯或聚碳酸酯等塑料薄膜从两端重叠后，卷绕成圆筒状的构造。

依塑料薄膜的种类薄膜电容器分别称为聚乙酯电容（又称 Mylar 电容）、聚丙烯电容（又称 PP 电容）、聚苯乙烯电容（又称 PS 电容）和聚碳酸电容。

薄膜电容器具有很多优良的特性，是一种性能优秀的电容器。其主要特性如下：无极性，绝缘阻抗很高，频率特性优异（频率响应宽广），而且介质损失很小；容量范围为 3 pF～0.1 μF，直流工作电压为 63～500 V，漏电电阻大于 10 000 Ω。

应用：薄膜电容器被大量使用在模拟电路上，尤其是在信号交连的部分，必须使用频率特性良好、介质损失极低的电容器，方能确保信号在传送时，不致有太大的失真情形发生。近年来音响器材为了提升声音的品质，PP 电容和 PS 电容被使用在音响器材的频率与数量愈来愈高。

4. 电解电容器

电解电容器有正极（＋）、负极（－）之分，以铝（CD 型）、钽（CA 型）、铌、钛等附着有氧化膜的金属极片为阳极，阴极则是液体、半液体或胶卷的电解液。一般在电容器的外壳上都有标记，若无标记，则长引线为"＋"端，短引线为"－"端。其使用温度一般在－200℃～850℃以内。电解电容器一般有 3 种类型。

(1) 铝电解 CD：以铝为正极，液体电解质为负极，氧化铝膜为介质，温度范围多为－200℃～850℃。超过 850℃时，漏电流增加；低于－200℃时，容量变小，耐压为 6.3～450 V，容量为 10～680 μF。目前已生产出无极性铝电解电容，如 CD71、CD03、CD94。铝电解电容器应用最广，它的优点是容量大、体积小、耐压高（一般在 500 V 以下）、价格低，常用于交流滤波；缺点是容量误差大且随频率而变动，绝缘电阻低。

(2) 钽电解 CA：寿命、可靠性好于铝，体积小于铝，上限温度可达 2 000℃，但耐压不超过 160 V，漏电电流小，体积小，工作稳定性高，耐高温，寿命长，但成本高。

(3) 铌电解：介电常数大于钽，体积更小，稳定性比钽稍差。

5. 可变电容器

以两组相互平行的金属片作为电极，以空气或固体薄膜为介质，固定不动的一组称为定片，能随转轴一起转动的一组叫作动片。常用的可变电容器有以下 2 种。

(1) 空气介质可变电容器 CB：以两组金属片作电极，空气为介质，动片可随轴旋转 180°。根据金属片的形状，可做成直线式（电容直线式、波长直线式、频率直线式），对数电容式等。还可做成单联、双联或多联，每联的最外层一片定片有预留的几个细长缺口，在使用时，通过改变与动片的间距，达到微调目的，以获得较好的同轴性。

(2) 固体介质可变电容器 CBG 或 CBM：在动片和定片之间常以云母和聚苯乙烯薄膜作为介质。其优点是体积小、重量轻，常用于收音机，可做成等容、差容、双联、三联和四联电容器。

6. 贴片陶瓷电容器

贴片陶瓷电容器是以高介电常数、低损耗的陶瓷材料为介质，并在表面烧渗上银层作为电极的电容器。其优点是体积小、损耗小、温度系数小、绝缘性能好，可工作在超高频范围，适合作温度补偿电容；缺点是机械强度低、容量较小（一般为几皮法到几百皮法，但铁电瓷介电容器的容量可达零点几微法，并且具有较小的体积）、稳定性较差、耐压一般也不高。主要用于旁路电容、电源滤波等场合。

7. 玻璃釉电容器

玻璃釉电容器的介质是玻璃釉粉加压制成的薄片。因釉粉有不同的配制工艺方法，可获得不同性能的介质，所以可以制成不同性能的玻璃釉电容器。玻璃釉电容器具有介质介电系数大、体积小、损耗较小等特点，耐温性和抗湿性也较好。

因玻璃釉电容器介质是由釉粉加压制成薄片，介质介电系数大，因此电容器体积较小，抗潮性能好，能在较高的温度（125℃）下工作。

用途：玻璃釉电容器适合半导体电路和小型电子仪器中的交、直流电路或脉冲电路使用。

8. 涤纶电容器

用两片金属箔做电极，夹在极薄绝缘介质中，卷成圆柱形或者扁柱形芯子，介质是涤纶。涤纶薄膜电容器介电常数较高、体积小、容量大、稳定性较好，适宜做旁路电容。

优点：精度、损耗角、绝缘电阻、温度特性、可靠性及适应环境等指标都优于电解电容和瓷片电容。

缺点：容量、价格比及体积比都大于以上两种电容。

应用：常用于信号隔直、旁路、耦合、滤波、降噪、脉冲电路中。

2.2.4 电容器的选用及使用注意事项

2.2.4.1 选用方法

(1) 根据电路要求选用合适的类型。一般在低频耦合或旁路、电气特性要求较低时，可选用纸介、涤纶电容器；在高频高压电路中，选用云母电容器或瓷介电容器；在电源滤波和退耦电路中，可选用电解电容器。

(2) 容量及精度的选择。在振荡回路、延时回路、单调控制等电路中，电容器容量应尽可能与计算值一致。在各种滤波器及网络中（如选频网络），电容器的容量要求精确，其误差值应小于±0.003～±0.005。在退耦电路、低频耦合等电路中对容量及精度要求都不太严格，选用时比要求略大些即可，误差等级可选±0.005、±0.010、±0.020、±0.030等。

(3) 耐压值的选择。选用电容器的额定电压应高于实际工作电压，并要留有足够的余地，一般选用耐压值为实际工作电压的两倍以上的电容器。某些铁电陶瓷电容器的耐压值只是对低频时适应，高频时虽未超过其耐压值，但电容器也有可能被击穿，使用时应特别注意。

(4) 优先选用绝缘电阻高、损耗小的电容器，还应注意使用的环境条件。

2.2.4.2 使用注意事项

(1) 电容器在使用前应先检查外观是否完好无损，引线是否有松动或折断，型号规格是否符合要求；然后用万用表检查电容器是否击穿短路或漏电电流过大。

(2) 若现有的电容器和电路要求的容量或耐压不符合，可采用串联或并联的方法来解决。但要注意：两个工作电压不同的电容器并联时，耐压值由低的那只决定；两个容量不同的电容器串联时，容量小的那只所需的电压高于容量大的那只。一般不宜用多个电容器并联来增大等效容量，因为电容器并联后，损耗也随着增大。

(3) 可变电容器在安装时一般应将动片接地，这样可以避免人手转动电容器转轴时引入干扰。用手将转轴向前、后、左、右、上、下各个方向推动，不应有任何松动的感觉；旋转转轴时，应感到十分圆滑，不应有松有紧。

(4) 安装电容器时其引线不能从根部弯曲，焊接时间不应太长，以免引起性能变坏甚至损坏。

2.2.5 电容器的老化和筛选

电容器需从制造日期算起经一年以上的储存时间，达到自然老化后可提供使用(电解电容例外)；储存时间不满一年的，装配前需经人工老化处理和筛选。

以云母电容器和瓷介质电容器的老化工艺为例：将电容器放入温度为(50±5)℃的调温箱中，放置 4 小时后取出，自然冷却到室温，再置于低温箱中，降温至－20℃，维持 4 小时后取出，自然恢复至室温。按此过程进行三次循环后，反复测其容量的损耗角正切值，筛去不合格品。

电解电容器的老化有所不同，它的储存时间不应超过一年，储存处的环境温度为－10℃～＋40℃，相对湿度不大于 80%，还不应有酸性、碱性和其他有害气体。不满足此条件者，应按下述方法进行电锻老化以恢复特性：先加 1/3 额定直流工作电压 0.5～1 h，再升至 2/3 额定直流工作电压 1 h，再升至额定直流工作电压 2 h。这样在电锻恢复以后，再测量其绝缘电阻，合格者方能使用。

2.2.6 电容器的检测

(1) 容量小于 5 100 pF 的电容器，用万用表无法检查，可用一节 1.5 V 电池和一个耳机进行检查。当用电容的一个引脚碰电池正极或负极时，耳机内听到咯拉声，说明可用，如无声说明断路。短路时，可用万用表测出。

(2) 对于容量大于 5 100 pF 的电容器，用万用表的电阻挡(小电容用 $R\times10$ k 挡，超过 1 μF 的用 $R\times1$ k 挡)测电容的两引线，若万用表指针先向右摆动，然后再慢慢回到左端(充电现象)，说明电容器可用；如果向右摆后不回来，或回不到左端，说明电容器漏电；如果指针不摆动，说明已断路。一个质量好的电容器，用相同的电阻挡位，容量越大，摆动幅度越大。

(3) 测电解电容器时，要注意极性。正确的测量方法是：用指针式万用表 $R\times1$ k 或 $R\times10$ k挡，将黑表笔接(表内电池正极)电容正极，红表笔接电容负极，表针向右摆动后，然后慢慢回摆，直至回到最左端(电容越大，回摆时间越长，可长至几分钟)。再测时，应将电容器放电后再测。当回不到最左端时，说明电容器漏电；无摆动时，说明电容器失效。如果测反了，表针将回不到最左端(反接时漏电)。电解电容器外壳上有正负极标志，如不清楚，一般长腿为正极。

当电解电容器引线的极性无法辨别时，可以根据电解电容器正向连接时绝缘电阻大，反向连接时绝缘电阻小的特征来判别。用万用表红、黑表笔交换来测量电容器的绝缘电阻，绝缘电阻大的一次，连接表内电源正极的表笔所接的就是电容器的正极(指针式万用表是黑表笔，数字式万用表是红表笔)，另一极为负极。

2.3 电 感 器

电感器(简称电感)是由导线在绝缘管上单层或多层绕制而成的,导线彼此互相绝缘,而绝缘管可以是空心的,也可以包含铁芯或磁粉芯,用英文字母 L 表示。

在电子元件中,电感通常分为两类,一类是应用自感作用的线圈,另一类是应用互感作用的变压器。作为线圈,主要作用是滤波、聚焦、偏转、延迟、补偿,与电容配合用于调谐、陷波、选频、震荡;作为变压器,主要用于耦合信号、变压、阻抗匹配等。

2.3.1 电感器的分类

(1) 按电感形式分类:有固定电感、可变电感、微调电感。

(2) 按导磁体性质分类:有空心线圈、铁氧体线圈、铁芯线圈、铜芯线圈。

(3) 按工作性质分类:有天线线圈、振荡线圈、扼流线圈、陷波线圈、偏转线圈。

(4) 按形状分类:有线绕电感(单层线圈、多层线圈及蜂房线圈)、平面电感(印制板电感、片状电感)。

(5) 按工作频率分类:有高频线圈、中频线圈、低频线圈。

(6) 按功能分类:有振荡线圈、扼流圈、耦合线圈、校正线圈和偏转线圈等。

常用电感器的符号如图 2.3.1 所示。

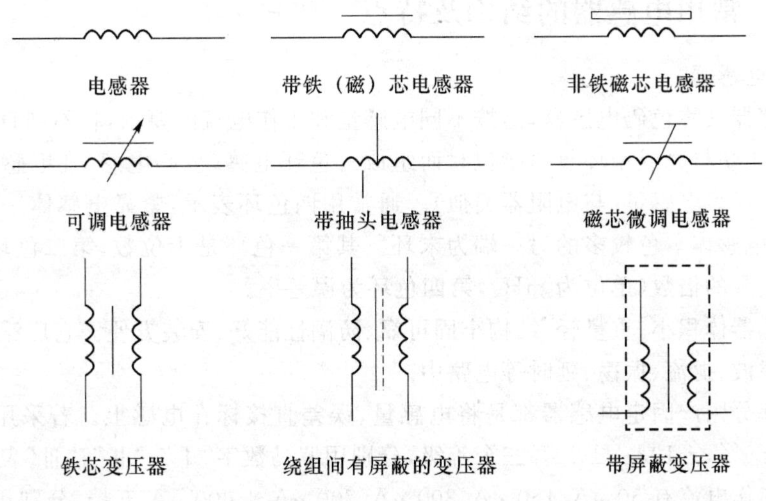

图 2.3.1 常用电感器的符号

2.3.2 电感器的主要性能指标

1. 电感(L)

电感包括自感和互感,反映电感线圈存储磁场能的能力,也反映电感器通过变化电流时产生感应电动势的能力。其大小与磁导率 μ、线圈单位长度中的匝数 N 以及体积 V 有关。

当线圈的长度远大于直径时，电感量为公式(2.3.1)所示。

$$L=\mu N^2V \tag{2.3.1}$$

电感量的常用单位是亨利(H)、毫亨(mH)、微亨(μH)，它们之间的关系是 1 H=1 000 mH=1 000 000 μH

2. 品质因数(Q)

电感器线圈所储能量同每周期损耗能量的比值称为品质因数，用 Q 值来表示，为公式(2.3.2)所示。

$$Q=\omega L/R \tag{2.3.2}$$

式中，ω 为工作角频率；L 为线圈电感；R 是线圈的等效串联损耗电阻。

Q 值高表示电感器的损耗功率小、效率高。但 Q 值的提高受到导线的直流电阻、线圈架的介质损耗等多种因素的限制，通常为 50～300。

3. 分布电容

分布电容是指电感线圈的匝与匝之间、线圈与地之间、线圈与屏蔽盒之间存在的寄生电容。分布电容使线圈的 Q 减小，稳定性变差。减小分布电容的方法有：减小线圈骨架的直径；用细导线绕制线圈；采用间绕法、蜂房式绕法绕制线圈。

4. 额定电流

额定电流是指电感器长期工作不损坏所允许通过的最大电流。它是工作时电流圈的电感器，如高频扼流圈、大功率谐振线圈以及电源滤波电路中的低频扼流圈等，是选用时应考虑的重要参数。

2.3.3 常用电感器的结构及特点

1. 固定电感器

固定电感器又称色码电感器，是按不同电感量和工作电流的要求，将不同直径的铜线绕在磁心上，再用塑料壳或用环氧树脂包封而组成。色环电感(色码电感)在电感器表面涂上不同的色环来代表电感量(与电阻器类似)。通常用四色环表示，紧靠电感体一端的色环为第一环，露着电感体本色较多的另一端为末环。其第一色环是十位数，第二色环为个位数，第三色环为应乘的倍数(单位为 mH)，第四色环为误差率。

固定电感器体积小、重量轻、结构牢固可靠、防潮性能好、安装方便。它广泛应用于各种电子设备的滤波、扼流、振荡、延时等电路中。

目前大部分国产固定电感器都是将电感量、误差直接标在电感上。若采用 E12 系列，允许误差有±5%，±10%，±20%三个等级，分别用罗马数字“Ⅰ”，“Ⅱ”，“Ⅲ”表示。固定电感器的最大工作电流有 50 μA、150 μA、300 μA、700 μA、1 600 μA 五挡，分别用字母 A、B、C、D、E 表示，Q 值一般为 40～60。

2. 可变电感器

可变电感器的电感值可平滑均匀改变，一般采用以下三种方法：(1) 在线圈中插入磁心或铜心，通过改变它们的位置来调节线圈的电感量；(2) 在线圈上安装一滑动的触点，通过改变触点的位置来改变线圈的电感量；(3) 将两个线圈串联，然后通过均匀改变两线圈的相对位置达到互感量的变化，而使线圈的电感量随之变化，如图 2.3.2 所示。

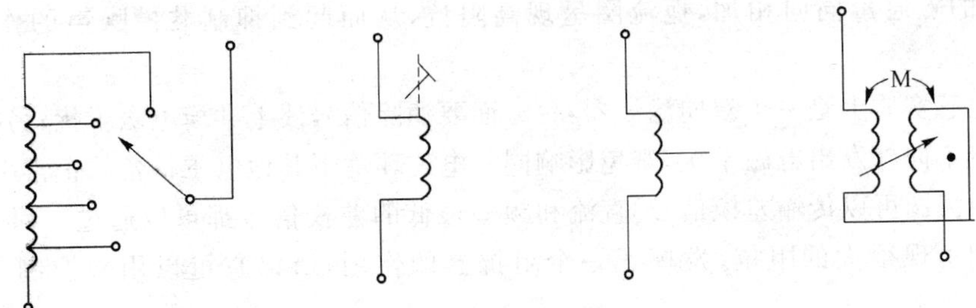

图 2.3.2 几种类型的可变电感线圈

3. 扼流线圈

扼流线圈又称为扼流圈、阻流线圈、差模电感器，是用来限制交流电通过的线圈，分高频阻流圈和低频阻流圈。采用开磁路构造设计，有结构性佳、体积小、高 Q 值、低成本等特点，如图 2.3.3 所示。

作用：利用线圈电抗与频率成正比的关系，可扼制高频交流电流，让低频和直流通过。根据频率高低，采用空气芯、铁氧体芯、硅钢片芯等。用于整流时称“滤波扼流圈”；用于扼制声频电流时称“声频扼流圈”；用于扼制高频电流时称“高频扼流圈”。用于“通直流、阻交流”的电感线圈叫作低频扼流圈；用于“通低频、阻高频”的电感线圈叫作高频扼流圈。

用途：用于笔记本电脑、喷墨打印机、影印机、显示监视器、手机、宽频数据机、游戏机、彩色电视、录放影机、摄影机、微波炉、照明设备、汽车电子产品等。

4. 贴片电感

贴片电感又称为功率电感、大电流电感、表面贴装高功率电感，如图 2.3.4 所示。

图 2.3.3 扼流线圈

图 2.3.4 贴片电感

特点：平底表面适合表面贴装，优异的端面强度良好，高 Q 值、低阻抗，低漏磁、低直电阻、耐大电流，可提供编带包装，便于自动化装配。

用途：可用于电脑显示板卡、笔记本电脑、脉冲记忆程序设计。可提供卷轴包装，适用于表面自动贴装。

5. 共模电感

共模电感也叫共模扼流圈，是在一个闭合磁环上对称绕制方向相反、匝数相同的线圈。信号电流或电源电流在两个绕组中流过时方向相反，产生的磁通量相互抵消，扼流圈呈现低阻抗。共模噪声电流（包括地环路引起的骚扰电流，也称作纵向电流）流经两个绕组时方向相同，产生的磁通量同向相加，扼流圈呈现高阻抗，从而起到抑制共模噪声的作用，如图2.3.5所示。

共模电感实质上是一个双向滤波器：一方面要滤除信号线上共模电磁干扰；另一方面又要抑制本身不向外发出电磁干扰，避免影响同一电磁环境下其他电子设备的正常工作。

共模扼流圈可以传输差模信号，直流和频率很低的差模信号都可以通过。而对于高频共模噪声则呈现很大的阻抗，发挥了一个阻抗器的作用，所以它可以用来抑制共模电流骚扰。

6. 磁珠电感

磁珠由氧磁体组成，电感由磁心和线圈组成。磁珠把交流信号转化为热能，电感把交流存储起来，缓慢地释放出去，如图 2.3.6 所示。

图 2.3.5　共模电感

图 2.3.6　磁珠电感

磁珠对高频信号有较大的阻碍作用，一般规格有 100 Ω/100 MHz ，它在低频时电阻比电感小得多。

铁氧体磁珠 (Ferrite Bead)是目前应用发展很快的一种抗干扰元件，廉价、易用，滤除高频噪声效果显著。在电路中只要导线穿过它即当导线中电流穿过时，铁氧体对低频电流几乎没有什么阻抗，而对较高频率的电流会产生较大衰减作用。高频电流在其中以热量形式散发，其等效电路为一个电感和一个电阻串联，两个元件的值都与磁珠的长度成比例 。

2.3.4　电感器的简单检测方法

在选电感器时，首先应明确其使用频率范围，铁心线圈只能用于低频，铁氧体线圈、空心线圈可用于高频；其次要清楚线圈的电感量和适用的电压范围。

电感线圈本身是磁感应元件，对周围的电感性元件有影响，安装时要注意电感性元件之间的相互位置，一般应是相互靠近的电感线圈的轴线相互垂直。

检测电感器时，首先从外观上检查，看线圈有无松散、发霉、引脚是否有氧化、生锈现象。进一步可用万用表的欧姆挡测线圈的直流电阻，若直流电阻为无穷大，说明线圈内或线圈与引出线间已经断路；若直流电阻比正常值小很多，说明线圈内有局部短路；若直流电阻为零，则说明线圈完全短路。具有金属屏蔽罩的线圈，还需测量它的线圈和屏蔽罩间是否短路。具有磁心的可调电感线圈要求磁心的螺纹配合要好，既要轻松，又不滑牙。线圈的断线往往是因为受潮发霉或拗扭折断的。一般的故障多数发生在线圈引出头的焊接点上或经常拗扭的地方。

用万用表检测电感介绍如下。

1. 色码电感的检测

将万用表置于$R\times1$挡,用两表笔分别碰接电感线圈的引脚。当被测的电感器电阻值为0 Ω时,说明电感线圈内部短路,不能使用。

如果测得电感线圈有一定阻值,说明正常。电感线圈的电阻值与电感线圈所用漆包线的粗细、圈数多少有关。电阻值是否正常可通过相同型号的正常值进行比较。

当测得的阻值为无穷大时,说明电感线圈或引脚与线圈接点处发生了断路,此时不能使用。

2. 对振荡线圈的检测

由于振荡线圈有底座,在底座下方有引脚,检测时首先弄清各引脚与哪个线圈相连;然后用万用表的$R\times1$挡,测一次绕组或二次绕组的电阻值,如有阻值且比较小,一般就认为是正常的,如果阻值为0则是短路,如果阻值为∞则是断路。

由于振荡线圈置于屏蔽罩内,因此还要检测一、二次绕组与屏蔽罩之间的电阻值,其方法是选万用表的$R\times10$ k挡,用一支表笔接触屏蔽罩,另一支表笔分别接触一、二次绕组的各引脚。若测得的阻值为∞,说明正常;如果阻值为0,则有短路现象;若阻值小于∞但大于0,说明有漏电现象。

3. 通过测定Q值来检测

在选择和使用电感线圈时,首先要对线圈进行检查测量,而后去判断线圈的质量好坏和优劣。欲准确检测电感线圈的电感量和品质因数Q,一般均需要用专门仪器,而且测试方法较为复杂。

在实际工作中,一般不进行这种检测,仅进行线圈的通断检查和Q值的大小判断。可先利用万用表电阻挡测量线圈的直流电阻,再与原确定的阻值或标称阻值进行比较,如果所测阻值比原确定阻值或标称阻值增大许多,甚至指针不动(如果阻值趋向无穷大,可判定线圈断线;如果所测阻值极小,则判定是严重短路,局部短路是很难判断出来的),在这两种情况下,可以判定此线圈是坏的,不能用。如果检测电阻与原确定的或标称阻值相差不大,可判定此线圈是好的。

2.4 半导体二极管

普通二极管是由一个PN结加上两条电极引线做成管芯,从P区引出的电极作为正极,从N区引出的电极作为负极,并且用塑料、玻璃或金属等材料作为管壳封装起来,就构成了二极管。二极管的体积较小时,在其中的一端用一个色环来表示负极,无色环一端就是正极;体积较大时,常在壳体上印有标明正极和负极的符号。

二极管类型很多,根据制造材料分为锗(Ge)二极管、硅(Si)二极管等;根据封装形式分为塑料封装(塑封)二极管、玻璃封装(玻封)二极管、金属封装二极管、片状二极管等;根据电流容量分为大功率二极管、中功率二极管和小功率二极管；根据用途分为普通二极管、整流二极管、开关二极管、稳压二极管、发光二极管、变容二极管、光电二极管等。常用二极管的图形符号如图 2.4.1 所示。

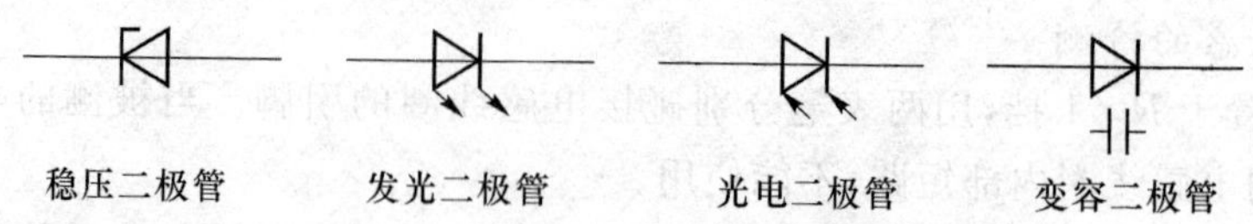

图 2.4.1　常用二极管的图形符号

2.4.1　二极管的特性

2.4.1.1　单向导电特性

1. 加正向电压二极管导通

将二极管的正极接电路中的高电位，负极接低电位，称为正向偏置（正偏）。此时二极管内部呈现较小的电阻，有较大的电流通过，二极管的这种状态称为正向导通状态。

2. 加反向电压二极管截止

将二极管的正极接电路中的低电位，负极接高电位，称为反向偏置（反偏）。此时二极管内部呈现很大的电阻，几乎没有电流通过，二极管的这种状态称为反向截止状态。

2.4.1.2　二极管的特性曲线

二极管的特性曲线如图 2.4.2 所示。

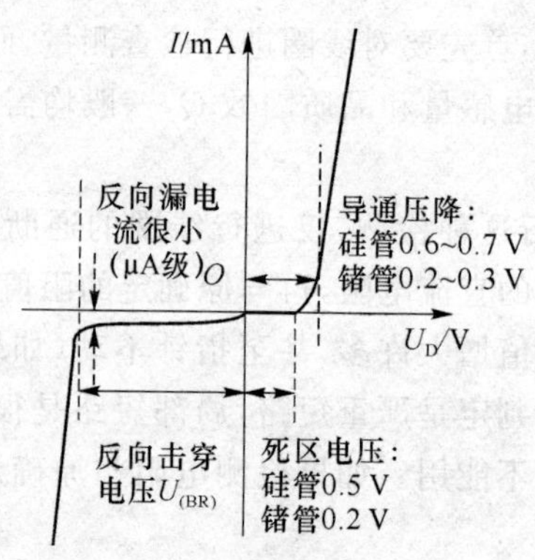

图 2.4.2　二极管的特性曲线

1. 正向特性

当正向电压较小时，二极管呈现的电阻很大，基本上处于截止状态，这个区域常称为正向特性的“死区”，一般硅二极管的“死区”电压约为 0.5 V，锗二极管约为 0.2 V。

当正向电压超过“死区”电压后，二极管的电阻变得很小，二极管处于导通状态，二极管导通后两端电压降基本保持不变，硅二极管约为 0.7 V，锗二极管约为 0.3 V。

2. 反向特性

二极管加反向电压时，仍然会有反向电流流过二极管，称为漏电流。漏电流基本不随反向电压的变化而变化，称为反向截止区。

当加到二极管两端的反向电压超过某一规定数值时，反向电流突然急剧增大，这种现象称为反向击穿现象。实际应用时,普通二极管应避免工作在击穿范围。

2.4.1.3 二极管的检测

用万用表判断二极管极性的示意图如图 2.4.3 所示。

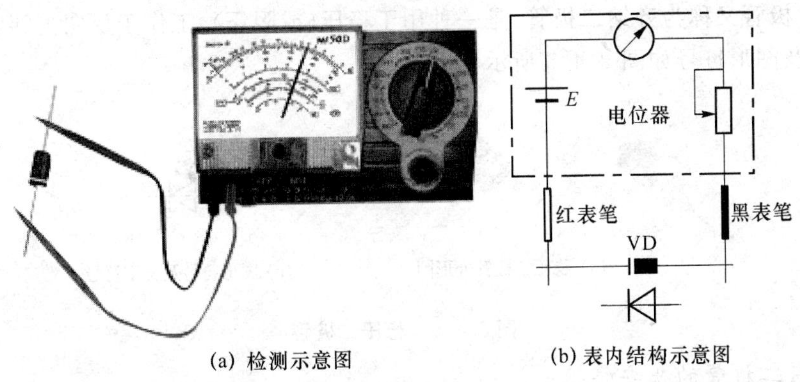

(a) 检测示意图　　(b) 表内结构示意图

图 2.4.3 万用表判断二极管极性

先将万用表电阻挡旋钮置于 $R\times100$ 或 $R\times1$ k 挡。用万用表红、黑表笔任意测量二极管两引脚间的电阻值,交换万用表表笔再测量一次。如果二极管是好的话,两次测量结果必定一大一小。以阻值较小的一次测量为准,黑表笔所接的二极管一端为正极,红表笔所接的二极管一端为负极。

用万用表检测普通二极管的好坏测试图如图 2.4.4 所示。

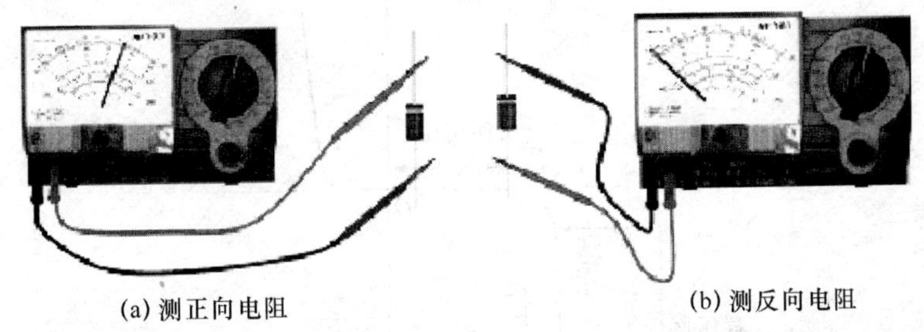

(a) 测正向电阻　　(b) 测反向电阻

图 2.4.4 测普通二极管的好坏

万用表置于 $R\times1$ k 挡,测量正向电阻时,万用表的黑表笔接二极管的正极,红表笔接二极管的负极。万用表置于 $R\times1$ k 挡,测量反向电阻时,万用表的红表笔接二极管的正极,黑表笔接二极管的负极。根据二极管正、反向电阻阻值变化判断二极管的质量好坏。

2.4.2 稳压二极管

稳压管是利用 PN 结反向击穿时所表现的稳压特性而制成的器件。稳压管有塑封和金属外壳封闭两种。一般稳压管外形与普通二极管相似。有一种稳压管外形与小功率三极管相似,其内部有两个反向串接的稳压二极管,自身具有温度补偿作用(如 2DW7、2CW231 等),常用在高精度的电路或稳压电路中。稳压管在电路中是反向连接的,在一定条件下能使稳压管所接电路两端的电压稳定在一个规定的电压范围内,称为稳压值。

使用稳压管注意事项如下:任意数量的稳压管可串联使用,但不能并联使用。工作过程中所用稳压管的电流与功率不允许超过其极限值。在电路中的连接应使稳压管工作于反向击穿状态，即工作在稳压区。稳压管替换时，必须使替换上去的稳压管与原稳压管的稳压值相同，而最大允许工作电流则要相等或更大。

1. 稳压二极管的图形符号

稳压二极管又称为齐纳二极管，是一种用于稳压（或限压）、工作于反向击穿状态的二极管，其外形及图形符号如图 2.4.5 所示。

图 2.4.5　稳压二极管

2. 稳压二极管的伏安特性

当反向电压达到 U_Z 时，即使电压有一微小的增加，反向电流也会增加很多（反向击穿曲线很陡直），这时，二极管处于击穿状态，其两端电压基本保持不变（稳压区）。如果把击穿电流通过电阻限制在一定的范围内，管子就可以长时间在反向击穿状态下稳定工作。而且，稳压二极管的反向击穿特性是可逆的，去掉反向电压，稳压二极管又恢复常态，如图 2.4.6 所示。

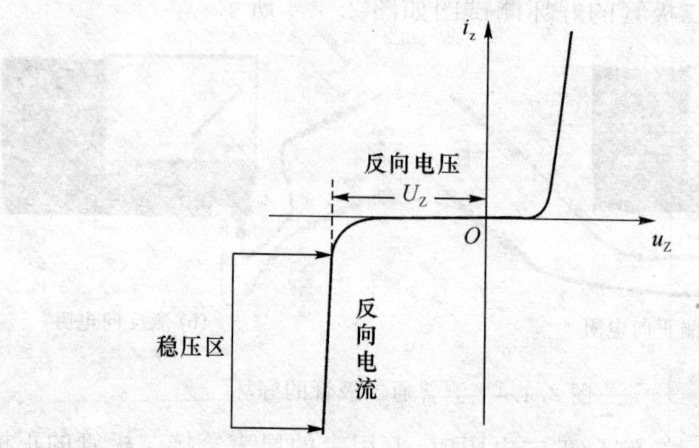

图 2.4.6　稳压二极管的伏安特性

3. 稳压二极管的检测

检测方法与普通二极管相同，但稳压二极管的正向电阻比普通二极管的正向电阻要大一些。若需要对稳压二极管稳定电压做精确测量，则可用晶体管特性图示仪测量。

2.4.3　发光二极管

发光二极管是一种将电信号转换成光信号的半导体器件，通常使用磷化镓、砷化镓、磷砷化镓等材料制成。发光二极管和普通二极管一样具有单向导电性，正向导通时才能发光。发光二极管的发光颜色有多种，如红、绿、黄、蓝等，外形有圆形和长方形，它具有工作电压低、耗电少、体积小、响应速度快、抗冲击、耐震动、寿命长、容易与数字集成电路匹配等特点，被广泛应用于单个显示电路，或做成七段矩阵显示器，而在数字电路中，常用作逻辑显示器。

检查发光二极管的好坏是用万用表 $R\times10$ k 挡测正、反向电阻，一般正向电阻应小于 30 kΩ，反向电阻应大于 1 MΩ。若正、反向电阻均为零，说明内部击穿短路；若正、反向电阻均为无穷大，说明内部开路。发光二极管的正向工作电压一般在 1.5～3 V，允许通过的电流为 2～20 mA，电流的大小决定发光的亮度。若与 TTL 器件连接使用，一般需串接一个 100 Ω～1 kΩ 的降压电阻以防器件损坏。

使用发光二极管的注意事项如下：管子的极性，一般引线较长的为正极，引线较短的为负极。使用中各项参数不得超过规定限值。正向电流不允许超过极限工件电流值。长期使用温度不宜超过 75℃。焊接时间应尽量短，焊点不能在管脚根部，焊接时使用镊子夹住管脚根部散热。严禁用有机溶液浸泡或清洗。驱动电路必须加限流电阻。在发光亮度基本不变的情况下，采用脉冲电压驱动可节省耗电。对 LED 点阵显示器采用扫描显示方式能大大降低整体功耗。

1. 发光二极管的基本特性

发光二极管是采用磷化镓或磷砷化镓等半导体材料制成的，可以直接将电能转换成光能的发光器件。发光二极管的发光颜色和它本身的颜色相同，但也有透明色的发光二极管，可以发出红色、黄色、绿色、白色等可见光。还有三色变色发光二极管和人眼看不见的红外线二极管，它们被广泛运用于电路的状态显示、信息显示、装饰工程、照明等领域。

通常，发光二极管通过 10 mA 电流时，就可以发出强度令人满意的光线，高强度的发光二极管只需 5 mA 左右的电流就能正常发光。

2. 发光二极管的检测

发光二极管与普通二极管一样也是由 PN 结构成，同样具有单向导电性。

(1) 极性判别

方法 1：由管子的引脚长短识别，电极长的引脚为正极，短的引脚为负极。

方法 2：用指针式万用表 $R\times10$ k 电阻挡测量，测得电阻小的(约几十千欧)，其黑表笔接的引脚是正极，红表笔接的引脚是负极，同时可仔细观察到发光二极管发出的微弱光线。

(2) 质量的简易判别

方法 1：将指针式万用表置于 $R\times10$ k 电阻挡，测量其正向电阻应在几十千欧之内，反向电阻应大于几百千欧(通常为无穷大)为正常。

方法 2：将发光二极管长引脚(正极)插入万用表的 NPN 型“c 极”插孔，短引脚(负极)插入“e 极”插孔，则发光二极管正常发光。

(3) 正、反电压降测量

将数字万用表置于二极管挡，红表笔接二极管正极，黑表笔接负极，显示屏显示电压在 1.8 V 左右，调换表笔再测试，显示为 1 V，则表示被测管合格。

3. 主要应用

发光二极管主要应用在两个方面：一是光电控制电路，如光电开关、光电隔离、红外遥控等；二是信号状态指示和数字符号显示，如电源指示、数码显示等，电流增大，亮度变亮。

普通单色发光二极管的发光颜色有红色、黄色、绿色等，使用时要求串联适当的限流电阻，如图 2.4.7 所示。

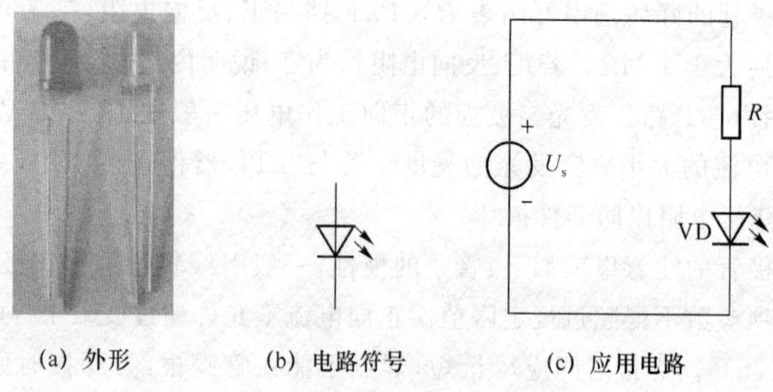

(a) 外形　(b) 电路符号　(c) 应用电路

图 2.4.7　发光二极管

红外发光二极管又称红外线发射二极管，主要用于各种光控和遥控发射电路中。图 2.4.8所示为电视机的遥控器，利用红外发光二极管将操作电视机的控制信号发送出去，与配套的遥控接收器配合，实现电视节目、音量等遥控操作。

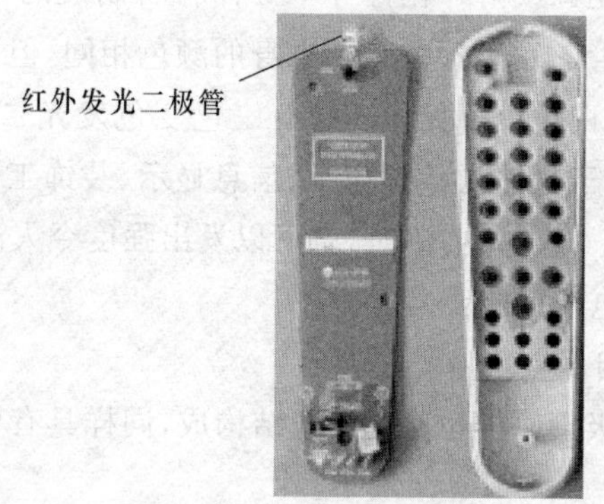

图 2.4.8　电视机遥控器中的红外线发射二极管

2.4.4　光电二极管

光电二极管又称光敏二极管，它是利用光电效应制成的单 PN 结光敏器件。在光电二极管的管壳上有一个玻璃窗口，在没有光照的情况下反向电阻在几兆欧，在光照射下反向电阻急剧降低到几至几十千欧。光电二极管常用于光电式传感器、光电输入机、光电转换自动控制以及光电读出装置中。

1. 工作原理及特性

光电二极管是在反向电压作用下工作的，它的正极接较低的电平，负极接较高的电平，工作电路如图 2.4.9 所示。没有光照时，反向电流极其微弱，称为暗电流；有光照时，反向电流迅速增大到几十微安，称为亮电流。光的强度越大，反向电流也越大。光的变化引起光电二极管电流变化，该电流流经负载，产生输出电压，由此可以把光信号转换成电信号，故将其称为光电传感器件。

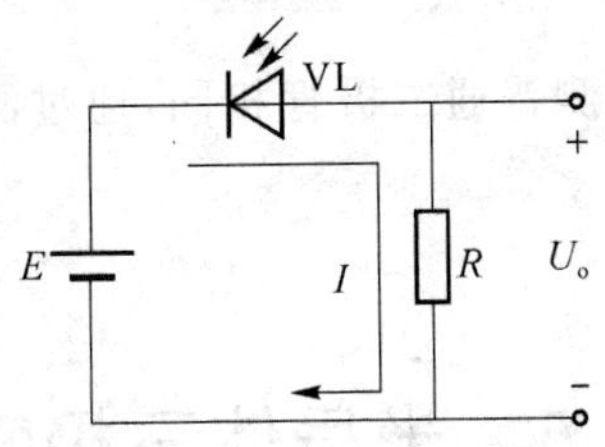

图 2.4.9 光电二极管工作电路

2. 光电二极管的简易检测

检测示意图如图 2.4.10 所示。

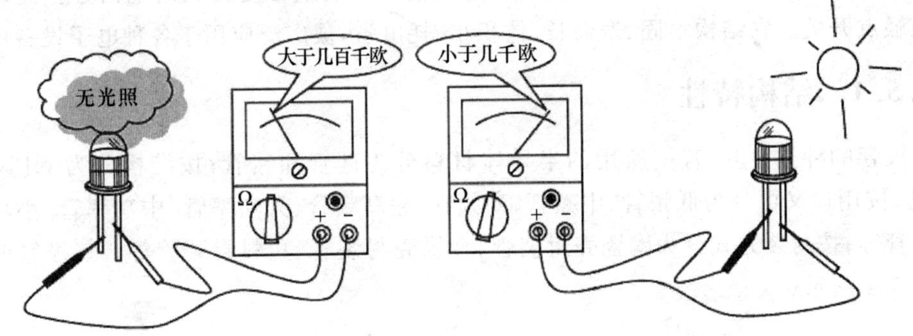

图 2.4.10 光电二极管检测

首先在无光照的条件下,用指针式万用表 $R\times100$ 或 $R\times1$ k 挡检测光电二极管的正负极性,检测方法同普通二极管的检测。

使光电二极管处于反向工作状态,即万用表黑表笔接光电二极管的负极,红表笔接其正极,在没有光照射时,其阻值应在几十千欧至几百千欧之间,该电阻值称为暗电阻;再将光电二极管移到光线明亮处,其阻值应会大大降低,万用表指示值通常只有几千欧,该电阻值称为亮电阻。

2.4.5 变容二极管

变容二极管像稳压二极管一样,工作于反向偏置状态。实物及图形符号如图 2.4.11 所示。

VD

图 2.4.11 变容二极管

当给变容二极管施加反向电压时,由于 PN 结展宽而呈现电容特性,其两个电极之间的 PN 结电容大小随加到变容二极管两端反向电压大小的改变而变化,其特性相当于一个可以通过电压控制的自动微调电容。

变容二极管的检测方法与检测普通二极管相同，通过测量二极管的正向电阻和反向电阻鉴别变容二极管的质量好坏。

2.5 半导体三极管

半导体三极管又称双极型晶体管、晶体三极管，简称三极管，是一种电流控制的半导体器件。它最基本的作用是放大，就是把微弱的电信号转换成幅度较大的电信号。此外还可作为无触点开关。它结构牢固、寿命长、体积小、耗电省，被广泛应用于各种电子设备中。

2.5.1 结构特性

三极管的种类很多，若按所用的半导体材料分为硅管和锗管；按结构分为 NPN 管和 PNP 管；按用途又可分为低频管、中频管、高频管、超高频管、大功率管、中功率管、小功率管和开关管等；按封装方式分为陶瓷壳封装管、金属壳封装管、塑料封装管等。三极管的结构如图 2.5.1 所示。

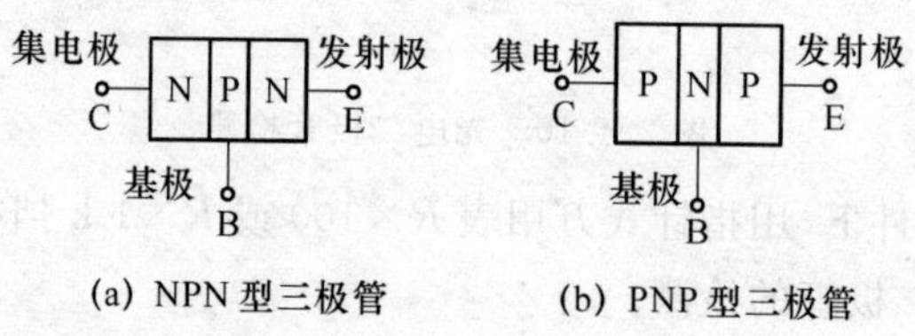

图 2.5.1　三极管的结构

锗三极管的增益大，频率特性好，尤其适用于低频电压电路。硅三极管反向漏电流小，耐压高，温度漂移小，能在较高的温度下工作和承受较大的功率损耗。

在电子设备中常用的小功率硅管和锗管有金属外壳封装和塑料外壳封装两种。金属外壳封装的管壳上一般有定位销，将管底朝上从定位销起顺时针方向三根电极分别为 E、B、C。若管壳上无定位销，只要将三根电极所在的半圆置于上方，按顺时针方向三根电极依次为 E、B、C。塑料外壳封装的 NPN 管，面对侧平面将三根电极置于下方，从左到右三根电极依次为 E、B、C。

大功率三极管外形一般分为 F 型和 G 型两种。F 型管从外面只能看到两根电极(E、B)在管底，底座为 C。G 型管的三根电极一般在管壳的顶部。

2.5.2 三极管的工作状态

半导体三极管具有三种工作状态：放大、饱和、截止，在模拟电路中一般使用放大作用，饱和和截止状态一般适用在数字电路中。

半导体三极管有三种基本放大电路：共射极放大电路、共集电极放大电路和共基极放大电路。对这三种基本电路可以从放大电路中通过交流信号的传输路径来进行区别及判断。

没有交流信号通过的极，就叫此极为公共极，如表 2.5.1 所示。

表 2.5.1 三种基本放大电路

	共射极放大电路	共集电极放大电路	共基极放大电路
电路形式	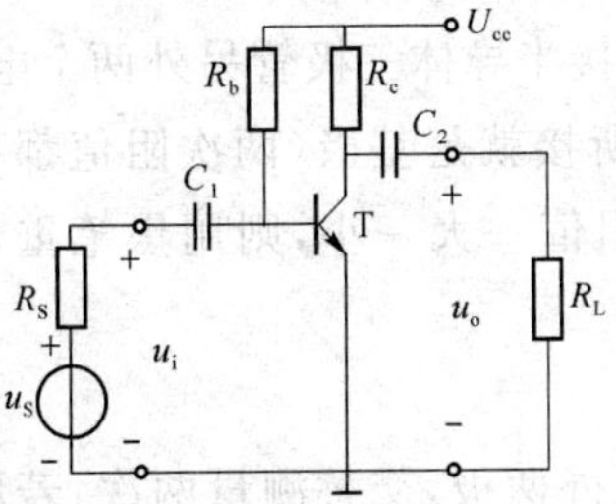	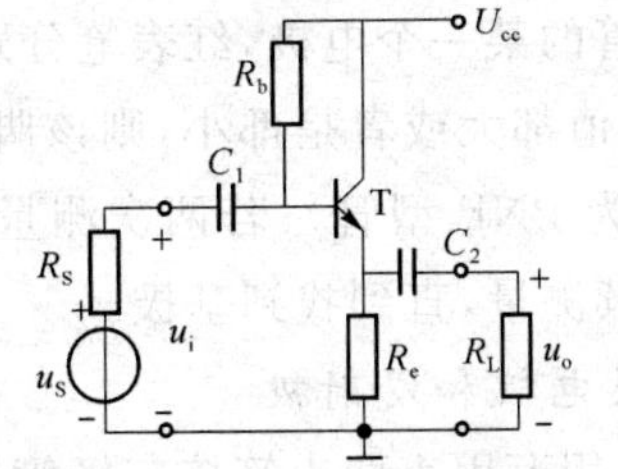	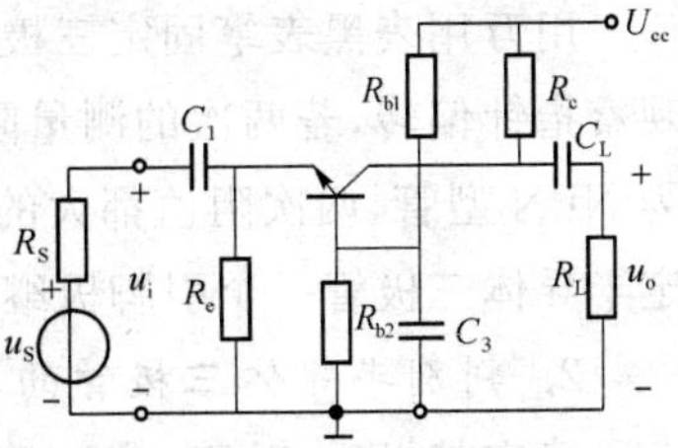
直流通道	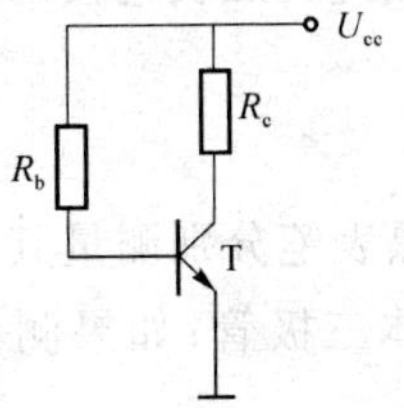	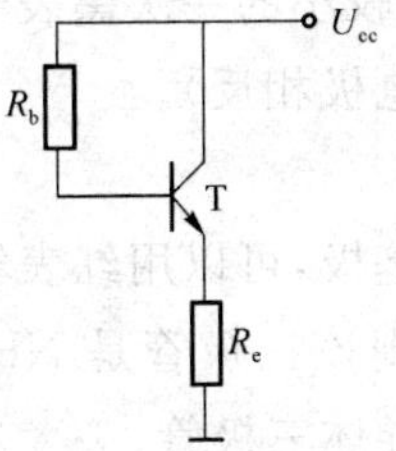	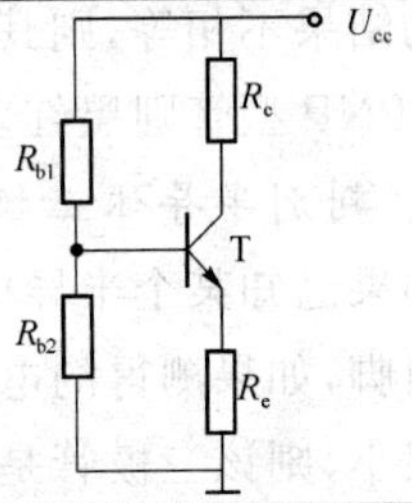
静态工作点	$I_B=\frac{U_{cc}}{R_b}$ $I_c=\beta I_B$ $U_{CE}=U_{cc}-I_eR_e$	$I_B=\frac{U_{cc}}{R_b+(1+\beta)R_e}$ $I_c=\beta I_B$ $U_{CE}=U_{cc}-I_cR_e$	$U_B=\frac{R_{b2}}{R_{b1}+R_{b2}}U_{cc}$ $I_c=I_e=\frac{U_B-0.7}{R_e}$ $U_{CE}=U_{cc}-I_c(R_c+R_e)$
交流通道	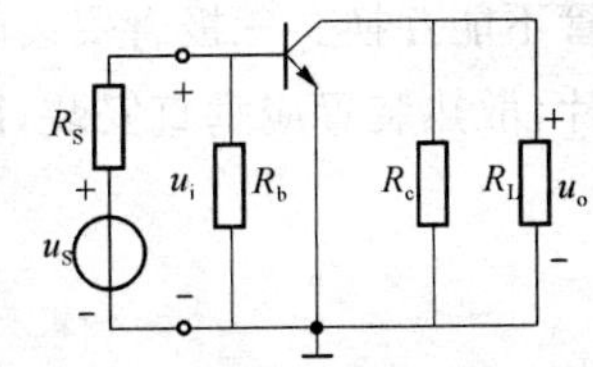	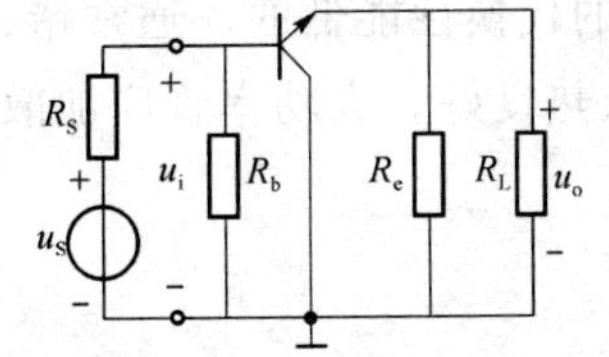	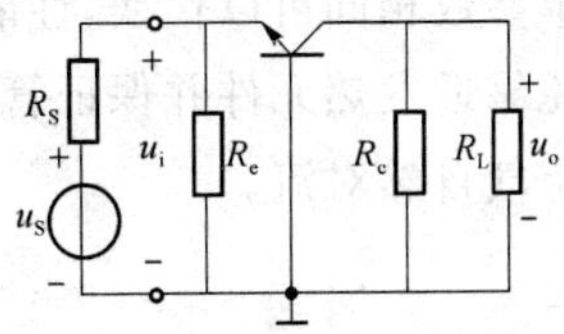
微变等效电路	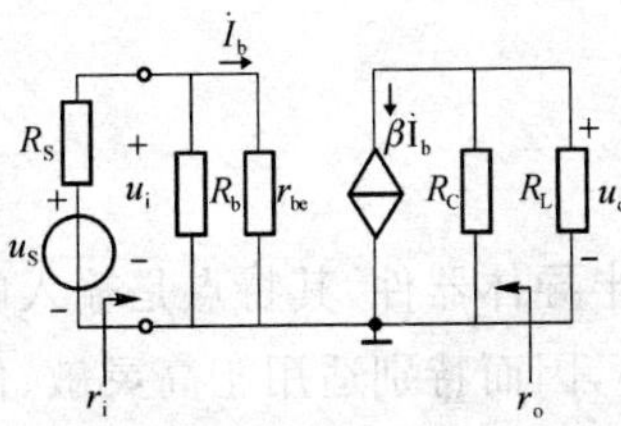	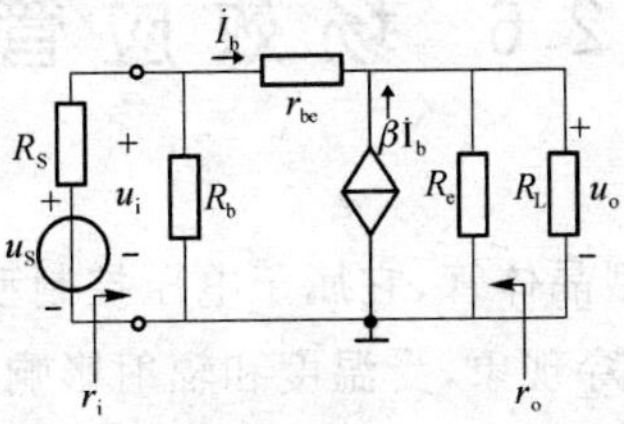	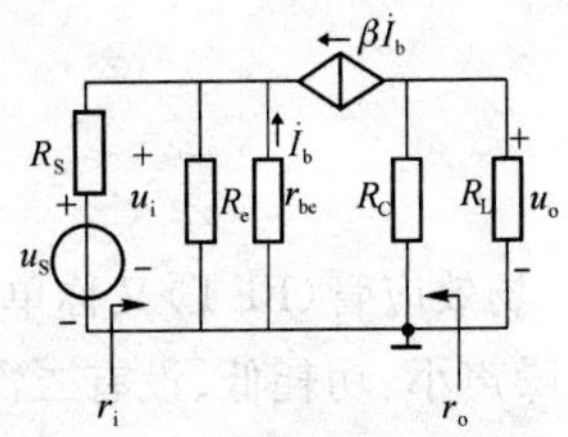
A_u	$-\frac{\beta R'_L}{r_{be}}$	$\frac{(1+\beta)R'_L}{r_{be}+(1+\beta)R'_L}$	$\frac{\beta R'_L}{r_{be}}$
r_i	$R_b // r_{be}$	$R_b // (r_{be}+(1+\beta)R'_L)$	$R_e // \frac{r_{be}}{1+\beta}$
r_o	R_c	$R_e // \frac{r_{be}+R'_S}{1+\beta}, R'_S=R_B // R_S$	R_c
用途	多级放大电路的中间级	输入、输出级或缓冲级	高频电路或恒流源电路

2.5.3 三极管极性和类型的判断

选量程为 $R\times100$ 或 $R\times1$ k 挡位。

1. 判别半导体三极管基极

用万用表黑表笔固定三极管的某一个电极，红表笔分别接半导体三极管另外两个电极，观察指针偏转，若两次的测量阻值都大或者是都小，则该脚所接就是基极(两次阻值都小的为 NPN 型管，两次阻值都大的为 PNP 型管)；若两次测量阻值一大一小，则用黑笔重新固定半导体三极管一个引脚极继续测量，直到找到基极。

2. 判别半导体三极管的集电极和发射极

确定基极后，对于 NPN 管，用万用表两表笔接三极管另外两极，交替测量两次，若两次测量的结果不相等，则其中测得阻值较小的一次黑表笔接的是发射极，红表笔接的是集电极(若是 PNP 型管则黑红表笔所接的电极相反)。

3. 判别半导体三极管的类型

如果已知某个半导体三极管的基极，可以用红表笔接基极，黑表笔分别测量其另外两个电极引脚，如果测得的电阻值很大，则该三极管是 NPN 型半导体三极管；如果测量的电阻值都很小，则该三极管是 PNP 型半导体三极管。

2.5.4 三极管的使用注意事项

加到三极管三个电极的电压极性必须正确。PNP 管的发射极对其他两电极是正电位，而 NPN 管则应是负电位。三极管工作时必须防止其电流、电压超出最大极限值。管子的基本参数相同可以代换，性能高的代换性能低的。通常锗、硅管不能互换。三极管安装时应避免靠近发热元件并保证管壳散热良好。大功率管应加散热片，散热装置应垂直安装，以利于空气自然对流。

2.6 场效应管

场效应管(FET)又称单极型晶体管，它属于电压控制型半导体器件，其特点是输入电阻高、噪声小、功耗低、没有二次击穿现象，受温度和辐射影响小，因而特别适用于高灵敏、低噪声电路。

场效应管按结构可分为结型(JEFT)和绝缘栅型(MOS)两大类。结型利用导电沟道之间耗尽区的宽窄来控制电流；绝缘栅型利用感应电荷的多少来控制导电沟道的宽窄从而控制电流大小。按导电方式来分，场效应管又可分为耗尽型和增强型。结型场效应管均为耗尽型，绝缘栅型场效应管既有耗尽型也有增强型。其类型符号和构造如图 2.6.1 所示。

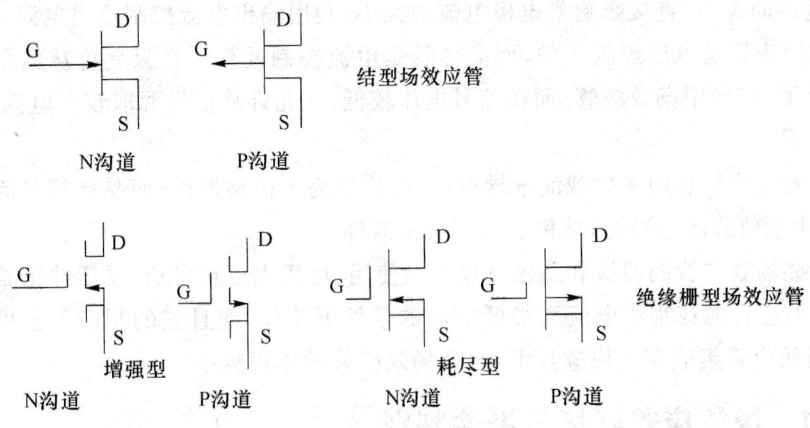

图 2.6.1 场效应管

2.6.1 场效应管的主要参数

(1) 跨导 g:表征场效应管放大能力的参数。

(2) 饱和漏极电流 I:在 $V_{gs}=0$ 的条件下管子工作时的漏极电流。

(3) 夹断电压 $V_{gs(off)}$。在 V_{ds} 为某一个固定值下,使 I_{ds} 等于一个微小电流时栅极上所加的最大偏压 V_{gs} 即为夹断电压 $V_{gs(off)}$。

(4) 开启电压 V_{on}:在 V_{ds} 为某一固定数值的条件下,沟道可以将漏-源极连接起来的最小的 V_{gs} 即为开启电压 V_{on}。

(5) 直流输入电阻 R_{gs}:是指漏-源极间短路的条件下,栅-源极间加一定电压时,栅源电压与栅极电流之比。结型为 $10^7\ \Omega$ 数量级,绝缘栅型可达 $10^{10}\ \Omega$ 以上。

除上述参数之外,还有漏源击穿电压 V,最大耗散功率 P,最高工作频率 F 和噪声系数 N 等参数,均可在手册上查到。

2.6.2 场效应管的选择和使用注意事项

1. 场效应管的适用场合

场效应管适用于信号源内阻高的场合,可以得到好的放大作用和较低的噪声系数。场效应管适用于低电流运行,放大超高频低噪声弱信号,还可作为双向导电的开关使用。

2. 使用场效应管的注意事项

存放和焊接绝缘栅场效应管时必须将它的管脚短路,由于它的输入电阻高易受外电场作用而击穿绝缘栅,焊接时应使用 25 W 以下有良好接地的内热式电烙铁。场效应管跨导的大小与工作区有关,I 越大 g 越高。结型场效应管的源、漏极可互换。在要求输入电阻较高的场合下使用时,应采取防潮措施,以免输入电阻下降。陶瓷封装的"芝麻"管有光敏特性,应注意使用环境。

2.6.3 场效应管与晶体管的比较

场效应晶体管具有较高输入电阻值,输入电流近于零,几乎不用向信号源吸取电流,由基极注入电流的大小,直接影响集电极电流的大小,利用输出电流控制输出电源。

(1) 场效应管是电压控制元件,而晶体管是电流控制元件。在只允许从信号源取较少电流的情况下,应选用场效应管;而在信号电压较低,又允许从信号源取较多电流的条件下,应选用晶体管。

(2) 场效应管是利用多数载流子导电,所以称之为单极型器件;而晶体管是既有多数载流子,也利用少数载流子导电,被称之为双极型器件。

(3) 有些场效应管的源极和漏极可以互换使用,栅压也可正可负,灵活性比晶体管好。

(4) 场效应管能在很小电流和很低电压的条件下工作,而且它的制造工艺可以很方便地把很多场效应管集成在一块硅片上,因此场效应管的体积较小。

2.6.4 场效应管好坏与极性判别

将万用表的量程选择在 $R\times1$ k 挡,用黑表笔接 D 极,红表笔接 S 极,用手同时触及一下 G、D 极,场效应管应呈瞬时导通状态,即表针摆向阻值较小的位置;再用手触及一下 G、S 极,场效应管应无反应,即表针回零位置不动,此时应可判断出场效应管为好管。

将万用表的量程选择在 $R\times1$ k 挡,分别测量场效应管三个管脚之间的电阻阻值。若某脚与其他两脚之间的电阻值均为无穷大,并且再交换表笔后仍为无穷大时,则此脚为 G 极,其他两脚为 S 极和 D 极。然后再用万用表测量 S 极和 D 极之间的电阻值一次,交换表笔后再测量一次,在其中阻值较小的一次中,黑表笔接的是 S 极,红表笔接的是 D 极。

第3章

常见基本单元电路和应用实例

单元电路是组成电子系统的基本单元。电子系统涉及的单元电路非常广泛，一般是以工作原理、分析计算为干线加以描述，而对于单元电路中某些参数的工程意义、对系统的影响以及各种性能指标的合理选择等实际应用知识涉及较少，因此本章为弥补这方面的不足，对常用的基本单元电路，例如放大器、模数转换器、数模转换器、电源电路、传感器等从应用角度加以叙述。

3.1 运算放大器

运算放大器(常简称为“运放”)是具有很高放大倍数的电路单元。在实际电路中，通常结合反馈网络共同组成某种功能模块。由于早期应用于模拟计算机中，用以实现数学运算，故得名“运算放大器”，此名称一直延续至今。“运放”是一个从功能的角度命名的电路单元，可以由分立的器件实现，也可以实现在半导体芯片当中。运算放大器是用途广泛的器件，接入适当的反馈网络，可用作精密的交流和直流放大器、有源滤波器、振荡器及电压比较器。运算放大器的作用是调节和放大模拟信号。常见的应用包括数字示波器和自动测试装置、视频和图像计算机板卡、医疗仪器、电视广播设备、航行器用显示器和航空运输控制系统、汽车传感器、计算机工作站和无线基站等。

3.1.1 运算放大器基础知识

3.1.1.1 原理

“运放”有两个输入端a、b和一个输出端o，也称为倒向输入端(反相输入端)、非倒向输入端(同相输入端)和输出端。反转放大器如图3.1.1所示。

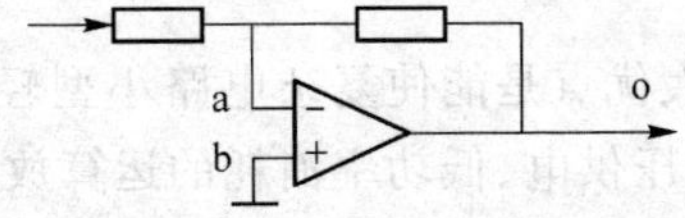

图3.1.1 反转放大器

当电压U_-加在a端和公共端(公共端是电压的零位，它相当于电路中的参考结点)之间，且其实际方向从a端指向公共端时，输出电压U实际方向则自公共端指向o端，即两者的方向正好相反。对于非反转放大器，输入电压U_+加在b端和公共端之间，U与U_+两者的实际方向相对公共端恰好相同。为了区别起见，a 端和 b 端分别用"－"和"＋"号标出，但不要将它们误认为电压参考方向的正负极性。

一般可将"运放"简单地视为具有一个信号输出端口(out)和同相、反相两个高阻抗输入端的高增益直接耦合电压放大单元，因此可用"运放"制作同相、反相及差分放大器。

"运放"的供电方式分双电源供电与单电源供电两种。对于双电源供电"运放"，其输出可在零电压两侧变化，在差动输入电压为零时输出也可置零。采用单电源供电的"运放"，输出在电源与地之间的某一范围变化。"运放"的输入电位通常要求高于负电源某一数值，而低于正电源某一数值。

3.1.1.2 运算放大器类型

按照集成运算放大器的参数来分，可分为以下几类。

1. 通用型运算放大器

通用型运算放大器就是以通用为目的而设计的。这类器件的主要特点是价格低廉、产品量大面广，其性能指标适合于一般性使用。例 μA741(单运放)、LM358(双运放)、LM324(四运放)及以场效应管为输入级的 LF356 都属于此种。它们是目前应用最为广泛的集成运算放大器。

2. 高阻型运算放大器

这类集成运算放大器的特点是差模输入阻抗非常高，输入偏置电流非常小，一般 r_{id} 大于 1 GΩ～1 TΩ，I_B 为几皮安到几十皮安。实现这些指标的主要措施是利用场效应管高输入阻抗的特点，用场效应管组成运算放大器的差分输入级。用 FET 作为输入级，不仅输入阻抗高、输入偏置电流低，而且具有高速、宽带和低噪声等优点，但输入失调电压较大。常见的集成器件有 LF355、LF347(四运放)及更高输入阻抗的 CA3130、CA3140 等。

3. 低温漂型运算放大器

在精密仪器、弱信号检测等自动控制仪表中，总是希望运算放大器的失调电压要小且不随温度的变化而变化。低温漂型运算放大器就是为此而设计的。目前常用的高精度、低温漂运算放大器有 OP07、OP27、AD508 及由 MOSFET 组成的斩波稳零型低漂移器件 ICL7650 等。

4. 高速型运算放大器

在快速 A/D 和 D/A 转换器、视频放大器中，要求集成运算放大器的转换速率 S_R 一定要高，单位增益带宽 BWG 一定要足够大，像通用型集成"运放"是不能适合于高速应用的场合的。高速型运算放大器的主要特点是具有高的转换速率和宽的频率响应。常见的"运放"有 LM318、μA715 等，其 S_R 等于 50～70 V/μs，BWG 大于 20 MHz。

5. 低功耗型运算放大器

由于电子电路集成化的最大优点是能使复杂电路小型轻便，所以随着便携式仪器应用范围的扩大，必须使用低电源电压供电、低功率消耗的运算放大器相适用。常用的运算放大器有 TL-022C、TL-060C 等，其工作电压为±2～±18 V，消耗电流为 50～250 μA。目前有的产品功耗已达微瓦级，例如 ICL7600 的供电电源为 1.5 V，功耗为 10 mW，可采用单节电池供电。

6. 高压大功率型运算放大器

运算放大器的输出电压主要受供电电源的限制。在普通的运算放大器中，输出电压的最大值一般仅几十伏，输出电流仅几十毫安。若要提高输出电压或增大输出电流，集成“运放”外部必须要加辅助电路。高压大电流集成运算放大器外部不需附加任何电路，即可输出高电压和大电流。例如：D41 集成“运放”的电源电压可达±150 V，μA791 集成“运放”的输出电流可达 1 A。

7. 可编程控制运算放大器

在仪器仪表的使用过程中都会涉及量程的问题。为了得到固定电压的输出，就必须改变运算放大器的放大倍数。例如：有一运算放大器的放大倍数为 10 倍，输入信号为 1 mV 时，输出电压为 10 mV；当输入电压为 0.1 mV 时，输出就只有 1 mV，为了得到 10 mV 就必须改变放大倍数为 100。程控“运放”就是为了解决这一问题而产生的，例如：PGA103A，通过控制 1、2 脚的电平来改变放大的倍数。

3.1.1.3 集成运算放大器的 4 个重要参数

如上面所列集成“运放”的性能参数可达 20 多个，这里着重说明以下 4 个重要参数：增益带宽乘积 GBW；摆率（转换速率）S_R；共模抑制比 CMRR；最大共模输入电压 V_{icm}。对这些参数的正确理解和应用，是合理选择集成“运放”和设计应用电路的基础。

1. 增益带宽乘积 GBW

$$\text{GBW}=A_{ud}\cdot f_H \tag{3.1.1}$$

其中，A_{ud}为中频开环差模增益；f_H为上限截止频率（−3 dB 带宽）。

以 F007 为例，如图 3.1.2 所示。

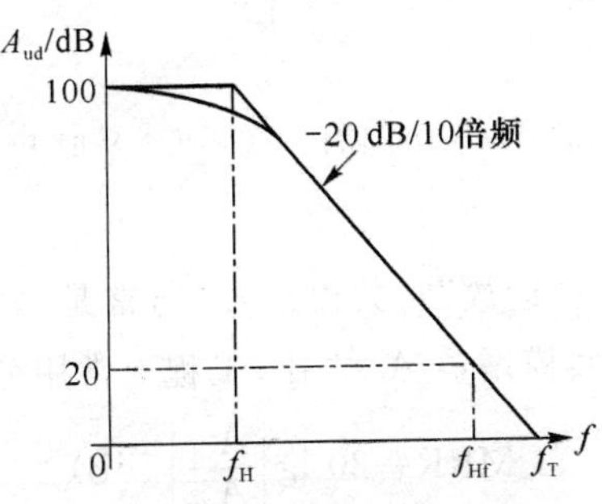

图 3.1.2 F007 增益带宽特性

图 3.1.2 中，$f_H=10$ Hz，$A_{ud}=100$ dB 即 10^5 倍，$\text{GBW}=10\times10^5=10^6$ Hz$=1$ MHz，所以该“运放”的单位增益频率 $f_T=1$ MHz。若该“运放”在应用中接成闭环增益为 20 dB 的电路，由图可见，这时上限频率 $f_{Hf}=100$ kHz。因为对于一个单极点放大器的频率特性而言，其 GBW 是一个常数。在实际使用时，集成“运放”几乎总是在闭环下工作，所以从 GBW 等于常数可推出该“运放”在实际工作条件下所具有的带宽。

2. 摆率 S_R

根据定义，摆率（转换速率）S_R是表示“运放”所允许的输出电压 V_o对时间变化率的最大值，即

$$S_R\left|\frac{dV_o}{dt}\right|_{max}=wV_{om}=2\pi fV_{om} \tag{3.1.2}$$

若已知 V_{om}，则在不失真工作条件下输入信号的最高频率 $f_{max}\leqslant\frac{S_R}{2\pi V_{om}}$。

对于F007接成电压跟随器电路，并输入一个$V_{im}=2\ V$，$f=100\ kHz$的正弦信号，则输出将有明显的失真，如图3.1.3所示。为了要使输出不失真，则最大输入信号应小于0.8 V。

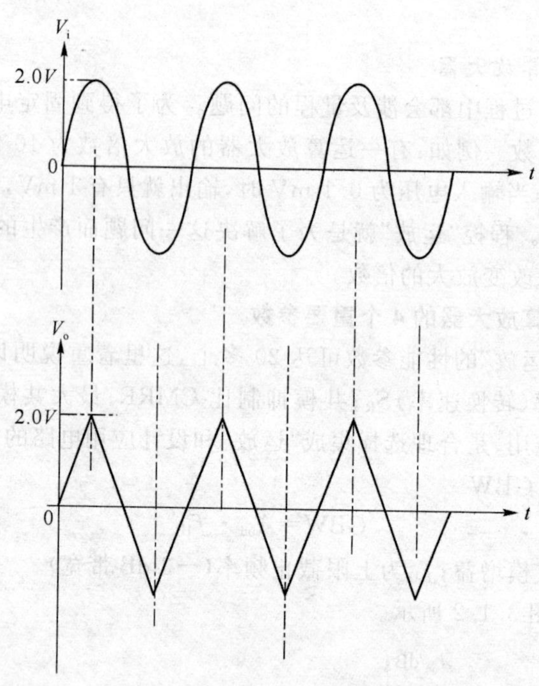

图3.1.3 当输入信号$f=100\ kHz$、$V_{im}=2.0\ V$时F007输出波形失真

3. 共模抑制比CMRR

此指标的大小，表示了集成“运放”对共模信号（通常是一种干扰信号）的抑制能力。定义为开环差模增益A_{vd}和开环共模增益A_{vc}之比，工程上常用分贝来表示：

$$\mathrm{CMRR}=20\lg\left|\frac{A_{vd}}{A_{vc}}\right|\ (\mathrm{dB}) \tag{3.1.3}$$

式中，A_{vd}为开环差模增益；A_{vc}为开环共模增益。

共模抑制比这一指标在微弱信号放大场合非常重要，因为在许多实际场合，存在着共模干扰信号。例如，信号源是有源的电桥电路的输出，或者信号源通过较长的电缆连到放大器的输入端，它们可能引起放大器接地端与信号源接地端的电位不相同的情况，因而产生共模干扰。通常共模干扰电压值可达到几伏甚至几十伏，从而对集成“运放”的共模抑制比指标提出了苛刻的要求。以下举例说明。

假设某一放大器的差模输入信号V_{idm}为10 μV，而放大器的输入端有10 V的共模干扰信号。为了使输出信号中的有用信号（差模分量）能明显的大于干扰信号，这时要求该“运放”应具有多大的共模抑制比呢？为此可进行如下计算：

设该放大器的输出端的共模电压为V_{ocm}，则$V_{ocm}=V_{icm}\cdot A_{vc}$，可把$V_{ocm}$折合到输入端以便与输入的差模信号进行比较，可得

$$V_{\varepsilon m}=\frac{V_{ocm}}{A_{vd}}=\frac{V_{icm}}{A_{vd}/A_{vc}}=\frac{V_{icm}}{\mathrm{CMRR}} \tag{3.1.4}$$

式中，$V_{\varepsilon m}$为折合到输入端的误差电压；CMRR 为用数值表示的共模抑制比。

根据例子要求，希望输出信号中有用信号明显大于干扰信号，若取输入有用信号为干扰信号的两倍，即 $V_{\varepsilon m}=\frac{V_{idm}}{2}=\frac{1}{2}\times 10\ \mu V=5\ \mu V$，则 $CMRR\geqslant\frac{V_{icm}}{V_{\varepsilon m}}=\frac{10\ V}{5\ \mu V}=2\times 10^6$，即 126 dB。故要求该集成“运放”的共模抑制比至少要大于 126 dB。

4. 最大差模输入电压 V_{idm} 和最大共模输入电压 V_{icm}

在实际工作中，集成“运放”最大差模输入电压 V_{idm} 受输入级的发射结反向击穿电压限制，在任何情况下不能超过此值，否则就会损坏器件。而输入端的最大共模电压超过 V_{icm} 时，放大器就不能正常工作。“运放”工作在同相输入跟随器时，其输入电压 V_i 的最大值就是最大共模输入电压，如图 3.1.4 所示。

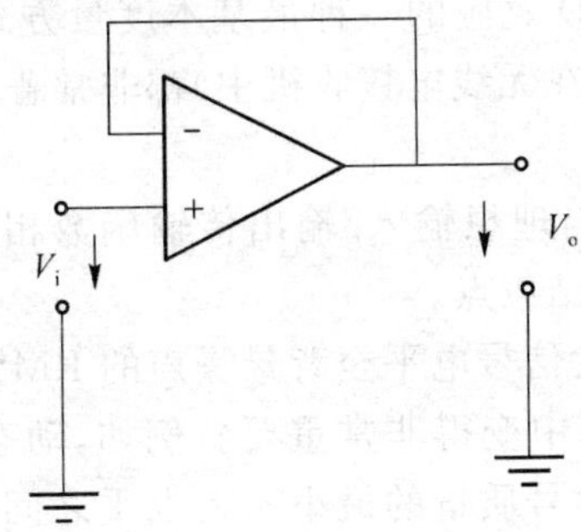

图 3.1.4 同相输入跟随器

3.1.1.4 运算放大器的重要特性

如果“运放”两个输入端上的电压均为 0 V，则输出端电压也应该等于 0 V。但事实上，输出端总有一些电压，该电压称为失调电压 V_{OS}。如果将输出端的失调电压除以电路的噪声增益，得到的结果称为输入失调电压或输入参考失调电压。这个特性在数据表中通常以 V_{OS} 给出。V_{OS} 被等效成一个与“运放”反相输入端串联的电压源，必须对放大器的两个输入端施加差分电压，以产生 0 V 输出。

V_{OS} 随着温度的变化而改变，这种现象称为漂移，漂移的大小随时间而变化。漂移的温度系数 TCV_{OS} 通常会在数据表中给出，但一些“运放”数据表仅提供可保证器件在工作温度范围内安全工作的第二大或者最大的 V_{OS}。这种规范的可信度稍差，因为 TCV_{OS} 可能是不恒定的，或者是非单调变化的。

V_{OS} 漂移或者老化通常以 mV/月或者 mV/1 000 小时来定义。但这个非线性函数与器件已使用时间的平方根成正比。例如，老化速度 1 mV/1 000 小时可转化为大约 3 mV/年，而不是 9 mV/年。老化速度并不总是在数据表中给出，即便是高精度“运放”。

理想“运放”的输入阻抗无穷大，因此不会有电流流入输入端。但是，在输入级中使用双极结晶体管(BJT)的真实“运放”需要一些工作电流，该电流称为偏置电流(I_B)。通常有两个偏置电流：I_{B+} 和 I_{B-}，它们分别流入两个输入端。I_B 值的范围很大，特殊类型“运放”的偏置电流低至 60 fA(大约每 3 μs 通过一个电子)，而一些高速“运放”的偏置电流可高达几十毫安。

单片“运放”的制造工艺趋于使电压反馈“运放”的两个偏置电流相等，但不能保证两个偏置电流相等。在电流反馈“运放”中，输入端的不对称特性意味着两个偏置电流几乎总是不相等的。这两个偏置电流之差为输入失调电流 I_{OS}，通常情况下 I_{OS} 很小。

总谐波失真(THD)是指由于放大器的非线性而产生的基频的谐波分量。通常情况下只需要考虑二次和三次谐波，因为更高次谐波的振幅将大大缩小。

THD+N(THD+噪声)是器件产生噪声的原因，它是指不包括基频在内的总信号功率。大多数的数据表都给出 THD+N 的值，因为大多数测量系统不区分与谐波相关的信号和噪声。THD 和 THD+N 都被用来度量单音调(single-tone)正弦波输入信号产生的失真。

一个更有用且更严格的失真度衡量指标是互调失真(IMD)，它可度量由双音调(two-tone)交互干扰的结果而不仅仅是一个载波所产生的动态范围。根据不同应用，一些二阶 IMD 分量可能可以滤除，但三阶分量的滤除则要更困难些。因此，数据表通常给出器件的三阶截取点(IP_3)，这是三阶 IMD 效应的一种最基本度量方式。因为三阶串扰产物引起的信号损坏在许多应用中(特别是在无线电接收机中)都非常普遍，而且很严重，所以这个参数十分重要。

1 dB 压缩点代表输出信号与理想输入/输出传输函数相比增益下降 1 dB 时的输入信号电平，这是"运放"动态范围的结束点。

信噪比(SNR)定义了从最大信号电平至背景噪声的 RMS 电平的动态范围(以 dB 为单位)。其他特性在射频(RF)应用中变得非常重要。例如，动态范围是器件能承受的最大输入电平与器件能提供可接受的信号质量的最小输入电平之间的比，如果器件的输入电平处于这两点之间，则器件可提供相对线性的特性(在放大器的限制条件下)；若输入电平不在这两点之间，器件就会产生失真。

3.1.1.5 运算放大器的工艺技术

"运放"主要采用双极型工艺技术，但在同一芯片中集成了模拟和数字电路的应用，采用 CMOS 工艺的"运放"工作得很好。结型场效应管 JFET 有时在输入级采用，以增加输入阻抗，从而降低输入偏置电流。场效应管 FET 输入"运放"(无论是 N 沟道还是 P 沟道)允许芯片设计工程师设计出输入信号电平可扩展至负电压轨和正电压轨的"运放"。

由于 BJT 是电流控制型器件，所以输入级中的双极晶体管总是汲取一些偏置电流(I_B)。但是，I_B 会流经"运放"外部的阻抗，产生失调电压，从而导致系统错误。制造商通过在输入级采用 super-beta 晶体管或通过构建一个补偿偏置输入架构，来解决这个问题。super-beta 晶体管具有极窄的基极区，该基极区所产生的电流增益要比标准 BJT 中的电流增益大得多。这使得 I_B 非常低，但这是以频率响应性能降低为代价的。在偏置补偿输入中，小电流源被加在输入晶体管的基极，这样，电流源可提供输入器件所需的偏置电流，从而大幅度减小外部电路的净电流。

与 BJT 相比，CMOS"运放"的输入阻抗要高得多，从而使该电流源输出的偏置电流和失调也小得多。另一方面，与 BJT 相比，CMOS"运放"具有更高的固有失调电压和更高的噪声电压，特别是在频率较低的情况下。

3.1.2 运算放大器的选型

运算放大器的结构形式主要有三种：模块、混合电路和单片集成电路。

3.1.2.1 模块放大器

目前使用几种工艺生产运算放大器，性能最高的放大器是以模块的形式由分立元件构成的。因为使用分立元件，所以可选用像高压输出晶体管、超低电流的 FET 管以及阻值很高的电阻等这类专门制作的元件。在模块的设计中，进行电气测试时（密封之前）通过对直流参数（比如失调电压）或交流参数（比如建立时间）进行细调的方法来选择电阻和电容是可能的。模块工艺的缺点是实际的尺寸较大和价格高。由于每个模块都是单独构成的，大量加工制造是不现实的，并且制造成本相对也是很高的，但是对于那些对性能有极高级别要求的特殊应用来说，由于模块运算放大器的规范由生产厂家来保证，所以它们还是有吸引力的。

模块运算放大器包括斩波稳定放大器、可变电抗静电计放大器和宽带高速放大器。

1. 斩波稳定放大器

当需要放大（或缩小）电平极低的电压信号时，要使用斩波放大器。斩波放大器的内部是交流耦合，有效的差动输入信号被斩波成方波，这个方波被解调和放大。交流耦合消除了许多与“运放”有关的误差，因此失调和漂移极低。

2. 静电计放大器

当需要尽可能高的输入阻抗和最低的偏置电流时，要使用静电计放大器。静电计放大器内部也是交流耦合的，输入信号被加到包括低漏流的变容二极管（电压可变电容）的电桥上，该电桥由高频载波信号所激励。输入电压引起电桥的不平衡，合成的交流误差信号被交流耦合到下一级，在那里被同步解调和放大。使用低漏流可变电容产生的输入电流低至 10 fA（$1\ \mathrm{fA}=10^{-15}\ \mathrm{A}$），获得这样的低电流是以较高的失调电压为代价的。

3. 高速放大器

用模块的形式可以很容易地构成高速放大器。集成电路结构的许多限制在这里不适用，例如，集成电路放大器由生产制作工艺造成的晶体管缺陷而引起的速度限制就不存在，模块的设计可以使用具有所要求频响的经挑选的晶体管，由于许多宽带放大器被用在驱动大负载的视频领域，所以必须提供大的输出电流。对于这样输出特性所要求的功率，靠模块的较大热媒质来耗散要容易得多。

3.1.2.2 混合放大器

很多与模块结构同样的好处也适用于混合放大器，和模块的情形一样，可以把单一封装里用不同的（以及不相容的）工艺制作的元件组合起来，混合结构超过模块结构的优点是有较小的尺寸和较低的成本。通常把混合工艺应用于运算放大器是为了改善偏置电流、输出驱动能力或有超过单片或分立设计器件的带宽。

多数由精密匹配的 FET 差动放大器组成的 FET 输入放大器目前大多数被单片运算放大器所取代，尽管现在能够用双极兼容工艺制造结型场效应管，但最高精度的 JFET 输入“运放”仍旧用混合工艺技术制成。虽然能够购买一对分立的低漏流的 FET 管，并把 741“运放”接在这一级的后面，但通常由混合单元可以获得更好的性能。例如，混合电路的规范由生产厂来保证并测试，任何需要的调整一般也由生产厂来完成，当然，一块封装好的混合放大器不比 741 占据更多的空间，而性能上却呈现数量级的增长。

混合工艺也允许放大器由一批分立的高频晶体管构成，实际上，在采用与模块一样元件的混合形式中，使模块放大器电路成对也是可能的，但要采用未封装的芯片的形式。

3.1.2.3 单片集成运算放大器

使用最广的“运放”是单片集成电路型，各种各样的集成电路“运放”是从许多不同的卖主处得到的，这些年来，设计和工艺方面的改善促使很高性能“运放”的形成，由于供特定应用所要求的“运放”规范常常支配选择最好的“运放”工艺，所以对于“运放”的用户来讲，至少要了解在集成电路“运放”制作中所采用的各种工艺是很有用的。

1. 标准的双极工艺

在大多数“运放”中使用的是标准结隔离双极工艺，生产三种基本晶体管：高质量的纵向NPN 晶体管、高质量的纵向 PNP 管和质量稍差的横向 PNP 晶体管。由于纵向 PNP 管的集电极常常要接到负电源上，所以限制了它的实用性，这样，在放大器电路的其他地方能被采用的两种晶体管就是纵向 NPN 和横向 PNP。横向 PNP 管的性能指标较低，它基本上是用在偏置电路中，所以，在尽可能多的有效信号通道中使用的是 NPN 管。采用标准双极晶体管的放大器，其基流一般在 100 nA 到 1 A 的范围内，有相当低的失调电压和漂移，以及低电压噪声。这类放大器的实例有 741 和 301 等。

2. 超工艺

超工艺是标准的双极型工艺的一种补充。利用一个附加的扩散步骤，就可以生产放大倍数为几千的 NPN 晶体管，输入偏置电流降低约一个数量级，达到 10 nA 或更低。输入级增大的增益降低了输入偏置电流，并改善了共模抑制能力，这是精密放大器的两个重要规范。超“运放”的典型开环增益为几兆，共模抑制比超过 100 dB，输入失调电压特性类似于或超过标准的双极型“运放”。超高速运算放大器的例子有 308、AD510 和 AD517 等。

3. 介质隔离双极型

在常规的双极型和超集成电路中，各个晶体管是利用反相偏置的 PN 结彼此隔离的，限制横向 PNP 晶体管(并且归根结底限制放大器)的带宽是这些寄生电容。介质隔离(DI)工艺利用薄氧化层来提供晶体管之间的隔离，于是使得制造高速 PNP 晶体管进而生产高速放大器成为可能。然而 DI 工艺是有其局限性的，氧化层很容易被静电放电击穿，结果导致器件的损坏。另一个缺点是 DI 电路比 PN 结隔离的等效电路需要更大的几何面积，结果要求稍大一点的芯片尺寸。

4. BIFET 工艺

BIFET 工艺使用离子注入，在同时包含标准的双极型器件的芯片上，制作高击穿电压的结型场效应晶体管(JFET)，可以把这样一对 JFET 管用作“运放”的输入器件，通常是以牺牲失调电压、漂移、CMR 和噪声指标来获得其他一些性能。较新的设计为工厂修正 BIFET“运放”的失调电压和漂移提供了可能。一些精密的 BIFET 型放大器的实例有AD542、AD544、AD547 和双“运放”AD642、AD644、AD647。

5. BI-MOS 工艺

由于 JFET 能被用作高阻抗的输入级，可以考虑把 MOSFET 管用于同一目的，某些厂商开发出能使 MOSFET 包含在双极型集成电路上的生产工艺。理想状态 MOSFET 管仅有氧化物漏流而没有 JFET 中的结漏流。这一漏流低得多，可能使输入偏置电流降低，然而MOSFET 是一种 ESD 敏感器件，它要求在输入级上有二极管保护，常常是这些二极管呈现的漏流至少像 JFET 输入放大器的输入偏置电流一样大，而且在音频频谱内，MOSFET 往往是比 JFET 有更多的噪声源，而且直流失调很难控制。当 MOSFET 被用于一个“运放”的输出级时，它能使输出摆动到接近于电源电压。在常规的双极型输出级中，输出摆幅受饱和电压和其他影响的限制。重要的一点是，要注意必须给 MOSFET 输出级加一点载荷，以减少它对 R_{on} 的影响。

6. CMOS 工艺

放大器全部由 MOSFET 管构成也是可能的，但如果按着传统的“运放”设计来构成，则这些放大器的性能很差。较新的设计是使用 CMOS 开关和外部电容来提供失调电压抵消，这类似于在斩波稳定放大器中使用的方法，这种设计有噪声高、输出能力差和限制电源电压范围的缺点。

7. 激光修正

激光修正技术可以适用于上述的芯片上含有薄膜电阻的任何一种形式的放大器，通过修正一对电阻中的一个电阻，可以调整差分输入级中的工作条件，以便降低失调电压。这种技术可以保证常规生产的双极输入“运放”具有低至 25 V 的失调电压，而高性能的 BIFET 放大器可保证只有 250 V 的失调。经失调调整的放大器能够制成精密的电路而不需要外部失调调节，外部调节常常易遭受电位器不稳定、机械冲击以及意外的失调等影响。

8. “Zener-Zap”修正

修正失调电压的另一种方法是所谓的“Zener-Zap”修正。在激光修正中，通过修正电阻来改变双极型差分级中的射极电流。在“Zener-Zap”中，用计数的方法（类似于 DAC）调整一系列电流源以造成电流的平衡，从而形成了最低的失调电压。当通过检测设备规定了电流源的正确组合时，把高压脉冲加到期望的电流源上，来对它们实行永久编程。“Zener-Zap”不利的方面就是可编程电流源比一对薄膜电阻要求占用更大量的芯片面积，因而它不适用于用作线性调节的数据变换器，其优点是它不要求薄膜淀积工艺步骤。AD OP-07 是“Zener-Zap”修正“运放”的一个例子。

3.2 数据放大器和可编程数据放大器

3.2.1 数据放大器

数据放大器又称仪表放大器，它是在多路数据采集系统中常用的具有全面高指标的放大器。对它的要求一般是具有高增益、高共模抑制比、高精度（失调、漂移等很小）、高速（频带宽、摆率大）等全面指标。第四代集成“运放”已作为数据放大器来应用，当然在速度指标上还逊色些。从构成原理来看，数据放大器有多种类型，这里仅以三“运放”构成的数据放大器（图 3.2.1）为例作介绍。

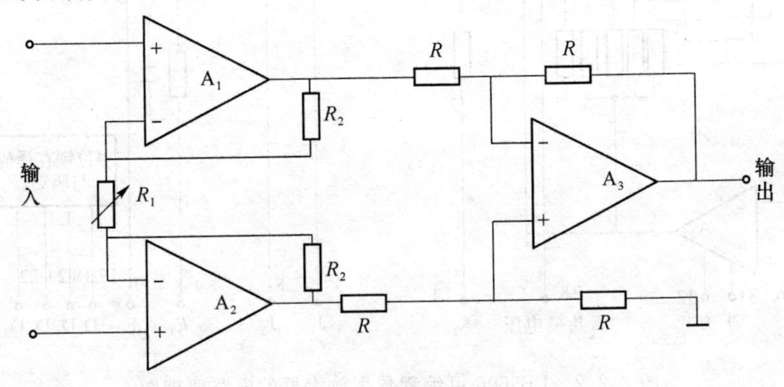

图 3.2.1 三“运放”数据放大器

图中 A_1、A_2 为同相输入放大器，二者组成双端输入和双端输出。由于同相输入，所以提高了输入电阻。A_3 接成差动形式(减法器)，可把双端输入信号转换成单端输出，且又提高了整个放大器的共模抑制比。该放大器的差模增益改变 R_1 值，可调节放大器的放大倍数。集成"运放"LH0036 就是以此原理构成的数据放大器。

$$A_{vd}=-(1+2R_2/R_1) \tag{3.2.1}$$

3.2.2 可编程数据放大器

由于各种传感器的输出信号幅度相差很大，可从微伏数量级到伏特数量级，即使同一个传感器，在使用中其输出信号的变化范围也可以很大，它取决于被测参数变化范围。如果放大器的放大倍数是一个固定值，则将很难适应实际情况的需要，因此放大倍数可以调节的放大器应运而生。

根据输入信号大小来改变放大器放大倍数的方法，可以用人工来实现，也可以自动实现。如果能用一组数码来控制放大器的放大倍数，就不难根据输入信号的大小来实现放大倍数的自动调节，这样的数据放大器一般称作程控数据放大器，即可编程数据放大器。

图 3.2.2 是在原来三"运放"数据放大器的基础上实现的可编程数据放大器的电路原理图。

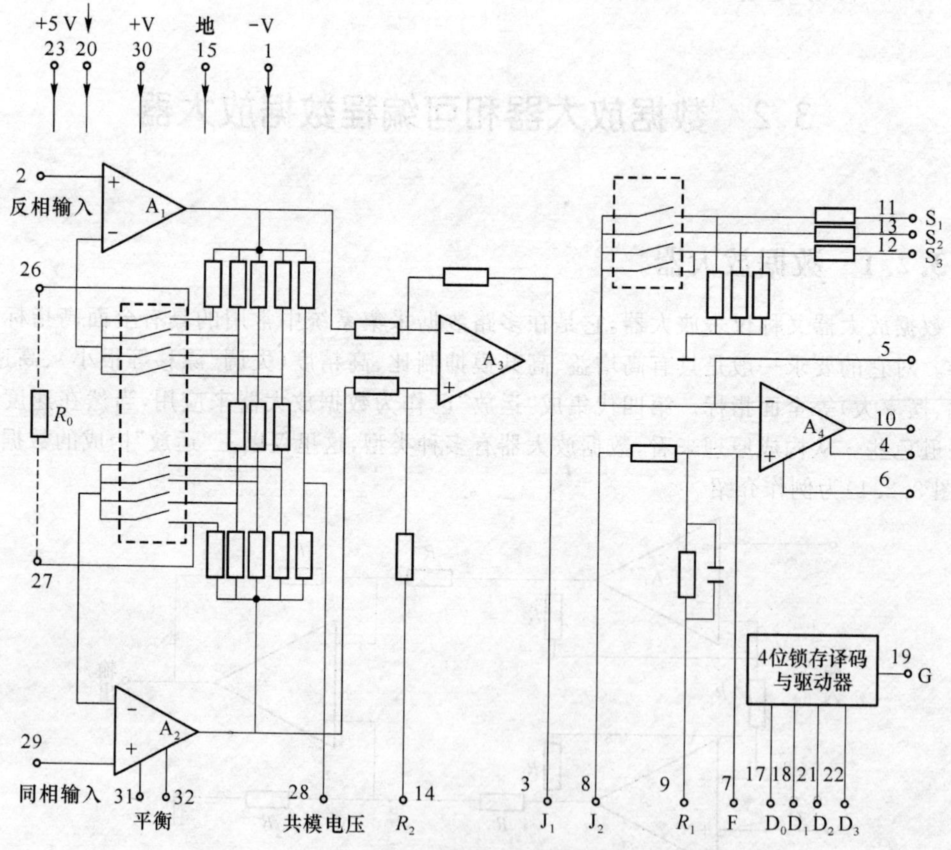

图 3.2.2 BB3606 可编程数据放大器的电路原理图

其产品型号是 BB3606，放大倍数变化范围从 1 到 1 024 倍，分成 10 档。由图可见，A_1、A_2、A_3 组成前述的三“运放”数据放大器电路，而 A_4 为末级放大，二者可通过 3 脚和 8 脚相连。D_3、D_2、D_1、D_0 为模拟开关，受 4 位锁存译码与驱动器控制，共有 16 种状态，放大器的放大倍数与数码输入的关系如表 3.2.1 所示。

表 3.2.1　可编程数据放大器的数据输入与增益关系

数据输入	D_3	0	0	0	0	0	0	0	0	1	1	1	1	1	1	1	1
	D_2	0	0	0	0	1	1	1	1	0	0	0	0	1	1	1	1
	D_1	0	0	1	1	0	0	1	1	0	0	1	1	0	0	1	1
	D_0	0	1	0	1	0	1	0	1	0	1	0	1	0	1	0	1
A_1A_2		1	1	1	1	4	4	4	4	32	32	32	32	256			
A_4		1	2	4	4	1	2	4	4	1	2	4	4	1	2	4	4
$A_1A_2A_4$		1	2	4	4	4	8	16	16	32	64	128	128	256	512	1 024	1 024

由表 3.2.1 可见，放大器的放大倍数是以 2 的幂次分档。从 2 的 0 次方到 2 的 10 次方，即从 1 到 1 024 倍。若将此放大器的输出接到一个 10 位 A/D 转换器，设转换器的满量程为 10 V，则 ADC 的最小位对应于约 10 mV，若放大器 BB3606 的增益置在 1 024 档，则产生 10 mV 输出信号的输入信号约为 10 μV，由此可知，整个系统可以分辨 10 μV 的变化量。

图 3.2.3 中，图(a)示出了输入级调零，输出级调零的接法；图(b)示出了改善共模抑制能力的接法。由图(b)可见，当信号源(传感器)的输出端经电缆接到放大器的输入端时，电缆外层共模信号来驱动(28 脚输出电压是共模输入电压 V_{cm})，使电缆外层与导线间的共模电位相同，消除了电容 C_1、C_2 的共模电流的影响(也可看作对共模信号的电容为零)，所以提高了共模输入阻抗，也同样防止了由于两个输入端与电缆外层间的不平衡电容所引起的共模抑制能力的下降。

放大器 BB3606 的增益精度为±0.02%，非线性失真小于 0.005%，温度漂移为每度百万分之五，最大输出电压为±12 V，最大输出电流为±10 mA，输出电阻为 0.05 Ω，电源电压为±15 V，共模与差模电压范围为±10.5 V，失调电压为±0.02 μV，偏置电流为±15 nA，输入噪声电压峰值小于 1.4 mV，共模抑制比大于 90 dB，单位增益下的频率响应(下降 3 dB 时)为 100 kHz。

现今，大部分电子仪器采用的是嵌入式系统。通常这些嵌入式系统包含传感器、缓冲和调节信号的放大器、模/数转换器，以及供数据处理和人机接口用的微控制器等。

除了可编程增益之外，放大器的其他功能都可经程序来控制。在大多数的数据采集和记录应用中，测量一般都是在固定的时间间隔上执行，例如，每 2 秒或每 10 秒等。在这些应用中，放大器都可进入节电状态，而每个放大器的电流消耗会降低至 40 μA。这个功能可以削减便携系统中的平均电源电流消耗，从而延长电池的寿命。

调零功能的作用是通过软件来修正放大器中的失调电压。软件程序会为预期的测量设定一个增益，并在放大器 3606 内设立一个零位宽。在这种配置中，放大器 A 的输出电压便是预期测量用的失调电压，而这个数值会被软件存储并留待下一个步骤使用。然后，3606

中的零位会被清除，而测量会在这时执行，同时失调电压数值会从信号测量得来的数值减去。采用这种方法，任何给定增益设定下的失调电压和失调电压漂移便可获得补偿。

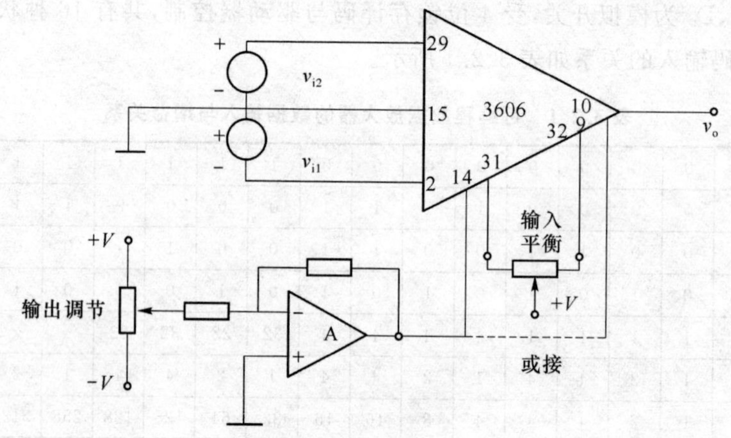

(a) 调零接法

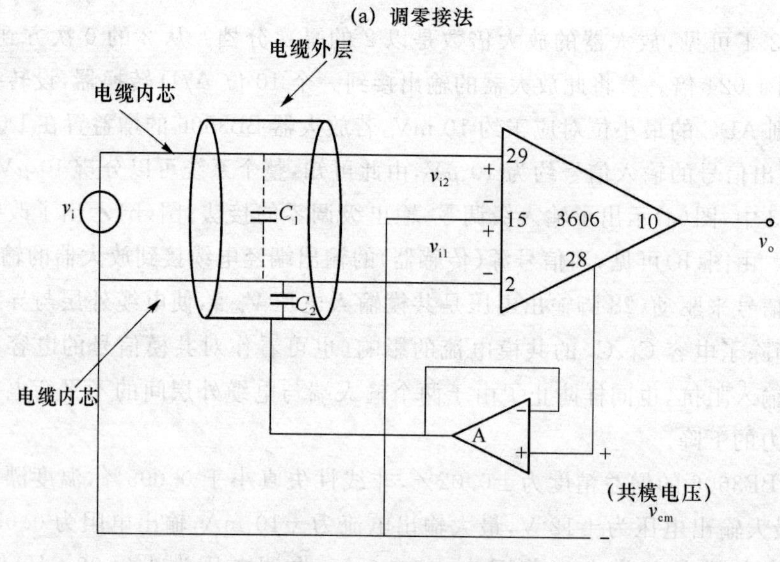

(b) 提高共模输入阻抗的接法

图 3.2.3　BB3606 的调零和提高共模输入阻抗的接法

3.3　跨导放大器

跨导放大器(电压/电流转换器)包括双极型 OTA 和 CMOS 跨导器，是一种通用性很强的标准器件。其应用非常广泛，主要用途可以分为两方面：一方面，在多种线性和非线性模拟电路和系统中进行信号运算和处理；另一方面，在电压模式信号系统和电流模式信号系统之间作为接口电路，将待处理的电压信号变换为电流信号，再送入电流模式系统进行处理。

跨导放大器的输入信号是电压，输出信号是电流，增益叫作跨导，用 G_m 表示。集成跨导放大器可分为两种：一种是跨导运算放大器(Operational Transconductance Amplifier)，简称 OTA；另一种是跨导器(Transconductor)。

运算放大器可以置于传感器/信号源与模数转换器之间，将两者连接在一起，负责处理来自接收器信号路径的信号；也可置于数模转换器与模拟输出之间，将两者连接在一起，负责驱动发送器信号路径的信号。无论是接收还是发送信号，运算放大器主要负责处理模拟信号，以便将模拟信号的重要信息传送至下一环节作进一步处理。换言之，置于输入路径的运算放大器负责为模数转换器提供经过处理的输入信号，而置于输出路径的运算放大器则负责为发送器提供经过数模转换器处理的输出信号。这个处理过程并不简单，因为系统采用的传感器、模数转换器、数模转换器及发送器都各不相同，为它们提供信号的信号源必须在电子特性方面能够满足它们的特殊要求，才可以充分发挥其性能。

若待放大的信号需远距离传送到放大器的输入端时，为了消除导线电阻的影响和外界干扰造成的误差，常用的措施是在信号源附近先将信号电压放大，然后将放大了的电压转换成一个与其成正比的恒流源，再传送到负载两端，这样当负载电阻改变时流过的电流几乎不变，从而提高了传送精度。完成这种变换的基本方案是利用集成“运放”接成如图 3.3.1 所示的电路。它的意思是，当 R_l 减小使 B 点电位下降时，若 A 点电位也相应下降，I_L 将不变，即达到了恒流的目的，为此将 B 点连到同相端，A 点通过 R_2 引到反相端。

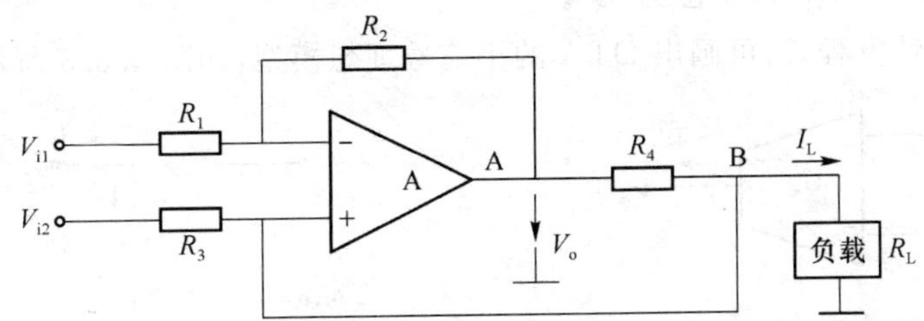

图 3.3.1 电压/电流转换器原理电路

根据理想“运放”条件可得

$$\frac{V_{i1}-V_{+}}{R_1}=\frac{V_{+}-V_{o}}{R_2}, V_o=V_{+}-\frac{R_2}{R_1}(V_{i1}-V_{+}) \tag{3.3.1}$$

$$\frac{V_{+}}{R_L}=I_L=\frac{V_{i2}-V_{+}}{R_3}+\frac{V_o-V_{+}}{R_4}, V_{+}\left(\frac{1}{R_L}+\frac{1}{R_3}+\frac{1}{R_4}\right)=\frac{V_{i2}}{R_3}+\frac{V_o}{R_4} \tag{3.3.2}$$

若满足 $R_2/R_1=R_4/R_3$，可得

$$I_L=\frac{V_{+}}{R_L}=\frac{1}{R_3}(V_{i2}-V_{i1}) \tag{3.3.3}$$

上式表明负载电流 I_L 与 R_L 无关，满足了恒流的要求。

由于跨导放大器的输入信号是电压，输出信号是电流，所以它既不是完全的电压模式电路，也不是完全的电流模式电路，而是一种电压/电流模式混合电路。但是，由于跨导放大器内部只有电压-电流变换级和电流传输级，没有电压增益级，因此没有大摆幅电压信号和密勒电容倍增效应，高频性能好，大信号下的转换速率也较高，同时电路结构简单，电源电压和功耗都可以降低。这些高性能特点表明，在跨导放大器的电路中，电流模式部分起决定作用。根据这一原理，跨导放大器可以看作是一种电流模式电路。

3.3.1 双极型集成 OTA

OTA 是跨导运算放大器的简称，它是一种通用标准部件。OTA 的符号如图 3.3.2 所示，它有两个输入端，一个输出端，一个控制端。符号上的“+”号代表同相输入端；“-”号代表反相输入端；i_o是输出电流；I_B是偏置电流，即外部控制电流。

OTA 的传输特性可用下列方程式描述

$$i_o = G_m(u_{i+} - u_{i-}) = G_m u_{id} \tag{3.3.4}$$

式中，i_o是输出电流；u_{id}是差模输入电压；G_m是开环跨导增益。

通常由双极型集成工艺制作的 OTA 在小信号下，跨导增益 G_m是偏置电流 I_B的线性函数，其关系式为

$$G_m = hI_B \tag{3.3.5}$$

$$h = \frac{q}{2kT} = \frac{1}{2U_T} \tag{3.3.6}$$

式中，h 称为跨导增益因子；U_T是热电压，在室温条件(T=300 K)下，U_T=26 mV，可以计算出 h=19.2[1/V]，因此有

$$G_m = 19.2 I_B \tag{3.3.7}$$

式中，I_B的单位为“A”；G_m的单位为“S”。

根据传输特性方程式，可画出 OTA 的小信号理想模型，如图 3.3.3 所示。

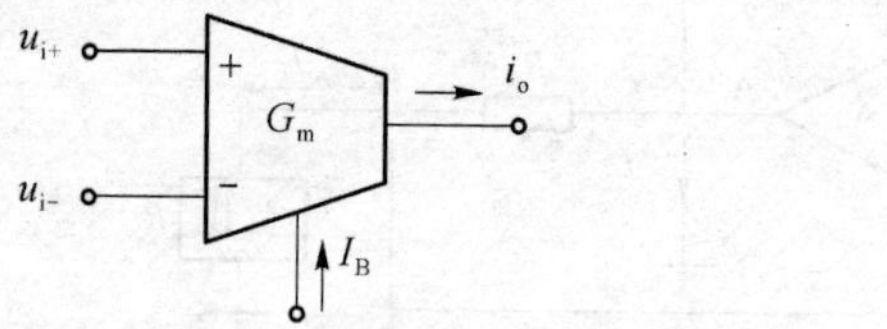

图 3.3.2 OTA 的电路符号

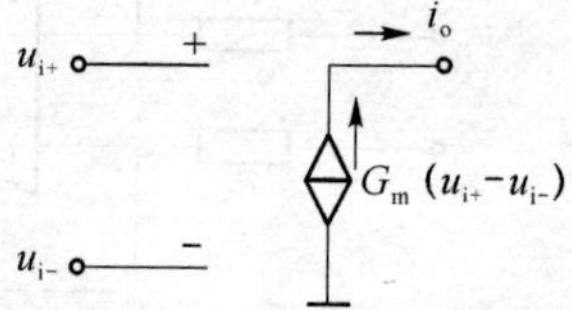

图 3.3.3 OTA 的小信号理想模

对这个理想模型，两个电压输入端之间开路，差模输入电阻为无穷大；输出端是一个受差模输入电压 u_{id}控制的电流源，输出电阻为无穷大。同时，理想条件下的跨导放大器的共模输入电阻、共模抑制比、频带宽度等参数均为无穷大，输入失调电压、输入失调电流等参数均为零。

以上通过对 OTA 基本概念的介绍可以看出，与常规的电压模式(电压输出/电压输入)运算放大器比较，OTA 具有下列性能特点：①输入差模电压控制输出电流，开环增益是以“S”为单位的跨导；②增加了一个控制端，改变控制电流(即偏置电流 I_B)可对开环跨导增益 G_m进行连续调节；③具有电流模式电路的特点，如频带宽、高频性能好等。

3.3.1.1 双极型 OTA 电路结构

双极型集成 OTA 的结构框图如图 3.3.4 所示。图中 u_{i+} 是同相输入端，u_{i-} 是反相输入端；i_o是电流输出端，I_B是偏置电流输入端；晶体管 VT_1、VT_2组成差动式跨导输入级，将输入电压信号变换为电流信号；E_C、$-E_E$分别是正、负电源。

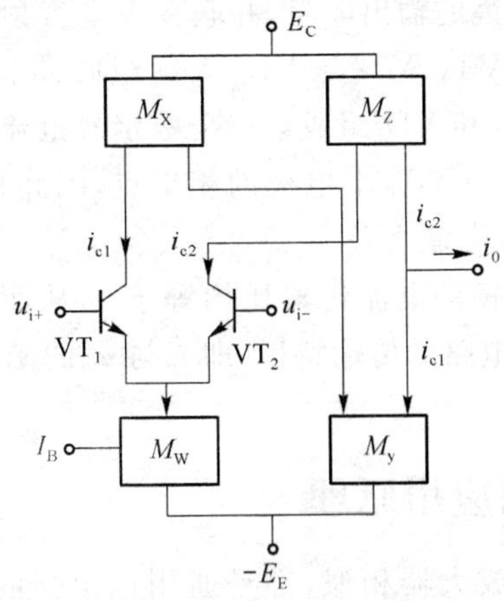

图 3.3.4 双极型集成 OTA 的结构框图

图 3.3.4 中的 M_x、M_y、M_z、M_w 均为电流镜，其中电流镜 M_w 将外加偏置电流 I_B 输送到 VT_1、VT_2 组成的差动输入级作静态电流；电流镜 M_x 和 M_y 将 VT_1 的集电极电流 i_{c1} 输送到输出端；电流镜 M_z 将 VT_2 的集电极电流 i_{c2} 输送到输出端。由于 M_y 与 M_z 是极性互补的电流镜，M_y 的输出电流为流进方向，M_z 的输出电流为流出方向，故将 i_{c1} 与 i_{c2} 的差值取作输出电流 i_o，形成单端推挽式输出。由图 3.3.4 可看出，双极型 OTA 的电路结构十分简单，它的基本单元电路只有共射差动放大级和若干个电流镜。

3.3.1.2 基本型 OTA 电路

基本型 OTA 的电路如图 3.3.5 所示。它由 11 个晶体管和 6 个二极管组成。注意，这里的所有二极管实际上都是指集、基短接的晶体管。

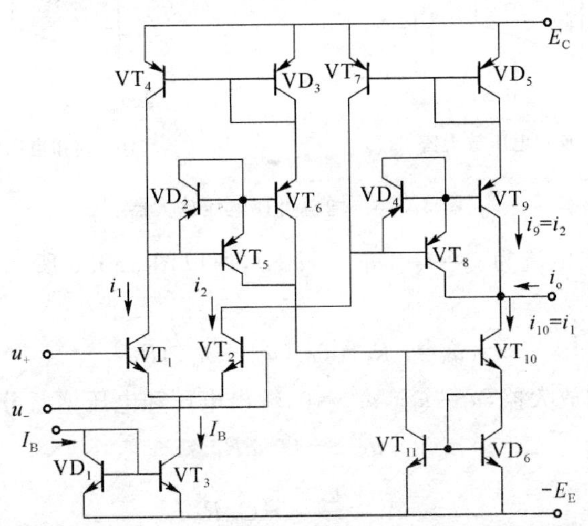

图 3.3.5 基本型 OTA 电路

在图 3.3.5 所示电路中，VT_1、VT_2 组成跨导输入级，它是共射差动式电路，输入电压信号，输出电流信号，因此是跨导放大级。VT_3 和 VD_1 组成一个基本镜像电流镜，与结构框图 3.3.4 中 M_w 的作用相同，将外加偏置电流 I_B 送到输入级作 VT_1、VT_2 的射极长尾电流。VT_7、VT_8、VT_9 和 VD_5 组成威尔逊电流镜，与结构框图 3.3.4 中 M_z 的作用相同，VT_8 与

VT_9的达林顿接法可提高电流镜的输出电阻，并联在VT_8发射结上的二极管VD_4用来加快电路的工作速度。同理，VT_4、VT_5、VT_6与VD_2、VD_3组成威尔逊电流镜，与结构框图3.3.4中M_x的作用相同。VT_{10}、VT_{11}和VD_6组成第三个威尔逊电流镜，与框图3.3.4中M_y的作用相同。输出端为VT_9集电极与VT_{10}集电极的相交点，因此是高阻抗输出端，输出电流为VT_9集电极电流与VT_{10}集电极电流之差。

如果上述电路中4个电流镜的电流传输比均等于1，从而使得$i_9=i_2$，$i_{10}=i_1$，$i_o=i_9-i_{10}=i_2-i_1$。因此，上述OTA电路的传输特性(即i_o与u_{id}的函数关系)将由差动输入级的传输特性来决定。

3.3.2 OTA电路的应用原理

集成OTA和电压型运算放大器相似，都是通用性很强的标准部件，接少数外部元件后，即可呈现形形色色的信号处理功能。而且由于OTA自身的性能特点，还能够提供电压型"运放"不易获得的电路功能。例如，OTA的输出量是电流，这一基本特性使它特别适合于构成加法器、积分器、回转器、滤波器等。因为在这些应用中，用电流量进行必要的信号处理比用电压量简便得多。同时，OTA的跨导增益与偏置电流呈线性关系，若将一个控制电压变换为偏置电流，则可以构成各种压控电路，如增益可控放大器、压控振荡器、压控滤波器等。

3.3.2.1 增益可控电压放大器

用OTA构成的反相及同相电压放大器分别如图3.3.6所示，图中R_L是负载电阻。

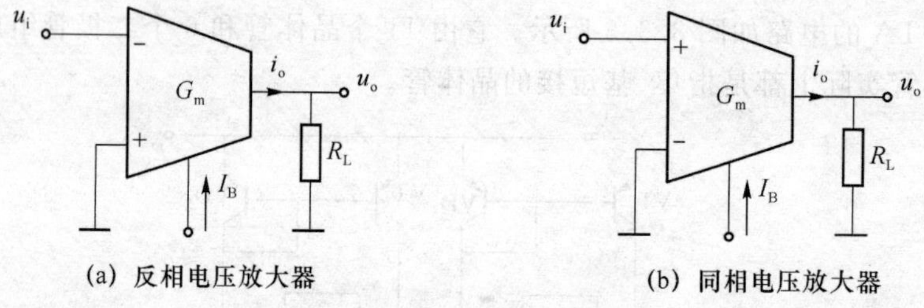

图3.3.6　增益可控电压放大器

因为OTA的输出电流为$i_o=G_m(u_{i+}-u_{i-})$，所以图3.3.6所示电压放大器的输出电压为

$$u_o=i_oR_L=G_m(u_{i+}-u_{i-})R_L \tag{3.3.8}$$

图(a)所示的反相放大器，$u_i=u_{i-}$，$u_{i+}=0$，输出电压和电压增益分别为

$$u_o=-G_mu_iR_L \tag{3.3.9}$$

$$A_u=\frac{u_o}{u_i}=-G_mR_L \tag{3.3.10}$$

图(b)所示的同相放大器，$u_i=u_{i+}$，$u_{i-}=0$，输出电压和电压增益分别为

$$u_o=G_mu_iR_L \tag{3.3.11}$$

$$A_u=\frac{u_o}{u_i}=G_mR_L \tag{3.3.12}$$

上式表明，电压增益与G_m值成正比，调节OTA的偏置电流I_B可控制电压增益。此外，

同相放大器与反相放大器的增益绝对值相等,仅"+"、"−"号不同,因此若在 OTA 的两个输入端输入两个电压信号,可以方便地实现差动电压放大。OTA 电压放大器的缺点是:输出电压和电压增益都随负载电阻的变化而改变,说明其输出电阻很高。如果在 OTA 电压放大级的后面串接一个由电压型运算放大器构成的输出缓冲级,就能克服电压增益随负载而变的缺点。

图 3.3.7 所示为带输出缓冲级的 OTA 反相放大器的两种结构。这里,输出缓冲级都用常规电压运算放大器 VOA 实现。

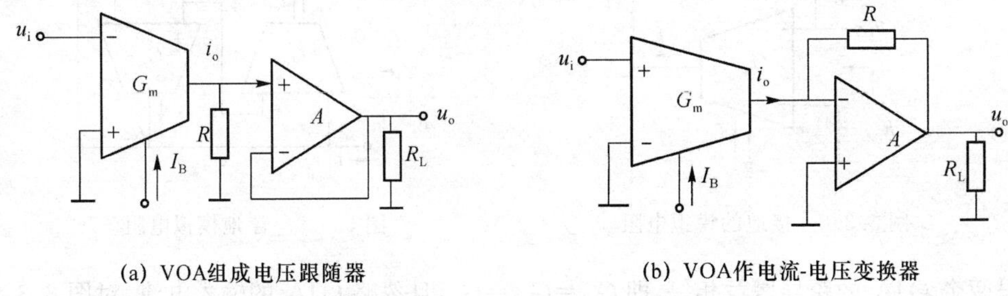

(a) VOA组成电压跟随器　　(b) VOA作电流-电压变换器

图 3.3.7　带输出缓冲级的 OTA 反相放大器

在图(a)中,运算放大器(图中的符号 A)组成电压跟随器,而在图(b)中,运算放大器与电阻 R 组成电流-电压变换器,两种电路的输出电压和电压增益分别对应相等,即

$$u_o = -G_m u_i R \tag{3.3.13}$$

$$A_u = \frac{u_o}{u_i} = -G_m R \tag{3.3.14}$$

输出电压及电压增益均不随负载电阻 R_L 而变化,输出电阻接近于零。

上述电路也可以称作是电压放大器的 OTA-R-VOA 结构,它与传统的 VOA-R 结构的闭环电压放大器相比,除了具有电压增益连续可调的优点之外,还具有较宽的频带。其原因可解释如下:设电压运算放大器 VOA 的增益-带宽积(即 0 dB 带宽)为 GB,在图 3.3.7 两种电路中,VOA 都工作在闭环单位增益情况,其闭环带宽都是 GB。一般情况下,OTA 的带宽远远高于 VOA,因此上述两种电压放大器的带宽由电压缓冲级决定,都可以达到 GB,而且与电压增益值 $G_m R$ 无关,即增益和带宽彼此独立。对于传统的 VOA-R 结构电压放大器,其带宽只能是 GB/A_u,这里的 A_u 是闭环电压增益,带宽随着 A_u 的提高而成比例下降,因为这种结构的电压放大器的增益-带宽积为常数。

3.3.2.2　有源网络元件的模拟

1. 模拟电阻

在集成电路中,常用有源器件实现模拟电阻代替无源电阻,既可以节省芯片面积,又可以改善电路性能。用 OTA 可以方便地设计一端接地或两端都浮地的模拟电阻,其优点是模拟电阻值连续可调、高频性能好。

用 OTA 实现的一端接地的模拟电阻如图 3.3.8 所示。

设 OTA 为理想器件,流入两个输入端的电流为零,则有

$$i_i = -i_o \tag{3.3.15}$$

$$i_o = -G_m u_i \tag{3.3.16}$$

从反相输入端视入的输入阻抗为

$$R_i=\frac{u_i}{i_i}=\frac{1}{G_m} \tag{3.3.17}$$

式(3.3.17)表明，输入电阻为一端接地的模拟电阻，调节 OTA 的偏置电流 I_B，模拟电阻值将得到调节。

利用两个 OTA 可以构成浮地模拟电阻，即两端都可以不接地的电阻，其电路如图 3.3.9所示。

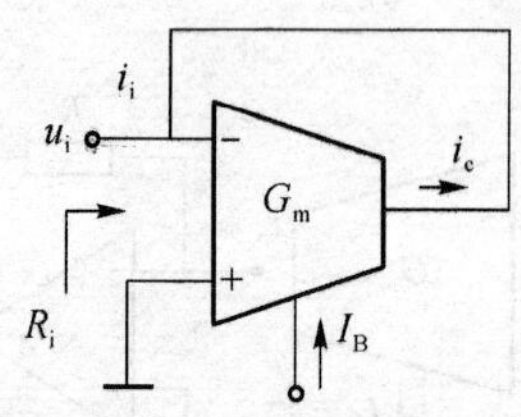

图 3.3.8　接地的模拟电阻

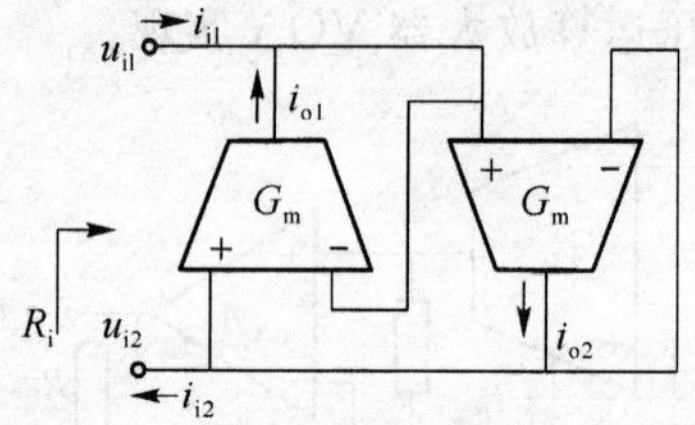

图 3.3.9　浮地模拟电阻

设两个 OTA 的跨导增益相等，即 $G_{m1}=G_{m2}=G_m$，且忽略 OTA 的输入电流，对图 3.3.9 所示电路可写出关系式

$$i_{i1}=-\ i_{o1}=G_m(u_{i1}-\ u_{i2}) \tag{3.3.18}$$

$$i_{i2}=i_{o2}=G_m(u_{i1}-\ u_{i2})=i_{i1} \tag{3.3.19}$$

从两个输入端之间视入的输入阻抗为

$$R_i=\frac{u_{i1}-u_{i2}}{i_{i1}}=\frac{1}{G_m} \tag{3.3.20}$$

式(3.3.20)表明，R_i是一个浮地电阻，其模拟电阻值可以经过同步调节 G_{m1}、G_{m2}的值实现。但是，需要指出，该电路要求 G_{m1}与 G_{m2}精确匹配，即满足条件 $G_{m1}=G_{m2}=G_m$。但如果 $G_{m1}\neq G_{m2}$，则除了在两输入节点之间存在模拟电阻 $R_i=\frac{u_{i1}-u_{i2}}{i_{i1}}=\frac{1}{G_m}$之外，在输入端的下节点处存在一个单独驱动的压控电流源，该压控电流源电流的大小将正比于 G_{m1}与 G_{m2}之差，即$(G_{m2}-\ G_{m1})(u_{i1}-\ u_{i2})$。

2. 回转器

回转器的基本性能是实现阻抗倒置，即从其一端视入的阻抗等于另一端所接阻抗的倒数乘以常数。利用回转器的阻抗倒置作用，可以借助电容来实现模拟电感，这在集成电路的设计中很有实用价值。OTA 的电压-电流变换作用使其非常适宜构成回转器，要比使用常规电压型运算放大器构成回转器简便得多。

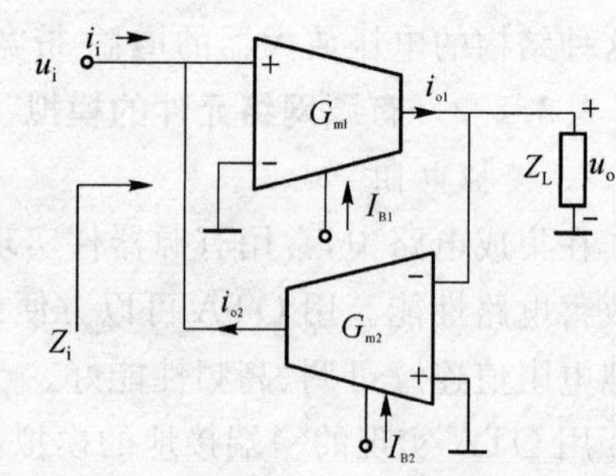

图 3.3.10　回转器

将两个 OTA 的输入端(其中一个 OTA 用同相输入端，另一个用反相输入端)与它们的输出端交叉相接，便可构成一个接地回转器，如图 3.3.10 所示，图中 Z_L是输出端外接负载阻抗。

对图 3.3.10 所示电路，有下列关系式成立

$$i_{o1}=G_{m1}u_i \tag{3.3.21}$$

$$u_o = i_{o1} Z_L \tag{3.3.22}$$

$$i_{o2} = -G_{m2} u_o \tag{3.3.23}$$

$$i_i = -i_{o2} \tag{3.3.24}$$

可求得该电路的输入阻抗为

$$Z_i = \frac{u_i}{i_i} = \frac{1}{G_{m1} G_{m2} Z_L} \tag{3.3.25}$$

若保持两个 OTA 精确匹配，使 $G_{m1} = G_{m2} = G_m$，则有

$$Z_i = \frac{1}{G_m^2 Z_L} \tag{3.3.26}$$

式(3.3.26)表明，从输入端视入的阻抗等于输出端所接阻抗的倒数乘以变换系数 $1/G_m^2$。如果在输出端接入一个电容，则在输入端可获得一个接地模拟电感，同步调节两个 OTA 的 G_m 值，该模拟电感量连续可调，其工作频率也较高。

3. 模拟可变电容

电容可以用集成工艺制作，但是集成可变电容仍然比较麻烦。目前普遍采用开关电容阵列方法，虽然具有控制容易、使用方便的优点，但所需元件数目多，电容值仍难以实现连续调节。利用 OTA 回转器的阻抗倒置作用和阻抗可调节特性，对一个已知电容进行两次回转，则可以实现电容值的连续调节。

图 3.3.11 所示为一种接地模拟电容器，它由四个 OTA 组成两个接地回转器，对负载电容 C_L 作两次倒置变换，或称两次回转。

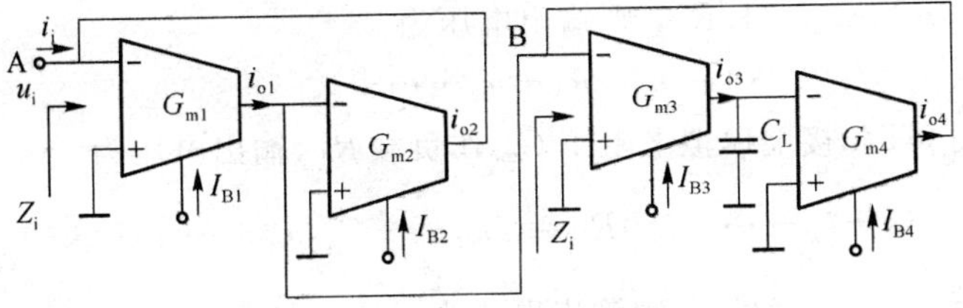

图 3.3.11 接地模拟电容器

由于图中的 G_{m1} 与 G_{m2}、G_{m3} 与 G_{m4} 分别组成接地回转器，所以可求出节点 B、A 到公共端之间的复频域输入阻抗表达式分别为

$$Z_i'(s) = \frac{sC_L}{G_{m3} G_{m4}} \tag{3.3.27}$$

$$Z_i(s) = \frac{1}{G_{m1} G_{m2} Z_i'} = \frac{1}{s\dfrac{G_{m1} G_{m2}}{G_{m3} G_{m4}} C_L} = \frac{1}{sC_\varphi} \tag{3.3.28}$$

式(3.3.28)表明，经过两次回转，从 A 点视入的输入阻抗仍为电容性阻抗，等效电容值为

$$C_\varphi = \frac{G_{m1} G_{m2}}{G_{m3} G_{m4}} C_L \tag{3.3.29}$$

通过改变 OTA 的偏置电流，可以改变 $G_{m1} \sim G_{m4}$ 的数值，进而使等效电容值得到连续调节。当 $G_{m1} G_{m2} > G_{m3} G_{m4}$ 时，C_φ 值比 C_L 值增大，实现电容值提升。因为每个 OTA 的 G_m 有 2 至 3 个数量级的可调范围，所以 C_φ 的可调范围很大。此外，环境温度 T 的变化对每个

OTA 的 G_m 值有影响，但温度 T 对 C_φ 的影响可以得到抑制，因为 C_φ 表达式的分子与分母上的 G_m 的幂次相同。

3.3.2.3 模拟信号运算电路

1. 加法器

将多个 OTA 的输出端并联，使它们的输出电流相加并在一个负载电阻上形成输出电压，便可构成对多个电压输入信号做加法运算的电路，如图 3.3.12 所示。这种电路的输入信号和输出信号都是电压，因此是应用 OTA 实现的电压模拟加法器。

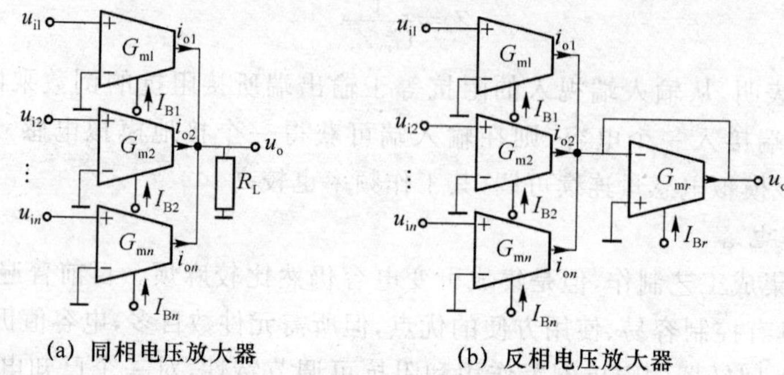

图 3.3.12 用 OTA 实现的电压模拟加法器

在图(a)所示电路中，用无源电阻 R_L 作负载，输出电压为

$$u_o=(i_{o1}+i_{o2}+\cdots+i_{on})R_L=(G_{m1}u_{i1}+G_{m2}u_{i2}+\cdots+G_{mn}u_{in})R_L \tag{3.3.30}$$

若满足 $G_{m1}=G_{m2}=\cdots=G_{mn}=1/R_L$，则输出电压为

$$u_o=u_{i1}+u_{i2}+\cdots+u_{in} \tag{3.3.31}$$

在图(b)中，用 OTA 接地模拟电阻 $1/G_{mr}$ 作负载 R_L，输出电压为

$$u_o=(i_{o1}+i_{o2}+\cdots+i_{on})R_L=(G_{m1}u_{i1}+G_{m2}u_{i2}+\cdots+G_{mn}u_{in})\frac{1}{G_{mr}} \tag{3.3.32}$$

若满足 $G_{m1}=G_{m2}=\cdots=G_{mn}=G_{mr}$，则输出电压为

$$u_o=u_{i1}+u_{i2}+\cdots+u_{in} \tag{3.3.33}$$

在上面的加法器中，输入信号都加在 OTA 的同相输入端，输出电压与输入电压同相。如果输入信号同时加到 OTA 的同相输入和反相输入端，则可构成加-减法器，如图 3.3.13 所示。

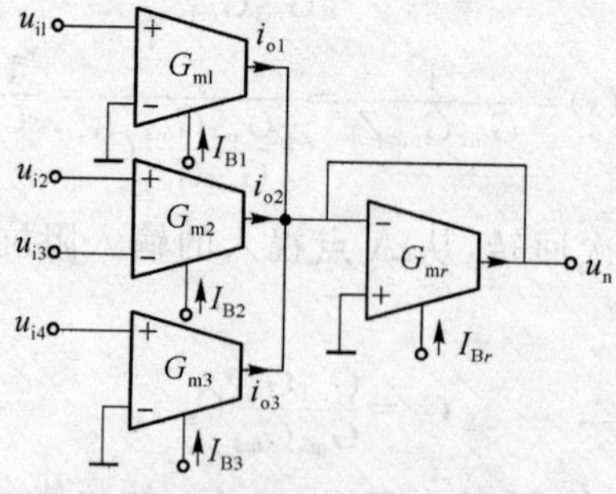

图 3.3.13 加-减法器

该电路取 $1/G_{mr}$ 作负载，输出电压为

$$u_o=(G_{m1}u_{i1}+G_{m2}u_{i2}-G_{m2}u_{i3}-G_{m3}u_{i4})\frac{1}{G_{mr}} \tag{3.3.34}$$

若满足 $G_{m1}=G_{m2}=G_{m3}=G_{mr}$，则输出电压为

$$u_o=u_{i1}+u_{i2}-u_{i3}-u_{i4} \tag{3.3.35}$$

在上述加法器和加-减法器中，对某个信号的增益系数可经相应 G_m 值加以调节，调节模拟电阻 $1/G_{mr}$ 的值，可同步调节对所有信号的增益系数。用 OTA 模拟电阻作负载的加法器，不包含无源元件，更加适宜单片集成。

2. 积分器

在 OTA 的输出端并联一个电容 C 作负载，输出电压是输入电压的积分值，构成理想积分器。选用不同的输入方式，可使积分器的输出与输入之间成同相、反相和差动关系，其电路分别如图 3.3.14 所示。

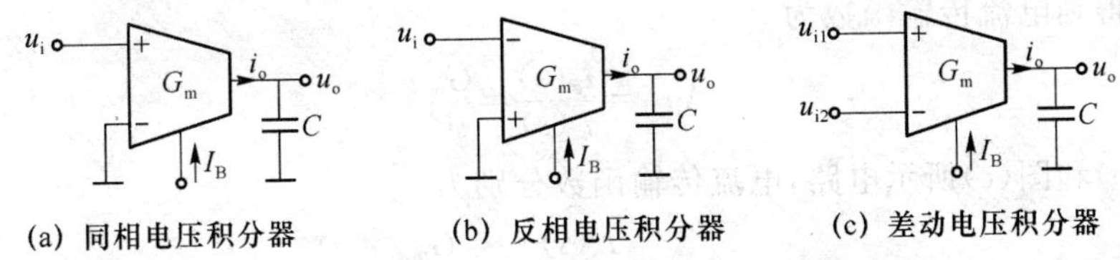

(a) 同相电压积分器　(b) 反相电压积分器　(c) 差动电压积分器

图 3.3.14　电压模式积分器

对图(a)所示电路，输出电压为

$$u_o(s)=i_o(s)\frac{1}{sC}=\frac{G_m}{sC}u_i(s) \tag{3.3.36}$$

所以电压传输函数为

$$A_{u(a)}(s)=\frac{u_o(s)}{u_i(s)}=\frac{G_m}{sC} \tag{3.3.37}$$

同理，对图(b)和图(c)所示两个电路，电压传输函数分别为

$$A_{u(b)}(s)=\frac{u_o(s)}{u_i(s)}=-\frac{G_m}{sC} \tag{3.3.38}$$

$$A_{u(c)}(s)=\frac{u_o(s)}{u_{i11}(s)-u_{i12}(s)}=\frac{G_m}{sC} \tag{3.3.39}$$

对于这三种积分器，输出电压在时间域的表达式分别为

$$u_o(t)=\frac{G_m}{C}\int u_i(t)\mathrm{d}t \tag{3.3.40}$$

$$u_o(t)=-\frac{G_m}{C}\int u_i(t)\mathrm{d}t \tag{3.3.41}$$

$$u_o(t)=\frac{G_m}{C}\int[u_{i1}(t)-u_{i2}(t)]\mathrm{d}t \tag{3.3.42}$$

其积分时间常数为 C/G_m，改变 G_m 可以调节积分时间常数。

上述积分器的输入信号和输出信号都是电压，称作电压模式积分器。如果将输出端的负载电容 C 改接到 OTA 的输入端，则可构成电流模式积分器，如图 3.3.15 所示。它们的输入信号和输出信号都是电流。

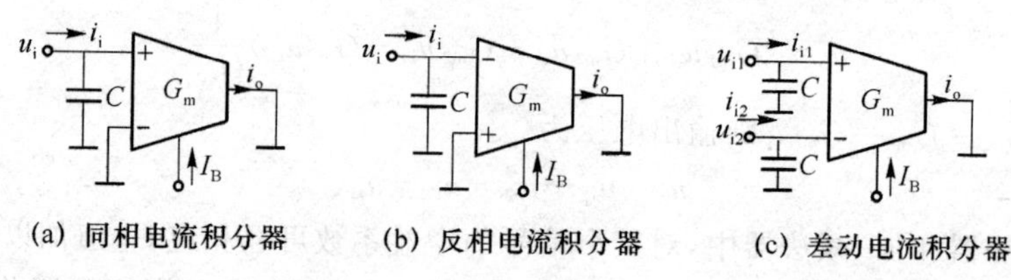

图 3.3.15 电流模式积分器

对图(a)所示电路,其输入电压和输出电流分别为

$$u_i(s)=\frac{1}{sC}i_i(s) \tag{3.3.43}$$

$$i_o(s)=G_m u_i(s)=\frac{G_m}{sC}i_i(s) \tag{3.3.44}$$

由上面二式得到电流传输函数为

$$A_{i(a)}=\frac{i_o(s)}{i_i(s)}=\frac{G_m}{sC} \tag{3.3.45}$$

同理,对图(b)和图(c)所示电路,电流传输函数分别为

$$A_{i(b)}=\frac{i_o(s)}{i_i(s)}=-\frac{G_m}{sC} \tag{3.3.46}$$

$$A_{i(c)}=\frac{i_o(s)}{i_{i1}(s)-i_{i2}(s)}=\frac{G_m}{sC} \tag{3.3.47}$$

OTA 积分器的外接元件只需电容,电路简单,容易集成,积分时间常数可调,高频性能好,这些都是它的突出优点,在有源滤波器、正弦波振荡器等电路中得到了广泛的应用。

前面讨论的 OTA 积分器电路中没有电阻,因此没有能耗,被叫作无损耗积分器(Lossless Integrator),也是理想积分器。若在积分器中加入无源电阻或有源模拟电阻,将构成有损耗积分器(Lossy Integrator)。有损耗积分器也就是一阶低通滤波器,在 OTA-C 滤波器中获得了广泛的应用。

3.4 逻辑电路基本电路单元及应用

3.4.1 TTL 门电路单元及应用

TTL 电路是晶体管-晶体管逻辑电路的缩写(Transister-Transister-Logic),是数字集成电路的一大门类。它采用双极型工艺制造,具有高速度、低功耗和品种多等特点。从 20 世纪 60 年代开发成功第一代产品以来现有以下几代产品。

第一代 TTL 包括 SN54/74 系列,(其中 54 系列工作温度为−55℃～+125℃,74 系列工作温度为 0℃～+75℃),低功耗系列简称 LTTL,高速系列简称 HTTL。第二代 TTL 包括肖特基箝位系列(STTL)和低功耗肖特基系列(LSTTL)。第三代为采用等平面工艺制造的先进的 STTL 及 ASTTL 和先进的低功耗 LSTTL 及 ALSTTL。由于 LSTTL 和 ALSTTL 的电路延时功耗较小,STTL 和 ASTTL 速度很快,因此获得了广泛的应用。

电路类型 TTL 数字集成电路约有 400 多个品种，大致可以分为以下几类：门电路、译码器/驱动器、触发器、计数器、移位寄存器、单稳和双稳电路、多谐振荡器、加法器、乘法器、奇偶校验器、码制转换器、线驱动器/线接收器 、多路开关、存储器等。

3.4.1.1 TTL 与非门电路的主要参数

(1) 静态功耗 P_D：指与非门空载时电源总电流 I_{cc} 与电源电压 V_{cc} 的乘积，即

$$P_D = I_{cc}V_{cc} \tag{3.4.1}$$

式中，I_{cc} 为与非门的所有输入端悬空、输出端空载时，电源提供的电流。一般 $I_{cc} \leqslant 10$ mA，$P_D \leqslant 50$ mW。

(2) 输出高电平 V_{oH}：有一个以上的输入端接地时的输出电平值。一般 $V_{oH} \geqslant 3.5$ V，称为逻辑“1”。

(3) 输出低电平 V_{oL}：指全部输入端为高电平时的输出电平值。一般 $V_{oL} \leqslant 0.4$ V，称为逻辑“0”。

(4) 扇出系数 N_o：指与非门在输出为低电平时，能够驱动同类门的最大数目。测试时，N_o 可由式(3.4.2)计算：

$$N_o = I_{oL}/I_{iS} \tag{3.4.2}$$

式中，I_{iS} 为输入短路电流，是指一个输入端接地、其余输入端悬空、输出端空载时，从接地输入端流出的电流。一般 $I_{iS} \leqslant 1.6$ mA。

(5) 平均传输延迟时间 t_{pd}：是表征器件开关速度参数。当与非门的输入为一方波时，输出波形的上升沿和下降沿均有一定的延迟时间，分别设为 t_{PLH} 和 t_{PHL}，则平均传输延迟时间 t_{pd} 可用式(3.4.3)表示。t_{pd} 的数值很小，一般为几纳秒至十几纳秒。

$$t_{pd} = \frac{1}{2}(t_{PLH} + t_{PHL}) \tag{3.4.3}$$

(6) 直流噪声容限 V_{NH} 和 V_{NL}：指输入端所允许的输入电压变化的极限范围。输入端为高电平状态时的噪声容限为

$$V_{NH} = V_{oHmin} - V_{THmin} \tag{3.4.4}$$

输入端为低电平状态时的噪声容限为

$$V_{NL} = V_{iLmax} - V_{oLmax} \tag{3.4.5}$$

通常 $V_{oHmin} = 2.4$ V，$V_{THmin} = 2$ V，$V_{iLmax} = 0.8$ V，$V_{oLmax} = 0.4$ V，所以 V_{NH} 和 V_{NL} 一般约为 400 mV。

3.4.1.2 TTL 器件的使用规则

(1) 电源电压 $+V_{cc}$：只允许在 5(1±10%)V 范围内，超过该范围可能会损坏器件或使逻辑功能混乱。

(2) 电源滤波：TTL 器件的高速切换会产生电流跳变，其幅度约为 4～5 mA。该电流在公共走线上的压降会引起噪声干扰，因此，要尽量缩短地线以减小干扰。可在电源端并接 1 个 100 μF 的电容作为低频滤波及 1 个 0.01～0.1 μF 的电容作为高频滤波。

(3) 输出端的连接：不允许输出端直接接 +5 V 或接地。对于 100 μ 以上的容性负载，应串接几百欧的限流电阻，否则会导致其损坏。除集电极开路(OC)门和三态(TS)门外，其他门电路的输出端不允许并联使用，否则会引起逻辑混乱或器件损坏。

(4) 输入端的连接：输入端可以串入 1 只 10 Ω～1 kΩ 的电阻与电源连接或直接接电源

电压$+V_{cc}$来获得高电平输入。直接接地为低电平输入。或门、或非门等 TTL 电路的多余输入端不能悬空,只能接地。与门、与非门等 TTL 电路的多余输入端可以悬空(相当于接高电平),但因悬空时对地呈现的阻抗很高,容易受到外界干扰,所以可将他们直接接电源电压$+V_{cc}$或与其他输入端并联使用,以增加电路的可靠性,但与其他输入端并联时,从信号获取的电流将增加。

3.4.2 MOS 电路单元及应用

MOS 电路为单极型集成电路,又称为 MOS 集成电路。它采用金属-氧化物半导体场效应管(Metal Oxide Semi-conductor Field Effect Transistor, 缩写为 MOSFET)制造,其主要特点是结构简单、制造方便、集成度高、功耗低,但速度较慢。MOS 集成电路又分为 PMOS (P-channel Metal Oxide Semiconductor, P 沟道金属氧化物半导体)、NMOS(N-channel Metal Oxide Semiconductor, N 沟道金属氧化物半导体)和 CMOS(Complement Metal Oxide Semiconductor, 复合互补金属氧化物半导体)等类型。

MOS 电路中应用最广泛的是 CMOS 电路,CMOS 数字电路中,应用最广泛的是 4000、4500 系列,它不但适用于通用逻辑电路的设计,而且综合性能也很好,它与 TTL 电路一起成为数字集成电路中两大主流产品。CMOS 数字集成电路主要分为 4000/4500 系列、54HC/74HC 系列、54HCT/74HCT 系列等,实际上这三大系列之间的引脚功能、排列顺序是相同的,只是某些参数不同而已。例如,74HC4017 与 CD4017 为功能相同、引脚排列相同的电路,前者的工作速度高,工作电源电压低。4000 系列中目前最常用的是 B 系列,它采用了硅栅工艺和双缓冲输出结构。

Bi-CMOS(Bipolar-CMOS)是双极型 CMOS 电路的简称,这种门电路的特点是逻辑部分采用 CMOS 结构,输出级采用双极型三极管,因此兼有 CMOS 电路的低功耗和双极型电路输出阻抗低的优点。

CMOS 电路应用广泛,具有输入阻抗高、扇出能力强、电源电压宽、静态功耗低、抗干扰能力强、温度稳定性好等优点,但多数工作速度低于 TTL 电路。如果是 TTL 驱动 CMOS,要考虑电平的接口。TTL 可直接驱动 74HCT 型的 CMOS,其余必须考虑逻辑电平的转换问题。如果是 CMOS 驱动 TTL,要考虑驱动电流不能太低。74HC/74HCT 型 CMOS 可直接驱动 74/74LS 型 TTL,除此需要电平转换。由于 CMOS 的输入阻抗都比较大,一般比较容易捕捉到干扰脉冲,所以 NC 的脚尽量要接一个上拉电阻,而且 CMOS 具有电流闩锁效应,容易烧掉 IC,因此输入端的电流尽量不要太大,最好加限流电阻。

3.4.2.1 CMOS 与非门电路的主要参数

(1) 电源电压$+V_{DD}$:CMOS 门电路电流电压$+V_{DD}$的范围较宽,一般在$+3\sim+15$V 范围内均可正常工作,并允许波动±10%。

(2) 静态功耗 P_D:CMOS 的 P_D与工作电源电压$+V_{DD}$的高低有关,但与 TTL 器件相比,P_D的大小则显得微不足道(约在微瓦量级)。

(3) 输出高电平 V_{oH}:$V_{oH}\geqslant V_{DD}-0.5$ V 为逻辑“1”。

(4) 输出低电平 V_{oL}:$V_{oL}\leqslant V_{SS}+0.5$ V 为逻辑“0”($V_{SS}=0$ V)。

(5) 扇出系数 N_o:CMOS 电路具有极高的输入阻抗,极小的输入短路电流 I_{iS},一般 $I_{iS}\leqslant 0.1\ \mu$A。输出端灌入电流 I_{oL}比 TTL 电路要小很多,在+5 V 电源电压下,一般 $I_{oL}\leqslant$

100 μA。但是，如果以这个电流驱动同类门电路，其扇出系数将非常大。因此，在工作频率较低时，扇出系数不受到限制；但在高频工作时，由于后级门的输入电容为主要负载，扇出系数将受到限制，一般 $N_o=10\sim20$。

(6) 平均传输延迟时间 t_{pd}：CMOS 电路的平均传输延迟时间比 TTL 电路长得多，通常 $t_{pd}\approx200$ ns。

(7) 直流噪声容限 V_{NH} 和 V_{NL}：CMOS 器件的噪声容限通常以电源电压 V_{DD} 的 10% 来估算，当 $+V_{DD}=+5$ V 时，$V_{NH}\approx V_{NL}=1.5$ V，可见 CMOS 器件的噪声容限比 TTL 电路要大得多，因此，抗干扰能力也强得多。提高电源电压 $+V_{DD}$ 是提高 CMOS 器件抗干扰能力的有效措施。

3.4.2.2 CMOS 器件的使用规则

(1) 电源电压：电源电压不能接反，规定 $+V_{DD}$ 接电源正极，V_{SS} 接电源负极(通常接地)。

(2) 输出端的连接：输出端不允许直接接 $+V_{DD}$ 或地，除三态门外，不允许两个器件的输出端连接使用。

(3) 输入端的连接：输入端的信号电压 V_i 应为 $V_{SS}\leqslant V_i\leqslant V_{DD}$，超出该范围会损坏器件内部的保护二极管或绝缘栅极，可在输入端串接一个限流电阻(10～100 kΩ)。所有多余的输入端不能悬空，应按照逻辑要求直接接 V_{DD} 或 V_{SS}(地)。工作速度不高时允许输入端并联使用。

(4) 其他：①测试 CMOS 电路时，应先加电源电压 $+V_{DD}$，后加输入信号；关机时应先切断输入信号，后断开电源电压，所有测试仪器外壳必须良好接地。②CMOS 电路具有很高的输入阻抗，易受外界干扰、冲击和出现静态击穿，故应存放在导电容器内。焊接时电烙铁外壳必须良好接地，必要时可以拔下电烙铁电源，利用余热焊接。

3.4.3 集成逻辑门的基本应用

按照逻辑功能可以将集成逻辑门分为反相器、与非门、集电极开路(简称 OC)与非门、或非门、缓冲/驱动器、组合逻辑门及具有三态输出的逻辑门等。下面举例说明这些逻辑门的应用。

3.4.3.1 门电路构成的时钟源

利用反相器或与非门可以构成时钟脉冲源，如图 3.4.1 所示。

其中图(a)为门电路构成的时钟源，晶体管 VT 接成射极跟随器，可使输出级与前级隔离，电位器电阻变化几十千欧也不会影响电路的工作状态。因此，该电路具有输出频率范围宽、输出波形好、带负载能力强的优点。电路的输出频率可由式(3.4.6)计算，即

$$f=\frac{1}{T}=\frac{1}{2(R_0+\mathrm{RP})C} \tag{3.4.6}$$

式中，R_0 为门电路内部等效电阻，一般为几百欧姆。输出频率可在几赫兹至几兆赫兹之间变化，改变电容 C 实现频率粗调，调节 RP 实现频率细调，输出的脉冲如图(a)所示。在要求频率稳定性较高的情况下，如提供基准频率，则可采用图(b)所示电路。输出频率由晶振的频率决定，图(c)为 CMOS 门电路构成的简易时钟源。由于门电路的输入阻抗很高，定时电容 C_t 的值不是很大就能获得较大时间常数，尤其适用于对频率准确性要求不太高的低频时钟源(小于 100 kHz)。常取补偿电阻 $R_S\gg R_t$(定时电阻)，即 $R_S=10R_t$。输出频率为

$$f=\frac{1}{T}=\frac{1}{2.2R_tC_t} \tag{3.4.7}$$

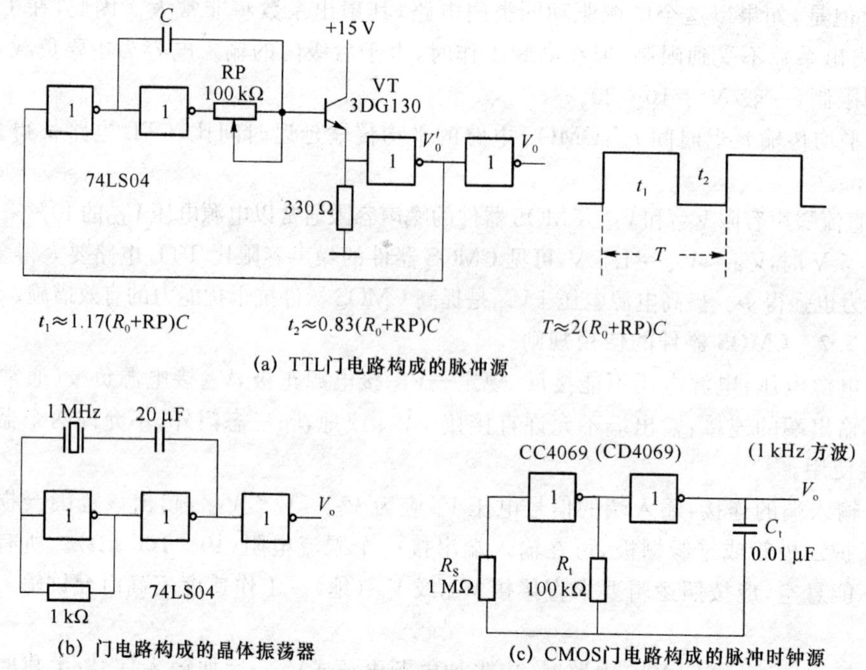

(a) TTL门电路构成的脉冲源

(b) 门电路构成的晶体振荡器

(c) CMOS门电路构成的脉冲时钟源

图 3.4.1　门电路构成的时钟源及其波形

3.4.3.2　脉冲调制/解调器

由与非门构成的低频脉冲调制器如图 3.4.2(a)所示。设调制信号为 $f_i=500$ Hz 的方波，由 A 端输入。当 A 为“1”电平时，与非门组成的时钟源电路产生振荡；A 为“0”电平时停振，工作波形如图(a)所示。要求调制方波的频率远低于振荡频率。

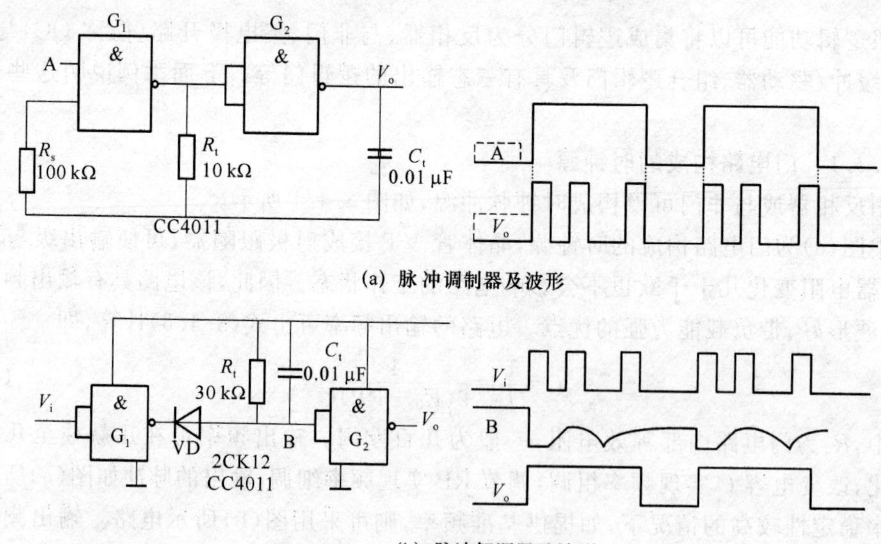

(a) 脉冲调制器及波形

(b) 脉冲解调器及波形

图 3.4.2　脉冲调制/解调器

与非门组成的脉冲调节器如图 3.4.2(b)所示，它与图(a)所示电路功能相反，用来对脉冲调制信号解调。V_i的第一个脉冲来到时，与非门 G_1 输出为“0”，二极管 VD 导通，电容 C_t

经 VD 及 G_1 充电，充电时间常数远小于载波脉冲宽度 t_p，故输出 V_o 很快变为高电平。第一个载波脉冲结束后，G_1 输出为“1”，VD 截止，C_t 经 R_t 放电，由于放电时间常数 R_tC_t 远大于载波脉冲的周期 T，G_2 的输入端将一直保持为低电平，直到调制脉冲持续为低电平时，G_2 的输入才变为高电平。各点的波形如图(b)所示。

3.4.3.3 门电路构成的触发器

用门电路可以构成 RS 触发器、单稳态触发器等，其电路如图 3.4.3 所示。

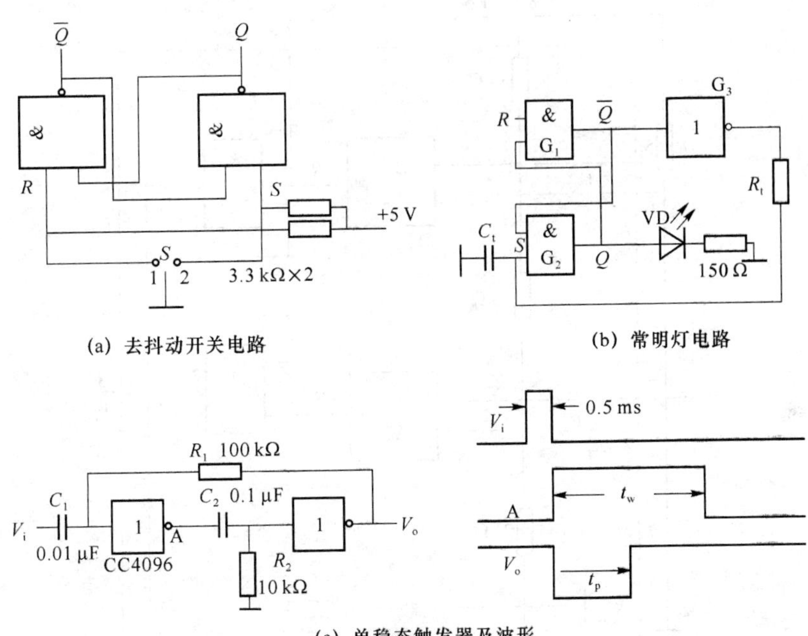

(a) 去抖动开关电路

(b) 常明灯电路

(c) 单稳态触发器及波形

图 3.4.3 门电路构成的触发器

其中，图(a)为基本 RS 触发器，它具有复位(清“0”)和置位(置“1”)的功能。开关 S 置于“1”时，$Q=0$；S 置于“2”时，$Q=1$，而且开关 S 的切换不会引起 Q 端的抖动，因此，该电路常用作去抖动开关电路。

图(b)为由基本 RS 触发器构成的单稳态触发电路，可用作长明灯的控制电路或报警电路。在触发脉冲没有来到时 $R=1,S=0,Q=1$，发光二极管 VD 亮，电容 C_t 经 R_t 充电，直到 $S=1$，Q 仍维持 1 不变，VD 始终保持，故称长明灯。如果负脉冲来到时 $R=0,S=1$，则 VD 灭，电容 C_t 放电，直到 $S=0$。当 $R=1,S=0$ 时，VD 又恢复亮状态。灯灭的时间 $t=0.7R_tC_t$。图(c)为门电路构成的单稳态触发器。若 $R_1C_1=R_2C_2$，则输出脉冲的延迟时间

$$T_p=t_w/2=0.7R_1C_1=0.7R_2C_2 \tag{3.4.8}$$

3.5 集成电路的应用

3.5.1 集成电路定时器 555 及其基本应用

555 定时器的电压范围较宽，在＋3～＋18 V 范围内均能正常工作，其输出电压的低电

平 $V_{oL}\approx 0$，高电平 $V_{oH}\approx +V_{cc}$，可与其他数字集成电路(CMOS、TTL 等)兼容，而且其输出电流可达到 100 mA，能直接驱动继电器。555 的输入阻抗极高，输入电流仅为 0.1 μA，用作定时器时，定时时间长而且稳定。555 的静态电流较小，一般为 80 μA 左右。

3.5.1.1 单稳态触发器及其应用

由 555 组成的单稳态触发器如图 3.5.1(a)所示。

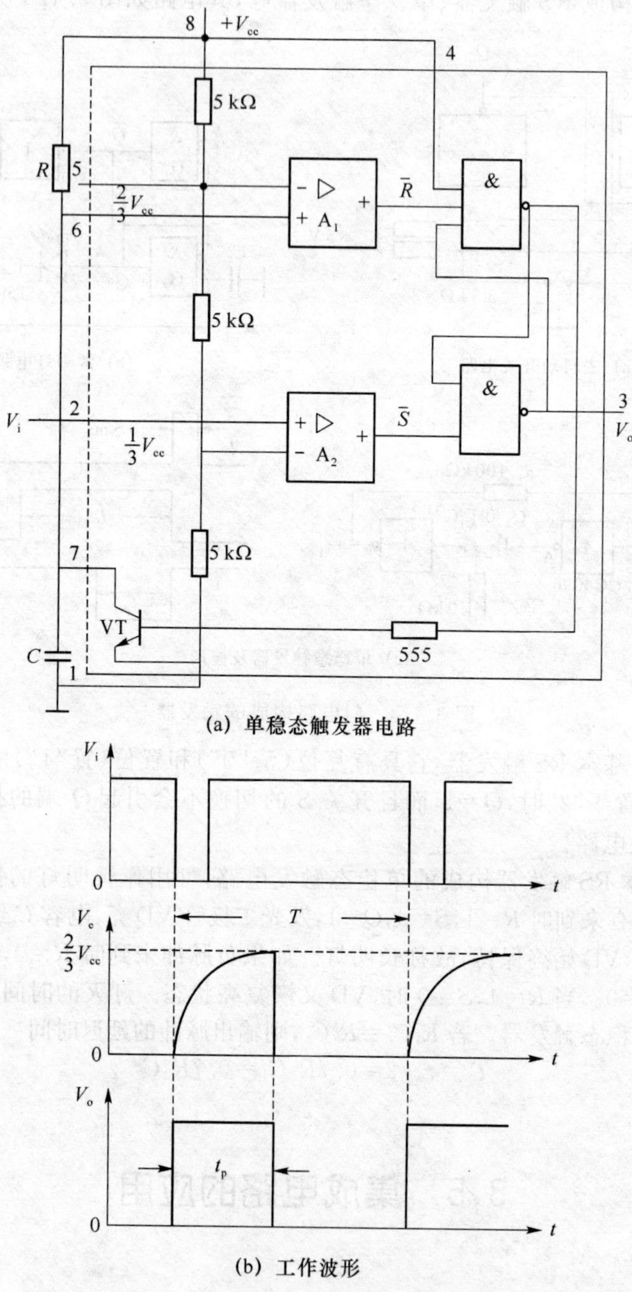

(a) 单稳态触发器电路

(b) 工作波形

图 3.5.1 由 555 组成的单稳态触发器

电路工作原理是：接通电源，设 VT 截止，$+V_{cc}$通过 R 向 C 充电，当 V_C上升到$\frac{2}{3}V_{cc}$时

反相比较器 A_1 翻转，输出低电平，$\overline{R}=0$，RS 触发器复位，输出端 V_o 为"0"，则三极管 VT 导通，C 经 VT 迅速放电，输出端为零保持不变；如果负跳变触发脉冲 V_i 由第 2 引脚输入，当 V_i 下降到 $\frac{1}{3}V_{cc}$ 时同相比较器 A_2 翻转，输出低电平，$\overline{S}=0$，RS 触发器复位，输出端 V_o 为"1"，则三极管 VT 截止，电压 $+V_{cc}$ 经 R 再次向 C 充电，以后重复上述过程。工作波形如图 3.5.1(b)所示。图中，V_i 为输入触发脉冲，V_C 为电容 C 两端的电压，V_o 为输出脉冲，t_p 为延时脉冲的宽度(或延时时间)，分析表明

$$t_p=RC\ln 3\approx 1.1RC \tag{3.5.1}$$

触发脉冲的周期 T 应大于 t_p 才能保证每个负脉冲起作用。

555 组成的单稳态触发器的应用范围十分广泛，以下为几种典型应用实例。

1. *触摸开关电路*

555 组成的单稳态触发器可以用作触摸开关，电路如图 3.5.2 所示，其中 M 为膜触金属片(或导线)。无触发脉冲输入时，555 的输出为"0"，发光二极管 VD 不亮。当用手触摸金属片 M 时，相当于 2 端输入一负脉冲，555 的内部比较器 A_2 翻转，使输出 V_o 变为高电平"1"，发光二极管亮，直至电容 C 上的电压充到 $V_C=\frac{2}{3}V_{cc}$ 为止。由式(3.5.1)可得发光二极管亮的时间为：$t_p=1.1RC=1.1$ s。

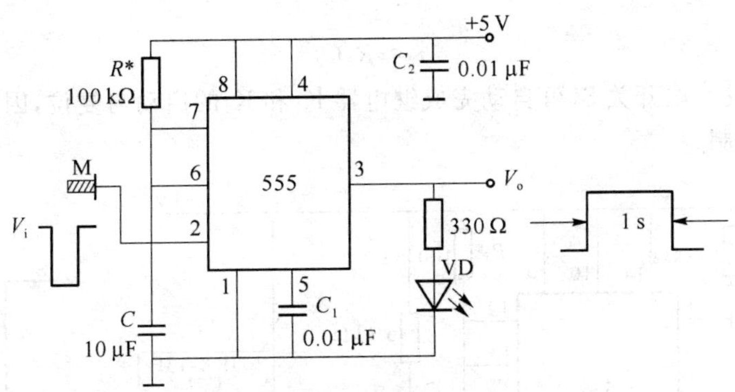

图 3.5.2 触摸开关

触摸开关电路可以用于触摸报警、触摸报时、触摸控制等，电路输出信号灯高低与数字逻辑电平兼容。图中，C_1 为高频滤波电容，以保持 $\frac{2}{3}V_{cc}$ 的基准电压稳定，一般取 0.01 μF。C_2 用来滤除电源电流跳变引入的高频干扰，一般取 0.01～0.1 μF。

2. *分频电路*

由 555 组成的单稳态触发器可以构成分频系数很大的分频电路，如图 3.5.3 所示。设输入信号 V_i 为一列脉冲串，第一个负脉冲触发第 2 引脚后，输出 V_o 变为高电平，电容 C 开始充电，如果 $RC\gg T_i$，由于 V_C 未达到 $\frac{2}{3}V_{cc}$，将一直保持为高电平，VT 截止。这段时间内，输入负脉冲不起作用。当 V_C 达到 $\frac{2}{3}V_{cc}$ 时，输出 V_o 很快变为低电平，下一个负脉冲来到，输出又跳为高电平，电容 C 又开始充电，如此周而复始。由式(3.5.2)可计算出脉冲的延迟时间 $t_p=1.1RC$，输出脉冲的周期

$$T_o = NT_i \tag{3.5.2}$$

系数 N 主要由延迟时间 t_p 决定，由于 RC 时间常数取得很大，故可获得很大的分配系数。

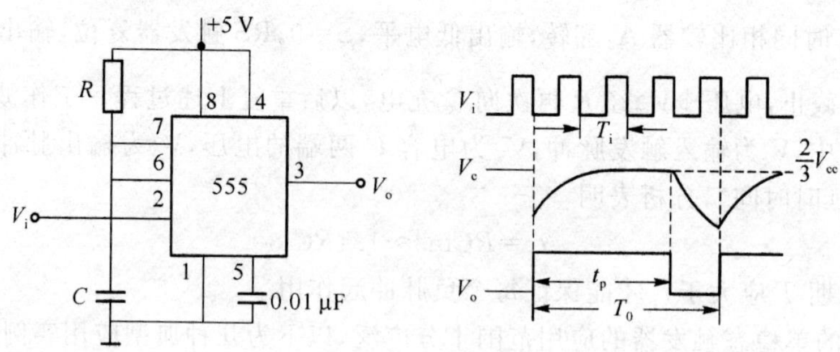

图 3.5.3 分频电路

3. 两级定时器

图 3.5.4 所示的电路为由一片 556 组成的两级定时电路。第一级定时器受开关 S 触发时产生的延时脉冲 A 驱动继电器 K_1，A 的延迟时间

$$t_1 \approx 1.1R_1C_1 \tag{3.5.3}$$

脉冲结束产生的负跳变又触发第二级定时器，产生延时脉冲 B 驱动继电器 K_2，B 的延迟时间

$$t_2 \approx R_2C_2 \tag{3.5.4}$$

这样，每触发一次开关 S，可自动完成继电器 K_1 和 K_2 的启动与复位，因此该电路可以实现时序操作及控制。

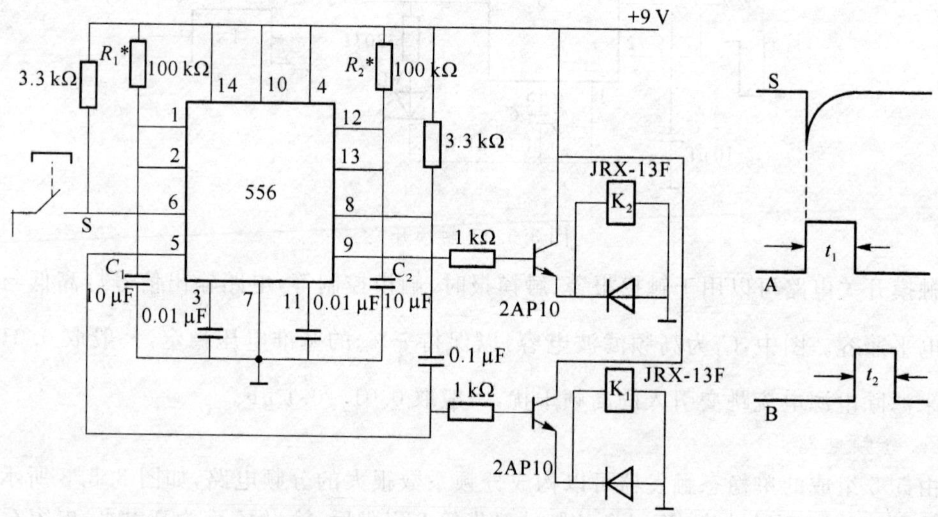

图 3.5.4 556 组成的两级定时器电路

3.5.1.2 多谐振荡器及其应用

555 组成的多谐振荡器如图 3.5.5(a)所示。电路的工作原理是：接通电源，设三极管 VT 截止，$+V_{cc}$ 经外接电阻 R_1、R_2 向电容 C 充电；当 C 上的电压 V_C 上升到 $\frac{2}{3}V_{cc}$ 时，比较器

A_1翻转输出低电平，$\overline{R}=0$，RS 触发器复位，输出为“0”，则三极管 VT 导通，C 经 R_2 和 VT 放电；当 V_C 下降到 $\frac{1}{3}V_{cc}$ 时，比较器 A_2 翻转输出低电平，即 $\overline{S}=0$，RS 触发器复位，输出 V_o 变为“1”，VT 又截止，C 又开始充电。如此周而复始，输出端便可获得周期性的矩形脉冲波。电路的工作波形如图 3.5.5(b)所示。分析表明：电容 C 的放电时间 t_1 与充电时间 t_2 分别为

$$t_1=R_2C\ln 2\approx 0.7R_2C \tag{3.5.5}$$

$$t_2=(R_1+R_2)C\ln 2\approx 0.7(R_1+R_2)C \tag{3.5.6}$$

可得输出脉冲的频率

$$f=\frac{1}{t_1+t_2}\approx\frac{1.43}{(R_1+2R_2)C} \tag{3.5.7}$$

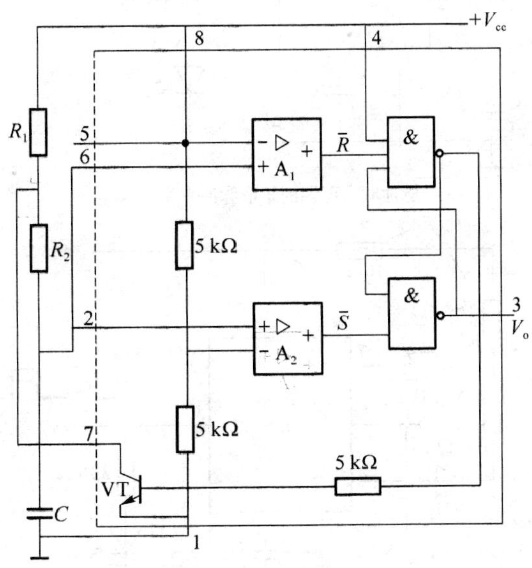

(a) 多谐振荡器

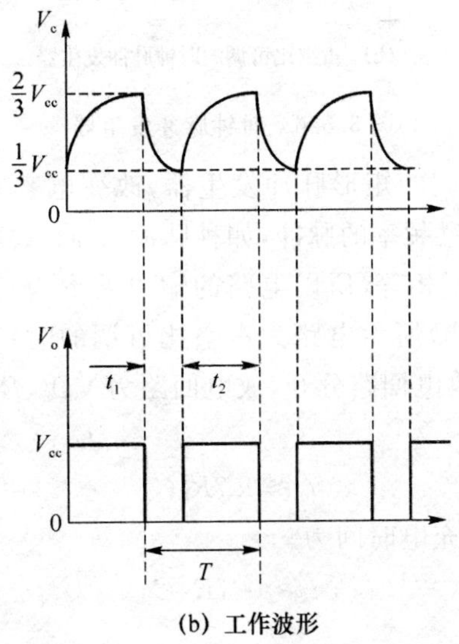

(b) 工作波形

图 3.5.5 555 组成的多谐振荡器

555 组成的多谐振荡器的应用十分广泛，以下为几种典型应用实例。

1. 时钟脉冲发生器

555 组成的多谐振荡器可以用作各种时钟脉冲发生器，如图 3.5.6 所示。

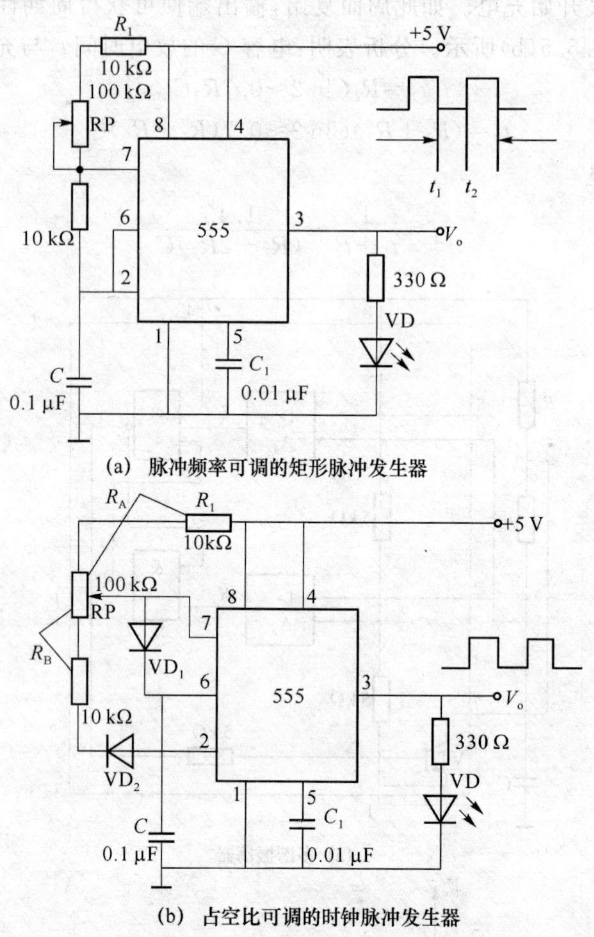

(a) 脉冲频率可调的矩形脉冲发生器

(b) 占空比可调的时钟脉冲发生器

图 3.5.6 时钟脉冲发生器

其中图(a)为脉冲频率可调的矩形脉冲发生器，改变电容 C 可获得超长时间的低频脉冲，调节电位器 RP 可得到任意频率的脉冲，如秒脉冲，1 kHz、10 kHz 等标准脉冲。由于电容 C 的充放电回路时间常数不相等，所以电路的输出波形为矩形脉冲波，矩形脉冲的占空比随频率的变化而变化。图(b)所示电路为占空比可调的时钟脉冲发生器，接入两只二极管 VD_1、VD_2后，电容 C 的充放电回路分开，放电回路为 VD_2、R_B、内部三极管 VT 及电容 C，放电时间为

$$t_1 \approx 0.7 R_B C \tag{3.5.8}$$

充电回路为 R_A、VD_1、C，充电时间为

$$t_2 \approx 0.7 R_A C \tag{3.5.9}$$

输出脉冲频率为

$$f = \frac{1.43}{(R_A + R_B)C} \tag{3.5.10}$$

调节电位器可以改变输出脉冲的占空比，单频率不变。如果使 $R_A=R_B$，则可获得对称方波。

2. 通断检测器

通断检测器的电路如图 3.5.7 所示。

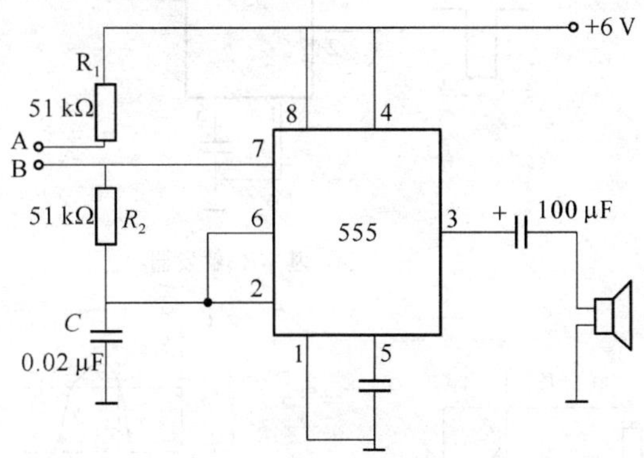

图 3.5.7 通断检测器

若探头 A、B 接通，则电路为一多谐振荡器，输出脉冲经扬声器发声。如果 A、B 断开，则电路不产生振荡，扬声器无声。该电路的应用十分广泛，如检测电路的通断、水位报警等，声音的高低由 R_1、R_2、C 决定。

3. 手控蜂鸣器

手控蜂鸣器的电路如图 3.5.8 所示。电路的振荡是通过控制 555 复位端 4 实现的。按下 S，4 端接高电平，电路产生振荡输出音频信号，扬声器放声。松开 S 后，电容通过 R_3 放电，直到复位端 4 变为低电平时电路停振。称 R_3、C_3 为延时电路，改变它们的值可以改变延迟时间。该电路可以用作电子门铃、医院病床的呼叫等。

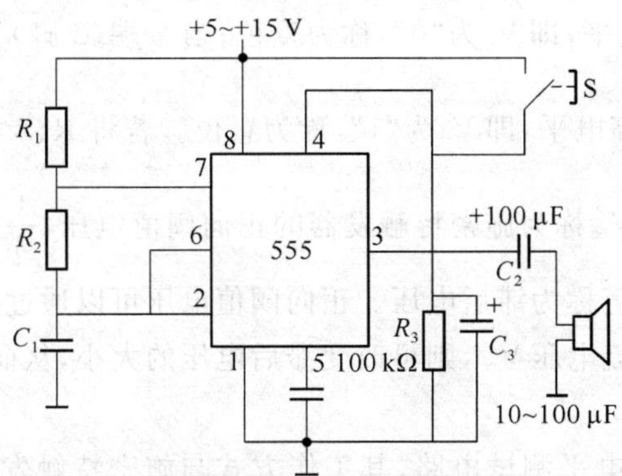

图 3.5.8 手控蜂鸣器

3.5.1.3 RS 触发器和施密特触发器的应用

利用 555 可以组成基本的 RS 触发器和施密特触发器，电路分别如图 3.5.9 中(a)、(b)所示。

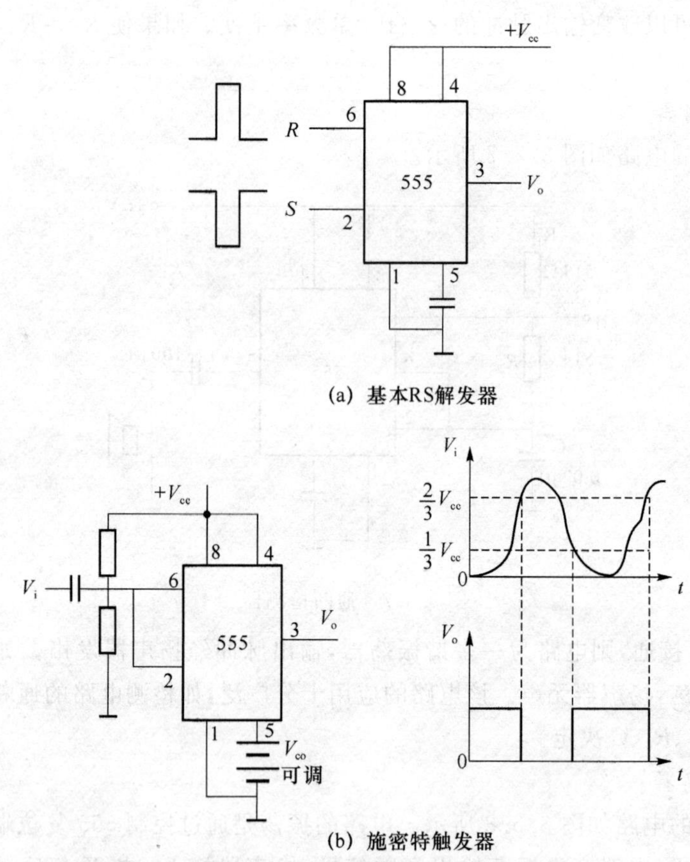

图 3.5.9　555 组成的 RS 触发器和施密特触发器

其中，图(a)具有基本 RS 触发器的功能。当 R 端(6 脚)为正脉冲触发(S 端的电平高于 $\frac{1}{3}V_{cc}$)时，555 输出为低电平，即 V_o为“0”，称为复位；当 S 端(2 脚)为负脉冲触发(R 端的电平低于$\frac{2}{3}V_{cc}$)时，输出为高电平，即 V_o为“1”，称为置位。若将 R、S 相连接，则可构成施密特触发器如图(b)所示。$\frac{2}{3}V_{cc}$称为施密特触发器的正向阈值电压，$\frac{1}{3}V_{cc}$称为施密特触发器的负向阈值电压，两者的差值称为滞后电压。正向阈值电压可以通过外加电压进行改变，如图(b)中 5 脚接一可调的直流电压 V_{co}，则可改变滞后电压的大小，从而实现对被测信号电平的检测。

图 3.5.10 为一逻辑电平测试电路，其工作方式与施密特触发器相同，调节电位器 RP 可以改变正向阈值电压，即逻辑电平的门限电压。设门限电压为 2.5 V，当 V_i的电平高于 2.5 V 时，红色发光二极管亮；当 V_i小于 2.5 V 时，绿色发光二极管亮。该测试电路可用于 TTL、CMOS 等逻辑电路测试，被测信号的频率不得超过 25 Hz，否则观察效果不明显。

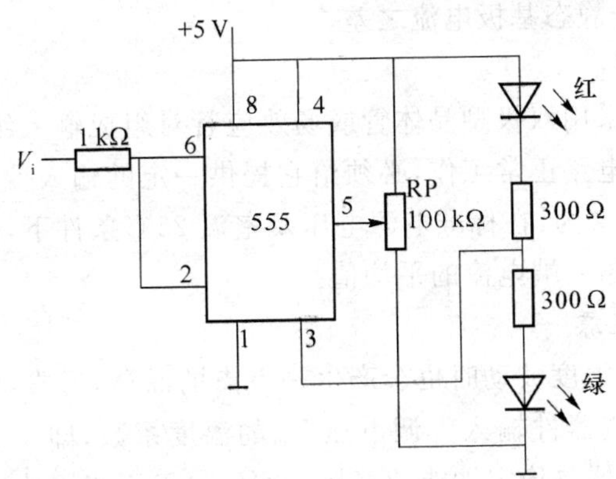

图 3.5.10 逻辑电平测试电路

3.5.2 集成运算放大器的参数及分类

集成运算放大器简称集成“运放”，它是一种高增益、高输入阻抗的直接耦合放大器，通常由输入级、中间放大级和输出级等构成。输入级是采用恒流的差动放大器，它决定整个“运放”的输入阻抗、共模抑制比、零点漂移、信噪比以及频率响应等特性。中间级除了起放大作用外，还必须完成电平转移，使“运放”输入为零时，输出电平也为零。输出级一般是由NPN管和PNP管组成互补推挽电路，以减少输出信号失真并提高负载能力。

“运放”具有高增益和高输入阻抗的特点，它的开环增益可达几万到几十万；输入阻抗一般也达到数百千欧以上，最低的也有几十千欧。为分析方便起见，通常将“运放”看成是理想“运放”，即开环增益为无限大、差模输入电阻为无限大、输入电流为零、输出电阻为零、上限频率为无限大、共模抑制比为无限大、不存在干扰和噪声。

3.5.2.1 集成运算放大器的主要参数

1. 输入失调电压 V_{io}

对于一个理想的“运放”，当两个输入端都接地的时候，其静态电压应为零。但由于集成“运放”输入级两个晶体管参数及其负载电阻不可能完全对称，因此当输入信号为零时总存在一定的零位输入电压，或称为输出失调电压，其大小主要反映了“运放”输入级元件的不对称程度（对双极型晶体管主要是 V_{BE} 和 R_C，对场效应管主要是栅源电压 V_{GS}），所以可以用输入失调电压衡量集成“运放”电路的不对称程度。但是考虑到每个器件的开环增益 A_{VD} 不同，同样的输入级不对称程度，在输出端表现出失调电压也不同，开环增益大的输出失调电压大，故为更合理地描述集成“运放”的不对称程度，通常采用输入失调电压 V_{io} 这个指标，定义为：在标准电源电压及室温25℃条件下，当输入电压为零时集成“运放”的输出电位 V_{oo} 折合到输入端的数值，即 $V_{io}=V_{oo}/A_{VD}$。这就意味着，必须在输入端加一个与 V_{io} 大小相当的差动输入电压，才能补偿运放本身不对称因素的影响使输出电压为零。在这个输入端外加的直流电压就叫输入失调电压，用 V_{io} 表示。

2. 输入失调电流 I_{io}

一个理想的“运放”在静态无信号输入、输出电压为零时，它的两个输入端的输入电流应该相等。但是，实际上由于输入级差分电路不可能制作的完全对称，当输出电压为零时，“运放”的两个输入端的静态基极电流（即输入电流）不相等。输入失调电流 I_{io} 就是指当输出电压为零时，输出端的两个静态基极电流之差。

3. 输入偏置电流 I_{iB}

集成"运放"几乎都采用双极型晶体管或场效应管对组成输入级差分放大电路，为保证集成"运放"差分输入级电路正常工作，必须给它提供一定的输入偏置电流。集成"运放"的输入偏置电流 I_{iB} 一般定义为：在标准电源电压及室温 25℃条件下，使"运放"静态输出电压为零时流入（或流出）两输入端电流的平均值。

4. 输入失调电压温漂

输入失调电压 V_{io} 在温度波动时也会产生一点点的漂移，通常，输入失调电压温漂是指在规定的温度工作范围内器件输入失调电压 V_{io} 的温度系数，即 V_{io} 随温度的变化率 $\Delta V_{io}/\Delta T$。它反映了运算放大器热稳定性能的好坏。$\Delta V_{io}/\Delta T$ 不能用外接调零装置来补偿，所以高质量"运放"常选用低温漂器件，并且在版图设计上采用交叉耦合设计，输入管设计成颈形基区以及输入输出远离并对称等措施，使这类"运放"的输入失调电压温漂做到小于0.5 μV/℃。

5. 输出失调电流温漂 dI_{io}

温度波动对"运放"的参数是有影响的。温度变化时，不仅能使集成电路两输入晶体管的基极偏置电流发生变化，而且两者的变化率也不相同。这就使输出失调电流将随温度而变化，而不能保持为常数。dI_{io} 指标在不同的温度范围内相差较大，因此有些厂家根据不同的温度范围而分别给出了不同的数值。输出失调电流温漂不能用外接电路来补偿，要求其值越小越好，目前有的高质量"运放"的输出失调电流温漂每度只有几个毫微安。

6. 差模输入电压范围 V_{iDR}

差模输入电压范围即为"运放"两个输入端间所能承受的最大电压，超过这个允许值，集成"运放"输入级的某一侧晶体管将出现发射结反向击穿，从而使"运放"的输入特性显著恶化，甚至可能使它发生永久性损坏。因此，V_{iDR} 用来描述当集成"运放"两输入端出现过大的差模信号时，不致使输入级晶体管发射结反向击穿的输入信号超过范围极限指标。由于"运放"输入级的电路形式不同，工作状态不统一，所以都会造成差模输入电压范围不同。

7. 最大共模输入电压 V_{iCM}

最大共模输入电压是指"运放"输入端允许加上的最大共模电压值。当所加电压超过这个值时，"运放"的共模抑制比将急剧下降。高质量"运放"的 V_{iCM} 值可达±13 V。

8. 开环输入电阻 R_{iD}

开环输入电阻也是"运放"的主要技术指标之一。在大多数情况下，总是希望集成"运放"的开环输入电阻大，而且经常把集成"运放"看成是理想器件，即认为它的开环输入电阻为无限大。集成"运放"的开环输入电阻一般定义为：开环"运放"在室温下，加在它两输入端之间的差模输入电压变化量与它所引起的差模输入电流变化量之比。"运放"输入电阻的大小取决于输入及电路的形式、输入晶体管的 β 值，以及工作点电流的大小。由于绝大多数"运放"输入级均由差分电路组成，因此输入级差分电路的输入电阻就是"运放"的输入电阻。

9. 开环电压增益 A_{VD}

放大器在没有外部反馈时的差模直流电压增益简称开环电压增益。它是放大器开环时的输入电压与输入差动电压之比。一般情况下，总是希望"运放"的开环电压增益越高越好。因为几乎在所有线性应用电路中，"运放"都是结成闭环，即结成电压负反馈的形式工作的，结成电压串联负反馈形式的同相输入放大电路，信号源直接接到“运放”的同相输入端，反相输入端虽然未接信号源，通过反馈电阻与放大器输出端相连，所以在反相输入端存在一个来自输出端的反馈信号电压，“运放”起差动输入放大作用。当“运放”的开环电压增益足够高时，“运放”增益与反馈系数有关。利用开环增益极高的“运放”通过一定深度的负反馈构成各种放大电路，这样的思路可以大大简化电路的设计与调试工作。

10. 共模抑制比 K_{CMR}

当两个大小相等、极性相反的直流信号或是一对幅值相等而相位相反的交流信号加到“运放”的两个输入端时，这种信号称为差模输入信号，这是需要加以放大的有用信号。而对在信号两端上出现的，不仅大小相等，而且极性或相位也完全相同的信号称为共模输入信号，这种信号是应该加以抑制的无用信号。

在“运放”应用电路中，有时需要加以放大的差模信号是和无用的共模信号叠加在一起的，“运放”对差模信号的放大倍数即为其差模开环增益，希望其越大越好。而对共模信号的放大作用则应尽可能小，即希望共模增益趋近于零。共模抑制比通常定义为：集成“运放”的差模电压增益与共模电压增益之比。

共模信号也可以理解为输入端上的一种共模干扰信号。例如，对于通常的“运放”电路，当温度变化时，因“运放”内部输入级差分晶体管参数的变化，也会使输入级的工作点发生变化。如环境温度升高时，“运放”输入级差分晶体管的工作点电流将同时升高，这对输入的影响与“运放”输入端加入正向共模信号时是相同的，故温度对“运放”输入级的影响也可以看成是一种共模干扰。所以“运放”的共模抑制比越大，对温度影响的抑制能力也就越强。可见，不论“运放”是否工作在有、无共模信号的情况下，共模抑制比总是越大越好。

11. 共模输入电压范围 V_{iCR}

“运放”所能承受的共模电压过大时，它的共模抑制比将明显下降甚至造成“运放”永久性损坏，因此在使用集成“运放”时，应避免出现共模电压超过其容许值的情况。所谓共模输入电压范围 V_{iCR} 是指“运放”输入端所能承受的最大共模电压，一般定义为：当共模输入电压增大到使集成“运放”的共模抑制比下降到正常情况下的一半时所对应的共模电压值。“运放”输入端所能承受的共模电压的大小与输入级电路的形式有关，因此不同类型的电路，其共模输入电压范围也相差很多。

12. 静态功耗 P_D

静态功耗是指在“运放”的输入端无信号输入、输出端不接负载的情况下，所消耗的直流功率。在不同电源电压工作下的“运放”静态功耗值相差很大，P_D 是指在额定的正、负电源电压作用下，“运放”的功耗值。一般“运放”的 P_D 值小于 150 mW，低功耗“运放”的 P_D 值只有几毫瓦。

13. 电源电压抑制比 K_{SYR}

“运放”的电源电压抑制比是指输入失调电压随电压的变化率，单位是分贝(dB)，其值大约在几十至几百分贝之间。

14. 输出峰-峰电压 V_{oPP}

输出峰-峰电压也称为最大输出电压、输入电压摆幅、输出电压动态范围等，一般定义为：“运放”在额定电源电压和额定负载下，不出现明显削波失真时所得到的最大峰值输出电压。一般常规“运放”的 V_{oPP} 约比正、负电源电压各小 2～3 V。

15. 最大输出电流 I_{out}

最大输出电流一般定义为：在额定电源电压和额定负载下，集成"运放"输出电压达到其输出峰-峰电压 V_{oPP} 时所能给出的最大输出电流。手册给出的 I_{out} 是"运放"输出电流的最小保证值，而产品的最大输出电流一般均大于这个给定值。

16. 开环输出电阻 R_{oS}

开环输出电阻也是集成"运放"的一个指标，定义为：开环"运放"在室温下输出电压变化与输出电流变化之比。它实际上是开环状态下集成"运放"输出级的输出电阻，总是希望放大器的输出电阻越小越好，以使它具有较好的带负载能力。

17. 单位增益带宽 BWG 和开环带宽 BW

单位增益带宽 BWG 是指"运放"的开环差模电压增益下降到 0 dB 时所对应的频带宽度；而开环带宽 BW 是指"运放"的开环差模电压增益下降到低频的 3 dB 时所对应的带宽。

18. 建立时间 t_S

当"运放"闭环增益为 1 时，在额定负载条件下，输入阶跃大信号后，"运放"输出电压达到规定精度的输出值时所需的时间称为建立时间。这里规定精度的输出值有一定的误差，误差范围常用误差电压相对于理想输出电压的百分比来表示，一般高速"运放"在 0.1% 的精度下，其建立时间约为数百纳秒。

除上述外，集成"运放"还有一些其他参数，如输出阻抗、输入噪声电压等，这些参数定义与一般放大器相同。

3.5.2.2 集成运算放大器的种类

1. 通用型运算放大器

通用型"运放"是指这类"运放"具有一般的性能指标和主要参数，通用性比较强，应用灵活，价格便宜，基本上能兼顾到各方面的要求。根据增益高低可分为低增益（开环电压增益在 60～80 dB）的通用Ⅰ型，主要产品有 F001、4E314、X50、BG301、5G922、FC1、FC31、μA702 等；中增益（开环电压增益在 80～100 dB）的通用Ⅱ型，主要产品有 F709、F004、F005、4E304、4E320、X52、8FC2、8FC3、SG006、BG305、FC52、μA7093 等；高增益（开环电压增益大于 100 dB）的通用Ⅲ型，主要产品有 F741、F748、F101、F301、F1456、F108、XFC77、XFC81、XFC82、F006、F007、F008、4E322、8FC4、7XC141、5G24、XFC51、4E322、μA741 等。

2. 低功耗运算放大器

低功耗集成"运放"是在输出电平保持为零或某个规定的电平下功率损耗很小的集成"运放"。这类"运放"的特点是：一般采用外接大阻值作偏置电阻和用有源元件代替高阻值电阻，以保证有小的静态偏置电流和小的功耗。主要产品有 F253、μPC253、F010、F011、F012、F013、XFC75、X54、8FC7、7XC4、5G26 等；功耗为数瓦的"运放"称为微功耗"运放"，如 F3078、CA308、DG3078 等。

3. 低漂移高精度运算放大器

低漂移高精度"运放"是指失调电压温漂低、噪声小、增益和共模抑制比高的"运放"。这类"运放"一般用在毫伏级或更低量级的微弱信号检测、计算及自动控制仪表中，主要品种有 F725、F3193、XFC78、XFC83、XFC725、F030、F031、F032、F033、F034、8FC5、FC72 等。目前国内发展起来的斩波自稳零高精度"运放"，其失调电压及温漂都很小，如 F7600、5G7650 的输入失调电压为 5 μV、输入失调电压温漂小于 0.1 μV/℃。目前产品 μA725、μPC154、 μA726、AD504、μPC254、SN72088、HA2905 等是属于高精度集成“运放”，他们的失调电压温漂在 0.2～0.6 μV/℃之间，增益大于 120 dB，共模抑制比大于 110 dB。

4. 高输入阻抗运算放大器

高输入阻抗“运放”是指输入阻抗不低于 10 MΩ 的器件。对于国外高输入阻抗“运放”，其输入阻抗均在 1 000 GΩ 以上，如 μA740、μPC152、8007 等。国内产品 5G28 的输入阻抗大于 10 GΩ，F3130 的输入阻抗达到 1 000 GΩ。

5. 低噪声运算放大器

这类“运放”用于放大微弱信号，用作前置放大器。因此，噪声电平要求比最小信号低很多。一般来说，在 0.1～10 Hz 的频带范围内，输入噪声电压的峰-峰值小于 2 μV 的“运放”称为低噪声“运放”，如 F5037 的噪声电平小于 0.25 μV，XFC88 的噪声电平小于 0.3 μV，其他电气性能指标与高精度“运放”相似。

6. 高速运算放大器

高速“运放”是指具有高单位增益带宽(一般要求带宽大于 10 MHz)和高转换速率(一般要求大于 30 V/μs)。高速“运放”主要用于快速 A/D 和 D/A 转换器、高速采样保持电路、精密比较器、锁相环路系统和视频放大电路中。国产型号有 F715、F722、4E321、F318 等，其中 F715 的转换速率达到 100 V/μs，F318 达到 70 V/μs。国外的 μA207“运放”的转换速率达到 500 V/μs，个别产品已达到 1 000 V/μs。

7. 高压运算放大器

高压“运放”的工作正电压要高于＋30 V，负电压要低于－30 V。国内高压“运放”有 F1536、BG315、F143 等。其中 F1536 的最大电源电压正电压为＋40 V，负电压为－40 V。输出电压峰-峰值在电源电压为±36 V 时不小于±30 V。国外高压“运放”有 D41，可在±150 V 的电源电压下工作，最大输出正负电压值达±125 V。

8. 多元运算放大器

多元“运放”也叫复合“运放”，它是在一个芯片上同时集成 2 个或 2 个以上独立的“运放”。主要产品有 F747、F1437、F1537、F1458、F1558、F347、F4558、XFC80、BG320、5G353 等。

9. 单电源运算放大器

一般集成“运放”都是采用双电源工作的，若用单电源，则需在电路上采取分压的办法。双电源“运放”有正负供电系统，必然增加设备的体积和重量，因此在某些场合需要单电源工作“运放”，例如航空、航天及野外使用，对电源的体积、重量要求轻的电子设备，主要产品有 F3140、F124、F158、F358、7XC348、SF324 等。

10. 电流型运算放大器

电流型“运放”是比较两个输入端的输入电流，是电流比较型“运放”，如诺顿型“运放”。主要产品有 F3401、MC3401、LM3900 等。

11. 跨导型运算放大器

这是利用输入电压来控制输出电流的“运放”，跨导可以通过外加偏置的方法来改变，输出电流能够在很宽的范围内变化。主要产品有 F3080、F3094 等。

12. 组件式运算放大器

组件式“运放”是利用单片式集成电路、分立元器件组合成的一种具有独特性能的电路，其电器性能可远远超过同类型的产品，因此是一种发展很快、而又具有广阔前景的一类电路。比较常见的品种有：①低漂移“运放”组件 ZF03、OP3 等，它们比普通低漂移“运放”的失调电压的温漂低一个数量级，广泛用于直流微弱信号的放大，如各种低漂移传感器的前置放大。②静电型放大器 ZF310J、AD310J 等，其输入偏流极小，比 MOS 型场效应晶体管作差分输入放大器的输入偏流还低 1～2 个数量级。这样微小的输入电流可与静电放大用的电子管相比拟，广泛用于离子流检测、微电流放大器、电流/电压变换器、长周期保持电路、高输入阻抗缓冲放大器等。③数据放大器是采用两个低漂移“运放”作为差分输入级，然后将其输出信号加到作差分放大器的第三只“运放”上进行放大后输出信号，其闭环增益固定为 10 倍、100 倍、1 000 倍等，也可用外接的电位器进行调整，它的失调电压温漂小，共模抑制比高，广泛用于仪器仪表中作前置放大器，主要产品有 AD605 等。

13. 程控型运算放大器

程控型“运放”能用外部电路控制其工作状态。这种“运放”当偏置电流值改变时，它的参数也将跟着变化，使用灵活，特别适用于测量电路。

14. 宽带运算放大器

宽带“运放”具有较宽的频带，一般增益带宽为几十兆赫兹。这类“运放”既能作直流放大器、低中频放大器，又能作高频放大器。例如，F507 的单位增益带宽为 35 MHz，带宽“运放”的低频性能与通用型集成“运放”相当，而高频特性比高速“运放”还要好。

3.5.2.3 集成运算放大器的使用

“运放”的种类较多，通常多是根据实际用途来选择“运放”，如测量放大器的输入信号微弱，它的第一级就应选用高输入阻抗、高共模抑制比、高开环电压增益、低失调电压和低温漂移的“运放”。选好后，根据管脚和符号图连接外部电路，包括电源、外部偏置电阻、消振电容及调零电路等。

由于“运放”内部晶体管的极间电容和其他寄生参数的影响，很容易产生自激振荡，使电路不能正常工作。为此，在使用时要注意消振。通常的方法是外接 RC 消振电路，由此破坏振荡条件，应按要求接好，在能消振的前提下兼顾带宽。已有内部消振元件的“运放”，不用外接消振元件。

由于“运放”内部的参数不可能完全对称，当输入信号为零时，输出信号不为零。为此，在使用时要外接调零电路，如图 3.5.11 所示。调零电路是由负电源（－15 V）、电阻 R_1 和调零电位器 RP 组成。先消振后调零，调零时应将电路接成闭环。一种是在无输入时调零，即将两个输入端接地，调节调零电位器，使输出电压为零；另一种是在有输入时调零，即按已知输入信号电压计算出输出电压，然后将实际值调到计算值。

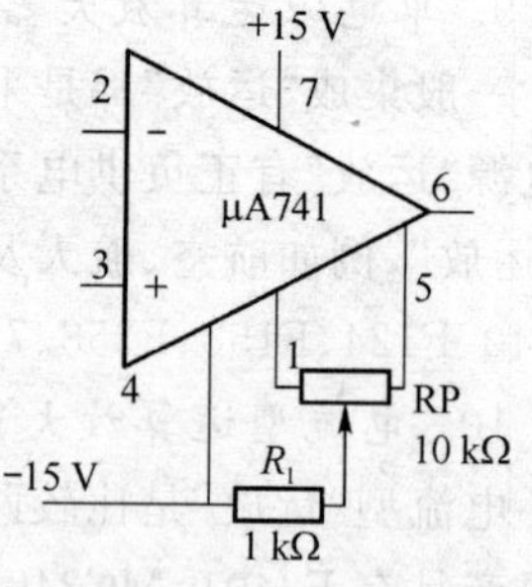

图 3.5.11 运放调零电路

当输入端所加的差模电压过高时“运放”会损坏，为此，在输入端接入反向并联的二极管，如图 3.5.12(a)所示，将输入电压限制在二极管正向压降以下。在输出端为了防止输出电压过大，可利用稳压管来保护，如图 3.5.12(b)所示，将两个稳压管反向串联，即可将输出电压限制在 V_W+V_D 范围内，其中，V_W 是稳压管的稳定电压，V_D 是它的正向压降。为了防止正、负电源电压接反，可用二极管来保护，如图 3.5.12(c)所示。

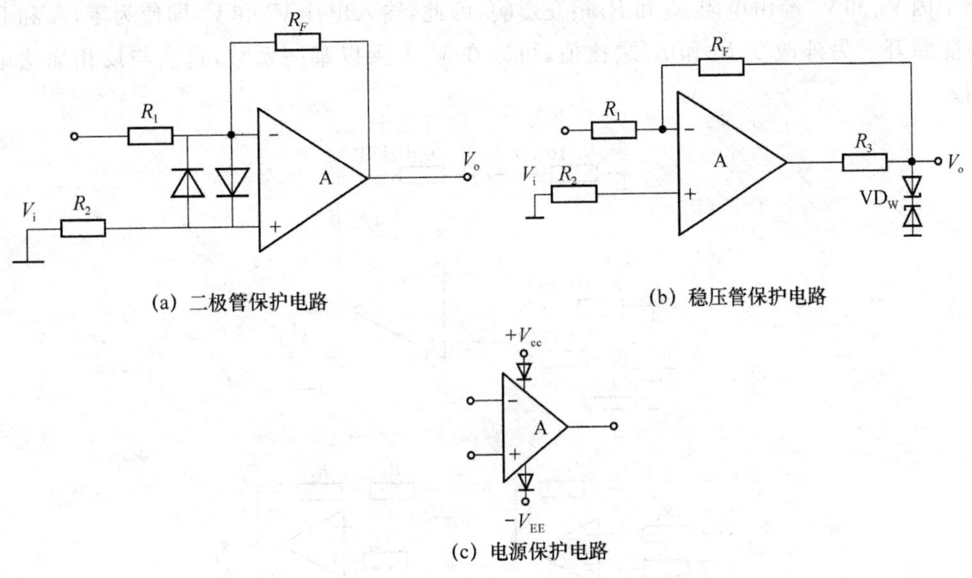

(a) 二极管保护电路

(b) 稳压管保护电路

(c) 电源保护电路

图 3.5.12 “运放”的保护电路

3.5.3 集成运算放大器在信号运算方面的应用

3.5.3.1 加减运算电路

1. 反相加法电路

反相加法基本电路如图 3.5.13 所示。“运放”的反相输入端与同相输入端同电位(虚短路),即与地同电位,因此被加的输入电压 V_{i1} 和 V_{i2} 互不干扰,形成电流 i_1 和 i_2 分别经电阻 R_1 和 R_2 流入反相输入端。所以,输出电压 V_o 是 V_{o1} 与 V_{o2} 之和,而 V_{o1} (V_{o2}) 为输入电压 V_{i1} (V_{i2})时的输出电压。

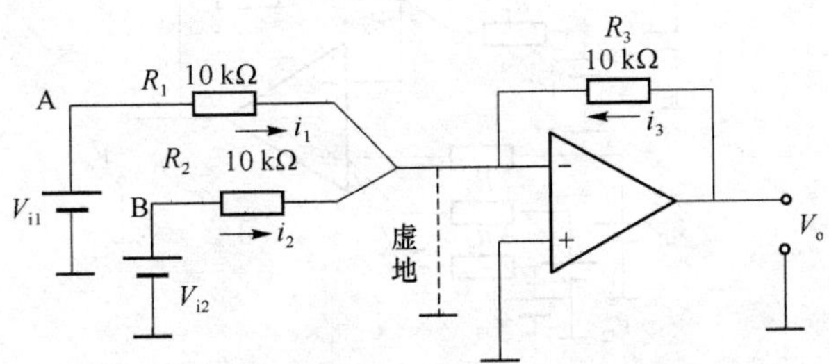

图 3.5.13 反相加法电路

图 3.5.13 电路中,如果 R_1～R_3 阻值都相等,则输出电压 $V_o = V_{i1} + V_{i2}$。A 点断开时,输入电压 V_{i1} 为零;B 点断开时,输入电压 V_{i2} 为零,不影响电路工作。另外,如果改变 R_3 阻值,V_o 也随之改变,只是乘上某一系数而已。

2. 同相加法电路

同相加法电路如图 3.5.14 所示,可看作是输入电压 V_{i1} 为零时,V_{i2} 的同相放大电路和 V_{i2} 为零时,V_{i1} 的同相放大电路叠加。现设 R_1～R_4 阻值都相等,则输出电压 $V_o = V_{i1} + V_{i2}$。

电路中因V_{i1}和V_{i2}经由电阻R_1和R_2相互影响，因此，输入电压V_{i1}和V_{i2}即使为零，A 和 B 点也不能断开。另外改变R_3和R_4之比值，可以在V_o上乘以某一系数，这点与反相加法电路相同。

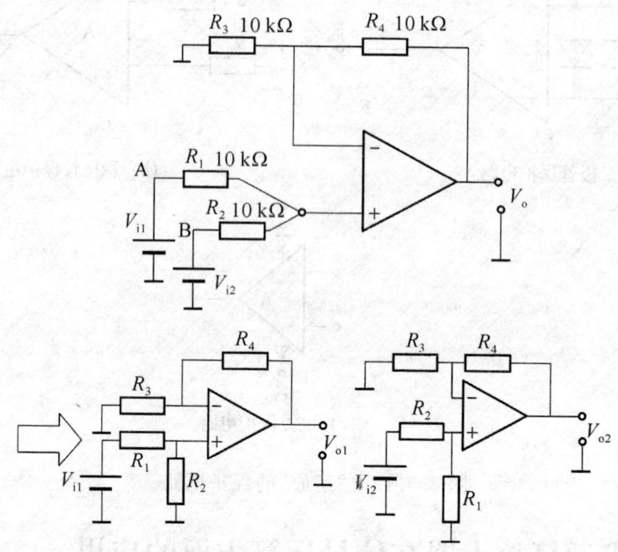

图 3.5.14　同相加法电路

3. 加法运算电路

图 3.5.15 是基本的差动放大电路，但在同相输入端集中了加法的输入电压，而在反相输入端集中了减法的输入电压，同时进行加减运算。这种电路可看作反相加法电路与同相加法电路的叠加。

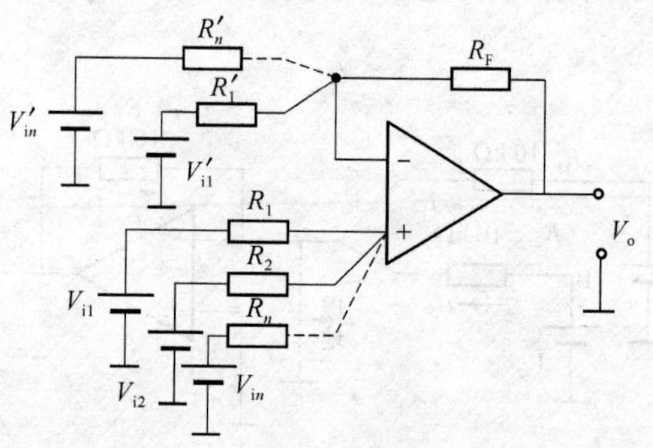

图 3.5.15　加法运算电路

3.5.3.2　乘除运算电路

1. 乘除运算的基本电路

图 3.5.16 所示为反相放大电路，但决定电路增益要素之一的电阻R_1值随着V_{i2}而改变(V_{i2}为两输入信号V_{i1}、V_{i2}中一种)。现设R_1值与V_{i2}成反比例变化，随着V_{i2}的增加A_V也增加，即为乘法电路。如果R_1值与V_{i2}成正比例变化，随着V_{i2}的增加而A_V降低，即电路为除法电路。

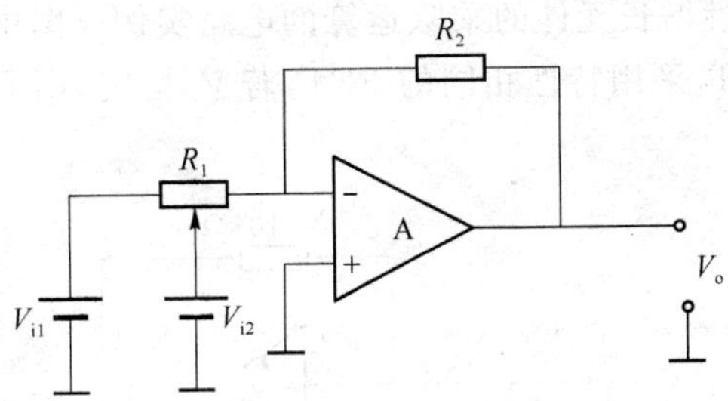

图 3.5.16 除法电路

图 3.5.17(a)所示电路是 FET 替代电阻 R_1 的反相放大电路，这种电路是利用 FET 的 D 到 S 间电阻随栅极 G 的电压而变化的特性实现乘除运算的。若随栅极 G 的电压，即 V_{i2} 电压的增减，D 到 S 间电阻与其成正比例变化，则为除法运算；D 到 S 间电阻与其成反比例变化，则为乘法运算。这由 FET 的特性所决定。图 3.5.17(b)是固定 R_1，改变 R_2 的电路实例，R_2 采用光电耦合器中 CdS。这时，若 V_{i2} 增大，流经 LED 电流也增大，则 R_2 阻值减小，因此电路增益 A_V 与 V_{i2} 成反比，电路实现除法运算。图 3.5.17(c)示出了 CdS 的电阻值与 LED 电流(与 V_{i2} 成比例)的关系，工作区一定要选用两者关系为直线变化范围。

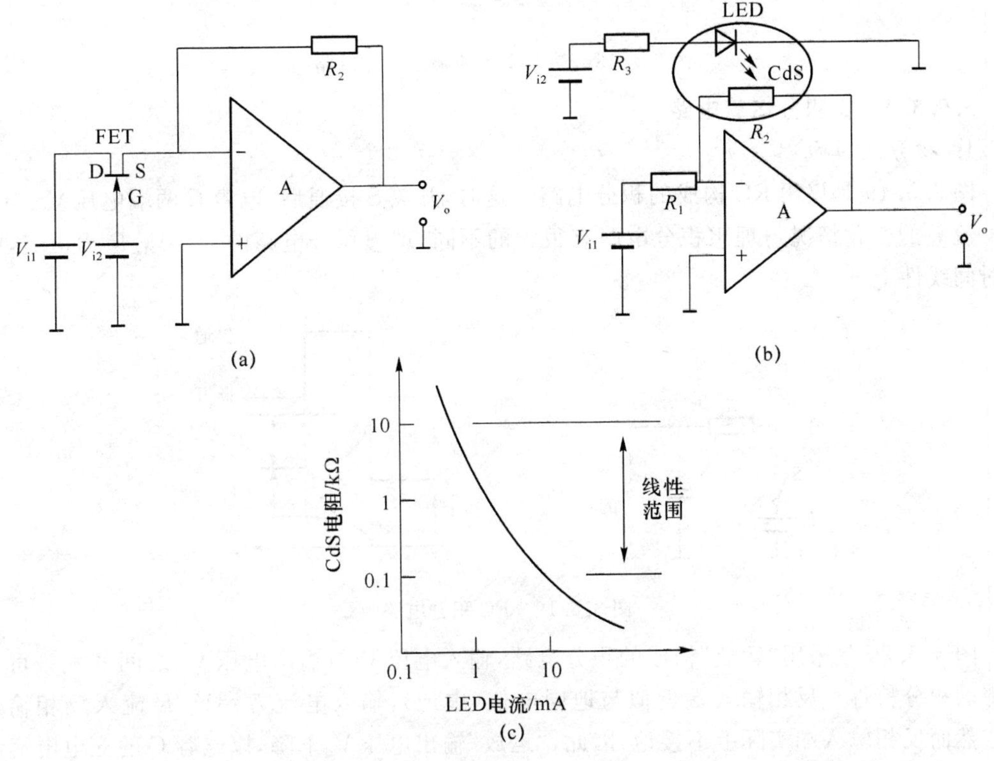

图 3.5.17 采用可变电阻的乘除运算电路

2. 使用线性增长元件的乘除运算电路

在采用放大电路构成的乘除运算电路里，采用可变电阻元件，其阻值随控制电压大小成正比例或反比例变化。若要获得精确的运算结果，一定要确保电阻值随控制电压线性变化范围较宽。这样实现控制电压与电阻值等参数呈线性变化的电路称为线性增长电路。

图 3.5.18 是采用线性增长元件的乘除运算的电路实例。图中的 A_2 与二个 FET 是线性增长元件，FET_1 与 FET_2 采用特性相同的 FET，若 V_Z 恒定，则 FET_1 的 D 到 S 间电阻与 V_Y 近似成反比例变化。

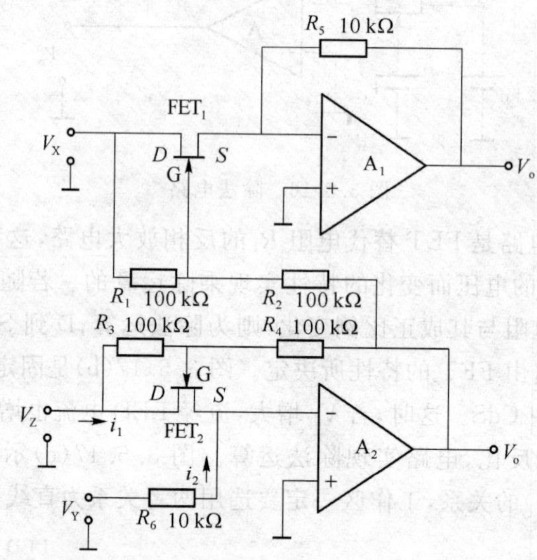

图 3.5.18　简单实用的乘法运算电路

3.5.3.3　微积分运算电路

1. 积分运算电路

图 3.5.19 是仅用 RC 构成的积分电路。这时，开关 S 接通后，电容 C 两端电压 V_C 与充电电流 i_C 的变化情况与理想积分电路有很大的不同，理想积分电路的 $i_C = V_i/R$ 为恒定，V_C 随时间线性上升。

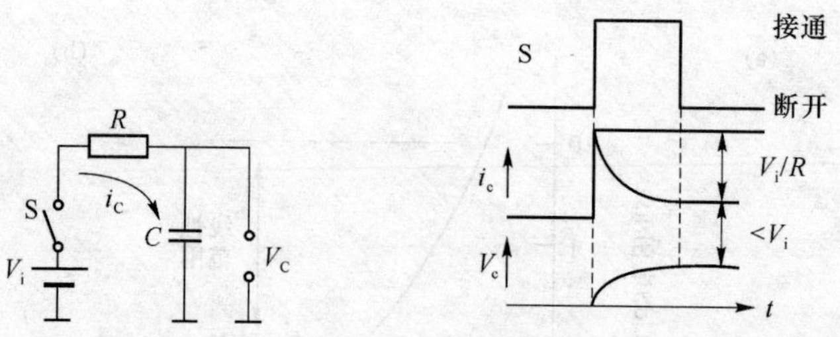

图 3.5.19　RC 积分电路

图 3.5.20 是采用“运放”构成的积分电路，输入电压 V_i 与输出电压 V_o 之间的关系可为理想的积分特性。反相输入端近似与地同电位（虚地），输入电流 $i_R = V_i/R$ 流入反相输入端。然而反相输入端实际上不接地，因此，“运放”输出电压 V_o 下降，以电容 C 的充电电流 i_C 形式吸收输出端电流。如果 i_R 继续流，C 为 i_C 电流继续充电，其端电压也继续增加，为克服这种情况，使充电电流 i_C 继续流，则输出电压 V_o 再次继续下降，即获得与 i_R 流入时间成直线比例的 $-V_o$。这就是 i_R 对时间积分的电压。

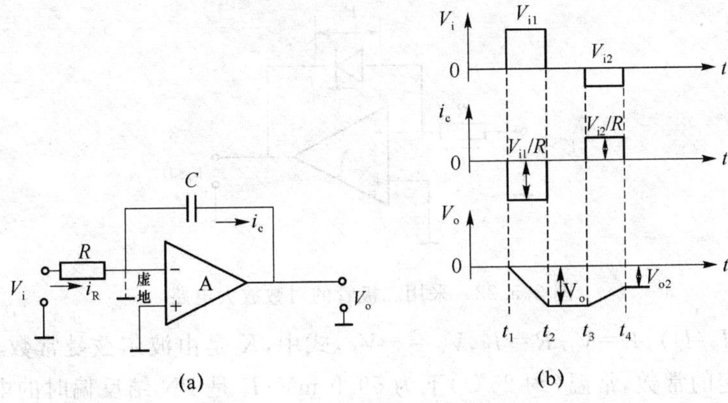

图 3.5.20 采用“运放”构成的积分电路

2. 微分电路

图 3.5.21(a)是采用 RC 的简单微分电路。如果该电路要准确地微分动作，则开关 S 倒向 A 侧或 B 侧瞬时以外时间应无输出电压 V_o，但实际上有倾斜上升与下降电压，见图中波形。也就是说微分动作产生误差，如果要获得尽可能准确的微分动作，可采用图 3.5.21(b)所示的由“运放”构成的微分电路。

图 3.5.21(b)所示电路中输入电压 V_i 的变化率(频率)越大，C 的容抗越小，因此“运放”电路的增益就变大，这就是微分动作。然而这与频率越高“运放”增益越低的特性正好相反，这种电路有很大的不足。如果要进行准确的微分动作，多半是采用积分电路，间接求出微分响应。

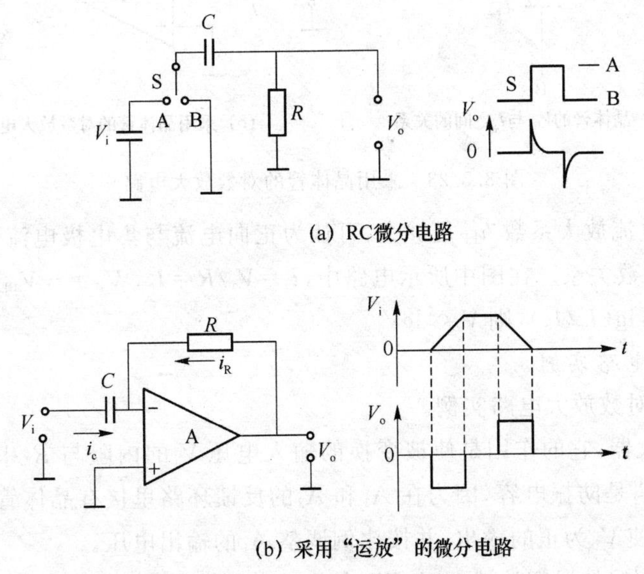

图 3.5.21 基本微分电路

3.5.3.4 对数与反对数运算电路

1. 对数放大电路工作原理

图 3.5.22 是利用二极管正向压降 V_F 与正向电流 I_F 的对数关系的对数放大电路的原理图。

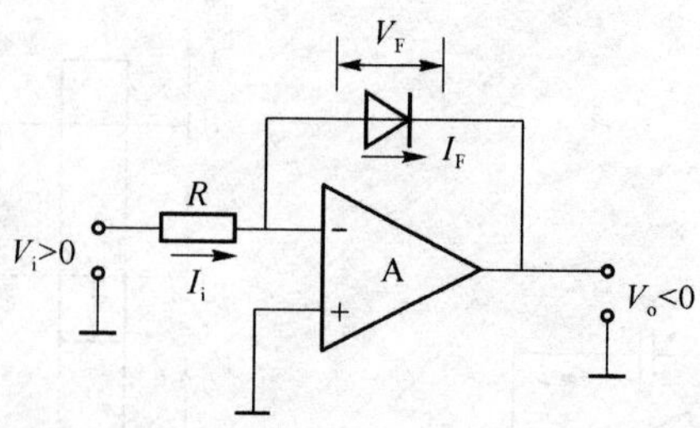

图 3.5.22 采用二极管的对数放大电路

$V_F=K\lg(I_F/I_S)$，$I_i=V_i/R=I_F$，$V_o=-V_F$，式中，K 是由波尔兹曼常数、绝对温度 T、电荷量 q 所决定的常数，常温(约 25℃)下为 59.9 mV；I_s 是 PN 结反偏时的电流，由 PN 结性质所决定，为 10^{-15} A 左右。总之，V_F 与 I_F 为对数关系，“运放”工作时，$I_i=I_F$，因此可获得输出电压 V_o，它与“运放”输入电压 V_i 成对数关系，即 $V_o=-K\lg\left(\frac{I_F}{I_S}\right)=-K\lg\left(\frac{V_i}{I_SR}\right)$，所以 $V_o \propto \lg V_i$。

图 3.5.23 是利用晶体管的基极发射极间正向压降 V_{BE} 与正向电流为对数关系的对数放大电路原理图。

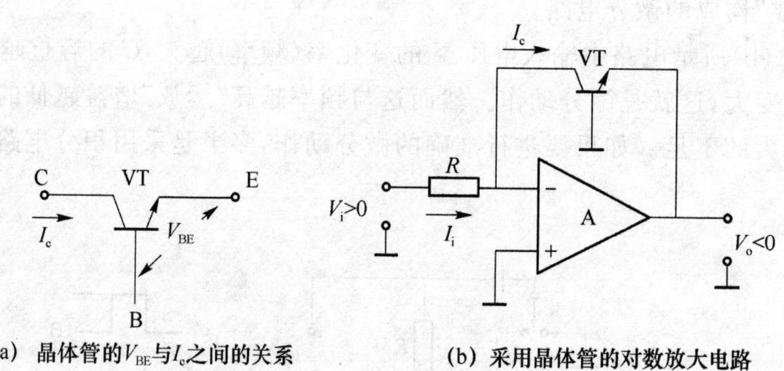

图 3.5.23 采用晶体管的对数放大电路

如果晶体管电流放大系数 h_{FE} 足够大，可认为正向电流与集电极电流 I_c 相等，则集电极电流 I_c 与 V_{BE} 为对数关系。在图中所示电路中，$I_i=V_i/R=I_c$，$V_o=-V_{BE}$，$V_{BE}=gK\lg(I_c/I_S)$，所以 $V_o=-K\lg(I_c/I_S)$，则 $V_o \propto \lg V_i$。

2. 对数放大电路实例

图 3.5.24 是对数放大电路实例。

A_3 是缓冲放大器，它的作用是使被变换的输入电压 V_i 的内阻与 R_2 串联连接而不产生变换误差。C_1 和 C_2 是防振电容，因为在 A_1 和 A_2 的反馈环路里接有晶体管非线性元件。A_4 是反相放大器，可使 V_o 为正的输出，并按比例调整 A_1 的输出电压。

R_{10} 是+0.003/℃的温度补偿电阻，RP_1 是−60 dB 附近的微调电位器，RP_2 是−20 dB 附近的微调电位器，RP_3 是比例系数的调整电位器，V_o 为 0～10 V，相对应为−60～+20 dB，即 $V_o=0$ V 相对应为−60 dB，$V_o=5$ V 相对应为−20 dB，$V_o=10$ V 相对应为=20 dB。而 $V_o=K\left(\frac{R_9+R_{10}}{R_{10}}\right)\times\frac{RP_3}{R_8}\lg\frac{V_i}{R_2}\times\frac{R_{11}}{V_{REF}}$，式中，常数 K 的单位为 kT/q。V_o 随温度变化，在常

温下，约以 0.003/℃的比例变化，因此一定要采取补偿措施。图中采用 R_{10} 进行补偿。

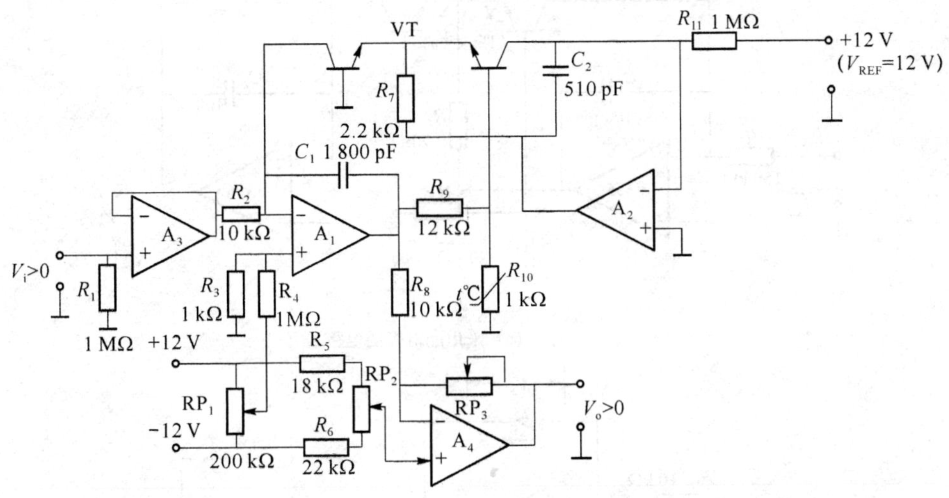

图 3.5.24　对数放大电路实例

3. 反对数放大电路

图 3.5.25 是反对数放大电路，它是在"运放"的输入端接入晶体管或二极管而构成的。

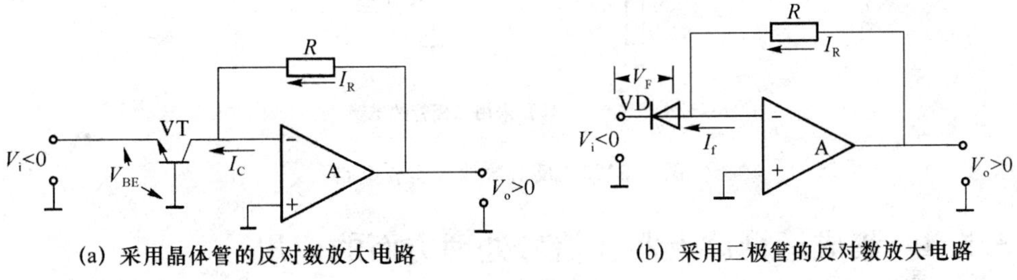

图 3.5.25　反对数放大电路原理

输入电压 V_i 与输出电压 V_o 的关系都可表示为 $V_o=RI_S^{\frac{V_i}{K}}$。图(a)电路中，晶体管 VT 的集电极基极间电压为零时，电路工作。

图 3.5.26 是反对数放大实验电路。图(a)电路的模拟运算误差可在 3%以下，图(b)可在 10%以下。

先分析图(a)所示电路，A 点电压 V_A 等于 $-V_{BE1}$ 加上 B 点电压，同时也等于 $-V_{BE2}$。因此，可得 B 点电压 $V_B=V_{BE1}-V_{BE2}$，式中 $V_{BE1}=R\lg(I_{REF}/I_S)$，$V_{BE2}=R\lg(I_o/I_S)$，又 $V_B=V_iR_2/(R_2+RP)$。整理这些关系式，消去(b)中 C 点电压，设为 V_{A1}（A_1 的输出电压），V_{A1} 等于 D 点电压减去 V_F，因此得到 $V_{A1}=V_iR_2/(R_2+RP)-K\lg(I_F/I_S)$ 的关系式。另外，V_{A1} 也是二极管 VD_2 的 C 点电压，由于 $I_{VD2}=I_o$，得 $I_o=I_s\times10^{\frac{V_{A1}}{K}}$ 的关系式。

根据上述两关系式及 $V_o=I_oR_3$ 的关系式，可得 $V_o=R_3\left(\frac{V_{REF}}{R_1}-\frac{R_2V_2}{R_1(R_2+RP)}\right)\times 10^{\frac{R_2V_2}{K(R_2+RP)}}$，由此式可知，若不在 $V_{REF}/R_1\geqslant V_1R_2/R_1(R_2+RP)$ 范围内使用，则误差变大。

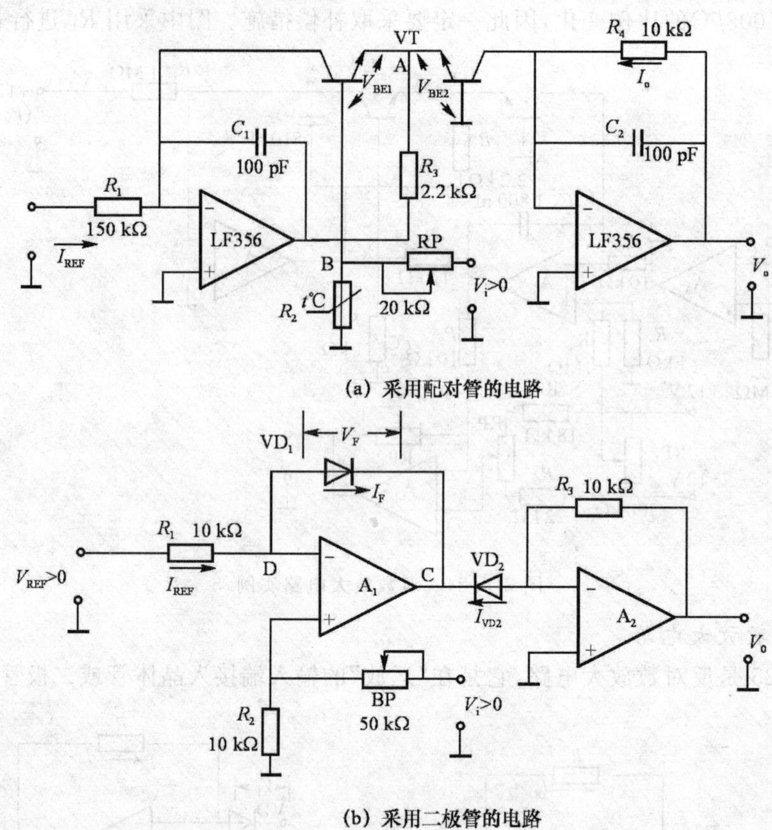

图 3.5.26 反对数放大实验电路

3.5.4 集成运算放大器在信号处理方面的应用

3.5.4.1 信号幅度比较

幅度的比较就是一个模拟量的电压信号和一个参考电压相比较，在二者幅度相等的附近，输出电压将产生跃变，如图 3.5.27 所示。

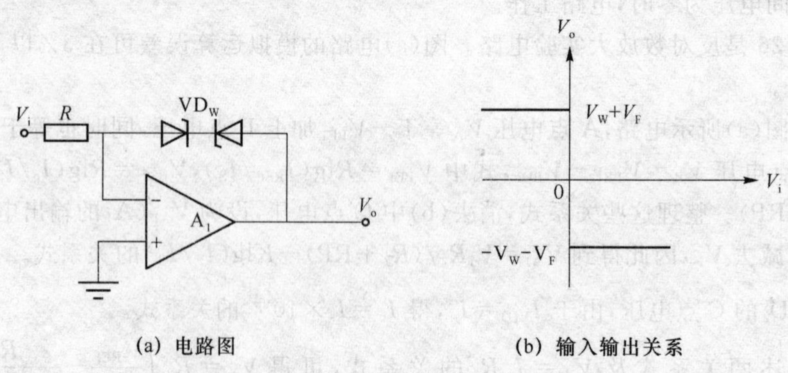

图 3.5.27 单过零比较电路

单过零比较电路通常用于越限报警、模数转换和波形变换等场合。在这种情况下，幅度鉴别的精确性和稳定性以及输出反应的快速性是主要技术指标。常用的幅度比较电路有以下几种。

1. 过零比较电路

一个简单的幅度比较电路如图 3.5.28(a)所示。利用虚地的概念,在理想的情况下,它的输入输出关系将如图 3.5.28(b)所示,其中 V_W 为稳压管的稳压值,V_F 为正向压降。利用这种电路可以将正弦波变成矩形波。

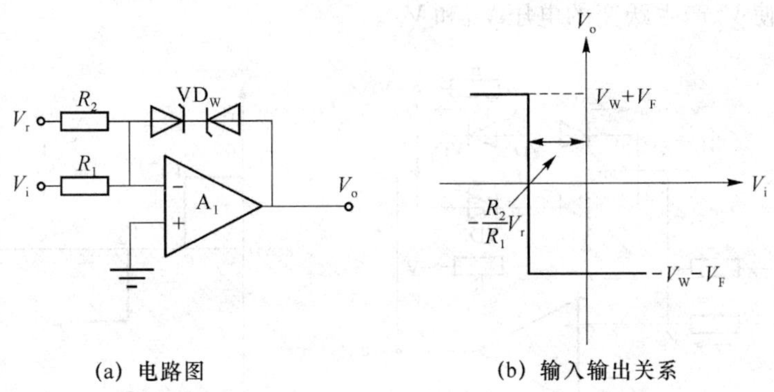

(a) 电路图　　(b) 输入输出关系

图 3.5.28　电平检测比较电路

如果在 A_1 的反相输入端再引入一个固定电压 V_r,则比较电路 A_1 的输出将在 $V_i=-(R_2/R_1)V_r$ 的幅度下转换状态,可以用来检测输入信号的电平。

2. 双限比较电路

上述的比较电路当 V_i 方向变化时,V_o 只变化一次,即由低变高,或由高变低,因此,只能检测一个电平。若要判断 V_i 是否在两个电平之间,就要采取附加措施。图 3.5.29 所示的电路,利用两个二极管 VD_1 和 VD_2 以及两个参考电压 V_A 和 V_B 来实现双限比较。工作情况简述如下:设 R_2 和 R_3 均远小于 R_4 和 R_1,则

$$V_A=V-[R_2/(2R_2+R_3)]2V=[R_3/(2R_2+R_3)]V$$

$$V_B=V-[(R_2+R_3)/(2R_2+R_3)]2V=-[R_3/(2R_2+R_3)]V,\quad V_A>V_B$$

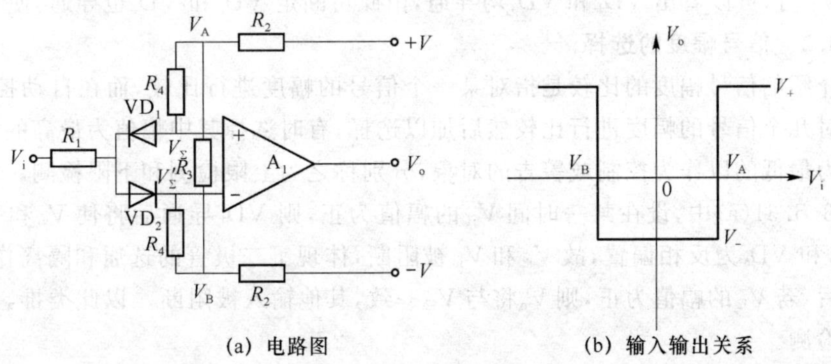

(a) 电路图　　(b) 输入输出关系

图 3.5.29　双限比较电路

当 $V_i<V_A$ 时,只有 VD_2 导通,故 V_i 被引导到 A_1 的同相输入端,V_o 为正。当 $V_i<V_B$ 时,只有 VD_1 导通,故 V_i 被引导到 A_1 的反相输入端,V_o 为负。只有当 $V_A>V_i>V_B$ 时,VD_1 和 VD_2 均导通,在这种情况下,V_Σ 将偏正,V'_Σ 将偏负,故 V_o 为负。整个输入输出关系如图(b)所示。改变电源电压 V 和电阻 R_2、R_4 的对称性,即可改变 V_A 和 V_B,使鉴别的电压范围改变。

3. 双限三态比较电路

在上述电路的基础上进一步使输出电压具有正、负、零三种状态，可以使对 V_i 的鉴别更为准确。实现这种功能的比较电路如图 3.5.30 所示。它是利用四个二极管的不同导通情况得出相应的输出状态。例如，当 VD_1、VD_2 或 VD_3、VD_4 均导通时，则 $V_o \approx V_{\sum} \approx 0$；当 VD_1、VD_4 导通，VD_2、VD_3 截止时，V_o 为正；VD_1、VD_4 截止，VD_2、VD_3 导通时，V_o 为负。现在分析 V_i 的两个使 V_o 产生跃变的电压 V_{i1} 和 V_{i2}。

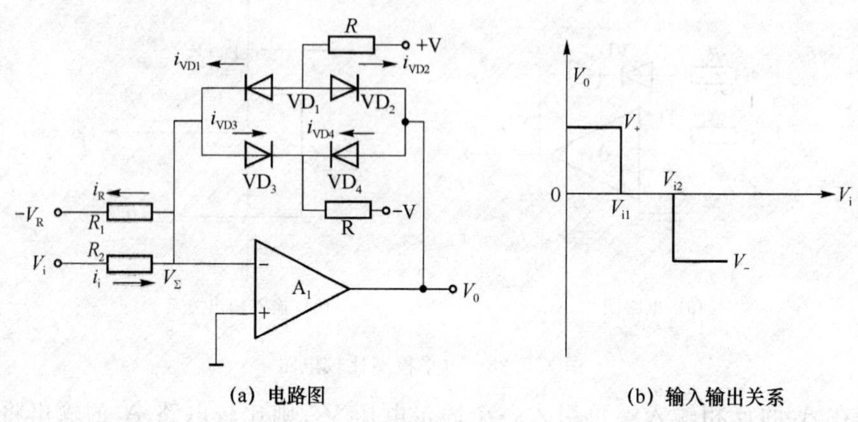

图 3.5.30 双限三态比较电路

先分析 V_o 为正时的情况。此时 VD_4 导通，故 VD_3 截止；VD_2 截止（设 $V_+ > V$），故 VD_1 导通。在 $\sum$ 点，$i_{VD1} = i_R - i_i = V_R/R_2 - V_i/R_1$，为了满足 VD_1 导通的条件，i_{VD1} 必须为正。在临界时，$V_i = V_{i1}$，$i_{VD1} = (V - V_F)/R$，则 $V_{i1}/R_1 = V_R/R_2 - (V - V_F)/R$，或 $V_{i1} = (R_1/R_2)V_R - (R_1/R_2)(V - V_F)$。再分析 V_o 为负时的情况。此时 VD_2 导通，故 VD_1 截止；VD_4（设 $|V_-| > V$），故 VD_3 导通。在 $\sum$ 点，$i_{VD3} = i_i - i_R = V_I/R_1 - V_R/R_2$，在临界时，$V_i = V_{i2}$，$i_{VD3} = (V - V_F)/R$，故有 $V_{i2}/R_1 = V_R/R_2 - (V - V_F)/R$，或 $V_{i2} = (R_1/R_2)V_R - (R_1/R_2)(V - V_F)$。当 $V_{i1} < V_i < V_{i2}$ 时，可以看出 VD_1 和 VD_3 均导通，由此可断定 VD_2 和 VD_4 也导通，使 $V_o = 0$。

3.5.4.2 信号幅度的选择

上述介绍的信号幅度的比较是指对某一个信号的幅度进行比较，而在自动控制系统中往往要求对几个信号的幅度进行比较然后加以选择，有时选择其中幅值为最高的，有时选择其中幅值为最低的以作为控制或警告的对象，分别称之为上限检测和下限检测。

在图 3.5.31(a)中，设在某一时间 V_{i1} 的幅值为正，则 VD_1 导通后将使 V_o 和 V_{i1} 基本一致，则 VD_2 和 VD_3 为反相偏置，故 V_{i2} 和 V_{i3} 被阻断，体现了二极管的选通和隔离作用。过了一段时间后，若 V_{i2} 的幅值为正，则 V_o 将与 V_{i2} 一致，其他输入被阻断。以此类推，可知图(a)属于上限检测。

在图 3.5.31(b)中，二极管的极性和前者相反。在某一段时间 V_{i1} 的幅值为负，则 V_o 与 V_{i1} 基本一致，使 VD_2 和 VD_3 为反相偏置，V_{i2} 和 V_{i3} 被阻断。以此类推，可知图(b)属于下限检测。

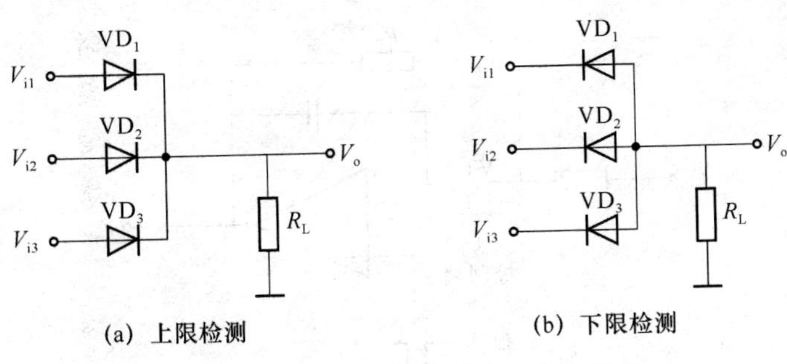

图 3.5.31 利用二极管作为幅度选择的电路

这种电路存在的问题是，一旦某一个二极管导通，输入信号将和负载直接相连，使信号幅度受到影响。而且当信号较弱时，如不足以克服二极管的死区电压，则 V_o将基本为零。为了克服上述缺点，采用了将各信号接到“运放”的同等输出端，如图 3.5.32 所示，可以起到隔离作用。

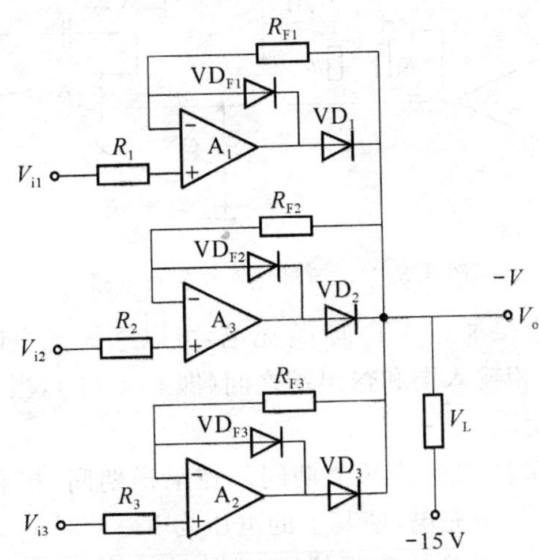

图 3.5.32 上限检测电路

图 3.5.32 中的 VD_F是防止当 V_o为正而某一 V_i为负时，在“运放”两个输入端存在过高的电压使输入级管子有击穿的危险。如果要实现下限检测，只要将有关二极管的极性反接即可，此处不再赘述。

3.5.4.3 信号幅度的采样保持

采样保持电路的任务是将信号定期和设备接通(称为采样)并且将那时的信号保持下来，直至下一次采样后，又保持在新的电平。基本的采样电路如图 3.5.33 所示，场效应管 VT 在此作为开关。当控制端为低电平时，VT 处于导通状态，V_i通过 R_i和 VT 向 C 充电。若 $R_i=R_F$且忽略 VT 时，则经过 $5R_FC$ 的时间后，$|V_o|\approx V_C\approx V_i$，即实现了采样。当控制端为高电平时，VT 截止，$V_i$ 被保持在电容器的两端。

这个电路存在的问题是：其一，采样的时间决定于 R_iC，如在此时间内信号有显著的变化，则采样所得的数据将有较大的误差；其二，如保持时间过长，则由于运动的偏置电流和电容本身泄露电阻的作用，V_C将逐渐改变其原有数值，使检测精度下降。

改正上述缺点的措施如图 3.5.34 所示。

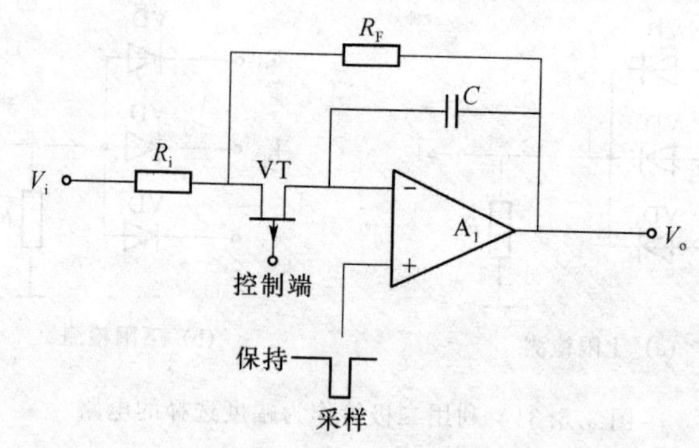

图 3.5.33 基本的采样保持电路

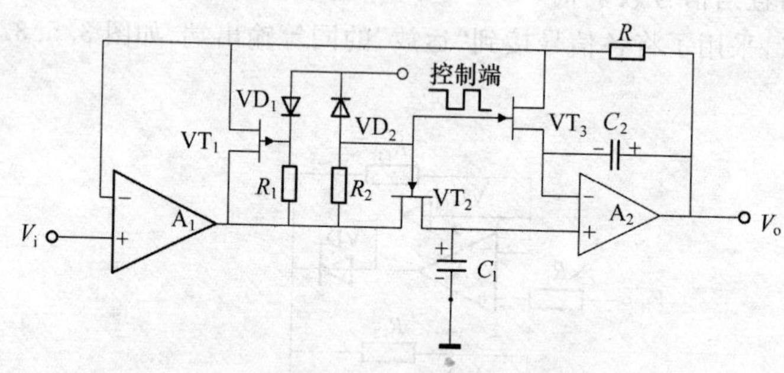

图 3.5.34 改进型采样保持电路

首先，V_i经 A_1隔离后直接通过 VT_2向 C_1充电，可以缩短充电时间；其次，利用同型、同容量的电容器接在 A_2的反相输入端和输出端之间（即 $C_2=C_1$），当 V_{C1}下降时，V_{C2}将有同样数值的上升，使 V_o基本不变。

该电路的全过程分为采样和保持两个期间。在采样期间，控制端为高电位，使 VT_1截止，VT_2、VT_3导通，于是 C_1将被充电，使其上的电压为 V_1，此时 V_o基本上等于 V_i（因通过 R 反馈到 A_1的反相输入端），V_{C2}为零。在保持期间，控制端为低电位，使 VT_1导通，VT_2、VT_3截止。VT_1导通的目的是使 A_1有一个反馈通路以维持输出电位稳定；VT_2、VT_3截止后，C_1和 C_2的两端在理想情况下，将各自维持原有的电压值，即 V_o保持原有的采样电位。实际上，场效应管的漏电流和"运放"的输入电流将使 V_{C1}逐渐下降，与此同时，同样的电流也流过 C_2，使它的极性为左负右正，从而补偿了 C_1两端电压的损失。

3.6 电桥电路

惠斯通电桥在电子学发展的早期用来精确测量电阻值，无须精确的电压基准或高阻仪表。实际应用中，电阻电桥很少按照最初的目的使用，而是广泛用于传感器检测领域。图 3.6.1 是基本的惠斯通电桥，图中电桥输出 V_o 是 V_{o+} 和 V_{o-} 之间的差分电压。使用传感器时，随着待测参数的不同，一个或多个电阻的阻值会发生改变。阻值的改变会引起输出电压的变化，式 3.6.1 给出了输出电压 V_o，它是激励电压和电桥所有电阻的函数。

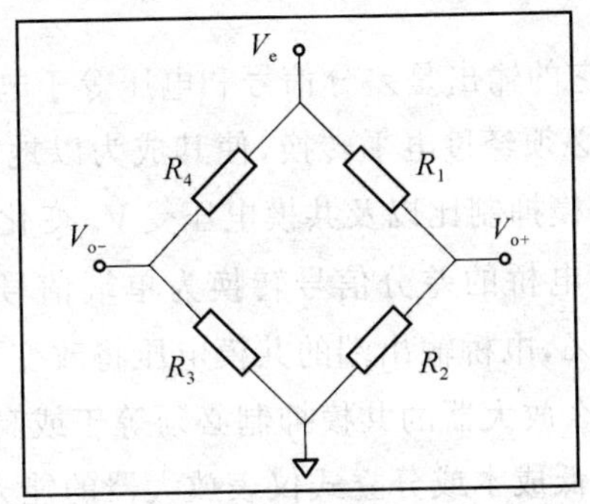

图 3.6.1 基本惠斯通电桥框图

$$V_o = V_e(R_2/(R_1+R_2) - R_3/(R_3+R_4)) \tag{3.6.1}$$

当 V_{o+} 和 V_{o-} 等于 V_e 的 1/2 时，电桥输出对电阻的改变非常敏感。所有 4 个电阻采用同样的标称值 R，可以大大简化上述公式。待测量引起的阻值变化由 R 的增量或 dR 表示，带 dR 项的电阻称为“有源”电阻。所有电阻具有同样的标称值 R，1 个、2 个或 4 个电阻为有源电阻或带有 dR 项的电阻。推导这些公式时，dR 假定为正值。如果实际阻值减小，则用 $-dR$ 表示。

3.6.1 电桥电路的 5 个关键因素

在测量低输出信号的电桥时，需要考虑很多因素，其中最主要的 5 个因素是：激励电压、共模电压、失调电压、失调漂移和噪声。

1. 激励电压

任何桥路的输出都直接与其供电电压成正比，因此，电路必须在测量期间保持桥路的供电电压恒定（稳压精度与测量精度相一致），必须能够补偿电源电压的变化。补偿供电电压变化的最简单方法是从电桥激励获取 ADC 的基准电压。图 3.6.2 中，ADC 的基准电压由桥路电源分压后得到，这会抑制电源电压的变化，因为 ADC 的电压分辨率会随着电桥的灵敏度而改变。

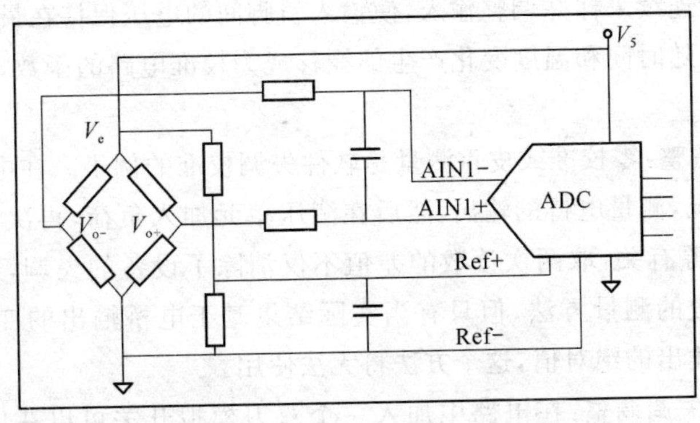

图 3.6.2 ADC 基准电压电路图

2. 共模电压

电桥电路的一个缺点是它的输出是差分信号和电压等于电源电压一半的共模电压。通常,差分信号在进入 ADC 前必须经过电平转换,使其成为以地为参考的信号。如果这一步是必需的,则需注意系统的共模抑制比以及共模电压受 V_e 变化的影响。对于上述测压单元的例子,如果用仪表放大器将电桥的差分信号转换为单端信号,需要考虑 V_e 变化的影响。如果 V_e 容许的变化范围是 2%,电桥输出端的共模电压将改变 V_e 的 1%。如果共模电压偏差限定在精度指标的 1/4,那么放大器的共模抑制必须等于或高于 98.3 dB。这样的指标虽然可以实现,但却超出了很多低成本或分立式仪表放大器的能力范围。

3. 失调电压

电桥和测量设备的失调电压会将实际信号拉高或拉低。只要信号保持在有效测量范围内,对这些漂移的校准将很容易。如果电桥差分信号转换为以地为参考的信号,电桥和放大器的失调很容易产生低于地电位的输出。这种情况发生时,将会产生一个死点。在电桥输出变为正信号并足以抵消系统的负失调电压之前,ADC 输出保持在零电位。为了防止出现这种情况,电路内部必须提供一个正偏置。该偏置电压保证即使电桥和设备出现负失调电压时,输出也在有效范围内。偏置带来的一个问题是降低了动态范围,如果系统不能接受这一缺点,可能需要更高质量的元件或失调调节措施。失调调整可以通过机械电位器、数字电位器,或在 ADC 的 GPIO 外接电阻实现。

4. 失调漂移

失调漂移和噪声是电桥电路需要解决的重要问题。上述测压单元中,电桥的满幅输出是 2 mV/V,要求精度是 12 位。如果测压单元的供电电压是 5 V,则满幅输出为 10 mV,测量精度必须是 2.5 μV 或更高。简而言之,一个只有 2.5 μV 的失调漂移会引起 12 位转换器的 1 LSB 误差。对于传统“运放”,实现这个指标存在很大的挑战性。比如:OP07,其最大失调 TC 为 1.3 μV/℃,最大长期漂移是每月 1.5 μV。为了维持电桥所需的低失调漂移,需要一些有效的失调调整,可以通过硬件、软件或两者结合实现调整。

(1) 硬件失调调整:斩波稳定或自动归零放大器是纯粹的硬件方案,是集成在放大器内部的特殊电路,它会连续采样并调整输入,使输入引脚间的电压保持在最小差值。由于这些调整是连续的,所以随时间和温度变化产生的漂移成为校准电路的函数,并非放大器的实际漂移。

(2) 软件失调调整:零校准或皮重测量是软件失调校准的例子。在电桥的某种状态下,比如没有载荷的情况,测量电桥的输出,然后在测压单元加入负荷,再次读取数值。两次读数间的差值与激励源有关,取两次读数的差值不仅消除了设备的失调,还消除了电桥的失调。这是个非常有效的测量方法,但只有当实际结果基于电桥输出的变化时才可以使用。如果需要读取电桥输出的绝对值,这个方法将无法使用。

(3) 硬件/软件失调调整:在电路中加入一个双刀模拟开关可以在应用中使用软件校准,如图 3.6.3 所示。开关用于断开电桥一侧与放大器的连接,并短路放大器的输入。保留电桥的另一侧与放大器输入连接可以维持共模输入电压,由此消除由共模电压变化引起的误差。短路放大器输入可以测量系统的失调,从随后的读数中减去系统失调,即可消除所有的设备失调。

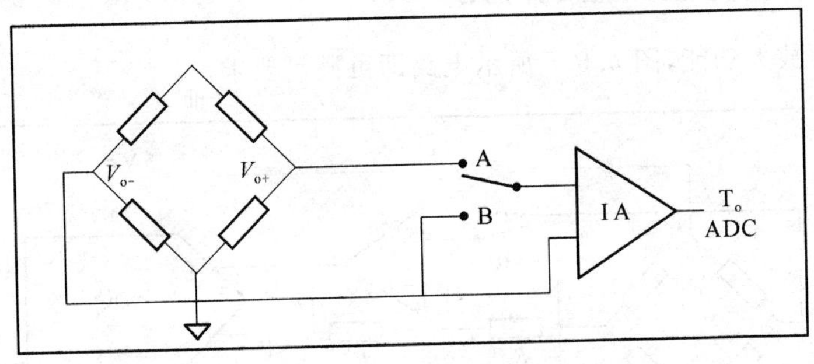

图 3.6.3 一个开关实现软件校准图

这种自动归零校准已广泛用于当前的 ADC,对于消除 ADC 失调特别有效。但是,它不能消除电桥失调或电桥与 ADC 之间任何电路的失调。

一种形式稍微复杂的失调校准电路是在电桥和电路之间增加一个双刀双掷开关,如图 3.6.4 所示。将开关从 A 点切换至 B 点,将反向连接电桥与放大器的极性。如果将开关在 A 点时的 ADC 读数减去开关在 B 点时的 ADC 读数,结果将是 $2V_o$Gain,此时没有失调项。这种方法不仅可以消除电路的失调,还可以将信噪比提高两倍。

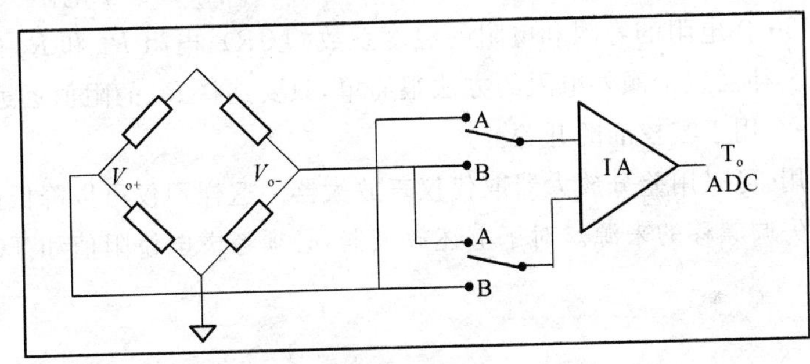

图 3.6.4 增加一个双刀双掷开关校准电路图

交流电桥激励方式不常使用,但在传统设计中,电阻电桥交流激励是在电路中消除直流失调误差的常用并且有效的方法。如果电桥由交流电压驱动,电桥的输出将是交流信号。这个信号经过电容耦合、放大、偏置电路等,最终信号的交流幅度与电路的任何直流失调无关。通过标准的交流测量技术可以得到交流信号的幅度。采用交流激励时,通过减小电桥的共模电压变化就可以完成测量,大大降低了电路对共模抑制的要求。

5. 噪声

在处理小信号输出的电桥时,噪声是个很大的难题。另外,许多电桥应用的低频特性意味着必须考虑“闪烁”或 1/F 噪声。设计中需要考虑的几个噪声源抑制为:将噪声阻挡在系统之外(良好接地、屏蔽及布线技术)、减少系统内部噪声(结构、元件选择和偏置电平)、降低电噪声(模拟滤波、共模抑制)、软件补偿或 DSP(利用多次测量提高有效信号、降低干扰信号)。

3.6.2 单运算放大器的应用

如果只需要放大功能，图 3.6.5 所示电路即可满足要求。

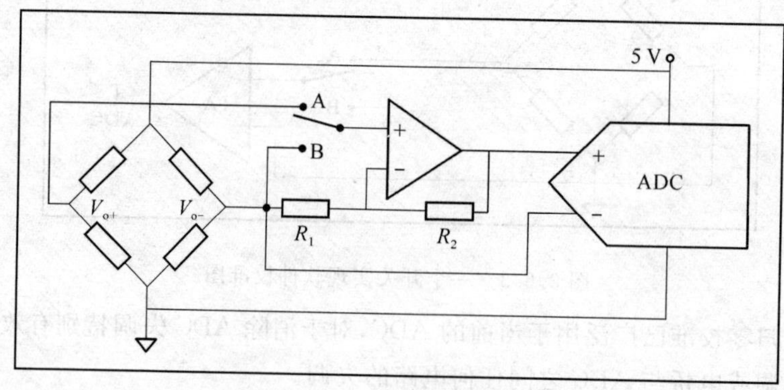

图 3.6.5 连接低阻电桥的电路图

该电路看起来似乎不是最好的选择，因为它不对称，并对电桥增加了负载。但是，对于电桥来说这一负荷并不存在问题(虽然不鼓励这样做)。许多电桥为低阻输出，通常为 350 Ω，每路输出电阻是它的一半或 150 Ω。增加电阻 R_1 后，150 Ω 电阻只会轻微降低增益。当然，考虑 150 Ω 电阻的容限和电阻的温度系数(TCR)，电阻 R_1 和 R_2 的 TCR 并不能精确地与之匹配。补偿这个额外电阻的方法很简单，只要选择 R_1 的阻值远远高于 150 Ω 即可，图中包括了一个用于零校准的开关。

对于很多应用，可以用差分放大器取代仪表放大器。这样不仅可以降低成本，而且还可以减少噪声源和失调漂移的来源。对于上述放大器，必须考虑电桥阻值和 TCR。

3.7 整流电路

电力网供给用户的是交流电，而各种无线电装置需要用直流电。整流，就是把交流电变为直流电的过程。利用具有单向导电特性的器件，可以把方向和大小交变的电流变换为直流电。下面介绍利用晶体二极管组成的各种整流电路。

3.7.1 半波整流电路

图 3.7.1 是一种最简单的整流电路。它由电源变压器 B 、整流二极管 D 和负载电阻 R_{fz} 组成。变压器把市电电压(220 V)变换为所需要的交变电压 E_2，D 再把交流电变换为脉动直流电。

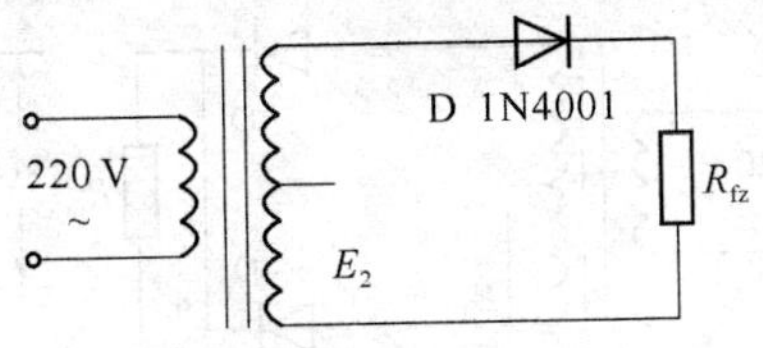

图 3.7.1　半波整流图

下面从图 3.7.2 的波形图上分析二极管是怎样整流的。变压器次级电压 E_2 是一个方向和大小都随时间变化的正弦波电压，它的波形如图 3.7.2 所示。

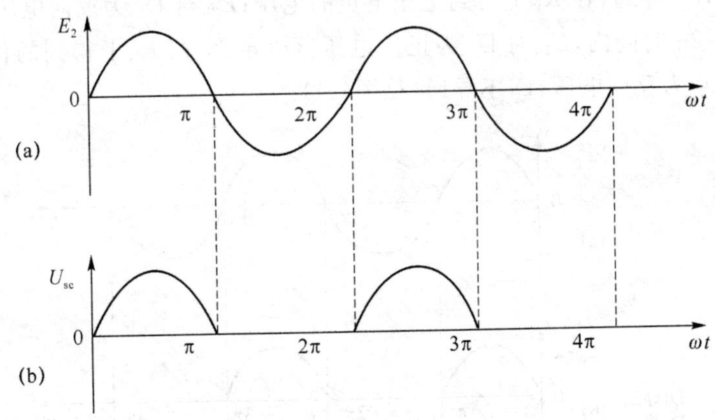

图 3.7.2　半波整流波形图

在 0～π 时间内，E_2 为正半周，即变压器上端为正、下端为负。此时二极管承受正向电压面导通，E_2 通过它加在负载电阻 R_{fz} 上。在 π～2π 时间内，E_2 为负半周，变压器次级下端为正、上端为负。这时 D 承受反向电压，不导通，R_{fz} 上无电压。在 π～2π 时间内，重复 0～π 时间的过程，而在 3π～4π 时间内，又重复 π～2π 时间的过程。这样反复下去，交流电的负半周就被“削”掉了，只有正半周通过 R_{fz}，在 R_{fz} 上获得了一个单一右向(上正下负)的电压，如图 3.7.2 所示。这样达到了整流的目的，但是，负载电压 U_{sc} 以及负载电流的大小还随时间而变化，因此，通常称它为脉动直流。

这种除去半周、余下半周的整流方法，叫作半波整流。不难看出，半波整流是以“牺牲”一半交流为代价而换取整流效果的，电流利用率很低(计算表明，整流得出的半波电压在整个周期内的平均值，即负载上的直流电压 $U_{sc}=0.45E_2$)，因此常用在高电压、小电流的场合，而在一般无线电装置中很少采用。

3.7.2　全波整流电路

如果把整流电路的结构作一些调整，可以得到一种能充分利用电能的全波整流电路。图 3.7.3 是全波整流电路的电原理图。

全波整流电路，可以看作是由两个半波整流电路组合成的。变压器次级线圈中间需要引出一个抽头，把次组线圈分成两个对称的绕组，从而引出大小相等但极性相反的两个电压 E_{2a}、E_{2b}，构成 E_{2a}、D_1、R_{fz} 与 E_{2b}、D_2、R_{fz} 两个通电回路。

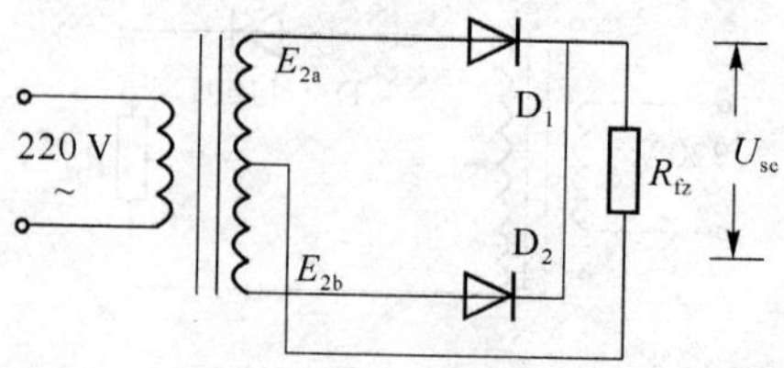

图 3.7.3　全波整流电路原理图

全波整流电路的工作原理，可用图 3.7.4 所示的波形图说明。在 0～π 时间内，E_{2a}对 D_1 为正向电压，D_1 导通，在 R_{fz}上得到上正下负的电压；E_{2b}对 D_2 为反向电压，D_2不导通（见图(b)）。在 π～2π 时间内，E_{2b}对 D_2 为正向电压，D_2 导通，在 R_{fz}上得到的仍然是上正下负的电压；E_{2a}对 D_1 为反向电压，D_1不导通（见图(c)）。

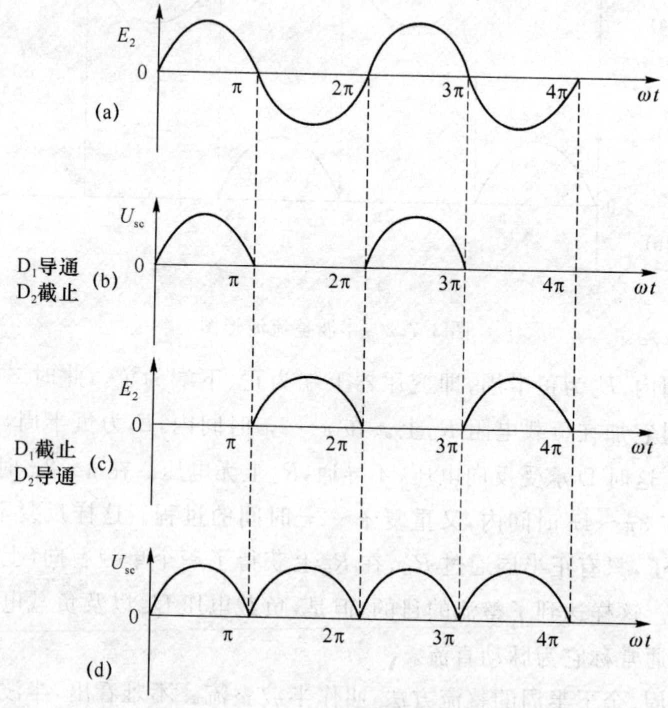

图 3.7.4　全波整流波形图

如此反复，由于两个整流元件 D_1、D_2 轮流导电，结果负载电阻 R_{fz}上在正、负两个半周作用期间，都有同一方向的电流通过，因此称为全波整流。全波整流不仅利用了正半周，而且还巧妙地利用了负半周，从而大大地提高了整流效率（$U_{sc}=0.9E_2$，比半波整流时大一倍）。

3.7.3　桥式整流电路

桥式整流电路由电源变压器和四个同型号的二极管接成电桥形式组成，桥路的一对角点接变压器的二次绕组，另一对角点接负载。电路原理及简化画法如图 3.7.5 所示。

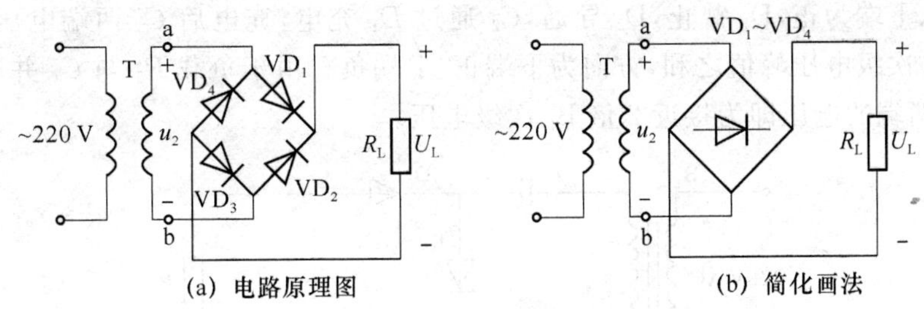

图 3.7.5 桥式整流电路图

1. 整流工作过程

测试、接线及波形图如图 3.7.6 所示。

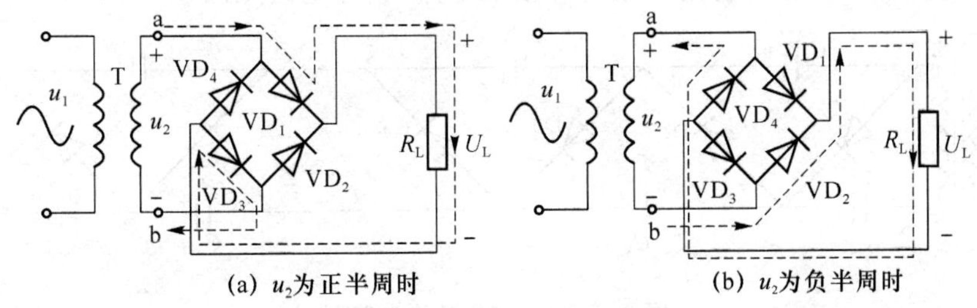

图 3.7.6 测试图

当输入电压为正半周时，VD_1、VD_3 导通，VD_2、VD_4 截止。此电流流经负载 R_L 时，在负载上形成了上正、下负的输出电压。

当输入电压为负半周时，VD_2、VD_4 导通，VD_1、VD_3 截止。同样在负载上形成了上正、下负的输出电压。

2. 负载上的直流电压与直流电流的估算

负载上的直流电压

$$U_L = 0.9U_2 \tag{3.7.1}$$

负载上的直流电流

$$I_L = \frac{U_L}{R_L} = 0.9\frac{U_2}{R_L} \tag{3.7.2}$$

3. 整流二极管的选择

在桥式整流电路中，每只二极管都是在交流电的半周期内导通，每个二极管的平均电流是输出电流的二分之一，所以二极管的最大电流为

$$I_F \geqslant \frac{I_o}{2} \tag{3.7.3}$$

二极管承受的最高反向电压是交流电压 u_2 的峰值，所以二极管的最高反向电压为

$$U_{RM} \geqslant U_2 \tag{3.7.4}$$

4. 倍压整流电路

如果需要输出电压大于输入交流电压有效值时可以采用倍压电路，见图 3.7.7。在电源的正半周，变压器 B_1 次级上端为正、下端为负，D_1 导通，D_2 截止，C_1 通过 D_1 充电，充电后 C_1 两端电压接近 B_1 次级电压峰值，方向为左端正、右端负；在电源的负半周，变压器 B_1 次

级上端为负、下端为正，D_1 截止，D_2 导通，C_2 通过 D_1 充电，充电后 C_2 两端电压接近 C_1 两端电压与 B_1 次级电压峰值之和，方向为下端正、上端负。由于负载 R_1 与 C_1 并联，当 R_1 足够大时，R_1 两端的电压即为接近 2 倍 B_1 次级电压。

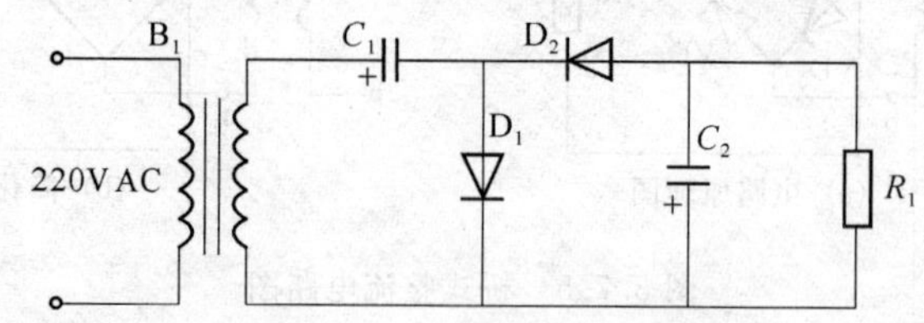

图 3.7.7　二倍压整流电路图

二倍压电路还可以很容易地扩展为 n 倍压电路，具体电路见图 3.7.8。

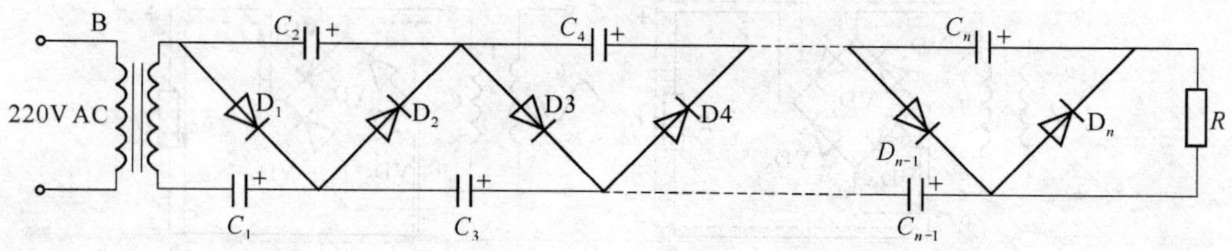

图 3.7.8　n 倍压整流电路图

3.8　滤波电路

整流电路是利用二极管的单向导电性把交流电变为脉动的直流电，其中含有很大的交流成分。除一些特殊的场合可以作为供电电源使用外，一般不能作为电子电路的供电电源。这样就必须采取一定的措施，一方面尽量滤除输出电压中的交流成分，另一方面又要尽量保留其中的直流成分，使输出电压接近于理想的直流电压。滤除它的交流成分称为滤波，完成这一任务的电路称为滤波电路，也称为滤波器。

3.8.1　常用滤波电路

滤波器直接接在整流电路后面，滤波电路的主要元件有电容器和电感器，电容器在电路中应接成并联形式，而电感器在电路中应接成串联形式。根据选用的元件及元件之间的连接方式不同，滤波电路的类型如图 3.8.1 所示。

1. 电容滤波电路

电容滤波电路是使用最多也是最简单的滤波电路。其结构是在整流电路的负载两端并联一个较大容量的电解电容器，利用电容器对电压的充、放电作用使输出电压趋于平滑。电容滤波电路图见图 3.8.2，电容滤波电路是利用电容的充放电原理达到滤波的作用。

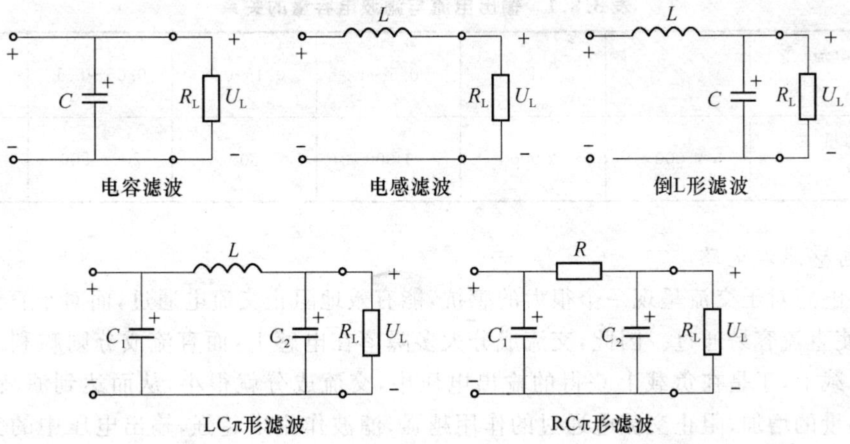

图 3.8.1 滤波电路类型

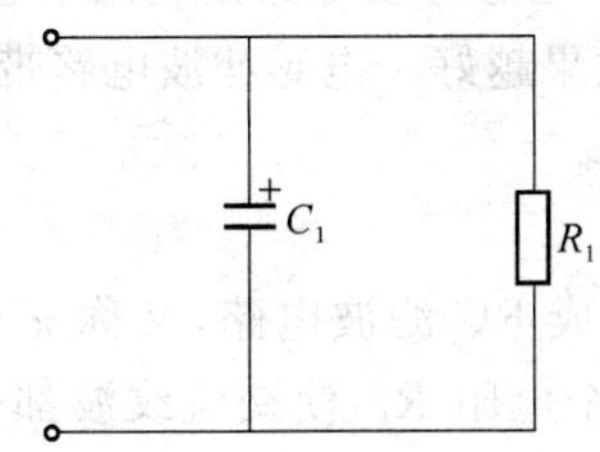

图 3.8.2 电容滤波电路图

在脉动直流波形的上升段，电容 C_1 充电，由于充电时间常数很小，所以充电速度很快；在脉动直流波形的下降段，电容 C_1 放电，由于放电时间常数很大，所以放电速度很慢，在 C_1 还没有完全放电时再次开始进行充电，这样通过电容 C_1 的反复充放电实现了滤波作用。滤波电容 C_1 两端的电压波形见图 3.8.3。

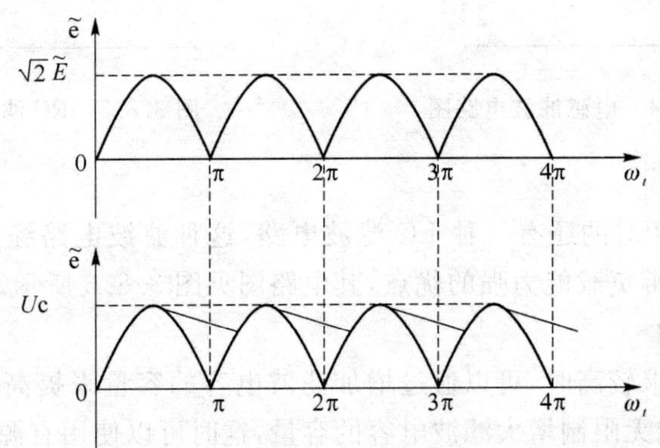

图 3.8.3 电容滤波波形图

选择滤波电容时需要满足下式的条件：

$$RC \geqslant 3 \times \frac{T}{2} \tag{3.8.1}$$

电容滤波电路输出电流大小与滤波电容量的关系见表 3.8.1 所示。

表 3.8.1 输出电流与滤波电容量的关系

输出电流 A	2	1	0.5～1	0.1～0.5	0.05～0.1	0.05
电容量 μF	4 000	2 000	1 000	500	200～500	200

2. 电感滤波电路

由于电感对于交流呈现一个很大的感抗，能有效地阻止交流电通过，而对于直流的阻抗则很小，使直流容易通过。因此，交流成分大多降落在电感上，而直流成分则顺利地通过电感流到负载上，于是在负载上获得的输出电压中，交流成分就很小，从而达到滤波的目的。随着电感量的增加，阻止交流电通过的作用越强，滤波作用也越强，输出电压中的交流成分就越小。

电感滤波电路图见图 3.8.4。电感滤波电路是利用电感对脉动直流的反向电动势来达到滤波的作用，电感量越大滤波效果越好。电感滤波电路带负载能力比较好，多用于负载电流很大的场合。

3. RC 滤波电路

使用两个电容和一个电阻组成 RC 滤波电路，又称 π 型 RC 滤波电路，如图 3.8.5 所示。这种滤波电路由于增加了一个电阻 R_1，使交流纹波都分担在 R_1 上。R_1 和 C_2 越大滤波效果越好，但 R_1 过大又会造成压降过大，减小了输出电压。一般 R_1 应远小于 R_2。

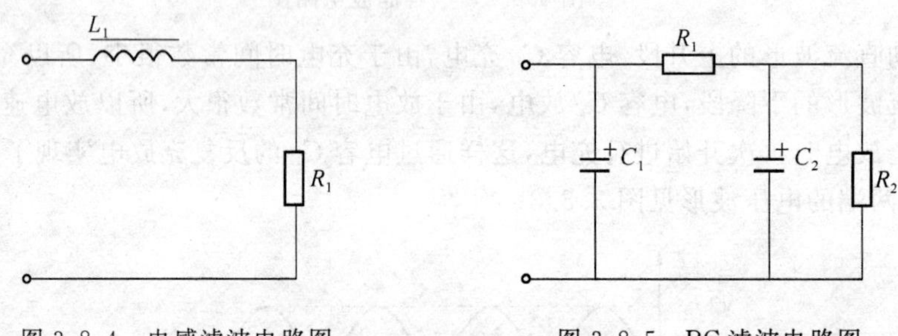

图 3.8.4 电感滤波电路图　　图 3.8.5 RC 滤波电路图

4. LC 滤波电路

与 RC 滤波电路相对的还有一种 LC 滤波电路，这种滤波电路综合了电容滤波电路纹波小和电感滤波电路带负载能力强的优点，其电路图见图 3.8.6 所示。

5. 有源滤波电路

当对滤波效果要求较高时，可以通过增加滤波电容的容量来提高滤波效果。但是受电容体积限制，又不可能无限制增大滤波电容的容量，这时可以使用有源滤波电路。其电路形式见图 3.8.7，其中电阻 R_1 是三极管 T_1 的基极偏流电阻，电容 C_1 是三极管 T_1 的基极滤波电容，电阻 R_2 是负载。这个电路实际上是通过三极管 T_1 的放大作用，将 C_1 的容量放大 β 倍，即相当于接入一个$(\beta+1)C_1$ 的电容进行滤波。

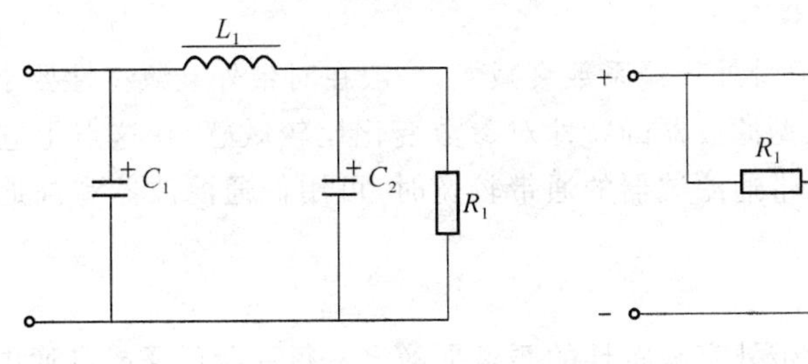

图 3.8.6 LC 滤波电路图

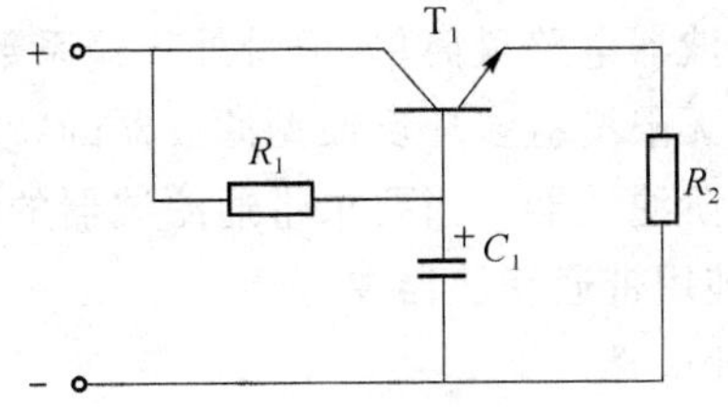

图 3.8.7 有源滤波电路图

图 3.8.7 中，C_1 可选择几十微法到几百微法；R_1 可选择几百欧到几千欧，具体取值可根据 T_1 的 β 值确定，β 值高，R 可取值稍大，只要保证 T_1 的集电极与发射极间的电压(U_{CE})大于 1.5 V 即可。T_1 选择时要注意耗散功率 P_{CM} 必须大于 $U_{CE}I$，如果工作时发热较大则需要增加散热片。

有源滤波电路属于二次滤波电路，前级应有电容滤波等滤波电路，否则无法正常工作。

常用无源滤波电路性能对照见表 3.8.2 所示。

表 3.8.2 无源滤波电路性能对照表

电路名称	滤波效果	输出电压	输出电流	应用特点
电容滤波	稍差	高	稍小	结构简单。由于大容量滤波电容的广泛使用，克服了滤波效果稍差的缺点，广泛用于各类电源电路
电感滤波	较差	低	大	电源电路中较少使用
RC 滤波	较好	较高	小	常用于电子管收音机电路和各种高低频退耦电路
LC 滤波	很好	高	稍小	电源电路中较少使用

3.8.2 RC 有源滤波器的设计

滤波器在通信测量和控制系统中得到了广泛的应用。一个理想的滤波器应在要求的频带(通带)内具有均匀而稳定的增益，而在通带以外则具有无穷大的衰减。然而实际的滤波器距此有一定的差异，为此人们采用各种函数来逼近理想滤波器的频率特性。

用运算放大器和 RC 网络组成的有源滤波器具有许多独特的优点。因为不用电感元件，所以免除了电感所固有的非线性特性、磁场屏蔽、损耗、体积和重量过大等缺点。由于运算放大器的增益和输入电阻高，输出电压低，所以能提供一定的信号增益和缓冲作用。这种滤波器的频率范围约为 $10^{-3} \sim 10^{6}$ Hz，频率稳定度可做到 $10^{-5} \sim 10^{-3}$/℃，频率精度为 ±3%～±5%，并可用简单的级联来得到高阶滤波器且调谐也很方便。

滤波器的设计任务是根据给定的技术指标选定电路形式和确定电路的元器件。滤波器的技术指标有通带和阻带之分，通带指标有通带的边界频率(没有特殊说明时一般为 −3 dB)和通带传输系数。阻带指标为带外传输系数的衰减速度(即带沿的陡变)。

下面简要介绍设计中的考虑原则。

1. 关于滤波器类型的选择

一阶滤波器电路最简单,但带外传输系数衰减慢,一般在对带外衰减特性要求不高的场合下选用。无限增益多环反馈型滤波器的特性对参数变化比较敏感,在这点上它不如压控电压源型二阶滤波器。当要求带通滤波器的通带较宽时,可用低通滤波器和高通滤波器合成,这比单纯用带通滤波器要好。

2. 级数选择

滤波器的级数主要根据对带外衰减特性的要求来确定。每一阶低通或高通电路可获得－6 dB每倍频程(－20 dB每10倍频程)的衰减,每二阶低通或高通电路可获得－12 dB每倍频程(－40 dB每10倍频程)的衰减。多级滤波器串接时传输函数总特性的阶数等于各级阶数之和。当要求的带外衰减特性为$-m$dB每倍频程(或mdB每10倍频程)时,则所取级数n应满足$n \geqslant m/6$(或$n \geqslant m/20$)。

3. 运算放大器的要求

在无特殊要求的情况下,可选用通用型运算放大器。为了获得足够深的反馈以保证所需滤波特性,“运放”的开环增益应在80 dB以上。对“运放”频率特性的要求,由其工作频率的上限确定,设工作频率的上限为f_H,则“运放”的单位增益带宽BWG应满足:$3A_F f_H \sim 5A_F f_H$,式中A_F为滤波通带的传输系数。

如果滤波器的输入信号较小,例如在10 mV以下,则选低漂移“运放”。如果滤波器工作于超低频,以致使RC网络中电阻元件的值超过100 kΩ,则应选低漂移高输入阻抗的“运放”。

4. 元器件的选择

一般设计滤波器时都要给定截止频率f_C(或ω_C)、带内增益A_V,以及品质因数Q(二阶低通或高通一般为0.707)。在设计时经常出现待确定其值的元件数目多于限制元件取值的参数之数目,因此有许多个元件组均可满足给定的要求,这就需要设计者自行选定某些元件值。一般从选定电容器入手,因为电容表称值的分挡较少,电容难配,而电阻易配,可根据工作频率范围按照表3.8.3初选电容值。

表3.8.3 滤波器工作频率与电容取值的对应关系

f	1～10 Hz	10～10^2 Hz	10^2～10^3 Hz	1～10 kHz	10～10^2 kHz	10^2～10^3 kHz
C	10～20 μF	0.1～10 μF	0.01～0.1 μF	10^3～10^4 pF	10^2～10^3 pF	10～10^2 pF

表中的频率对低通滤波器是上限频率,对高通滤波器是下限频率,对带通和带阻滤波器是中心频率。其电容值表示的数为数量级范围。

5. 滤波器的传输函数与性能参数

由RC元件与运算放大器组成的滤波器称为RC有源滤波器,其功能是让一定频率范围内的信号通过,抑制或急剧衰减此频率范围以外的信号。因受运算放大器带宽限制,这类滤波器仅适用于低频范围。根据频率范围可将其分为低通、高通、带通与带阻四种滤波器,它们的幅频特性如图3.8.8所示。具有理想特性的滤波器是很难实现的,只能用实际特性去逼近理想的。常用的逼近方法是巴特沃斯(butterworth)最大平坦响应和切比雪夫(chebyshev)等波动响应。在不许带内有波动时,用巴特沃斯响应较好。如果给定带内所允许的纹波差,则用切比雪夫响应较好。

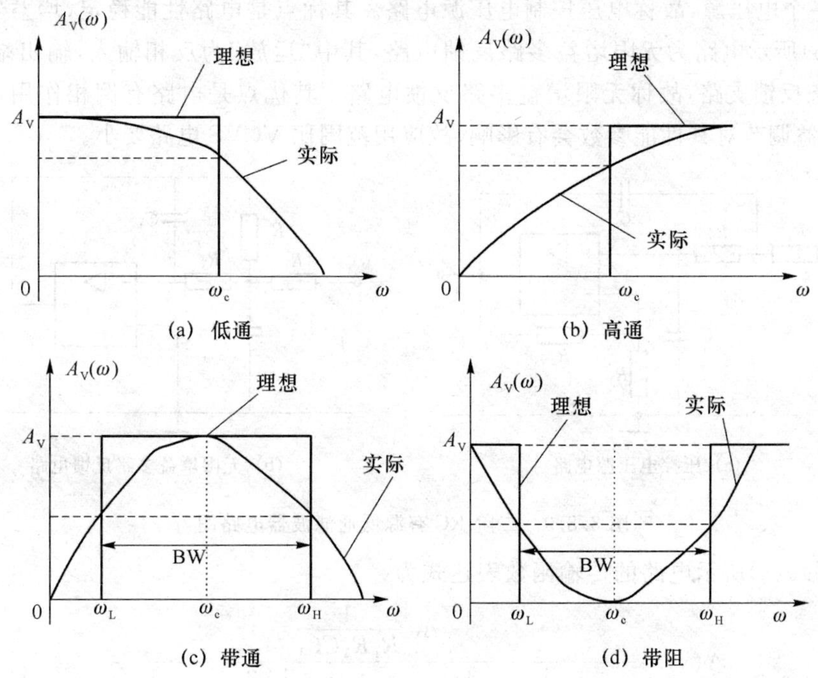

图 3.8.8　滤波器的幅频特性

3.8.3　滤波器的快速设计方法

二阶 RC 滤波器的传输函数如表 3.8.4 所列。其常用电路有电压控制电压源(VCVS)电路和无限增益多路反馈(MFB)电路。

表 3.8.4　二阶 RC 滤波器的传输函数

类型	传输函数	性能参数
低通	$A(s)=\dfrac{A_V\omega_C^2}{s^2+\dfrac{\omega_C}{Q}s+\omega_C^2}$	A_v——电压增益 ω_C——低、高通滤波器的截止频率 ω_0——带阻塞、带阻滤波器的中心角频率 Q——品质因数 $Q=\dfrac{\omega_0}{BW}$或$\dfrac{f_0}{BW}$(当 $BW \ll \omega_0$) BW——带通、带阻滤波器的带宽
高通	$A(s)=\dfrac{A_V s^2}{s^2+\dfrac{\omega_C}{Q}s+\omega_C^2}$	
带通	$A(s)=\dfrac{A_V\dfrac{\omega_0}{Q}s}{s^2+\dfrac{\omega_C}{Q}s+\omega_C^2}$	
带阻	$A(s)=\dfrac{A_V(s^2+\omega_0^2)}{s^2+\dfrac{\omega_C}{Q}s+\omega_C^2}$	

图 3.8.9(a)所示电路为压控电压源电路,其中"运放"为同相输入,输入阻抗很低,滤波

器相当于一个电压源，故称电压控制电压源电路。其优点是电路性能稳定，增益容易调节。图 3.8.9(b)所示电路为无限增益多路反馈电路，其中“运放”为反相输入，输出端通过 C_1、R_2形成两条反馈支路，故称无限增益多路反馈电路。其优点是电路有倒相作用，使用元件较少，但增益调节对其性能参数会有影响，故应用范围比 VCVS 电路要小。

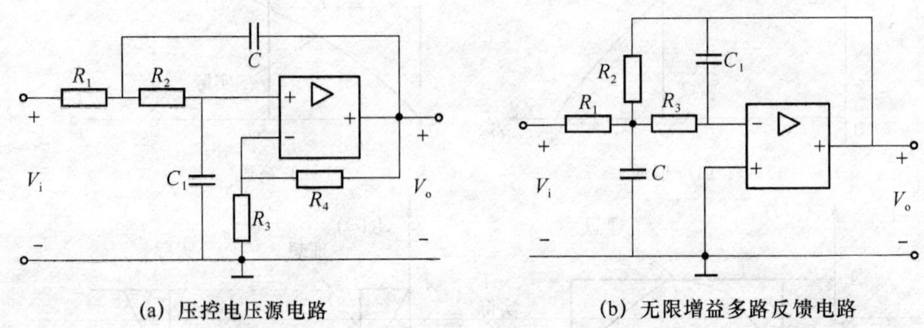

图 3.8.9 二阶 RC 有源低通滤波器电路图

图 3.8.9(a)所示电路的传输函数表达式为

$$A(s)=\frac{A_V\frac{1}{R_1R_2CC_1}}{s^2+\left[\frac{1}{R_1C}+\frac{1}{R_2C}+(1-A_V)\frac{1}{R_2C}\right]s+\frac{1}{R_1R_2CC_1}} \tag{3.8.2}$$

与低通滤波器传输函数的通用表达式相比较，可得滤波器性能参数的表达式为

$$\omega_C^2=\frac{1}{R_1R_2CC_1} \tag{3.8.3}$$

$$\frac{\omega_C}{Q}=\frac{1}{R_1C}+\frac{1}{R_2C}+(1+A_V)\frac{1}{R_2C_1} \tag{3.8.4}$$

$$A_V=1+\frac{R_4}{R_3} \tag{3.8.5}$$

在设计滤波器时，通常给定的性能指标有截止频率 f_C或截止角频率 ω_C、带内增益 A_V，以及滤波器的品质因数 Q。对于二阶低通（或高通）滤波器，通常取 $Q=0.707$，如图 3.8.10 所示。在设计中，如果仅由 ω_C、A_V 及 Q 这三个数求出电路中的所有 R、C 元件的值，是相当困难的。通常是先设定一个或几个元件的值，再建立方程组求其他元件值。设定的元件参数越少，方程求解越难，但电路调整较方便。现在已经用计算机完成了方程组的求解，并将具有巴特沃斯响应、切比雪夫响应的 $n=2,3,\cdots,8$ 阶各种类型的有源滤波器的电路及其所用的 RC 元件的值制成设计表，设计人员只需查表就能得到滤波器的电路及 RC 元件的值，称这种查表法为有源滤波器的快速设计方法。

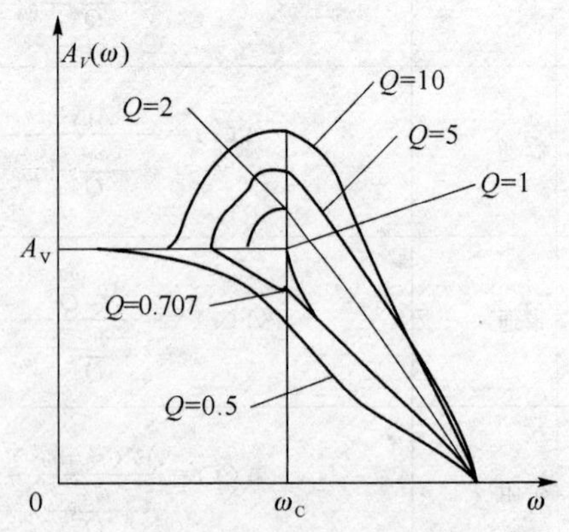

图 3.8.10 幅频特性与 Q 的关系

3.8.3.1 已知条件与设计步骤

已知滤波器的响应特性(巴特沃斯或切比雪夫)、滤波器的电路形式(VCVS或MFB)、滤波器的类型(低通、高通、带通、带阻及阶数 n)、滤波器的性能参数 f_C、A_V、Q 或 BW。

根据截止频率 f_C,选定一个电容 C 的标称值,使其满足

$$K=\frac{100}{f_C C}\left(如带通、带阻\ K=\frac{100}{f_0 C}\right) \tag{3.8.6}$$

注意:K 值不能太大,否则会使电阻的取值较大,从而使引入的误差增加,通常取 $1\leqslant K\leqslant 10$。

从设计表3.8.5～表3.8.8中查出与 A_V 对应的电容值及 $K=1$ 时的电阻值,再将这些电阻值乘以参数 K,得到电阻的设计值。实验调整并修改电容、电阻值,测量滤波器的性能参数,绘制幅频特性。

表 3.8.5 二阶低通滤波器(巴特沃斯响应)设计表

<table>
<tr><td></td><td>压控电压源电路</td><td>无限增益多路反馈电路</td></tr>
<tr><td>电路形式</td><td>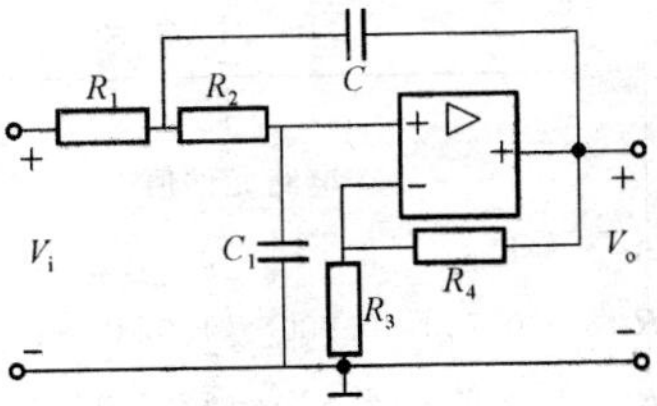

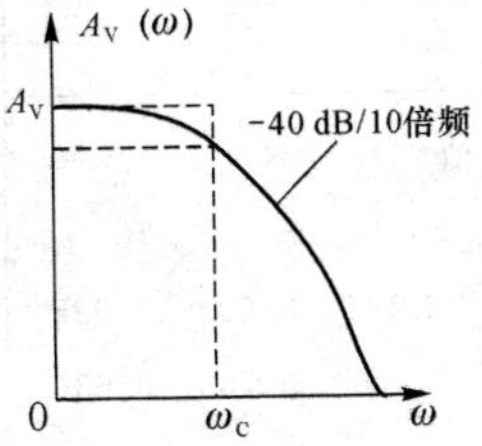
</td><td>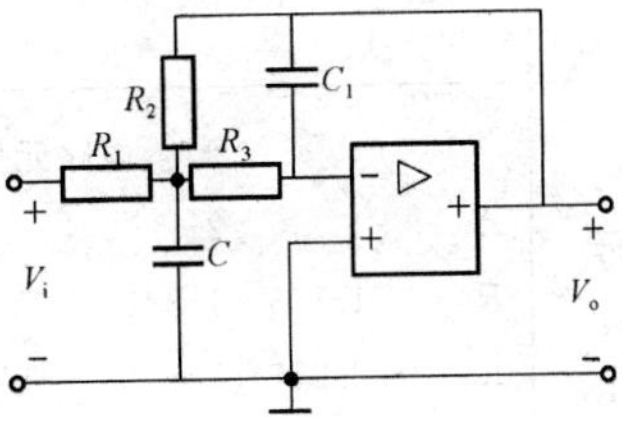
</td></tr>
<tr><td>性能参数</td><td>$\omega_C^2=\frac{1}{R_1R_2CC_1}$
$Q=0.707$
$A_V=1+\frac{R_4}{R_3}$ ($A_V\leqslant 2$ 时电路稳定)</td><td>$\omega_C^2=\frac{1}{R_2R_3CC_1}$
$Q=0.707$
$A_V=-\frac{R_2}{R_1}$</td></tr>
<tr><td>设计表</td><td>电路元件值*
<table>
<tr><td>A_V</td><td>1</td><td>2</td><td>4</td><td>6</td><td>8</td><td>10</td></tr>
<tr><td>R_1</td><td>1.422</td><td>1.126</td><td>0.824</td><td>0.167</td><td>0.521</td><td>0.462</td></tr>
<tr><td>R_2</td><td>5.399</td><td>2.250</td><td>1.537</td><td>2.051</td><td>2.429</td><td>2.742</td></tr>
<tr><td>R_3</td><td>开路</td><td>6.752</td><td>3.148</td><td>3.203</td><td>3.372</td><td>3.560</td></tr>
<tr><td>R_4</td><td>0</td><td>6.752</td><td>9.444</td><td>16.012</td><td>23.602</td><td>32.039</td></tr>
<tr><td>C_1</td><td>0.33C</td><td>C</td><td>2C</td><td>2C</td><td>2C</td><td>2C</td></tr>
</table></td><td>电路元件值*
<table>
<tr><td>A_V</td><td>1</td><td>2</td><td>6</td><td>10</td></tr>
<tr><td>R_1</td><td>3.111</td><td>2.565</td><td>1.697</td><td>1.625</td></tr>
<tr><td>R_2</td><td>3.111</td><td>5.130</td><td>10.180</td><td>16.252</td></tr>
<tr><td>R_3</td><td>4.072</td><td>3.292</td><td>4.977</td><td>4.723</td></tr>
<tr><td>C_1</td><td>0.2C</td><td>0.15C</td><td>0.05C</td><td>0.033C</td></tr>
</table></td></tr>
<tr><td>说明</td><td>增益容易调整、输入阻抗高、输出阻抗低。运放 $R_i>10\times(R_1+R_2)$,输入端到地要有一直流通路。在 ω_C 处,运放的开环增益至少应是滤波器增益的50倍</td><td>有倒相作用,输出阻抗低。运放的 $R_i>10\ (R_3+R_1/\!/R_2)$,输入端到地的直流通路已经由 R_1 和 R_2 完成。同相端可接平衡电阻,减小失调</td></tr>
</table>

* 电阻为参数 $K=1$ 时的值,单位为 kΩ。

表 3.8.6　二阶高通滤波器(巴特沃斯响应)设计表

	压控电压源电路	无限增益多路反馈电路
电路形式		
性能参数	$\omega_C^2=\frac{1}{R_1R_2C^2}$ $Q=0.707$ $A_V=1+\frac{R_4}{R_3}$ ($A_V\leqslant 2$)	$\omega_C^2=\frac{1}{R_1R_2C^2}$ $Q=0.707$ $A_V=-\frac{C}{C_1}$
设计表	电路元件值* A_V　1　2　4　6　8　10 R_1　1.125　1.821　2.592　3.141　3.593　3.985 R_2　2.251　1.391　0.977　0.806　0.705　0.636 R_3　开路　2.782　1.303　0.968　0.806　0.706 R_4　0　2.782　3.910　4.838　5.640　6.356	电路元件值* A_V　1　2　5　10 R_1　0.750　0.900　1.023　1.072 R_2　3.376　5.627　12.379　23.634 C_1　C　$0.5C$　$0.2C$　$0.1C$
说明	要求运放 R_i 大于 $10R_2$，R_3、R_4 的选取要考虑对失调的影响，在 ω_C 处，"运放"的开环增益 A_{V0} 至少是滤波器增益的 50 倍	同相端接等于 R_2 的电阻可减小失调，微调 C 或 C_1 对 A_V 实现调整

* 电阻为参数 $K=1$ 时的值，单位为 kΩ。

表 3.8.7　二阶带通滤波器(巴特沃斯响应)设计表

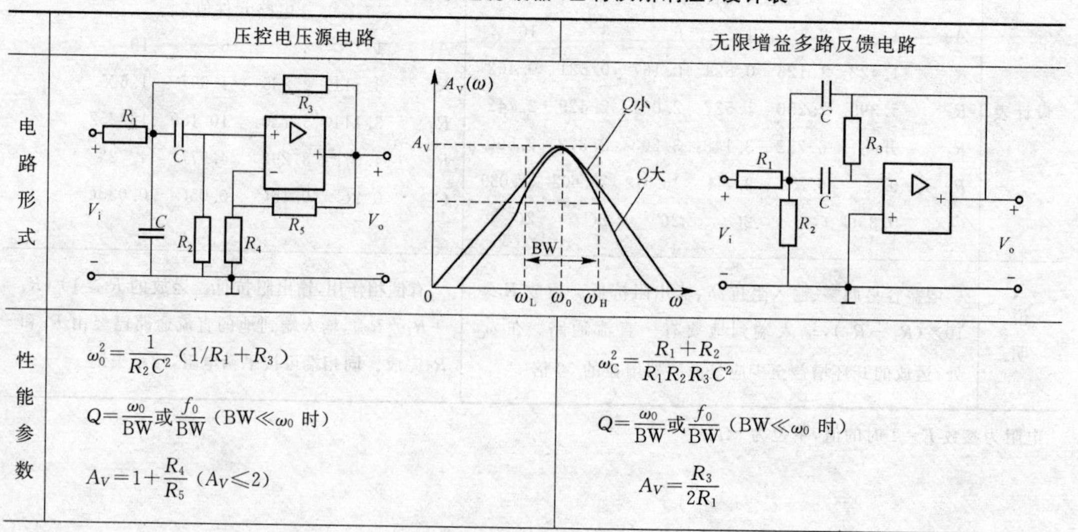

	压控电压源电路	无限增益多路反馈电路
电路形式		
性能参数	$\omega_0^2=\frac{1}{R_2C^2}(1/R_1+R_3)$ $Q=\frac{\omega_0}{\mathrm{BW}}$ 或 $\frac{f_0}{\mathrm{BW}}$ (BW≪ω_0 时) $A_V=1+\frac{R_4}{R_5}$ ($A_V\leqslant 2$)	$\omega_C^2=\frac{R_1+R_2}{R_1R_2R_3C^2}$ $Q=\frac{\omega_0}{\mathrm{BW}}$ 或 $\frac{f_0}{\mathrm{BW}}$ (BW≪ω_0 时) $A_V=\frac{R_3}{2R_1}$

续表

<table>
<tr><th></th><th>压控电压源电路</th><th>无限增益多路反馈电路</th></tr>
<tr><td>设计表</td><td>
电路元件值*（$Q=4$）
<table>
<tr><td>A_V</td><td>1</td><td>2</td><td>4</td><td>6</td><td>8</td><td>10</td></tr>
<tr><td>R_1</td><td>12.732</td><td>6.366</td><td>3.183</td><td>2.122</td><td>1.592</td><td>1.273</td></tr>
<tr><td>R_2</td><td>2.251</td><td>2.459</td><td>2.925</td><td>3.456</td><td>4.039</td><td>4.667</td></tr>
<tr><td>R_3</td><td>1.135</td><td>1.229</td><td>1.189</td><td>1.120</td><td>1.035</td><td>0.946</td></tr>
<tr><td>R_4,R_5</td><td>4.502</td><td>4.918</td><td>5.850</td><td>6.912</td><td>8.078</td><td>9.334</td></tr>
</table>
</td><td>
电路元件值*（$Q=5$）
<table>
<tr><td>A_V</td><td>1</td><td>2</td><td>4</td><td>6</td><td>8</td><td>10</td></tr>
<tr><td>R_1</td><td>7.958</td><td>3.979</td><td>1.989</td><td>1.326</td><td>0.995</td><td>0.796</td></tr>
<tr><td>R_2</td><td>0.162</td><td>0.166</td><td>0.173</td><td>0.181</td><td>0.189</td><td>0.199</td></tr>
<tr><td>R_3</td><td>15.915</td><td>15.915</td><td>15.915</td><td>15.915</td><td>15.915</td><td>15.915</td></tr>
</table>
</td></tr>
<tr><td>设计表</td><td>
电路元件值*（$Q=5$）
<table>
<tr><td>A_V</td><td>1</td><td>2</td><td>4</td><td>6</td><td>8</td><td>10</td></tr>
<tr><td>R_1</td><td>15.915</td><td>7.958</td><td>3.979</td><td>2.653</td><td>1.989</td><td>1.592</td></tr>
<tr><td>R_2</td><td>2.251</td><td>2.416</td><td>2.778</td><td>3.183</td><td>3.626</td><td>4.100</td></tr>
<tr><td>R_3</td><td>1.211</td><td>1.208</td><td>1.183</td><td>1.137</td><td>1.077</td><td>1.010</td></tr>
<tr><td>R_4,R_5</td><td>4.502</td><td>4.832</td><td>5.556</td><td>6.366</td><td>7.252</td><td>8.200</td></tr>
</table>
</td><td>
电路元件值*（$Q=6$）
<table>
<tr><td>A_V</td><td>1</td><td>2</td><td>4</td><td>6</td><td>8</td><td>10</td></tr>
<tr><td>R_1</td><td>9.549</td><td>4.775</td><td>2.387</td><td>1.592</td><td>1.194</td><td>0.955</td></tr>
<tr><td>R_2</td><td>0.134</td><td>0.136</td><td>0.140</td><td>0.145</td><td>0.149</td><td>0.154</td></tr>
<tr><td>R_3</td><td>19.099</td><td>19.099</td><td>19.099</td><td>19.099</td><td>19.099</td><td>19.099</td></tr>
</table>
</td></tr>
<tr><td>设计表</td><td>
电路元件值*（$Q=6$）
<table>
<tr><td>A_V</td><td>1</td><td>2</td><td>4</td><td>6</td><td>8</td><td>10</td></tr>
<tr><td>R_1</td><td>19.099</td><td>9.549</td><td>4.775</td><td>3.183</td><td>2.387</td><td>1.190</td></tr>
<tr><td>R_2</td><td>2.251</td><td>2.387</td><td>2.684</td><td>3.010</td><td>43.363</td><td>3.741</td></tr>
<tr><td>R_3</td><td>1.196</td><td>1.194</td><td>1.176</td><td>1.144</td><td>1.100</td><td>1.049</td></tr>
<tr><td>R_4,R_5</td><td>4.502</td><td>4.774</td><td>5.368</td><td>6.020</td><td>6.726</td><td>7.482</td></tr>
</table>
</td><td>
电路元件值*（$Q=7$）
<table>
<tr><td>A_V</td><td>1</td><td>2</td><td>4</td><td>6</td><td>8</td><td>10</td></tr>
<tr><td>R_1</td><td>11.141</td><td>5.570</td><td>2.785</td><td>1.857</td><td>1.393</td><td>1.114</td></tr>
<tr><td>R_2</td><td>0.115</td><td>0.116</td><td>0.119</td><td>0.121</td><td>0.124</td><td>0.127</td></tr>
<tr><td>R_3</td><td>22.282</td><td>22.282</td><td>22.282</td><td>22.282</td><td>22.282</td><td>22.282</td></tr>
</table>
</td></tr>
<tr><td>设计表</td><td>
电路元件值*（$Q=8$）
<table>
<tr><td>A_V</td><td>1</td><td>2</td><td>4</td><td>6</td><td>8</td><td>10</td></tr>
<tr><td>R_1</td><td>25.465</td><td>12.732</td><td>6.366</td><td>4.244</td><td>3.183</td><td>2.546</td></tr>
<tr><td>R_2</td><td>2.251</td><td>2.352</td><td>2.569</td><td>2.802</td><td>3.052</td><td>3.318</td></tr>
<tr><td>R_3</td><td>1.177</td><td>1.176</td><td>1.167</td><td>1.148</td><td>1.123</td><td>1.090</td></tr>
<tr><td>R_4,R_5</td><td>4.502</td><td>4.704</td><td>5.138</td><td>5.604</td><td>6.104</td><td>6.636</td></tr>
</table>
</td><td>
电路元件值*（$Q=8$）
<table>
<tr><td>A_V</td><td>1</td><td>2</td><td>4</td><td>6</td><td>8</td><td>10</td></tr>
<tr><td>R_1</td><td>12.732</td><td>6.336</td><td>3.183</td><td>2.122</td><td>1.592</td><td>1.273</td></tr>
<tr><td>R_2</td><td>0.100</td><td>0.101</td><td>0.103</td><td>0.104</td><td>0.106</td><td>0.108</td></tr>
<tr><td>R_3</td><td>25.465</td><td>25.465</td><td>25.465</td><td>25.465</td><td>25.465</td><td>25.465</td></tr>
</table>
</td></tr>
<tr><td>设计表</td><td>
电路元件值*（$Q=10$）
<table>
<tr><td>A_V</td><td>1</td><td>2</td><td>4</td><td>6</td><td>8</td><td>10</td></tr>
<tr><td>R_1</td><td>31.831</td><td>15.915</td><td>7.958</td><td>5.305</td><td>3.979</td><td>3.183</td></tr>
<tr><td>R_2</td><td>2.251</td><td>2.332</td><td>2.502</td><td>2.648</td><td>2.876</td><td>3.078</td></tr>
<tr><td>R_3</td><td>1.167</td><td>1.166</td><td>1.160</td><td>1.148</td><td>1.131</td><td>1.110</td></tr>
<tr><td>R_4,R_5</td><td>4.502</td><td>4.664</td><td>5.004</td><td>5.368</td><td>5.752</td><td>6.156</td></tr>
</table>
</td><td>
电路元件值*（$Q=10$）
<table>
<tr><td>A_V</td><td>1</td><td>2</td><td>4</td><td>6</td><td>8</td><td>10</td></tr>
<tr><td>R_1</td><td>15.915</td><td>7.958</td><td>3.979</td><td>2.653</td><td>1.989</td><td>1.592</td></tr>
<tr><td>R_2</td><td>0.080</td><td>0.080</td><td>0.081</td><td>0.082</td><td>0.083</td><td>0.084</td></tr>
<tr><td>R_3</td><td>31.831</td><td>31.831</td><td>31.831</td><td>31.831</td><td>31.831</td><td>31.831</td></tr>
</table>
</td></tr>
<tr><td>说明</td><td>调节 R_4，R_5 可调整增益 A_V，ω_0 不变，带宽 BW（或 Q）改变</td><td>调节 R_1 可调整增益 A_V，但影响 ω_0，调节 R_3 将影响 BW（或 Q）
同相端和地之间接一个等于 R_3 的电阻，使直流失调或减到最小</td></tr>
</table>

* 电阻为参数 $K=1$ 时的值，单位为 kΩ

表 3.8.8　二阶带阻滤波器(巴特沃斯响应)设计表

	压控电压源电路 $Q\leqslant 10$	无限增益多路反馈电路 $Q\leqslant 25$
电路形式	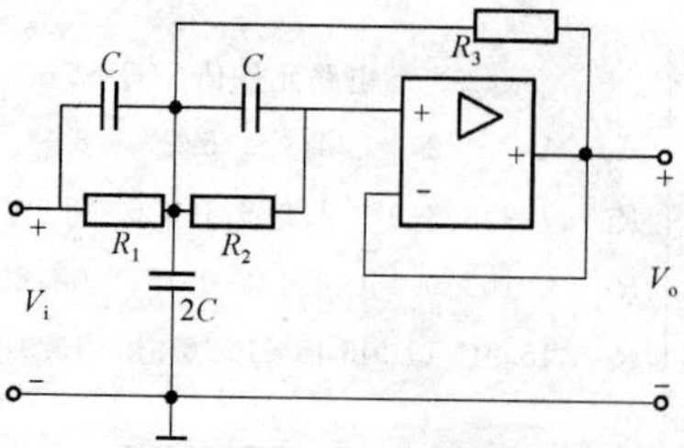	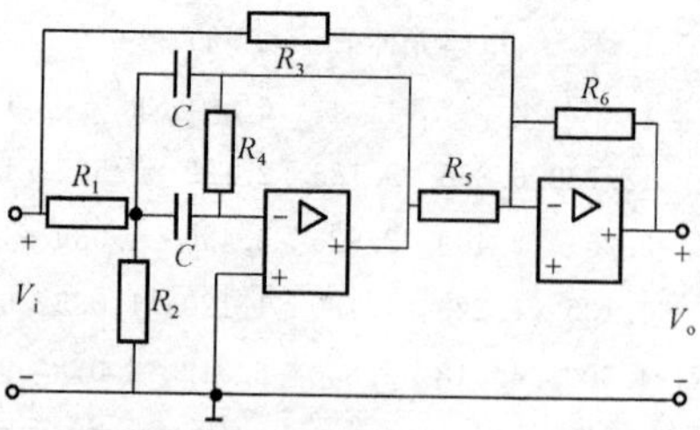
性能参数	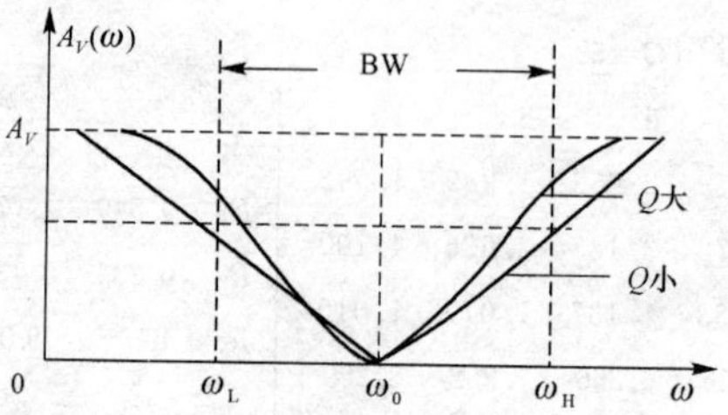 条件：$1/R_3=1/R_1+1/R_2$ $\omega_0^2=1/R_1R_2C^2$ $A_V=1$	条件：$R_3R_4=2R_1R_6$ $\omega_0^2=(1/R_1+1/R_2)/R_4C^2$ $A_V=-R_6/R_3$
设计表	电路元件值* R_1　0.796Q R_2　3.183Q R_3　$R_2/(4Q^2+1)$	电路元件值** R_1　0.796Q R_2　$R_1/(Q^2-1)$ R_3　1.0 R_4　$4R_1$ R_5　2.0 R_6　A_VR_3
说明	Q值较高，改变R_i可以调整f_0，且BW或Q保持不变；缺点是增益$A_V=1$	Q值高，A_V可用电位器代替R_6进行调整。改变R_4可调整BW而不影响f_0。到地的直流通路已由R_4完成

*电阻为参数$K=1$时的值，单位为kΩ，增益为1；品质因数为Q。

**电阻为参数$K=1$时的值，单位为kΩ，增益为A_V(反相)；品质因数为Q。

设计时的注意事项：电阻的标称值尽可能接近设计值，可适当选用几个电阻串、并联；尽可能采用金属膜电阻及容差小于10%的电容，影响滤波器性能的主要因素是$\Delta R/R$、$\Delta C/C$及“运放”的性能。实验前应测量电阻、电容的准确值。在测试过程中，若某项指标偏差较大，则应根据设计表调整修改相应元件的值。

3.8.3.2　设计举例

1. 二阶低通滤波器的设计

设计一个二阶压控电压源低通滤波器，要求截止频率$f_c=2$ kHz，增益$A_V=2$。由于已知条件满足快速设计的要求，故可按如下步骤设计。

二阶压控电压源低通滤波器的电路，如图3.8.11所示，“运放”为741。

$f_c=2$ kHz时，取$C=0.01$ μF，计算对应的参数$K=5$。$A_V=2$时，取$C_1=C=0.01$ μF；

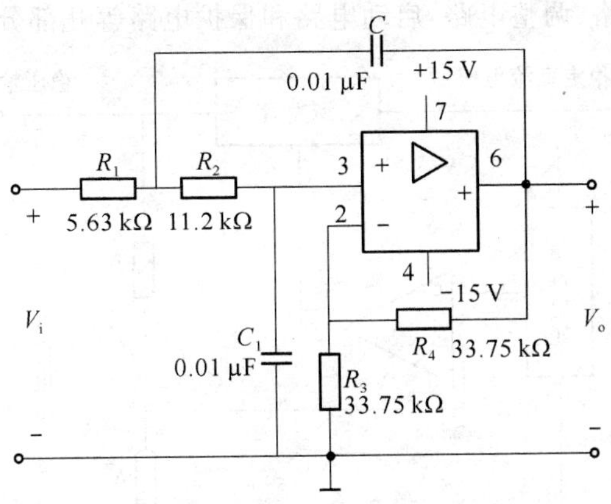

图 3.8.11 二阶压控电压源低通滤波器电路图

$K=1$ 时，$R_1=1.126$ kΩ，$R_2=2.250$ kΩ，$R_3=6.752$ kΩ，$R_4=6.752$ kΩ。将上述电阻值乘以参数 $K=5$，得 $R_1=5.63$ kΩ，取标称值 5.6 kΩ+30 Ω。$R_2=11.25$ kΩ，取标称值 11 kΩ+240 Ω。$R_3=33.76$ kΩ，取标称值 33 kΩ+750 Ω。

2. 二阶高通滤波器设计

设计一个二阶无限增益多路反馈高通滤波器，要求截止频率 $f_c=100$ Hz，增益 $A_V=5$。二阶无限增益多路反馈高通滤波器的电路如图 3.8.12 所示，"运放"为 741。$f_c=100$ Hz 时，取 $C=0.1$ μF，计算得到对应参数 $K=10$。$A_V=5$ 时，电容 $C_1=0.2C=0.02$ μF；$K=1$ 时，电阻 $R_1=1.023$ kΩ，$R_2=12.379$ kΩ。将上述电阻值乘以参数 $K=10$，得 $R_1=10.23$ kΩ，取标称值 10 kΩ+240 Ω。$R_2=123.79$ kΩ，取标称值 120 kΩ+3.9 kΩ。

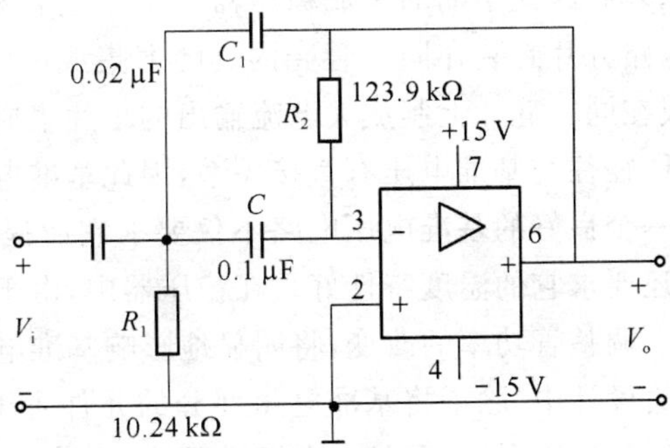

图 3.8.12 二阶无限增益多路反馈高通滤波器电路图

3.9 集成稳压电源

现代电子设备的机内印刷板上电源大都采用集成稳压器，它是将稳压电路中的各种元器件（三极管、二极管、电阻、电容等）集成化，同时做在一个硅片上，或者将不同芯片组装在一个管壳内而成为稳压集成电路。图 3.9.1 示出集成稳压器的基本构成，它主要由基准电压、比较放大器、取样电路、调整电路、启动电路和保护电路等几部分组成。

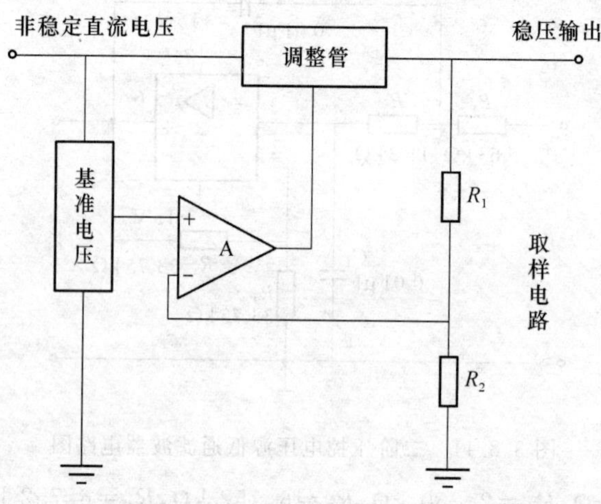

图 3.9.1　集成稳压器的基本构成

当输出电压变化时，取样电路取出部分输出电压进行比较，通过比较放大器将误差信号放大后，送到调整管基极，推动调整管调整电压，达到稳定输出电压的目的。由于集成电路中采用失调小的差分放大器，以及采用多集电极管、场效应管等，使得集成稳压器在结构上又有本身的特色。

在串联型稳压电源中，流过调整管的电流基本等于输出的负载电流，当负载电流较大时，要求调整管有足够大的基极电流。为了减少推动调整管的控制电流，可采用复合调整管。由于调整电路与功率有关，存在发热问题，而稳压器中基准电压和差分放大器(作比较器用)又易受温度变化的影响，因此早期的集成稳压器常把调整管和取样电路外接，或把大功率调整管和其他控制电路分片封装在同一管壳内。随着集成电路工艺水平的不断提高，已经将大功率调整管集成在同一硅片上制成大电流输出的单片集成稳压器。

稳压电源精度的高低，往往与基准电压有直接关系，因此基准电压的漂移会被放大而成为输出电压的温度漂移，一个良好的基准电压电路不仅要求它所提供的电压不随输出电压和输入电流而变化，同时还要求它的温度特性好。在稳压器中，由于大功率调整管与整个稳压电路集成在同一基片上，调整管功率的改变，将明显地影响基准电压的稳定性。为了减少其受温度影响，在集成电路设计中，除了将基准电压部分的元件置于远离功率管的地方，并将各元件尽量靠近，使它们接近等温区，而且在电路选择上，具有零温度系数的基准电压是确保集成稳压器的高精度等特性的必要条件。

比较放大器的作用是把取样电压与基准电压加以比较，并将误差信号放大，送到调整管的基极，推动调整管工作。为了提高稳压电路性能，比较放大器应具有较高的增益和温度稳定性。为了减小输入电压温度漂移，在单片集成稳压器中常采用差分放大器，同时采用恒流源作动态负载来提高放大器的增益。采用恒流源动态负载的优点是：除了能在不必要使用辅助电源的情况下获得比采用欧姆电阻高得多的电压增益外，还能充分发挥集成电路的长处；同时，用输入电压作放大器电源时，恒流源在输入与输出之间还能起隔离作用。

单片集成稳压器中，使用许多恒流源电路，如驱动基准电压源的恒流源、比较放大器的恒流源，以及比较放大器负载的恒流源。这些恒流源不能够自行导通，在启动时还要向这些恒流源注入基极电流使其导通，以保证电路能够正常工作。常用的电路一种是用FET启动，另一种是用二极管式或晶体管式隔离启动。

由于集成稳压器的输出功率大，而使用情况又多变，对调整管一般都要求有较好的过流、过压、过热等保护，这样可以大大提高集成稳压器的可靠性。

1. 集成稳压器的参数

(1) 电压调整率 S_V：它是表示当输出电流和环境温度不变时，由于输入电压的变化所引起的输出电压的相对变化量。也就是指，在负载不变的情况下，单位输出电压和输入电压相对变化的百分比。电压调整率有时也用在某一输入电压变化范围内的输出电压变化量表示。该参数表征了稳压器在输入电压变化时稳定输出电压的能力。

(2) 电流调整率 S_I：它是指当输入电压和环境温度保持不变时，由于输出电流的变化所引起的输出电压的相对变化量。电流调整率有时也用负载电流变化时输出电压变化量表示。该参数也表示稳压器负载调整能力。

(3) 输出阻抗 Z_o：它是在规定的输入电压 V_i 和输出电流 I_o 的条件下，当输出端上所测得的交流电压 V 与交流电流 I 之比，即 $Z_o=V/I$。

(4) 输出电压长期稳定性 S_T：它是输入电压、输出电流及环境温度保持不变时，在规定的时间内稳压器输出电压的最大相对变化量，通常用 $10^{-6}/\Delta t$ 表示，Δt 为时间变化范围。

(5) 输出电压温漂 S_P：它是在规定温度范围内，当输入电压和输出电流保持不变时，由温度的变化所引起的每单位的变化率。该参数表示稳压器输出电压的温度稳定性。

(6) 纹波抑制比 S_{RR}：它是输入和输出保持不变时，输入的纹波电压峰-峰值与输出的纹波电压峰-峰值之比。该参数表示稳压器对输入端所引入的纹波电压的抑制能力。

(7) 最大输入电压 V_{imax}：最大输入电压是指稳压器安全工作时允许外加的最大电压。它主要决定于稳压器中有关晶体管的击穿电压。

(8) 最小输入输出电压差 V_i-V_o：最小输入输出电压差是指使稳压器能正常工作的输入电压与输出电压之间的最小电压差值。对于串联调整稳压器，它就是调整元件上的最小电压差，这和调整管的饱和压降等有关，通常为1.5～5 V。为确保输出电压的稳定性，有时该数值还较高。

(9) 输出电压 V_o：输出电压是指稳压器的参数符合规定指标时的输出电压。对于固定输出稳压器，它是常数；对于可调式稳压输出器，表示用户可通过选择取样电阻而获得的输出电压范围。其最小值受到参考电压 V_{REF} 限制，最大电压由最大输入电压和最小输入输出电压差决定。

(10) 最大输出电流 I_o：它是稳压器尚能保持输出电压不变的最大输出电流，一般也认为是稳压器的安全电流。

(11) 稳压器最大功耗 P_M：稳压器的功耗由稳压器内部电路的静态功耗和调整元件上的功耗两部分组成，对于大功率稳压器，功耗主要决定调整管的功耗。稳压器允许功耗与调整管结构、稳压器封装及散热情况等有关。

2. 集成稳压器的分类

集成稳压器按出现端子多少和使用情况大致可分为多端可调式、三端固定式、三端可调式及单片开关式等几种。

多端可调式是早期集成稳压器产品，其输出功率小、引线多、使用不太方便；但精度高、价格便宜。

三端固定式集成稳压器是将取样电阻、补偿电容、保护电路、大功率调整管等都集成在同一芯片上，使整个集成电路块只有输入、输出和公共三个引出端，使用非常方便，因此获得广泛应用。它的缺点是输出电压固定，所以必须生产各种输出电压、电流规格的系列产品，代表产品是 78××和 79××。

三端可调式集成稳压器只需外接两只电阻即可获得各种输出电压。代表产品有 LM317/ LM337 等。

开关式集成稳压电源是最近几年发明的一种稳压器，其效率特别高。它的工作原理与上面三种类型稳压器不同，它是直流变交流（高频）再变直流的变换器。通常有脉宽调制和脉冲控制两种，输出电压是可调的。以 AN5900、HA17524 等为代表，目前广泛应用在电视机和测量仪器等设备中。

3. 稳压器的应用及注意事项

集成稳压电路品种很多，从调整方式上有线性的和开关式的；从输出方式上有固定的和可调式的。每种稳压器又有正、负压及跟踪式，每类产品根据外形又分三端及多端，根据电流大小也有不同的分类。每类产品都有其自身的特点和使用范围，因此在选用集成稳压电路时，要考虑设计的需要和可能及性能价格比，才能做到物尽其用，性能最佳。

因三端稳压器优点比较明显，使用操作都比较方便，选用时应优先考虑。

使用稳压器的注意事项：

(1) 在接入电路之前，一定要弄清各端子的作用，避免接错。

(2) 使用时，对要求加散热装置的，必须加装符合要求尺寸的散热装置。

(3) 严禁超载使用。

(4) 为确保输出电压的稳定性，应保证最小输入输出压差；为确保安全，又要注意最大输入输出压差范围不得超过规定的范围。

(5) 安装焊接要牢固可靠，避免有大的接触电阻而造成电压降和过热。

(6) 有的集成稳压电路输出端不加电容也能工作，当输出端负载为电容性的某些值时，稳压器可能出现自激现象。为避免这种现象发生，可以在输出端与地之间接一个 1 μF 左右的钽电容或 25 μF 的铝电解电容。

(7) 为了扩大输出电流，三端集成稳压器允许并联使用。

3.10 A/D 转换器

在当前的电子系统中，A/D 转换器和 D/A 转换器有非常重要的作用。因为现在的电子系统经常都同时涉及数字技术和模拟技术，而 A/D 转换器和 D/A 转换器是联系这两种技术的桥梁，即具有实现模拟系统与数字系统的接口功能。关于这方面内容的介绍，仍遵循将它们作为一个应用单元来处理，只着重介绍其性能指标和正确地选用而不过多涉及其工作原理和电路方程式。

3.10.1 A/D 转换器的主要技术指标

A/D 转换器(ADC)的技术指标很多，有些比较专业化，选用时不一定每项都要深入考虑，应该对技术指标分清主次，为此下面将对主要的技术指标作一说明。

1. 分辨率

ADC 的分辨率是指 ADC 的输出数码变化一个 LSB 时，输入模拟量的“最小变化量”。当输入模拟量的变化比这个“最小变化量”再小时，则不能引起输出数字量的变化。显然 ADC 的分辨率是对微小变化模拟量的分辨能力。

分辨率与 ADC 的位数和输入满量程有关，例如一个输入满量程为 0～10 V、10 位的 ADC，其最小变化量为 10 V/1 024≈10 mV，即分辨率为 10 mV。若位数增加到 12 位，则分辨率为 10 V/4 096≈2.5 mV。工程上常用相对满度的百分值来表示。例如，上述的 10 位分辨率为 0.1%，而 12 位的分辨率为 0.025%，也可直接用输出的位数来表示分辨率。

2. 精度(误差)指标

ADC 的量化误差是一种固有误差，也称作舍入误差。由于 ADC 的输入数字位是有限位而造成的，ADC 的量化误差为 $\pm\frac{1}{2}$LSB。

(1) 零误差

零误差也称偏移误差，指的是产生零代码的非零平均模拟输入值，如图 3.10.1(a)所示。ADC 的零误差通常是由内部放大器、比较器的零点偏移所造成，其大小可用 LSB 或满量程的百分数表示。

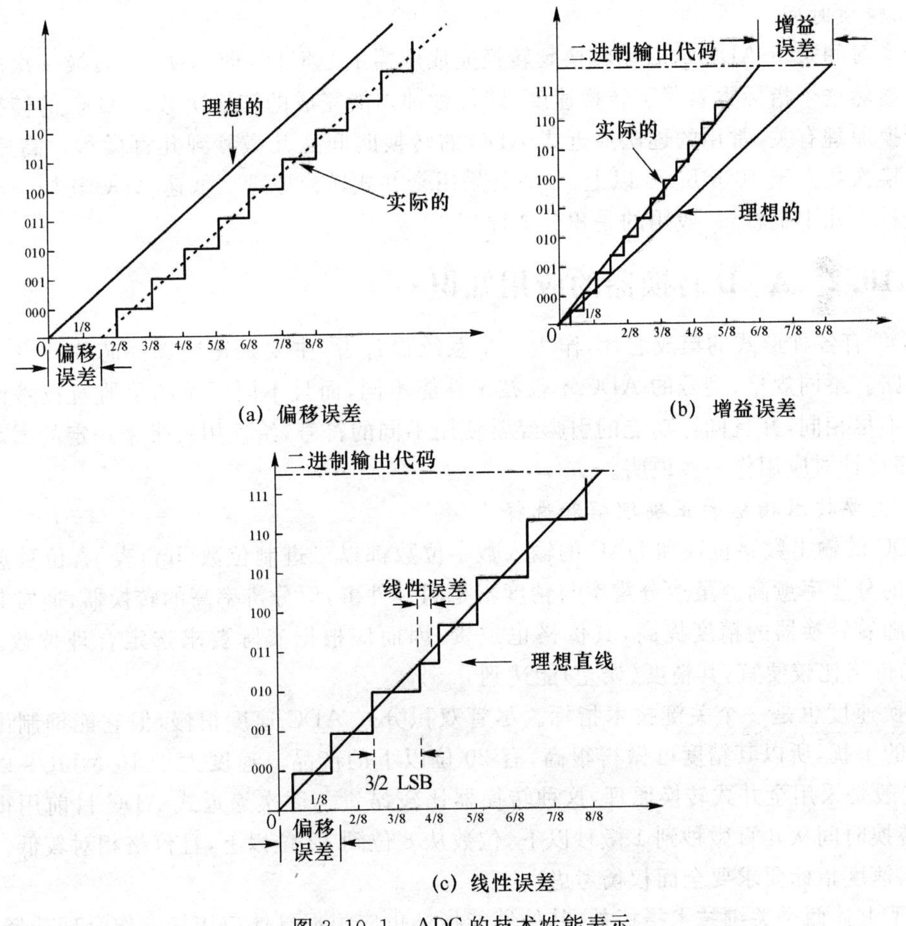

(a) 偏移误差

(b) 增益误差

(c) 线性误差

图 3.10.1 ADC 的技术性能表示

(2) 满量程误差

满量程误差也称增益误差，指的是 ADC 在输出满量程时的误差，如图 3.10.1(b)所示。满量程误差通常是由内部放大器的增益误差、参考电压误差、内部电阻网络误差造成。其大小用 LSB 或满量程的百分比来表示。

(3) 线性误差

线性误差也称非线性度(有的手册称线性度)，如图 3.10.1(c)所示。它表示了实际 ADC 输出各代码中点连线与理想直线(理想转换特征代码各中点连线)的偏离程度。用其最大偏离值作为转换器的线性误差，其大小用 LSB 或满量程的百分比表示。当线性误差大于$\frac{1}{2}$LSB 时，有可能出现失码现象，即在 ADC 的输出代码中可以有某一代码始终不会出现。

(4) 滞后误差

ADC 的滞后误差通常是由内部比较器的滞后特性所造成，因此滞后误差的概念可用比较器的滞后特性概念来理解。当输入模拟量增加时所产生的输出数码变化，与输入模拟量时所产生的相同的逆向代码变化之间的差别，即滞后误差。

由上可见，在考虑 ADC 的精度时，要把上述几种误差综合起来考虑，除非手册上给出了 ADC 的总误差特性。

3. 转换时间

转换时间是指 ADC 从启动转换到转换完成所需的总时间，即 ADC 每转换一次所需的时间。显然这个指标也表明了转换速度，即每秒钟内能完成的转换次数。ADC 的转换时间与其转换原理有关，常用的逐次逼近式 ADC 的转换时间从几微秒到几百微秒。高速 ADC 每秒转换次数大于 10 Mbit/s 以上，一般是采用全并式转换原理。低速 ADC 转换一次时间为几毫秒至几十毫秒，一般用的是积分式原理。

3.10.2 A/D 转换器的应用知识

ADC 有各种形式的集成芯片，作为一个系统设计者，主要是正确选择芯片并设计相互连接电路。不同规格、型号的 ADC 不仅技术性能不同，而且不同厂家的手册对技术性能的说明也不尽相同，并且同样功能的引脚经常使用不同的符号，给使用者带来一定的困难。为此，下面将针对应用作一些说明。

1. 主要技术指标的正确理解和选择

ADC 的输出数字位数和 DAC 的输入数字位数都以二进制位数(bit)表示，位数愈多即转换器的分辨率愈高。虽然分辨率与精度不是同一件事，但分辨率高的转换器，通常其精度也高。随着转换器的精度提高，其价格也愈贵，因而应根据实际要求选定合理位数。8 位 ADC 的价格比较便宜，其精度(误差)能达到 0.5%。

转换速度也是一个关键技术指标。尽管双积分式 ADC 速度很慢，但它能抑制由电源等引起的干扰，所以其精度可做得很高，有 20 位以上的产品。速度大于 10 Mbit/s 以上的 ADC 一般是采用全并式转换原理，这种转换器比较昂贵。逐次逼近式 ADC 目前用得最广泛，其转换时间从几百微秒到 1 微秒以下，位数从 8 位到 12 位以上，且价格相对较低。总之对精度、速度指标要求要全面权衡考虑。

除了上述两个关键技术指标外，其他性能指标也应根据具体应用场合作合理选择。

2. 输入模拟量的通道数目和量程

多数 ADC 只有一个模拟输入通道,因此要对多个模拟信号进行转换时,则要另加一个多路转换开关。但有的 ADC 内部已包含多路转换开关,例如 ADC0809,它内部含有一个 8 路转换开关,因此可以对 8 路输入模拟信号进行转换。

ADC 的模拟输入范围常用的有 0~5 V,0~10 V,−5 V~+5 V,−10 V~+10 V 等,一般的 ADC 只有一个模拟输入量程,但有些 ADC 在不同的输入引脚要有不同的模拟输入范围。在使用中要尽可能使其输入信号最大值接近模拟输入的满量程,这样有利于充分利用该 ADC 的精度性能。

3. 输出、输入数码的三态锁存器和逻辑电平

大部分 ADC 的输出和 DAC 的输入为 TTL 逻辑电平,但也有些输出数码为 ECL 电平或 CMOS 电平,这时在与接口电路连接时往往要进行电平转换。

带有输出三态锁存器的 ADC,一般可直接连到计算机总线上,否则还得外加三态锁存器作为接口电路。

4. 参考电源与工作电源的要求

参考电源(电压或电流)也称基准电源,是 ADC 将模拟量转换成数字量时用的基准源。因此为保证转换精度,基准电源必须是高精度的稳定电源,一般不要与工作电源相同。

5. 工作环境的考虑

工作环境对保证一个系统的性能有很大关系,例如环境温度的变化范围,在此范围内允许误差为多少?又如工作时电网对转换器的干扰是否严重?若严重,则应选取双积分式 ADC,并使其积分时间为电网周期的整数倍。

除此之外,在使用中还应注意有关事项,例如:是否要进行调零和满量程调整;是否要外接时钟等也不应忽视。

3.11 D/A 转换器

DAC 的技术指标很多,有些比较专业化,选用时不一定每项都要深入考虑,应该对技术指标分清主次,为此下面将对主要的技术指标作一说明。

3.11.1 D/A 转换器的主要技术指标

DAC 的主要指标与 ADC 的主要指标相对应,含义也类似,现扼要叙述如下。

1. 分辨率

分辨率定义为数字量变化一个 LSB 时,其输出模拟量的相应变化量。常用满度值的百分比来表示,也可直接用位数来表示。

2. 建立时间 t_s

通常指输入数码变化为满度值(即由全 0 变到全 1,或反之)时,其输出达到终值附近一定误差范围内(例如 $\pm\frac{1}{2}$LSB)所需的时间。例如,DAC0832 的 $t_s \approx 1\ \mu s$。

3. 精度(误差)指标

与 ADC 类似,有零位误差、增益误差、线性误差等。相应的示意图如图 3.11.1~3.11.3 所示。

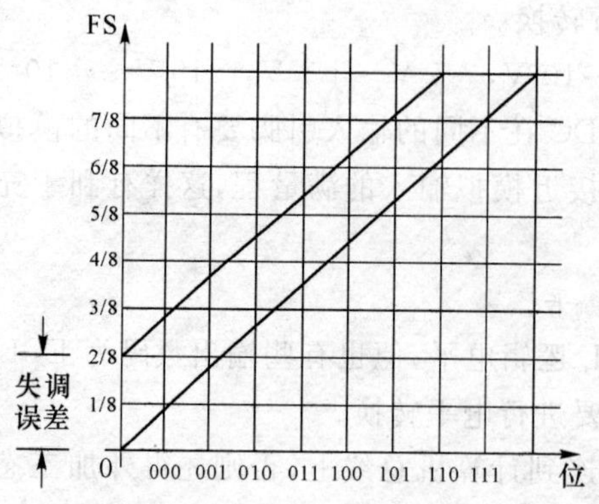

图 3.11.1 零位(失调)误差

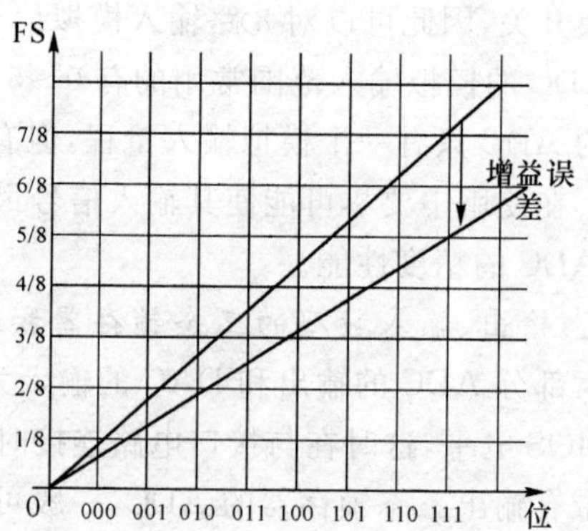

图 3.11.2 增益误差

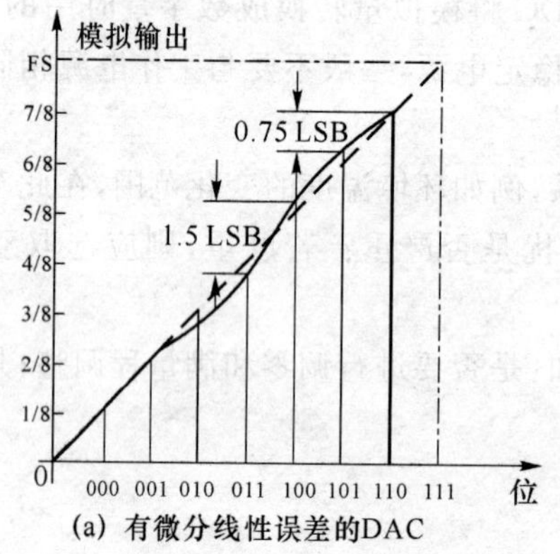

(a) 有微分线性误差的DAC

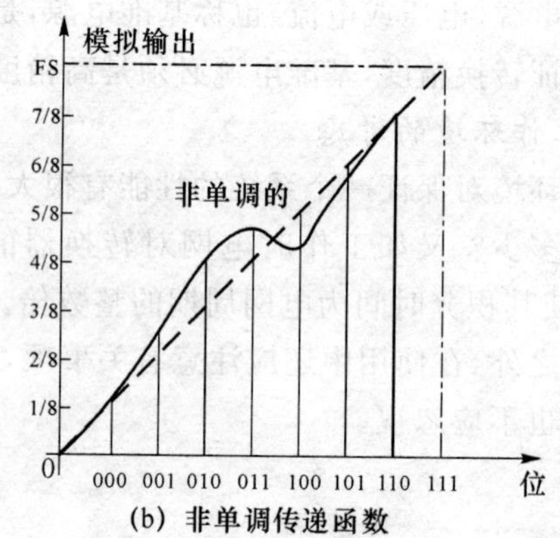

(b) 非单调传递函数

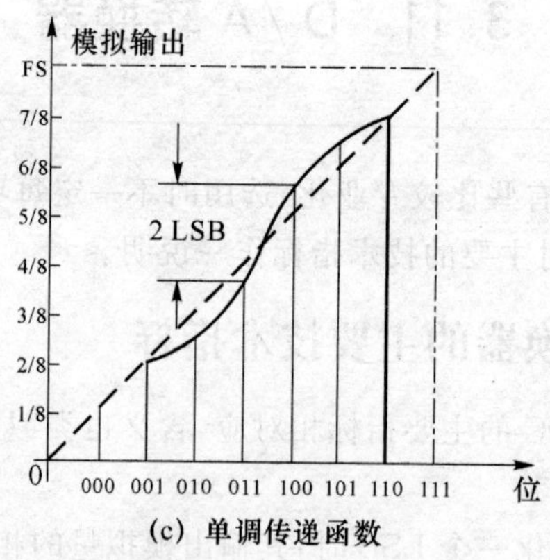

(c) 单调传递函数

图 3.11.3 微分线性误差大于±1 LSB 的 DAC 传递函数

其中零位误差是指输入数字代码为零时,其非零的模拟输出。增益误差是指 DAC 在输出满量程时的实际输出与理想输出之差值。线性误差类似于 ADC 中的定义,是指 DAC 的实际传输特性与理想直线间的最大偏离值。微分线性误差是指 DAC 在全程范围内任何相邻代码值之差与对应一个理想 LSB 的模拟值的偏差,如图 3.11.3(a)所示。由图可见,其最大微分线性误差发生在代码 011 向 100 转换时,此时 DAC 的输出变化了 1.5 LSB 的模拟值,而不是 1 LSB 的模拟值,所以此时的微分线性误差为 0.5LSB。由图 3.11.3 (b)可见,当微分线性误差大于±1 LSB 时,可能会出现非单调性,即输入数码增加时(如图中由 011 向 100 转换),DAC 的输出不是上升,而是下降,这种 DAC 是不能应用的,因为有可能使系统造成震荡而带来严重后果。

3.11.2 D/A 转换器的应用

DAC 有各种形式的集成芯片,系统设计者的任务主要是正确选择芯片并设计相互连接电路。DAC 的输入数字位数以二进制位数(bit)表示,位数愈多即转换器的分辨率愈高。分辨率高的转换器,通常其精度也高。随着转换器的精度提高,其价格也愈贵,因而应根据实际要求选定合理位数。

对于 DAC 的应用知识,基本与 ADC 类似,首先要考虑的也是精度与速度。DAC 的输入数字位数是表征精度的一个指标。对应 DAC 的转换时间称作建立时间,它与外接负载电路的时间常数有关,若在 DAC 的输出端接有运算放大器,则常是"运放"的建立时间起着主要的影响。同样,对于 DAC 的输入有无三态锁存器、参考电源、调零等,其要求与 ADC 相类似,不再重复。

3.12 取样/保持电路

取样/保持电路(S/H)是数据采集系统中常用的一个部件,常用于逐次逼近型 A/D 转换器的前端,以提高输入到 A/D 转换器模拟信号的频率,也可用来除去 D/A 转换器输出中的虚假信号等。

3.12.1 工作原理及主要指标

取样/保持电路的基本原理非常简单,只要用一个开关和一个保持电容即可组成,如图 3.12.1 所示。当开关闭合时,电容 C_h 充电达到输入信号电平;当开关断开后,电容器保持这个电平。

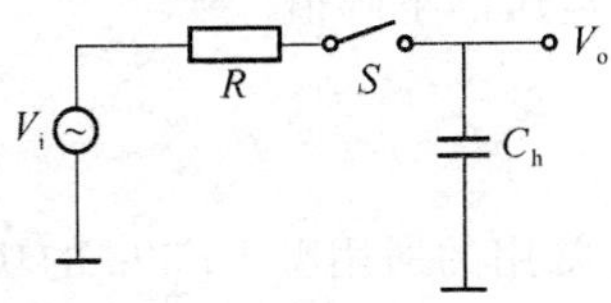

图 3.12.1 取样/保持电路原理图

取样/保持电路主要指标示于图 3.12.2,在时间 t_0 前,输出处于保持状态,在 t_0 时刻电路取样,而在 t_1 时刻达到输入信号值(在规定精度内),然后输出 $V_o(t)$ 跟着输入 $V_i(t)$ 的变化而变化,直到电路在 t_2 时刻再次置于保持状态为止。

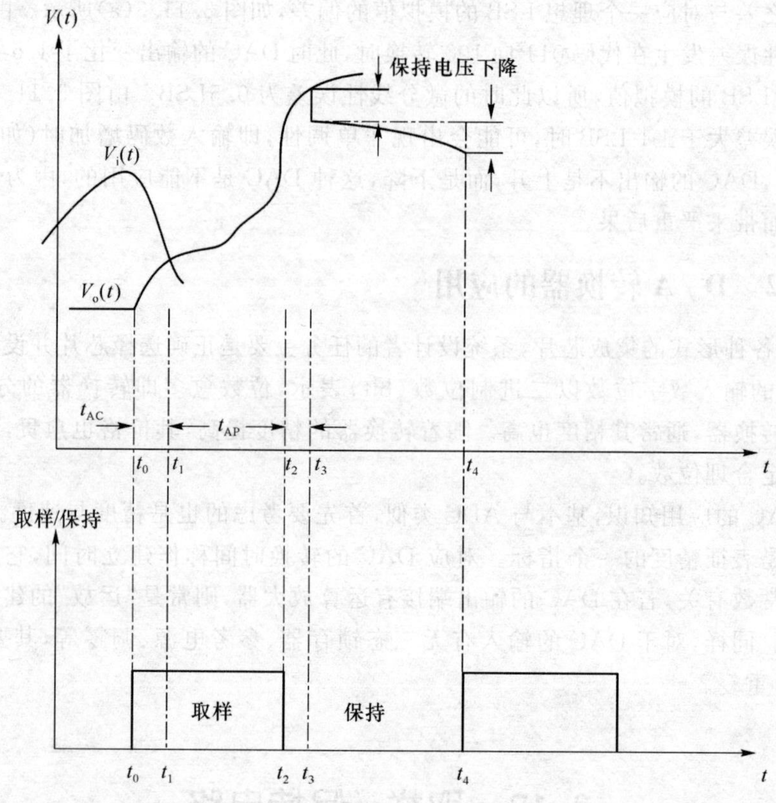

图 3.12.2 取样/保持电路的主要参数

1. 捕获时间(t_{AC})

t_{AC}为 t_0 于 t_1 之间的时间,它主要取决于电路的时间常数,并与输入信号变化有关。由图 3.12.2 可见,要求取样脉宽大于捕获时间。

2. 孔径时间(t_{AP})

孔径时间又称断开延时时间,它定义为从发出保持命令到开关真正断开这一小段延迟时间,如图中的 t_2 与 t_3 之间的时间。此时间取决于开关类型。在高速采集应用中,常要求此时间小于 1 ns。显然在孔径时间内,输入模拟信号的任何变化,都会引入误差,称作孔径误差。通常由于开关断开延时的不确定性,造成取样/保持电路输出幅值的不确定性。

3. 保持电压下降

在保持期间内,电容器 C_h 上电压的下降值。

3.12.2 应用示例

图 3.12.3、图 3.12.4 示出了常用的通用型 LF398 的功能框图和外部连线图。

外接保持电容 C_h 要用高质量的电容器,例如聚四氟乙烯电容。数值选择要根据 t_{AC}、Δ和保持误差三个指标来综合考虑。图中的 AC 调零电位器用来减少平顶误差 Δ,对于较大的逻辑电平幅值,可减小图中的 10 pF 电容。

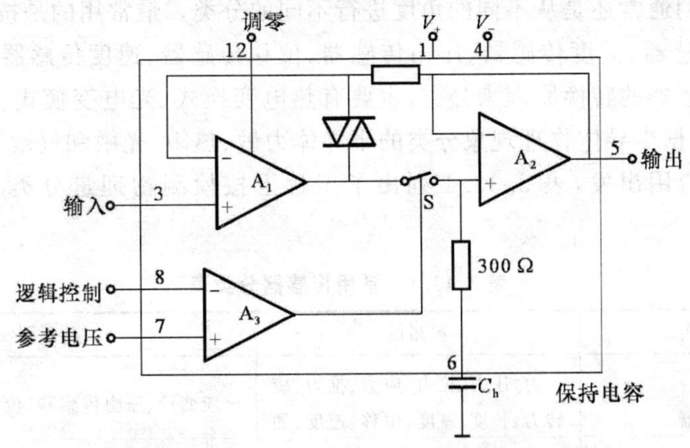

图 3.12.3 LF398 取样/保持电路

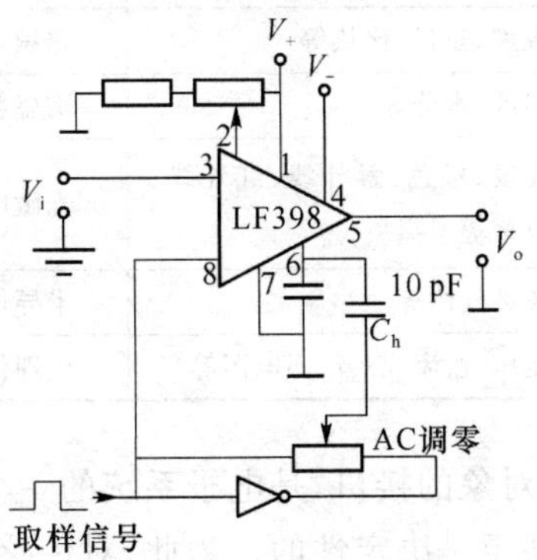

图 3.12.4 LF398 外部连线图

3.13 常见传感器电路

传感器一般是指能将各种非电量按一定规律转换成便于处理和传输的电量装置。传感器也称变换器、换能器或探测器。常用的传感器一般由三部分组成,即敏感元件、转换元件和测量电路,但并不是所有的传感器都可以明显地将这三部分区分开。传感器组成的框图如图 3.13.1 所示。

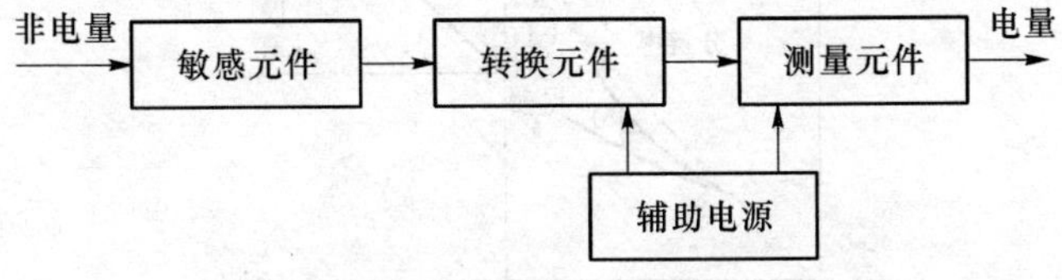

图 3.13.1 传感器组成框图

目前在电子系统中采用的传感器种类很多,而且尚无一种统一分类的方法,但为了使用、设计方便，人们通常还是从不同的角度进行不同的分类。最常用的是按传感器的检测物理量分为温度传感器、湿度传感器、压力传感器、位移传感器、速度传感器和加速度传感器等。但也有按传感器的转换原理来分类，主要有热电变换式、光电变换式、压电变换式和电磁变换式，以及根据半导体物理现象分类的半导体力敏、热敏、光敏和气敏等固态传感器等。

为了从实际应用出发，表 3.13.1 列出了工程上按检测物理量分类时常用的传感器分类。

表 3.13.1　常用传感器分类表

传感器的分类	被测量	传感器实例
力学量传感器	力、压力、拉力、应力、推力、旋转力、长度、厚度、位移、速度、加速度、质量、重量等	应变计、压力传感器、位移传感器、速度传感器等
磁性传感器	磁通、磁场等	霍尔元件、磁敏晶体管
温度传感器	温度、热量、比热等	热敏电阻、电阻温度计等
湿度传感器	湿度、水分等	陶瓷湿度传感器等
光传感器	光度、彩色、紫外线、红外线、光位移等	光敏电阻、光敏晶体管、光电倍增管等
气体传感器	各类气体等	半导体气敏传感器、可燃性气体传感器
生物医学传感器	血压、血流、心音、心电图等	生理传感器、脉搏传感器、宫缩监测传感器等

传感器是电子系统与被测对象的接口，是电子系统的一个组成部分，它的指标将影响整个电子系统的性能指标，有时甚至是决定性的。为此，对传感器性能指标的了解以及正确选用对电子设计来讲是非常重要的。本节将着重从传感器性能参数的说明和正确地选用两方面加以论述，而对传感器原理则不过多涉及。

3.13.1　传感器的参数

描述传感器的参数很多，名词和定义也不完全统一，因此首先要弄清各个参数的含义，现将主要参数说明如下(参阅图 3.13.2)。

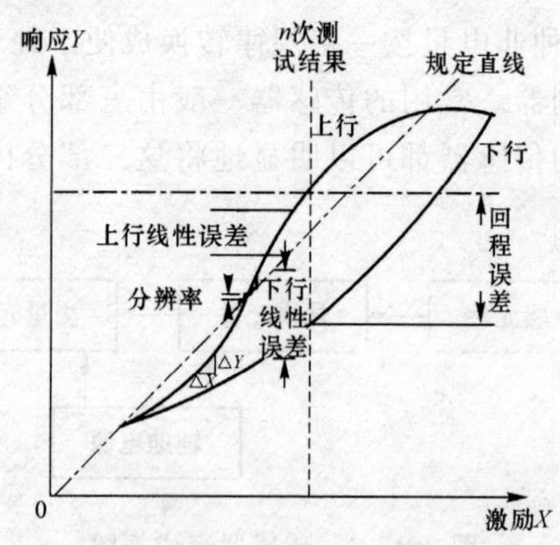

图 3.13.2　传感器的静态参数示意图

1. 静态参数

(1) 精确度(准确度)

精确度表示测量结果与被测量(约定)真值之间的一致程度。两者之差称为绝对误差，绝对误差与被测量(约定)真值之比称为相对误差，精确度反映了测量结果中系统误差与随机误差的综合。精确度常用等级来表示，例如 0.1、0.5、1.0 级的传感器，表示它们的精确度分别为 0.1%、0.5%、1%。

(2) 灵敏度与稳定度

灵敏度表示传感器的输出变化量$\triangle Y$与引起此变化的输入变化量$\triangle X$之比。灵敏度与激励值有关。稳定度指在规定条件下，传感器保持其特性恒定不变的能力。通常稳定度是对时间而言的。

(3) 分辨率

分辨率指传感器的指示装置对相邻两个值有效辨别的能力，即为最小检测量。一般认为模拟式指示装置的分辨率为标尺最小分度值的一半，数字式指示装置的分辨率为末位数的一个字码。

(4) 滞后

由于外加输入量的方向(正行程和反行程)不同，传感器对同样的输入值给出不同的输出值，此二者之差的绝对值称为回程误差。

(5) 零位误差

零位误差表示当输入为零时，传感器输出偏离零位的值。

2. 动态参数

常用的动态参数有时间参数 τ、上升时间 t_r、稳定时间 t_s，过冲量 δ、频带宽度 BW，这些参数的定义与放大器中的定义是类似的，现作扼要说明(见图 3.13.3)。

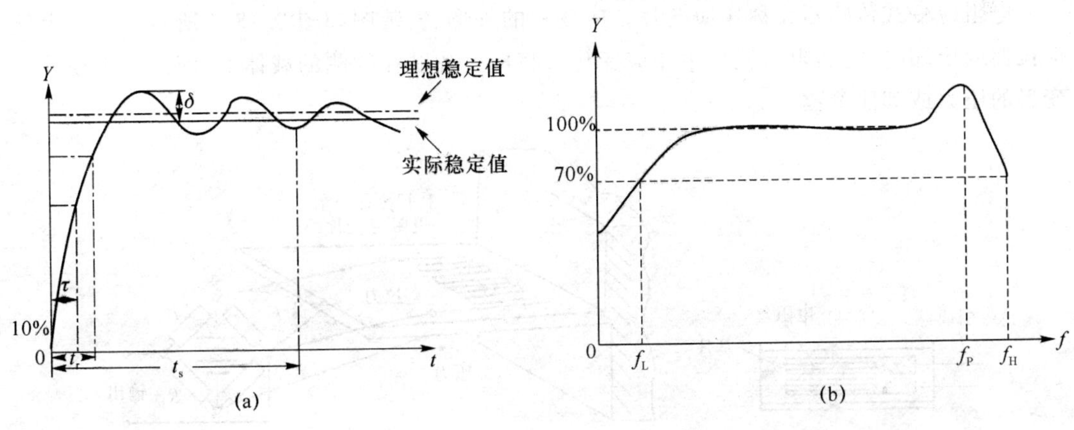

图 3.13.3 传感器的动态参数示意图

(1) τ 是在恒定输入条件下，传感器输出从零到稳态值的 63%的时间(只适用于一阶系统)。

(2) t_r是在恒定输入条件下，传感器输出从稳态值的 10%到 90%所经历的时间。

(3) t_s是在恒定输入条件下，传感器输出从上下波动值在稳态值规定百分比以内(例如±1%)所经历的最小时间。

(4) δ 是在恒定输入条件下,传感器输出超过稳态值的最大值。过冲只在二阶以上系统且阻尼较小时才会发生。

(5) BW 又称频率响应,在同一幅值不同频率信号输入条件下,传感器输出幅值的变化情况。通常将幅值下降到最大值的 $1/\sqrt{2}$ 的频率定义为上限频率 f_H 和下限频率 f_L,二者之差定义为带宽 BW。如带宽不以 $1/\sqrt{2}$ 为标准,则需注明。上限频率 f_H 与 t_r 之间有一近似式:

$$t_r = \frac{A}{f_H} \tag{3.13.1}$$

式中,A 的取值范围是 0.35～0.45。

3.13.2 常用传感器的简介和选用

为了使用者可以根据检测对象来选择其所需的传感器,这里以检测物理量分类的常用传感器为例作一叙述。

3.13.2.1 力学量传感器

此类传感器的被测量有压力、拉力、应力、推力、旋转力、长度、厚度、位移、速度、加速度和重量等。常用的传感器有:电阻应变式传感器,它将机械构件上应力的变化转换为电阻的变化;压电式压力传感器,它是利用某些材料(如压电晶体等)的压电效应原理制成;电容式传感器,它是利用电容两极板之间的距离或面积发生变化时引起电容量变化的原理;电感式传感器,它是利用线圈自感、互感的变化来检测被测物理量,常用来测量位移、震动、压力、应变等;压阻式传感器,它是利用半导体电阻率与应力之间的相互关系来实现检测。以下通过两个实例作说明。

1. 电阻应变式传感器的原理与应用

电阻应变式传感器又称作应变片。应变片的外形、安装图如图 3.13.4 所示。当电阻丝被拉伸或压缩时,它的阻值就发生相应变化。将应变片贴在欲测的载体上,即可测出使载体变形的压力或其他参数。

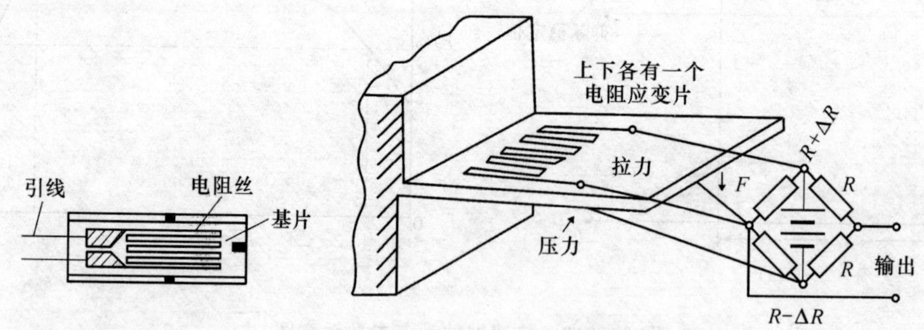

图 3.13.4 应变片外形和安装图

通常将应变片接成桥路,图 3.13.5 是典型的测量电路原理图。它由应变桥路、温度补偿网络、恒流源、放大电路和电压/电流转换单元组成。

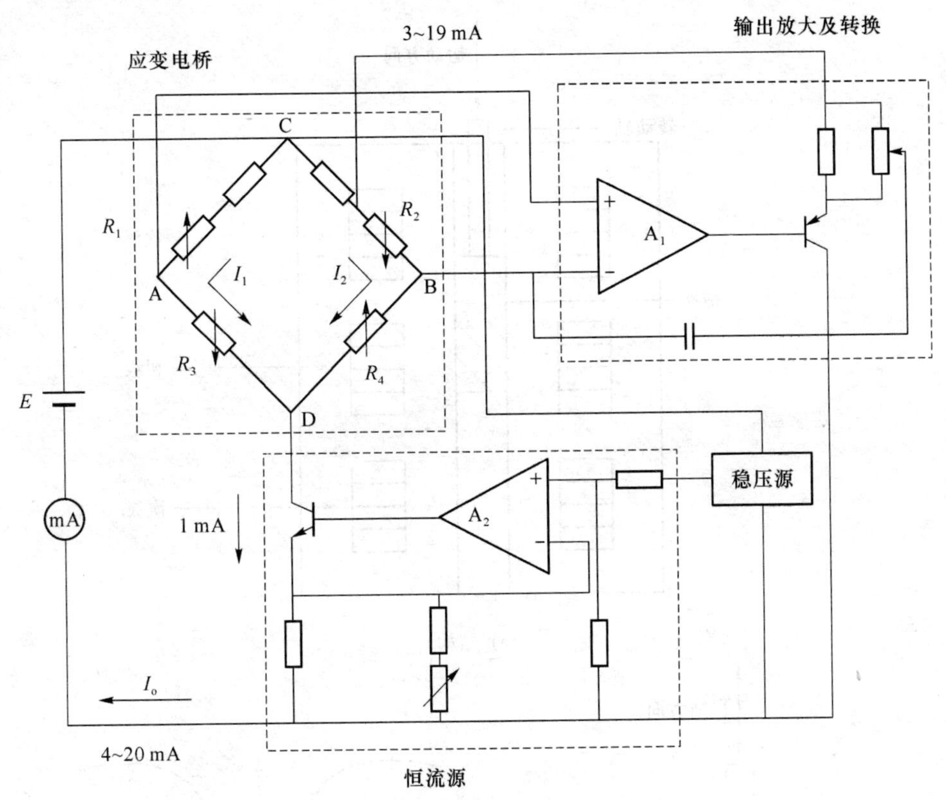

图 3.13.5 应变桥测量电路原理图

2. 差动变压器式位移传感器的原理与应用

差动变压器是一种将机械位移(直线位移)转换成与它成比例的电压或电流的机电转换元件。图 3.13.6 是它的结构和电路图,它是铁芯片外面绕初级线圈和反接的次级线圈,并在线圈中心插入条形磁芯。当磁芯位于中间位置时,由于 $V_{21}=V_{22}$,所以次级输出电压 $V_o=0$。当磁芯向上移动,由于磁路的不平衡,使 $V_{21}>V_{22}$;磁芯向下移动,则 $V_{21}<V_{22}$,因此当磁芯偏离中心时 V_o 与磁芯位置的关系曲线如图(c)所示。图中虚线表示实际的输出特性曲线,通常磁芯在中间位置时,存在微小的剩余电压 V_ε。

差动变压器式传感器的测量范围可从不到 1 微米到几百毫米,最高分辨率为 0.1 μm,线性误差为 0.1%,灵敏度为每毫米 0.1～5 V。这种传感器的用途非常广泛,不仅可以测量位移,还可测量液体的流量、液位、速度和加速度等。差动变压器在使用时,要求激励电源的频率和幅值有较高的稳定度,并注意周围磁场对它的影响。

3.13.2.2 光传感器

光传感器又叫光敏元件,是指能检测光信号并能把光信号转变成电信号的元件。光传感器种类很多,根据光电现象可分为三大类:①外光电效应,代表元件有光电管、光电倍增管、超正析像管;②光电导效应,代表元件有硫化镉光敏电阻等;③光生伏特效应,代表元件有太阳能电池、硒光电池等。下面将对各类器件作一扼要说明。

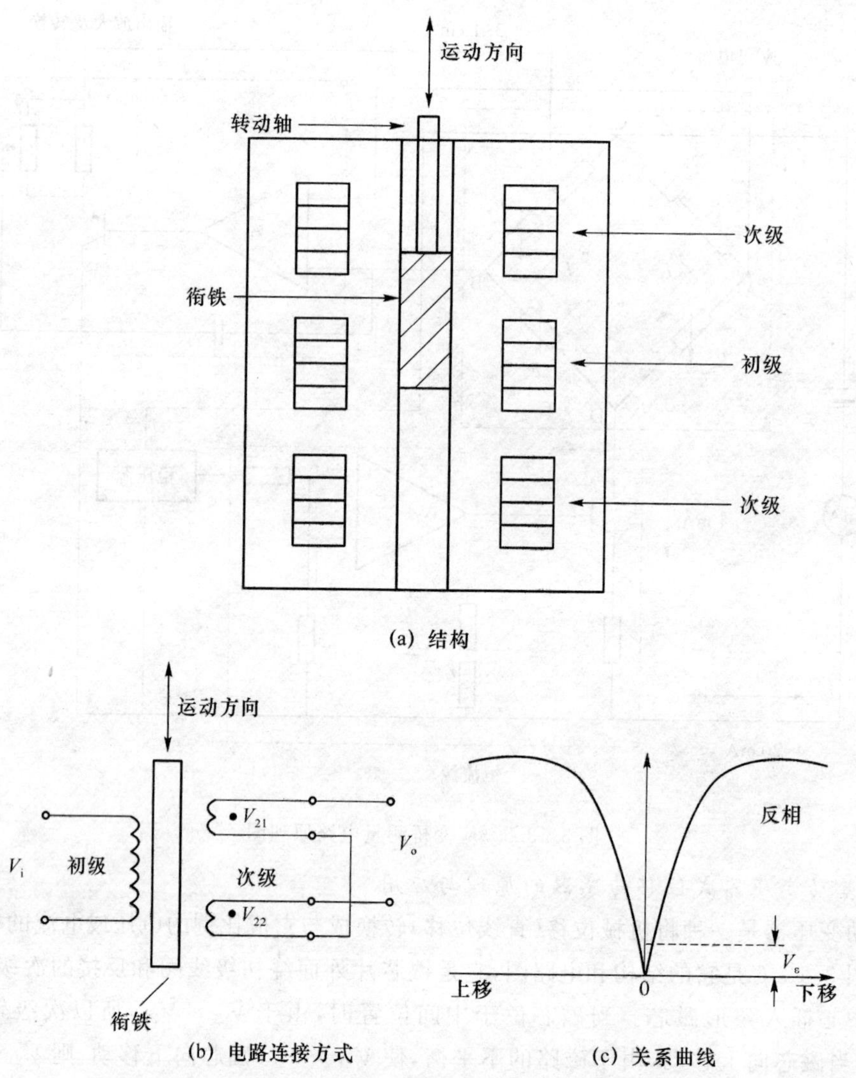

图 3.13.6　差动变压器的结构和输出电压与衔铁位置的关系曲线

1. 光敏电阻

光敏电阻是利用光电导效应制成的光电元件。某些半导体材料(例如硒,硫化镉等)在某一波长光线的照射下,本身的电阻就会改变。图 3.13.7 为光敏电阻的工作原理图,当光敏电阻受到不同强度的光线照射时,光敏电阻的阻值发生变化,从而改变了回路中电流的大小。光敏电阻具有灵敏度高、光谱特性好、体积小、重量轻和成本低等优点。

其主要参数有:

(1) 暗电阻 R_D:暗电阻是光敏电阻在室温条件下,全暗后经过一段时间所具有的阻值。相应此时的电流为暗电流。

(2) 亮电阻 R_L:亮电阻是光敏电阻在有光线照射时(规定条件)的阻值。相应此时的电流为亮电流。

(3) 光电流:光电流是亮电流与暗电流之差值。

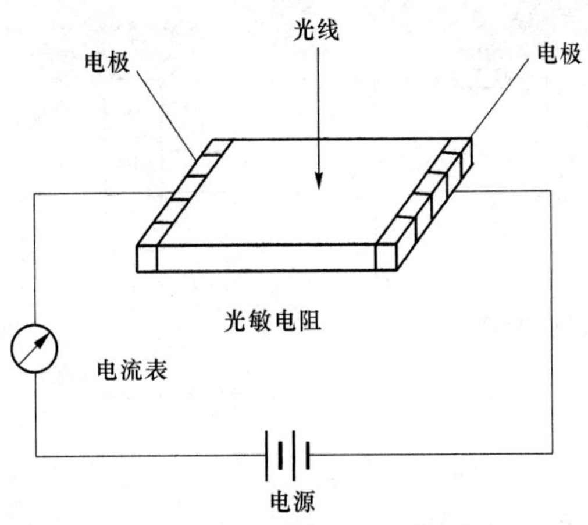

图 3.13.7 光敏电阻的工作原理图

其他参数还有光谱灵敏度、伏安特性、响应时间和温度特性等。

2. 光敏晶体管

光敏晶体管有光敏二极管、光敏三极管。光敏二极管与一般二极管类似，用 PN 结来实现。无光照射时，由于 PN 结反偏，所以电流很小。当有光照射时，因光敏二极管吸收能量使少数载流子浓度大增，电流增大。这种因光照而产生的 PN 结反向电流称为二极管的光电流。光敏三极管除了将光电信号变为电流信号外，同时又将电流信号加以放大。

图 3.13.8～图 3.13.10 示出了光敏二极管和光敏三极管的工作原理和相应的伏安特性曲线。由图可见，光敏三极管的光电流比相同管型的二极管光电流大得多。

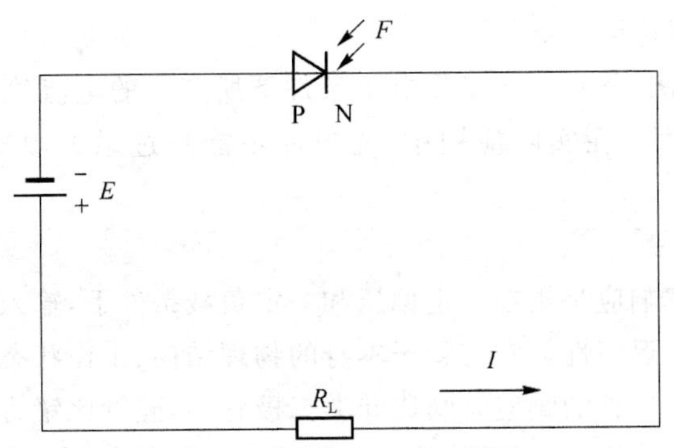

图 3.13.8 光敏二极管工作原理图

光敏晶体管的主要参数有：

(1) 最高工作电压

最高工作电压是指光敏晶体管在无光照条件下，反向电流不超过一定值时，所能承受的最高工作电压。实用中，外加电压不能超过此值。

(2) 暗电流的温度特性

暗电流是指光敏晶体管在无光照并加最高工作电压条件下测得的反向漏电流。暗电流受温度影响大，它随温度升高而增加。在实际应用中，应在线路中采取温度补偿措施。

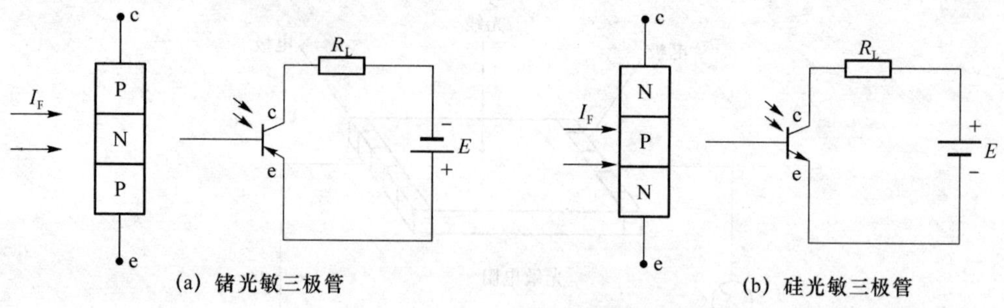

图 3.13.9 光敏三极管电路原理图

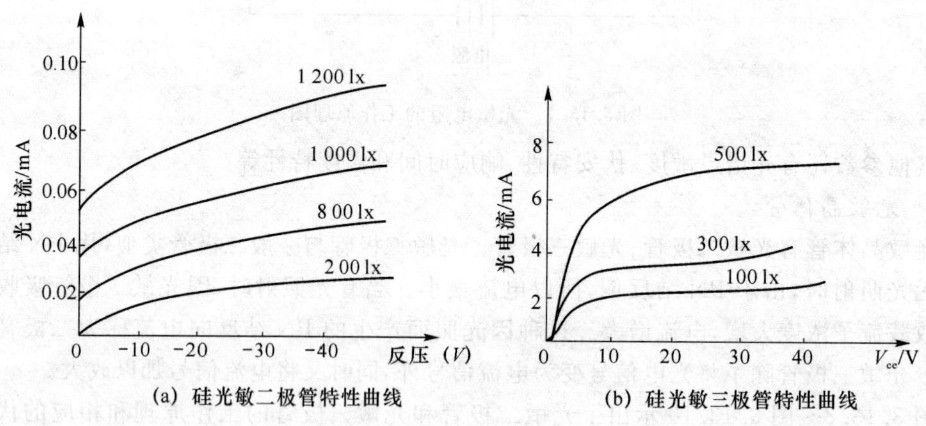

图 3.13.10 硅光敏管的伏安特性

(3) 光电流的温度特性

光电流是指光敏晶体管在一定工作电压条件下所产生的电流值。此电流与温度有关，其值随温度升高而增大。在实际应用中，光电流不能超过最大限额，否则会导致晶体管损坏。

(4) 频率响应

光敏晶体管的频率响应是指在一定偏压和一定负载条件下，输入一个矩形光脉冲时，光敏晶体管输出电流的延迟特性。它与管子本身的物理结构、工作状态、负载条件及入射光波长等因素有关。光敏三极管的响应时间比同类二极管小，硅管比锗管的响应时间要小，减小负载电阻可以提高频率响应，但同时使输出电压减小。所以在实际应用中，应根据频率响应来选择最佳负载电阻。

(5) 光谱响应

光敏晶体管对相同入射功率但波长不同的单色光会有大小不同的输出电流，即对不同波长的光有不同的灵敏度。灵敏度随波长的变化就是光谱响应。

3. 光电池

光电池是一种将光能转换成电能的器件。它可以像电池那样为电路提供能量输出，所以称作光电池。光电池的优点是能量自给、体积小、廉价，短路电流与照度呈线性关系，光谱在人的视觉范围内；缺点是输出电压较小(硅光电池约为 0.5 V)、硅片脆弱。

光电池主要参数有：

(1) 光谱特性

同光敏晶体管一样,光电池对不同的光,其灵敏度也不同。在实际应用中应根据光源的性质来选择光电池。

(2) 光照特性

光电池在不同光强照射下,输出不同的光电流和光电压,它们之间的关系可用光照特性来表示。图 3.13.11 为硅光电池的开路电压和短路电流的光照特性曲线。由图可见,在很大的照度范围内,短路电流与照度呈线性关系;而开路电压在照度很小时,增加很快,但很快达到饱和。实际使用时,最好使其在接近短路状态下工作,以获得线性状态。

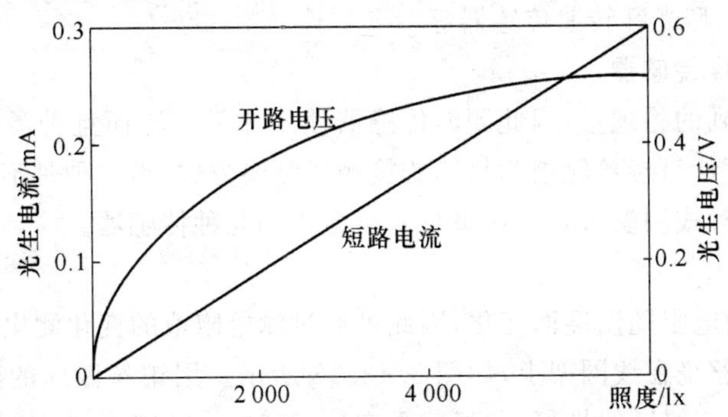

图 3.13.11 硅光电池的开路电压和短路电流与光照的关系曲线

(3) 温度特性

温度特性是指开路电压和短路电流随温度变化的关系。它是光电池的一个重要特性,对测量精度影响很大。在实际使用中,应尽可能采取温度补偿或保持恒温。

(4) 开路电压、短路电流、频率响应

开路电压是指光电池在规定光源照射下,光电池两端开路时所测得的电压。短路电流是将光电池短路时测得的电流。频率响应是指输出电流随调制光频率变化的特性。

4. 光电耦合器

图 3.13.12 是光电耦合器的结构图,它将发光器件和受光器件封装在一个组件内。光电耦合器件的明显优点是将信号的输入和输出与外界实现电的隔离,因此可以抑制干扰和隔离噪声,同时又具有价廉、功耗小、寿命长的优点。其缺点是精度不高,受温度影响。近年来光电耦合器应用日益广泛,常用于微型计算机的接口电路中。

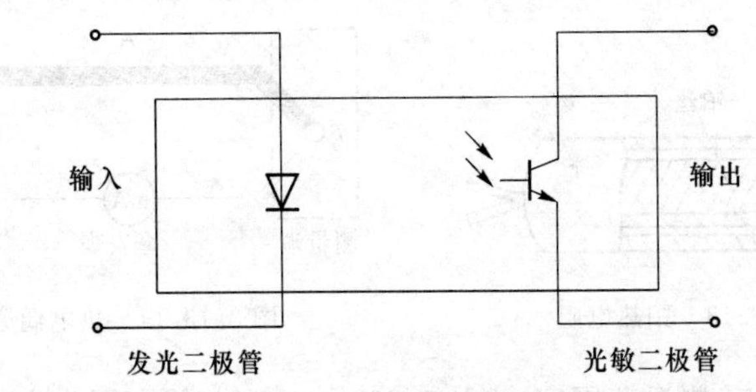

图 3.13.12 光电耦合器结构图

5. 光纤传感器

光纤传感器是利用光导纤维来传播光信号的器件。光纤的种类很多,按传导光的模式分,有单模光纤和多模光纤两种;按光受被测对象调制形式分,有强度调制型、偏振调制型、频率调制型和相位调制型。

光纤传感器的光源通常是发光二极管或激光器,接收部分通常是光电二极管或光电倍增管。光纤传感器的优点是具有抗电磁波干扰、射线干扰及抗电击、抗振动的能力;缺点是安装、连接、调试比较复杂。光传感器的产品很多,例如有 MG41～MG45 型密封光敏电阻器、2AU1～2AU5 型锗光敏二极管、3DU 型光敏三极管、GH301～GH303 光敏三极管型光电耦合器、SZXG-10 型光纤转速传感器等。

3.13.2.3 温度传感器

温度是最常遇到的物理量,因此测温传感器使用非常广泛而且种类繁多。测温方法有两种,一种是让温度计直接接触被测物体的接触式测温方式;另一种是不接触被测物体而接受其热辐射的非接触式测温方式。这里只介绍常用的几种传感器。

1. 热电阻式

铂、铜等金属的电阻随温度而变化,因此可通过测电阻值的变化测出温度的变化。通常把这些金属做成细丝绕在线圈架上,如图 3.13.13 所示。用铂丝做成的温度传感器性能稳定、精度高(可达 0.15 级)、线性好、测温范围广(－259～1 064℃),它的缺点是反应慢、灵敏度差、价格贵等。用铂做成的传感器一般使用范围为－50～300℃,而用铜做成的传感器使用温度范围常在 0～120℃左右。

利用半导体材料可制成热敏电阻,其阻值随温度变化比较显著,而且有正温度系数类(PTC)和负温度系数类(NTC)以及在某一小温度范围内阻值剧变的临界温度系数类(CTR)等多种特性。

NTC 热敏电阻可以测得千分之一度的微小温度变化。PTC 热敏电阻具有升温迅速、可靠、安全、节能等优点。而 CTR 热敏电阻常用来制成无触点开关,其热敏电阻成本低,所以获得了广泛的应用,特别是在家电领域中。

2. 热电偶传感器

热电偶传感器简称热电偶,其原理是基于热电效应,即将两种不同材料的金属两端连接起来,组成一个闭合回路,如果两端结点温度不同,则回路中形成一定大小的电流,如图 3.13.14 所示。

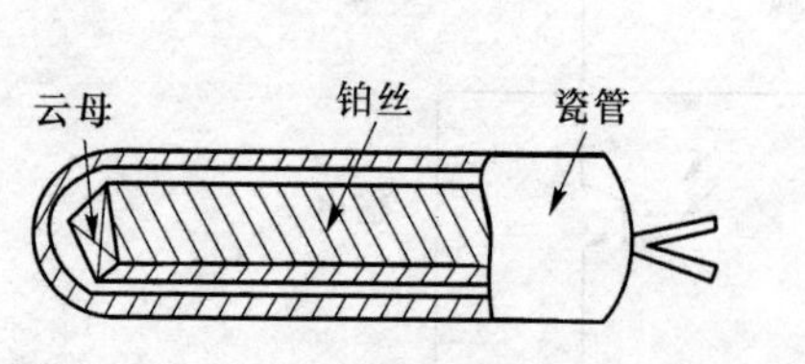

图 3.13.13 铂热电阻

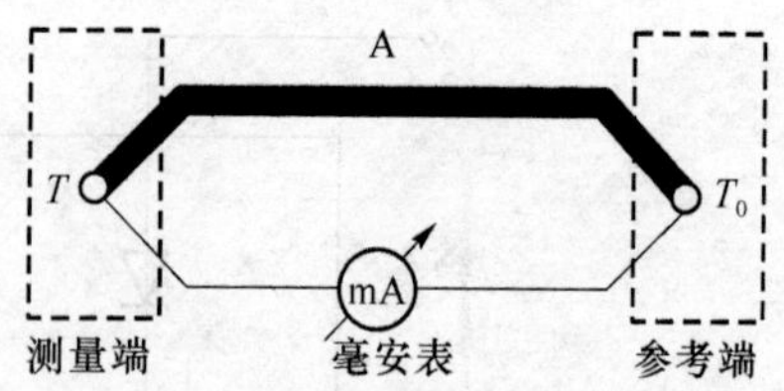

图 3.13.14 热电偶原理

热电偶有以下特点:测温范围宽,可从－269～＋2 800℃。因为它的输出是一电势信号,所以测量时一般不需外加电源,构造简单、使用方便、不易损坏。其缺点是终端要补偿,灵敏度较低。

温度传感器的产品至少也有几十种，常见的有用于电冰箱的 WF1 型温度传感器，有用于石油、地质、电力等部门的 SG590 型长距离、高线性集成温度传感器，以及用于冶金、机械、化工等领域的 WRP-120 铂铑-铂热电偶等。

3.13.2.4 气体传感器

气体传感器是一种将气体中某些特定成分检测出来的器件，常用于检测某些气体是否存在过量（如煤气）或过少（如缺氧），因此在石油、化工、环境保护、医疗、家庭等领域中应用日益广泛。气体传感器的种类很多，早期采用化学或光学方法，但因反应速度慢，装置复杂等原因正在被半导体气敏传感器所取代。半导体气敏传感器具有速度快、灵敏度高、简便等优点，因此目前已很普及。表 3.13.2 列出了半导体气敏传感器常用的材料、可测量气体和工作温度。

表 3.13.2 半导体气敏传感器性能表

半导体材料	可测气体	使用温度/℃
ZnO 薄膜	还原性、氧化性气体	400～500
SnO_2	可燃性气体	200
氧化物薄膜	还原性、氧化性气体	400～500
氧化物＋触媒	还原性气体	200～300
In_2O_3＋Pt	H_2（碳化）	500
SnO_2＋Pd	还原性气体	常温
WO_3＋Pt	H_2	260
复合氧化物	C_2H_5OH	250
V_2O_5＋Ag	NO_2	300
CoO	O_2	1 000
ZnO＋Pt	C_3H_8、C_2H_{10}	常温
ZnO＋Pd	H_2、CO	常温
SnO_2＋迁移金属	还原性气体	250～300
SnO_2＋ThO_2	H_2、CO	150～200
r-Fe_2O_3	还原性气体	400～420
a-Fe_2O_3	还原性气体	430

1. 半导体气敏器件结构及原理

常用的电导控制型半导体气敏传感器（半导体气敏电阻）是利用加热器使元件处于所需的温度，当它的表面接触吸附某种气体时，电阻值就发生变化。如果将元件接到电桥的一个臂，就能使输出电压变化。

具有气敏效应的半导体材料为 N 型和 P 型两种。N 型材料有：SnO_2、InO_2、MnO_2、Fe_2O_3 等。N 型材料制成的气敏元件具有电子导电性，遇到还原性气体时阻值减小，遇到氧化性气体时电阻值增大。P 型材料有：MoO_2、NiO 及 CoO 等。P 型材料制成的气敏元件呈空穴导电性，遇到还原性气体时阻值增大，遇到氧化性气体时阻值减小。图 3.13.15 是 SnO_2 气敏元件的基本测量电路。

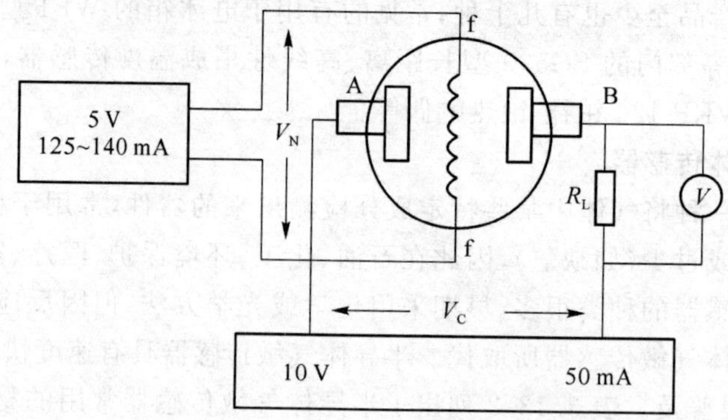

图 3.13.15 SnO_2 气敏元件基本测量电路

2. 半导体气敏电阻特性

(1) 灵敏度

灵敏度反映元件对被测气体敏感的程度，灵敏度的计算为气敏元件在含某种浓度气体中的阻值 R 与清洁空气中的阻值 R_0 的比值。图 3.13.16 为气体气敏元件对几种可燃性气体的灵敏度。

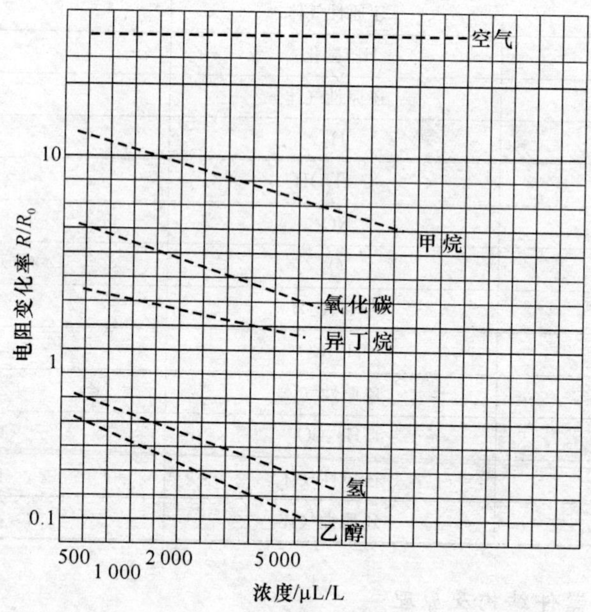

图 3.13.16 几种可燃性气体传感器电阻变化率

(2) 温、湿度特性

当环境温度和湿度改变时，元件的敏感性也受影响。这是由于被测气体被半导体气敏元件表面吸附从而引起化学反应，这种反应与温度有关。图 3.13.17 为不同温度和湿度下气敏元件的灵敏度曲线。

(3) 初期稳定时间

元件放置一段时间后，再通电使用时，在开始一段时间内元件阻值变化较大，然后再回到稳定值，这段时间叫初期稳定时间。

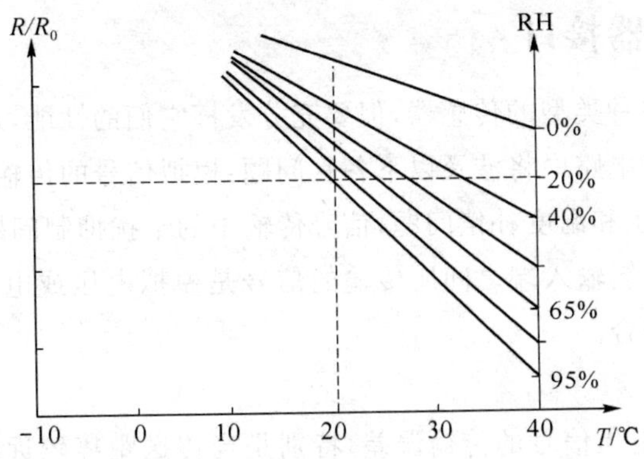

图 3.13.17 不同温、湿度下气敏元件灵敏度

QM-J1 型半导体气敏元件对乙醇气体具有较好的选择性，所以适用于检测酒后驾车等。QM-N5 型气敏传感器适用于对可燃气体(天然气、煤气、液化石油气、烟雾等)进行检测，所以可用于家庭可燃气体的报警器。

3.13.2.5 磁敏传感器

磁敏传感器是磁性传感器中的一类，它是利用磁感应半导体元件作为变换器件。由于近年来其用途日益扩大，地位日显重要。

磁敏器件的应用领域十分广泛，可直接检测磁场、电流，还可检测振动、速度和位移等各种被测量。目前主要产品有霍尔元件、磁敏电阻、磁敏二极管、磁敏三极管等。这里简单介绍一下霍尔元件。

图 3.13.18 示出一个霍尔元件的结构图。在半导体材料做成的薄片上，制成四个欧姆接触电极 a、b、c、d，在 Z 轴方向上加一个磁感应强度为 B 的磁场，若 a、b 端输入控制电流 I，则在 c、d 端就会产生电压 V_H(霍尔电势)，这种现象称为霍尔效应。若将电流固定，B 由移动磁铁产生，则 V_H 可反映移动磁铁的位置。除了可以测量位移以外，利用霍尔效应还可测量振动、压力、转速和加速度等其他物理量。霍尔元件的常用材料是 N 型的锗、锑化铟和砷化铟。最常用的是砷化铟霍尔元件。

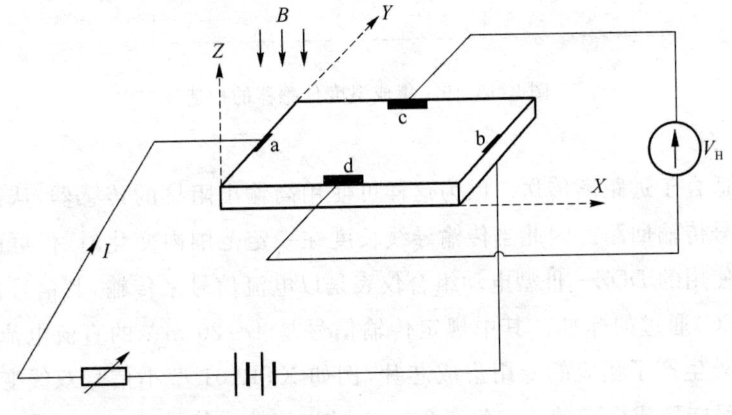

图 3.13.18 霍尔效应元件的结构原理图

3.13.3 传感器接口

前面扼要介绍了各种类型的传感器，但要充分发挥它们的性能，还要选择或设计合理的接口电路。在设计接口电路中将涉及以下各种问题：模拟信号的传输问题；传感器输出信号的转换问题；非线性校正和温度补偿问题；信号传输中的干扰抑制问题。

大多数传感器与系统输入端之间所传输的信号是模拟电压或电流，它们具有不同的传输特性及不同的使用场合。

1. 电压传送

众所周知，为减少电压信号的传输误差，特别是当传送距离较远时，由于导线电阻的增大，则要求系统输入端的输入阻抗增大。而增大输入阻抗又易于引入干扰，因此电压信号一般不适合作远距离传输。

当前 A/D 转换器的输入模拟电压量程常设计成 0～+5 V、0～+10 V、0～+20 V、−5～+5 V、−10～+10 V，而传感器的输出电压一般较小，故不宜直接连接 A/D 转换器。为了尽可能减少信号在传输中信噪比的恶化，现在的集成传感器多把敏感元件与放大器集成在一起，使输出电压达到 A/D 转换器的额定值，以便于直接相连。如图 3.13.19 的集成温度传感器，它把基准电压、温度传感器和运算放大器集成在一起作为一个传感器。

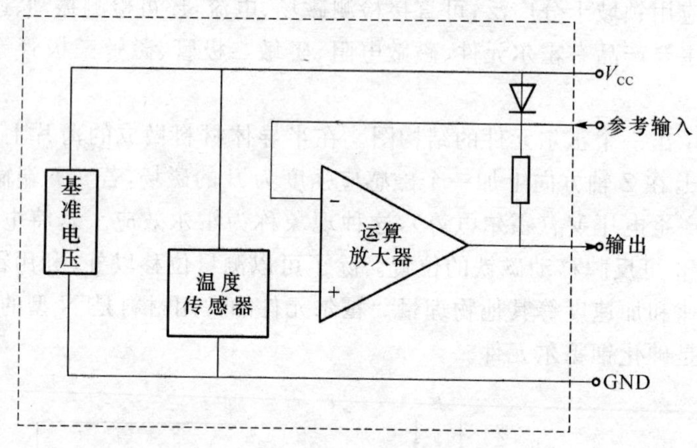

图 3.13.19　集成温度传感器的构造

2. 电流传送

电流信号适合于远距离传送。因为这样可使用高输出阻抗的传感器，从而形成一个相当于电流源信号传输回路。因此当传输导线长度在一定范围内变化时，仍可保持足够的精度。目前我国使用的 DDZ—Ⅲ型电动组合仪表是以电流信号来传输，其信号标准采用国际电工委员会(IEC)通过的标准。其中规定传输信号是 4～20 mA 的直流电流，供电电压为 24 V。为此国外生产了相应的专用集成芯片，例如 XTR101 型小信号双线变送器，它把传感器的微小信号转换成标准的 4 mA 到 20 mA 的电流输出信号。

XTR101 是由高精度测量放大器(A_1、A_2)、压控输出电流源(A_3、Q_1)和双匹配精密参考电流源组成，其原理框图如图 3.13.20 所示。它适用于多种传感器，如热电偶、热敏电阻等输出信号的转换。来自传感器的信号电压 E_{in} 加到引脚 3 和引脚 4 之间，使 4～20 mA 的电流 I_o 沿双线输出回路环流(通过 R_L、Vps 和 D_1)。

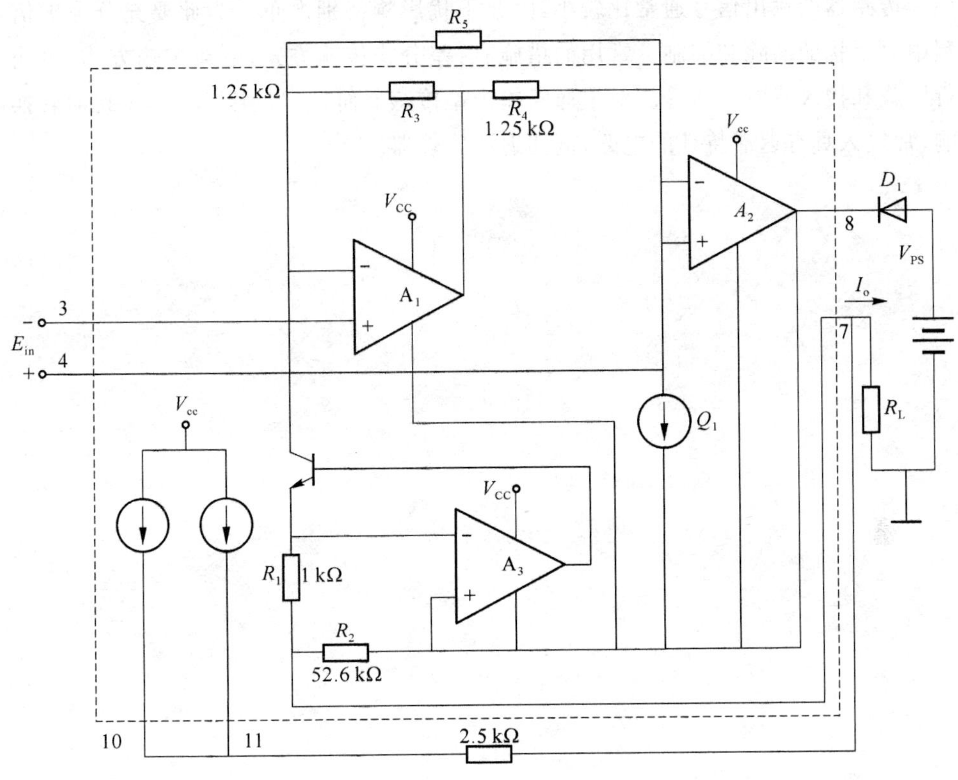

图 3.13.20 XTR101 双线变送器原理框图

3. 信号转换

传感器的输出信号在传输过程中，经常需要进行各种转换，如前述的电压与电流之间的转换。其他经常使用的转换方法有以下几种。

(1) 电压、电流转换成频率信号

把模拟信号转换成频率信号来传送可提高系统的精度和抗干扰能力，因为这相当于将模拟传输方式改成数字传输方式。目前已有单片电压/频率转换集成芯片，如 LM331、AD654 等。

(2) 传输回路的阻抗变换

在电压信号传输中，当传感器的输出阻抗比较高时，在传输过程中会产生信号衰减。为此在传感器输出端可接入一个高输入阻抗和低输出阻抗的匹配器。常用电路有带自举电路的射极输出器、场效应管的源极输出器或用运算放大器组成的阻抗匹配器等。

(3) 非线性校正和温度补偿

由于许多传感器(例如测量温度的热电偶和热敏电阻、测量压力的电阻应变片等)输出的电信号与被测物体之间是非线性关系，如果将其直接显示会影响精度，因此需将此类信号作线性化处理。线性化处理可用电路(例如查表及二极管折线近似电路)来实现，也可用软件来实现。温度补偿同样也可用硬件或软件来实现。

(4) 信号传输中的干扰抑制

因为传感器的输出信号通常比较小,因此干扰影响特别严重。为此要充分考虑信号传输过程中对干扰的消除和抑制。常用的措施有:差分式传输方式;隔离传输方式;对输入回路进行屏蔽和接入滤波电路等。对于通断输出型传感器而言,为消除噪声、干扰对转换电平的影响,常接入具有迟滞特性的电路,例如迟滞比较器。

第4章

家用报警电子电路

4.1 家用煤气泄漏检测装置

4.1.1 工作原理

家用煤气泄漏报警器是非常重要的燃气安全设备，它是安全使用城市燃气的最后一道保护。燃气泄漏报警器通过气敏传感器探测周围环境中的低浓度可燃气体，通过采样电路将探测信号用模拟量或数字量传递给控制器或控制电路，当可燃气体浓度超过控制器或控制电路中设定的值时，控制器通过执行器或执行电路发出报警信号或执行关闭燃气阀门等动作。燃气泄漏报警器广泛应用在城市安防、小区、工厂、公司、学校、家庭、别墅、仓库、石油、化工、燃气输配等众多领域。

燃气报警器的核心是气敏传感器，俗称"电子鼻"。它是一个独特的电阻，当"闻"到燃气时，传感器电阻随燃气浓度而变化，当燃气达到一定浓度、电阻达到一定水平时，传感器就可以发出声光报警。气敏传感器是一种将气体的成分、浓度等信息转换成可以被人员、仪器仪表、计算机等利用的信息的装置。探测头通过传感器对气体样品进行调理，通常包括滤除杂质和干扰气体、干燥或制冷处理仪表显示部分。气敏传感器主要包括：半导体气敏传感器、电化学气敏传感器、催化燃烧式气敏传感器、热导式气敏传感器和红外线气敏传感器等。

家用煤气有时会因各种原因发生泄漏，煤气的主要成分是甲烷。甲烷是一种可燃性气体，遇到明火会发生燃烧甚至爆炸，所以如果在煤气泄漏时打电话，或使用家用电器的话，煤气遇到电火花可能会发生爆炸事故。人在煤气泄漏的空间内，甲烷的不完全燃烧可能会生成一氧化碳，人体吸入有毒气体一氧化碳后，一氧化碳将会迅速与血液中的红细胞结合导致人体中毒昏迷，如果长时间吸入泄露的煤气甚至会发生中毒死亡。一氧化碳中毒属内科急症，如不及时发现和治疗，将会危及生命。一氧化碳的浓度与健康成年人中毒的可能症状如表 4.1.1 所示。

表 4.1.1 一氧化碳的浓度与中毒症状

浓度(μL/L)	症 状
50	健康成年人在 8 小时内可以承受的最大浓度
200	2～3 小时后,轻微头痛、乏力
400	1～2 小时内前额痛,3 小时后威胁生命
800	45 分钟内,眼花、恶心、痉挛,2 小时内失去知觉,2～3 小时内死亡
1 600	20 分钟内头痛、眼花、恶心,1 小时内死亡
3 200	5～10 分钟内头痛、眼花、恶心,25～30 分钟内死亡
6 400	1～2 分钟内头痛、眼花、恶心,10～15 分钟死亡
12 800	1～3 分钟内死亡

针对经常发生的煤气泄漏中毒事件,可采用煤气、甲烷、乙烷及一氧化碳等气敏传感器、单片机、电磁阀等装置,设计一套有毒气体检测、报警电路,用单片机模块电路控制继电器报警器。煤气泄漏自动检测主要针对一氧化碳气体,主要实现家庭煤气检测与报警。数据采集模块可利用单片机实现气体浓度实时采集、电路状态信号采集及数据预处理。输出信号驱动相应的驱动电路,分别控制报警灯、蜂鸣器及关断煤气输出管道,实现对煤气泄漏事故的实时监测及控制。

报警系统由硬件和软件两大部分组成。其中硬件部分由各报警感应器、感应器控制器、主控器等设备组成;软件部分主要是报警系统控制程序。气体传感器用来检测空气中煤气的浓度,当空气中煤气含量超过允许标准浓度后,感应器所获得的感应信号均被感应器控制器所接收,再由感应器控制器对各感应信号进行相应识别和处理,并将处理后的感应信号送至主控器,由主控器对其采取相应的警报动作。报警信号加至报警声响电路的控制端后,报警声响电路被触发,发出报警声,同时关闭总气阀。

4.1.2 主要元器件选型

4.1.2.1 气敏传感器的选定

气敏传感器是气体与气味检测的关键元件。根据其气敏特性,气敏传感器可以分为六大类:半导体气敏传感器、固体电解质气敏传感器、接触感染式气敏传感器、电化学式气敏传感器、光学式气敏传感器和高分子气敏传感器。

一个气敏传感器可以是单功能的,也可以是多功能的;可以是单一的实体,也可以是由多个不同功能传感器组成的阵列。但是,任何一个完整的气敏传感器都必须具备以下条件:能选择性地检测某种单一气体,而对共存的其他气体不响应或低响应;对被测气体具有较高的灵敏度,能有效地检测允许范围内的气体浓度;对检测信号响应速度快,重复性好;长期工作稳定性好,使用寿命长;制造成本低,使用与维护方便。气敏传感器是检测系统的起点也是系统的核心和重点,选择合适的传感器成为决定系统能否成功的关键。

一氧化碳气体传感器属于气敏传感器,通过 A/D 转换电路将模拟量转换成数字量后送到单片机,进而由单片机完成数据处理、浓度处理及报警控制等工作。传感器作为煤气泄露测试装置报警器的信号采集部分,是仪表的核心组成部分之一。由此可见,传感器的选型是非常重要的。

由于监控系统最关键的部分在于室内一氧化碳气体浓度的检测，考虑到室内空气中一氧化碳含量的大致范围，结合国家环境空气质量标准(GB 3095—1996)规定的一氧化碳分级标准，这里选用了 Motorola 公司生产的一种专门用于家庭的 MGS1100 型一氧化碳气体传感器。MGS1100 一氧化碳传感器是一种应用全微电子工艺制成的半导体气体传感器，对一氧化碳响应的选择性好，并具有灵敏度高、稳定性好等特点，在信号采集的同时加以温度补偿。它是在微型硅桥结构中嵌入的加热器上制作一层 SnO_2 薄膜，这种结构不仅使得 SnO_2 薄膜对一氧化碳气体在很宽的温度范围内具有敏感性，而且硅膜减少热传导的热损失，从而大大降低了功耗。

4.1.2.2 继电器的选择

继电器是电气控制中常用的控制器件，一般由通电线圈和触点构成。当线圈通电时，由于磁场的作用，使开关触点闭合(或打开)；当线圈不通电时，则开关触点断开(或闭合)。一般线圈可以用直流低电压控制，而触点输出部分可以直接与 220 V 连接。继电器有电磁继电器、热敏干簧管继电器、固态继电器(半导体继电器)等。这里介绍固态继电器。

固态继电器(SSR)是一种全电子电路组合的元件，它依靠半导体器件和电子元件的电磁和光特性来完成其隔离和继电切换功能。固态继电器与传统的电磁继电器相比，是一种没有机械、不含运动零部件的继电器，但具有与电磁继电器本质上相同的功能。固态继电器是一种两个接线端为输入端，另两个接线端为输出端的四端器件，中间采用隔离器件实现输入、输出的电隔离。固态继电器按负载电源类型可分为交流型和直流型；按开关形式可分为常开型和常闭型；按隔离形式可分为混合隔离型、变压器隔离型和光电隔离型。

多数固态继电器产品具有零电压导通、零电流关断、与逻辑电路兼容、切换速度快、无噪音、耐腐蚀、抗干扰、寿命长、体积小等优点，能以微小的控制信号直接驱动大电流负载等。缺点是存在通态压降，需要散热措施，有输出漏电流，交直流不能通用，触点组数少，成本相对较高。

4.1.3 电路原理分析

煤气泄露测试装置的主要功能就是快速准确地检测被测气体中有害气体的含量(主要是 CO 气体)，通过 LED 显示屏将 CO 气体浓度显示出来，当气体浓度达到一定门限值时发出声光报警。为了提高实用性系统还应该具备人机交互界面。系统主要包括 CO 气敏传感器、数据采集、A/D 转换电路、单片机、LED、输入键盘、声光报警、光电隔离技术和切断阀及 RS-232 通信模块等，系统组成框图如图 4.1.1 所示。

系统工作流程为：由装在室内的 CO 传感器获得被测量对象(室内 CO 浓度)原始信号，经过温度补偿和取样放大得到矫正后的可匹配信号，进入 A/D 转换，得到被测对象的数字量信号，再由单片机进行数据处理，得到最终的室内环境 CO 浓度值，将此数据通过数码管显示并保存，同时根据系统设定的限值参数判断环境浓度是否超标，如果超标立即向光隔离接口输出控制信号，通过继电器打开排气扇，切断阀关闭。如果发现环境中一氧化碳浓度长时间处于危险状态，则有可能排气扇未能打开，或者房间发生严重 CO 泄漏事故，此时启动预警信号进行报警提示，提示室内人员打开门窗、关闭气源并迅速撤离事故现场。如果系统接有上位机工作，可通过通信接口对单片机组成的下位机系统进行参数设置，并可定时地从数据缓冲区中读取以前测量的数据值，进行二次处理加工或存入数据库永久保存。

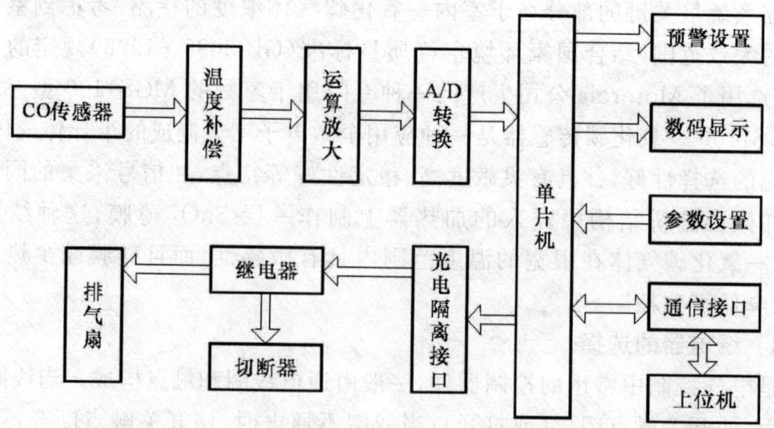

图 4.1.1 煤气泄漏测试系统框图

4.1.3.1 气敏传感器

如图 4.1.2 所示，2、4 端为加热器的电源接线端，1、3 端为传感器输出端，V_h 为加热电压，传感器电阻 R_S 与负载电阻 R_L 串联接到工作电压 V_{cc} 两端。其工作原理是把传感器置于 CO 气体环中，SnO_2 薄膜层的电阻会随着 CO 浓度的变化而变化，CO 浓度越大，SnO_2 薄膜层阻值越小。

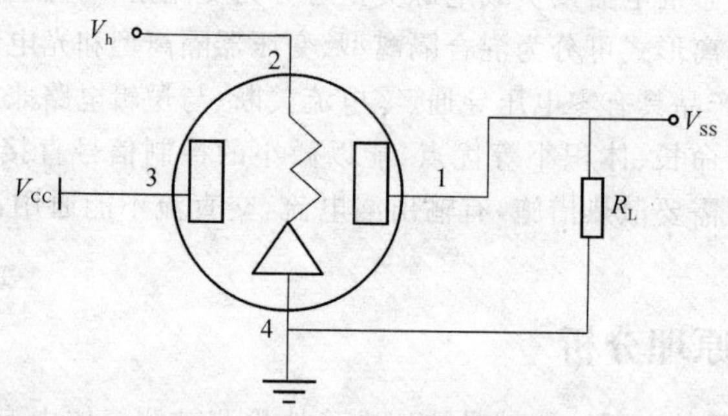

图 4.1.2 气敏传感器管脚

传感器阻值 R_S 随着 CO 浓度的增大而减小时，输出负载电压 V_{RL} 逐渐变大，所以通过测量负载电压即可反映出被测对象的 CO 浓度。MGS1100 型一氧化碳气体传感器的特点是：测量浓度范围为 0～1 000 μL/L，测量精度为 3%，分辨率为 1 μL/L，工作温度为 −20～70℃。

由于元件的本身特性决定了其阻值会随着周围环境温度的变化产生明显的漂移，致使测量电路的输出产生零点漂移，漂移过大会造成测量的不灵敏或过灵敏，使整机的可靠性下降。为此，需要增加温度补偿电路，如图 4.1.3 所示为温度补偿电路。

图中，R_T 为热敏电阻，R_S 为传感器电阻。OP07 为高精度运算放大器具有低输入失调电压、低失调电压温漂、低输入噪声电压幅度及长期稳定等特点，可广泛应用于稳定积分、精密绝对值电路、比较器及微弱信号的精确放大电路中。

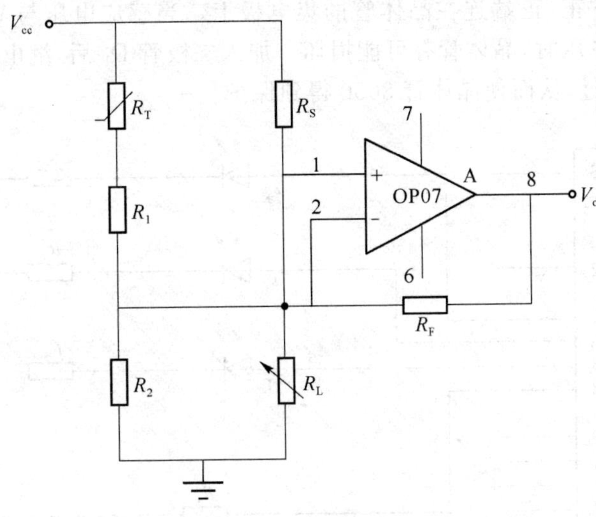

图 4.1.3 温度补偿电路

4.1.3.2 声光报警单元

作为煤气泄露测试装置,声光报警部分不可缺少,当检测到 CO 气体在空气中所占的比例超标时,就应该通过声光方式发出警报,防止由于 CO 气体含量过高而发生意外事故。

声光报警部分包括蜂鸣器以及红、黄、绿三个 LED 报警指示灯。

声光报警表现形式如下:

(1) 绿色灯点亮表示传感器检测到 CO 气体,但没达到下限值,一切正常,此时红色和黄色灯熄灭,蜂鸣器不发声。

(2) 黄色灯点亮表示传感器检测到 CO 气体浓度超过下限值,但没有达到报警值,此时红色和绿色灯熄灭,蜂鸣器不发声。

(3) 红色灯点亮时表示被测的 CO 气体含量已经达到报警值,此时黄色和绿色灯熄灭,蜂鸣器发出报警,通知用户。

单片机本身 I/O 的驱动能力不是很高,所以对蜂鸣器的驱动需要加入一个 PNP 三极管,这样能够使蜂鸣器的声音更加响亮,起到更好的报警作用。三极管基极的电路保证了只有在单片机输出低电平时,蜂鸣器才会发声,避免了误报警的发生。

声光报警单元与单片机的连接电路如图 4.1.4 所示。

4.1.3.3 光电隔离电路

光电隔离电路的作用是在电隔离的情况下,以光为媒介传送信号,对输入和输出电路可以进行隔离。因而能有效地抑制系统噪声,消除接地回路的干扰,有响应速度较快、寿命长、体积小、耐冲击等优点,使其在强-弱电接口,特别是在微机系统的前向和后向通道中获得广泛应用。

如图 4.1.5 所示,当开关量 P2.2 输出为高电平时,经反向驱动器 7406 变为低电平,使发光二极管发光,从而使光敏三极管导通,进而使晶体管 8050 导通,因而使继电器 J 的线圈通电,继电器触点闭合,使交流 220 V 电源接通,从而打开排气扇,使 CO 浓度降低;反之,当 P2.2 输出低电平时,使 S_1 断开。上图中所示电阻 R_1 为限流电阻,二极管 D_1 的作用是保护晶体管 8050。当继电器 J 吸合时,二极管 D_1 截止,不影响电路工作。继电器释放时,由于继电器线圈存在电感,这时晶体管已经截止,所以会在线圈的两端产生较高的感应电压。此电压的极性为上负下正，正端连在晶体管的集电极上。当感应电压与 V_{cc} 之和大于晶体管 8050 的集电极反向电压时，晶体管有可能损坏。加入二极管 D_1 后，继电器线圈产生的感应电流从二极管 D_1 流过，从而使晶体管 8050 得到保护。

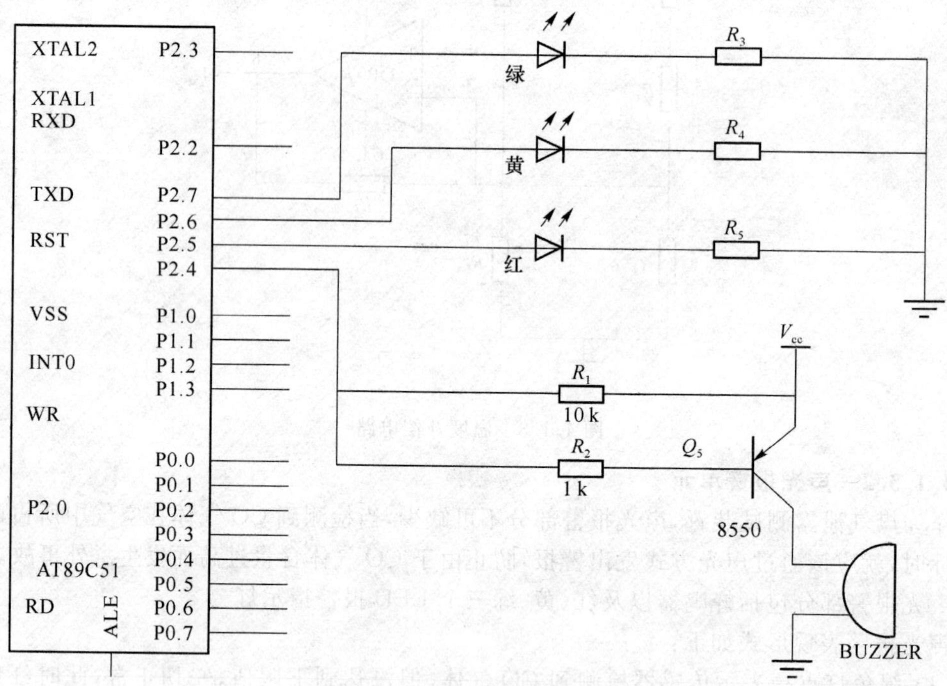

图 4.1.4　声光报警电路图

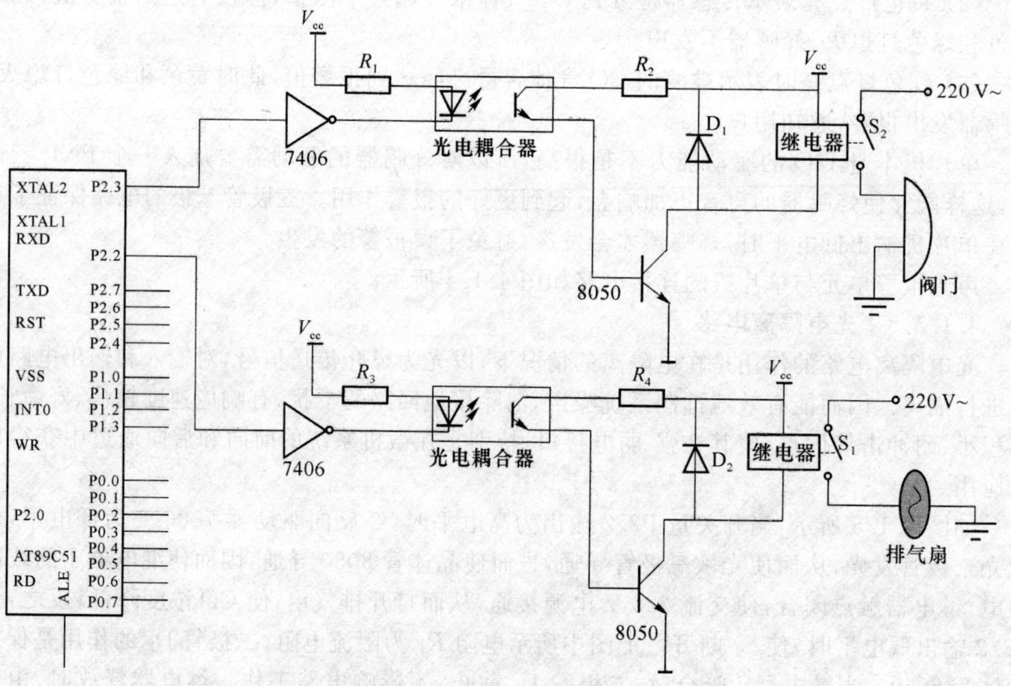

图 4.1.5　光电隔离技术电路

切断阀控制电路与切断排气扇装置电路类似，只是将风扇换成切断阀。

4.1.3.4 RS-232 接口总线

RS-232 是美国电子工业协会(EIA)正式公布的，在异步串行通信中应用最广的是标准总线。该标准适用于 DICE 和 DTE 间的串行二进制通信，最高数据传送速率可达 19.2 kbit/s，最长传送电缆可达 15 m。RS-232 标准定义了 25 根引线，对于一般的双向通信，只需使用串行输入 RXD、串行输出 TXD 和地线 GND。RS-232 标准的电平采用负逻辑，规定＋3～＋15 V 之间的任意电平为逻辑"0"电平，－3～－15 V 之间的任意电平为逻辑"1"电平，与 TTL 和 CMOS 电平是不同的。在接口电路和计算机接口芯片中大都为 TTL 或 CMOS 电平，所以在通信时，必须进行电平转换，以便与 RS-232 标准的电平匹配，MAX232 芯片可以完成电平转换这一工作。RS-232 是一种电压型总线标准，可用于设计计算机接口与终端或外设之间的连接，以不同的极性电压表示逻辑值。

该系统实现串口通信模块主要是与上位机进行通信。单片机系统将保存在 RAM 中的数据送到上位机进行处理，从而减轻单片机系统的负担。由于单片机与上位机进行通信时接口电平不同，因此需要进行接口转化，这里采用 MAX232 芯片来实现接口电平的转化。

串行通信是指通信的发送方和接收方之间数据信息的传输是在单根数据线上，以每次一个二进制位移动的。它的优点是只需一对传输线进行传送信息，因此其成本低，适用于远距离通信；它的缺点是传送速度低。串行通信有异步通信和同步通信两种基本通信方式，同步通信适用于传送速度高的情况，其硬件复杂；而异步通信应用于传送速度在 50～19 200 波特之间，是比较常用的传送方式。在异步通信中，数据是一帧一帧传送的，每一串行帧的数据格式由 1 位起始位、5～8 位数据位、1 位奇偶校验位(可省略)和 1 位停止位 4 部分组成，在串行通信前，发送方和接收方要约定具体的数据格式和波特率(通信协议)。

现选用其中一路发送/接收。R_{1out} 接 AT89C51 的 RXD，T_{1in} 接 AT89C51 的 TXD，T_{1out} 接 PC 机的 RD，R_{1in} 接 PC 机的 TD。因为 MAX232 具有驱动能力，所以不需要外加驱动电路。MAXIM 公司的 MAX232/MAX232A 接收/发送器是 MAXIM 公司特别为满足 EIA/TEA2232E 的标准而设计的，他们在 EIA/TIA2232E 标准串行通信接口中日益得到广泛的应用。他们具有功耗低、工作电源为单电源、外接电容仅为 0.1 μF 或 1 μF、采用双列直插封装形式、接收器输出为三态 TTL/CMOS 等优越性，为双组 RS-232 接收发送器，工作电源为＋5 V，波特率高，价格低，可在一般需要串行通信的系统中使用。MAX232 外围需要 4 个电解电容，是内部电源转换所需电容，其取值均为 1 μF/25 V，宜选用钽电容并且应尽量靠近芯片。

系统采用 11.0592 MHz 晶振，波特率采用 1 200 bit/s。串口是本系统与外界通信的唯一通道，通过 RS-232 串口，单片机系统可以和 PC 机进行通信，可以从 PC 机下载最新的数据，也可以将检测结果上传至 PC 机。由于每一个气体传感器的参数都不完全一样，所以在 CO 检测仪出厂之前都要对其进行气体浓度的标定，标定需要在比较严格的特定浓度的 CO 气体环境中进行，如果单个产品进行标定必然会造成效率下降和成本的大幅增长，所以需要将一批成品同时放入标定环境中，通过串口由 PC 机进行标定，这样既提高了效率又保证了精度和标定过程中的安全性。

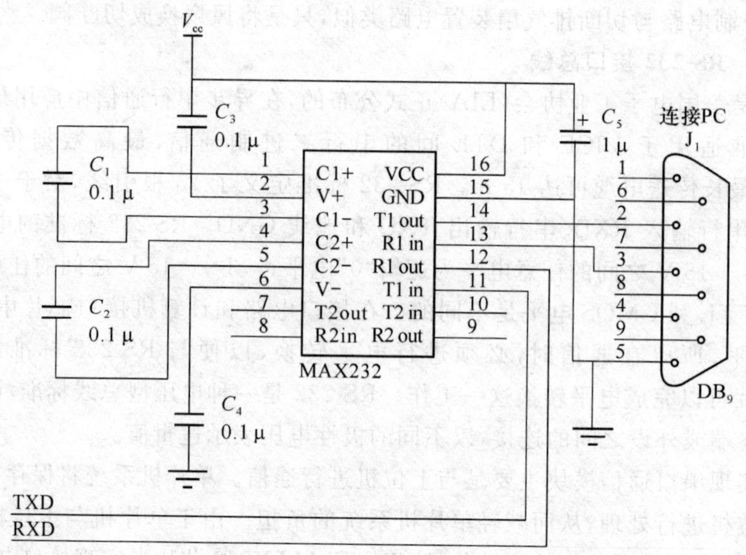

图 4.1.6　MAX232 接口的硬件接口电路

4.2　红外防盗报警器

4.2.1　工作原理

4.2.1.1　红外线简介

一切物体在高于绝对零度时都会发射热辐射，根据玻尔理论，能量辐射同原子和分子的电子由高能级向低能级跃迁有关，这些跃迁伴随着能量的发射，从而发生辐射线。

红外辐射是电磁波谱中的一段，具有电磁辐射的波动性和量子性双重特征，同时具备反射、折射、干涉、衍射和偏振定律。

红外辐射也具有光量子的特征，这种微粒称为光子。红外波长的范围从 0.76～1 000 μm，其对应的光子能量从 1.26×10^{-3}～1.66eV。红外波段一般分为 4 部分：近红外(0.76～3 μm)、中红外(3～6 μm)、远红外(6～15 μm)和甚远红外(15～1 000 μm)。

红外辐射常被称为热辐射，但它并没有特别的热性质，而与其他的热辐射一样，能在其射程范围内被物体吸收并转换成热。因而热效应仅是红外辐射被吸收的结果，而不是它的特征。电磁辐射不是一种热介质，而是被受体吸收后引起受体内部分子运动产生的一种热效应。红外辐射作为一种电磁辐射，具有波动性和量子性双重属性，因此，红外辐射既遵从波动规律，又以红外光量子的形式存在，并同样简称为光子。

2～18 μm 的波段涵盖了远红外的全部波段及极小部分中红外和甚远红外波段，因此把它称为远红外线。

4.2.1.2　红外报警器的类型及工作原理

红外报警器分为主动红外报警和被动红外报警。主动红外入侵报警器是由发射机和接收机组成,发射机是由电源、发光源和光学系统组成,接收机是由光学系统、光电传感器、放大器、信号处理器等部分组成。主动红外报警器是一种红外线光束遮挡型报警器,发射机中的红外发光二极管在电源的激发下,发出一束经过调制的红外光束(此光束的波长约在0.8～0.95 μm之间),经过光学系统的作用变成平行光发射出去。此光束被接收机接收,由接收机中的红外光电传感器把光信号转换成电信号,经过电路处理后传给报警控制器。由发射机发射出的红外线经过防范区到达接收机,构成了一条警戒线。正常情况下,接收机收到的是一个稳定的光信号,当有人入侵该警戒线时,红外光束被遮挡,接收机收到的红外信号发生变化,提取这一变化,经放大和适当处理,控制器发出报警信号。目前此类报警器有二光束、三光束还有多光束的红外栅栏等。一般应用在周界防范居多的地方,其最大的优点就是防范距离远,能达到被动红外的10倍以上的探测距离。

被动红外报警器主要是根据外界红外能量的变化来判断是否有人在移动。人体的红外能量与环境有差别,当人通过探测区域时,报警器收集到这个人不同红外能量的位置变化,进而通过分析发出报警。人体都有恒定的体温,一般在37℃左右,会发出特定波长10 μm左右的红外线,被动红外报警器就是靠探测人体发射的10 μm左右的红外线而进行工作的。人体发射的10 μm左右的红外线通过菲涅尔滤光片增强后聚集到红外感应源上。红外感应源通常采用热释电元件,这种元件在接收到人体红外辐射温度发生变化时就会失去电荷平衡,向外释放电荷,后续电路经检测处理后就能产生报警信号。

被动红外报警器有如下特点:

(1) 被动红外报警器是以探测人体辐射为目标的,所以热释电元件对波长为10 μm左右的红外辐射必须非常敏感。

(2) 为了仅仅对人体的红外辐射敏感,在它的辐射照面通常覆盖有特殊的菲涅尔滤光片,使环境的干扰受到明显的控制作用。

(3) 其传感器包含两个互相串联或并联的热释电元件,而且制成的两个电极方向正好相反,环境背景辐射对两个热释电元件几乎具有相同的作用,使其产生热释电效应相互抵消,于是报警器没有信号输出。

(4) 一旦有人侵入探测区域内,人体红外辐射通过部分镜面聚焦,并被热释电元件接收,但是两片热释电元件接收到的热量不同,热释电电荷也不同,不能抵消,经信号处理而报警。

用它制作的防盗报警器与目前市场上销售的许多防盗报警器材相比,具有如下特点:不需要用红外线或电磁波等发射源;灵敏度高、控制范围大;隐蔽性好,可流动安装。

4.2.1.3 热释电红外传感器的原理特性

热释电红外传感器和热电偶都是基于热电效应原理的热电型红外传感器。不同的是热释电红外传感器的热电系数远远高于热电偶,其内部的热电元由高热电系数的锆钛酸铅系陶瓷以及钽酸锂、硫酸三甘肽等配合滤光镜片窗口组成,其极化随温度的变化而变化。为了抑制因自身温度变化而产生的干扰,该传感器在工艺上将两个特征一致的热电元反向串联或接成差动平衡电路方式,因而能以非接触式检测出物体放出的红外线能量变化并将其转换为电信号输出。热释电红外传感器在结构上引入场效应管的目的在于完成阻抗变换。由于热电元输出的是电荷信号,并不能直接使用,因而需要用电阻将其转换为电压形式,该电阻阻抗高达10^4 MΩ,故引入的N沟道结型场效应管应接成共漏形式,即源极跟随器,来完成阻抗变换。热释电红外传感器由传感探测元、干涉滤光片和场效应管匹配器三部分组成。设计时应将高热电材料制成一定厚度的薄片，并在它的两面镀上金属电极，然后加电对其进行极化，这样便制成了热释电探测元。由于加电极化的电压是有极性的，因此极化后的探测元也是有正、负极性的。

4.2.1.4 热释电红外传感器

1. 热释电红外传感器简单介绍

热释电红外线传感器是20世纪80年代发展起来的一种新型高灵敏度探测元件，是一种能检测人体发射的红外线而输出电信号的传感器。它能组成防入侵报警器或各种自动化节能装置。它能以非接触形式检测出人体辐射的红外线能量的变化，并将其转换成电压信号输出。将这个电压信号加以放大，便可驱动各种控制电路，如作电源开关控制、防盗防火报警、自动监测等。

自然界中存在的各种物体，如人体、木材、石头、火焰、冰等都会发出不同波长的红外线，利用红外传感器可对其进行检测。根据工作原理，红外传感器分为热型和量子型两类。热型红外传感器也称热释电红外传感器或被动红外传感器，与量子型相比，其频响速度较慢，灵敏度较低，但响应的红外线波长范围较宽，价格便宜，并可在常温下工作。量子型与热型的特点相反，而且要求冷却条件。它是目前在防盗报警、火灾检测、自动门、自动水龙头、自动电梯、自动照明及非接触温度测量等领域应用最广泛的传感器。其原因为：①被测对象自身发射红外线，可不必另设光源；②大气对2～2.6 μm、3～5 μm、8～14 μm三个被称为“大气窗口”的特定波段的红外线吸收甚少，可非常容易被检测；③中、远红外线不受可见光影响，可不分昼夜进行检测。

2. 热释电红外传感器的特性

热释电红外线传感器主要是由一种高热电系数的材料，如锆钛酸铅系陶瓷、钽酸锂、硫酸三甘肽等制成尺寸为2 mm×1 mm的探测元件。在每个探测器内装入一个或两个探测元件，并将两个探测元件以反极性串联，以抑制由于自身温度升高而产生的干扰。由探测元件将探测并接收到的红外辐射转变成微弱的电压信号，经装在探头内的场效应管放大后向外输出。为了提高探测器的探测灵敏度以增大探测距离，一般在探测器的前方装设一个菲涅尔透镜，该透镜用透明塑料制成，将透镜的上、下两部分各分成若干等份，制成一种具有特殊光学系统的透镜，它和放大电路相配合，可将信号放大70 dB以上，这样就可以测出10～20 m范围内人的行动。

菲涅尔透镜(见图4.2.1)利用透镜的特殊光学原理，在探测器前方产生一个交替变化的“盲区”和“高灵敏区”，以提高它的探测接收灵敏度。当有人从透镜前走过时，人体发出的红外线就不断地交替从“盲区”进入“高灵敏区”，这样就使接收到的红外信号以忽强忽弱的脉冲形式输入，从而增强其能量幅度。

人体辐射的红外线中心波长为9～10 μm，而探测元件的波长灵敏度在0.2～20 μm范围内几乎稳定不变。在传感器顶端开设了一个装有滤光镜片的窗口，这个滤光片可通过光的波长范围为7～10 μm，正好适合于人体红外辐射的探测，而对其他波长的红外线由滤光片予以吸收，这样便形成了一种专门用作探测人体辐射的红外线传感器。一旦人侵入探测区域内，人体红外辐射通过部分镜面聚焦，并被热释电元接收，但是两片热释电元接收到的热量不同，热释电也不同，不能抵消，经信号处理而输出电压信号。

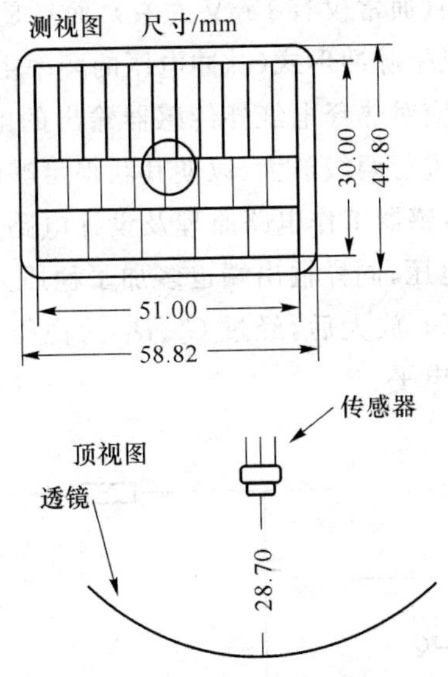

图 4.2.1 菲涅耳透镜工作原理图

在该探测技术中，所谓“被动”是指探测器本身不发出任何形式的能量，只是靠接收自然界能量或能量变化来完成探测目的。被动红外报警器的特点是能够响应入侵者在所防范区域内移动时所引起的红外辐射变化，并能使监控报警器产生报警信号，从而完成报警功能。

通过对红外线报警器系统的设计与分析，用集成“运放”LM324、红外传感器、二极管等器件设计电路，可监视几米到几十米范围内运动的人体，当有人在该范围走动时发出报警信号。

3. 热释电红外传感器的结构及安装

图 4.2.2 是一个双探测元热释电红外传感器的结构示意图。使用时 D 端接电源正极，G 端接电源负极，S 端为信号输出。该传感器将两个极性相反、特性一致的探测元串接在一起，目的是消除因环境和自身变化引起的干扰。它利用两个极性相反、大小相等的干扰信号在内部相互抵消的原理来使传感器得到补偿。对于辐射至传感器的红外辐射，热释电传感器通过安装在传感器前面的菲涅尔透镜将其聚焦后加至两个探测元上，从而使传感器输出电压信号。制造热释电红外探测元的高热电材料是一种广谱材料，它的探测波长范围为 0.2～20 μm。为了对某一波长范围的红外辐射有较高的敏感度，该传感器在窗口上加装了一块干涉滤波片。这种滤波片除了允许某些波长范围的红外辐射通过外，还能将灯光、阳光和其他红外辐射拒之门外。

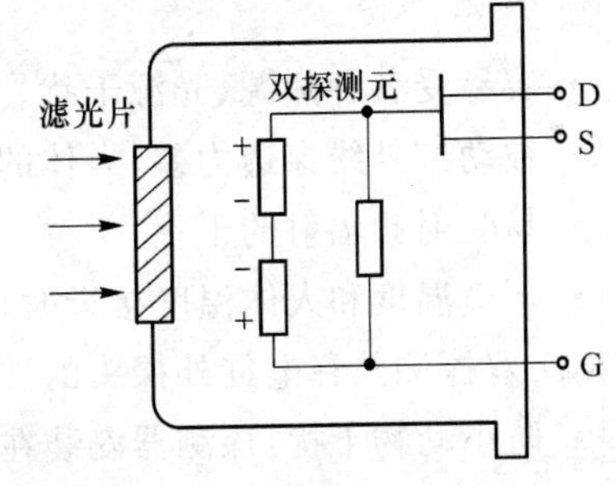

图 4.2.2 双探测元热释电红外传感器

当人体辐射的红外线通过菲涅尔透镜被聚焦在热释电红外传感器的探测元上时，电路中的传感器将输出电压信号，然后使该信号先通过一个由 C_1、C_2、R_1、R_2 组成的带通滤波器，该滤波器的上限截止频率为 16 Hz，下限截止频率为 0.16 Hz。由于热释电红外传感器输出的探测信号电压十分微弱(通常仅有 1 mV 左右),而且是一个变化的信号,同时菲涅尔透镜的作用又使输出信号电压呈脉冲形式(脉冲电压的频率由被测物体的移动速度决定,通常为 0.1～10 Hz 左右),所以应对热释电红外传感器输出的电压信号进行放大。本设计运用集成运算放大器 LM324 来进行两级放大,以使其获得足够的增益。

双探测元结构的热释电传感器工作电路原理及设计电路如图 4.2.3 所示,在 V_{CC} 电源端利用 C_1 和 R_2 来稳定工作电压,同样输出端也多加了稳压元件稳定信号。当检测到人体移动信号时,电荷信号经过 FET 放大后,经过 C_2、R_1 的稳压后使输出变为高电位,再经过 NPN 的转化,输出 OUT 为低电平。

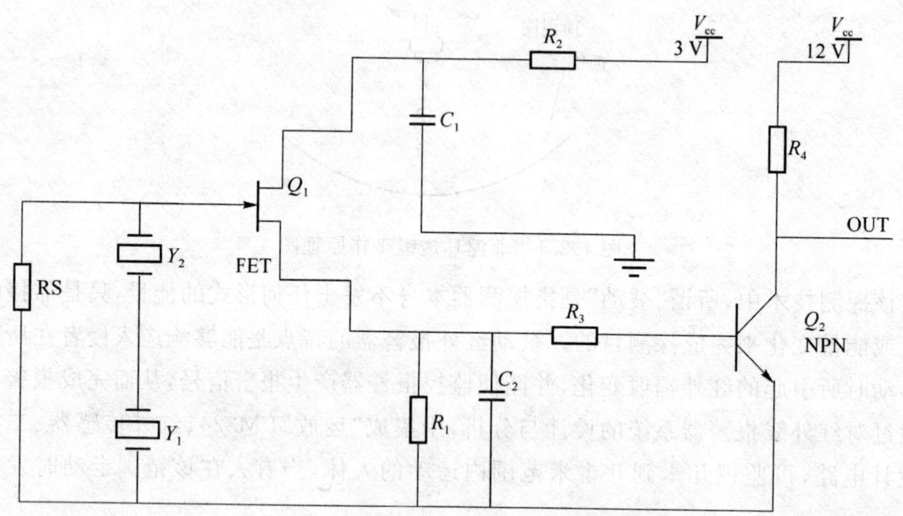

图 4.2.3　热释电红外传感器原理图

(1) 双探测热释电红外探头的优缺点

优点:

本身不发生任何类型的辐射,器件功耗很小,隐蔽性好,价格低廉。

缺点:

- 容易受各种热源、光源干扰。
- 被动红外线穿透力差,人体的红外辐射容易被遮挡,不易被探头接收。
- 易受射频辐射的干扰。
- 环境温度和人体温度接近时,探测和灵敏度降低,有时造成短时失灵。

(2) 双探测热释电红外探头的抗干扰性能

- 防小动物干扰:探测器安装在推荐的使用高度,对探测范围内地面上的小动物,一般不产生报警。
- 抗电磁干扰:探测器的抗电磁波干扰性能符合 GB 10408 中的要求,一般手机电磁干扰不会引起误报。
- 抗灯光干扰:探测器在正常灵敏度的范围内,受 3 m 外 H4 卤素灯透过玻璃照射,不产生报警。

(3) 热释电红外传感器的安装要求

热释电红外传感器只能安装在室内,其误报率与安装的位置和方式有极大的关系。正确的安装应满足下列条件:

• 热释电红外传感器应离地面 2.0～2.2 m。

• 热释电红外传感器应远离空调、冰箱、火炉等空气温度变化敏感的地方。

• 热释电红外传感器探测范围内不得有隔屏、家具、大型盆景或其他隔离物。

• 热释电红外传感器不要直对窗口,否则窗外的热气流扰动和人员走动会引起误报,有条件的最好把窗帘拉上。热释电红外传感器也不要安装在有强气流活动的地方。

热释电红外传感器对人体的敏感程度还和人的运动方向关系很大。热释电红外传感器对于径向移动反应最不敏感,而对于横切方向(即与半径垂直的方向)移动则最为敏感。在现场选择合适的安装位置是避免红外探头误报、求得最佳检测灵敏度极为重要的一环。

4.2.2 主要元器件选型

1. 红外传感器的选择

红外传感器主要分两大类:光电型和热敏型。前者利用光电效应工作,响应速度快,检测特性好,但需要冷却,使用不方便。器件的检测灵敏度与红外波长有关,热释电器件属于后者,它工作在室温条件下,检测灵敏度很高,而且与辐射波长无关,可探测功率只受背景辐射的限制,响应快,应用方便。因此,热释电红外传感器是光电型红外传感器无法取代的。

目前已发现的红外热释电材料有许多种,但最常用的不过 10 种。这些热释电材料可分成 3 类:①单晶材料,例如:硫酸三甘肽(TGS)或铌酸锂;②陶瓷材料,例如:锆钛酸铅(PZT)和钛酸铅;③高分子薄膜材料,例如:聚偏二氟乙烯。这 3 类材料中,性能最好的是陶瓷材料。它的居里点高,自发极化强度高,能大批量生产,成本低。

2. 热释电红外传感器的类别

热释电红外传感器是由陶瓷热释电元件、氧化铝基底、场效应管前置电路、窗口材料和外壳等部分组成。

为了获得很高的灵敏度,热释电元件本身必须足够薄,尽量减小热容量;同时,制成的传感器也必须是体积小、热容量小的特定结构。

日本 Hokuriku 公司研制的用导电胶将热释电元件与引脚相固定的热释电红外传感器,不但可以保证热释电元件与氧化铝(FET 装在其上)的间距恒定不变,而且也避免了热消耗。一般热释电元件本身厚度为 50～100 μm。

由于热释电元件阻抗很高,所以易受外来噪声的影响。为了解决这一问题,在内部插入一个 FET 前置级作为阻抗变换电路,其信噪比很高,灵敏度极高。

热释电红外传感器主要有双元型、四元型和温补单元型 3 种。双元型和四元型广泛用于防盗装置中检测人的出现。温补单元型用于辐射高温计、气体分析设备、火焰检测器等。这 3 种热释电红外传感器中,应用最广泛的是双元型,因为它能检测目标的出现和目标的运动方向。设计选择的双元型热释电传感器,其外观如图 4.2.4 所示。

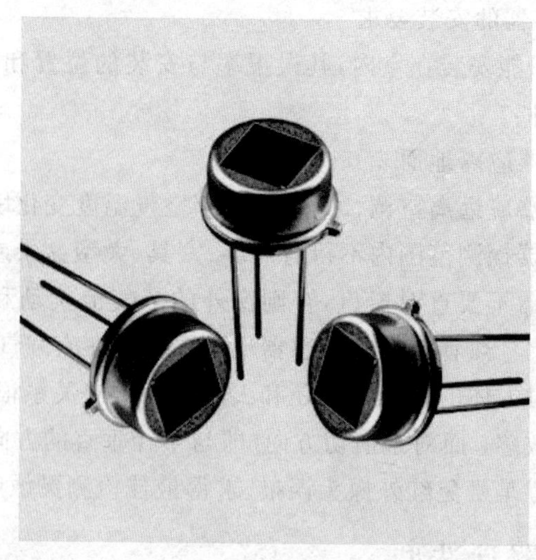

图 4.2.4 双元型热释电传感器

4.2.3 电路原理分析

4.2.3.1 系统组成框图

红外线报警器可监视几米到几十米范围内移动的人体,当有人在该范围内走动时,发出报警。其电路的组成框图如图 4.2.5 所示。

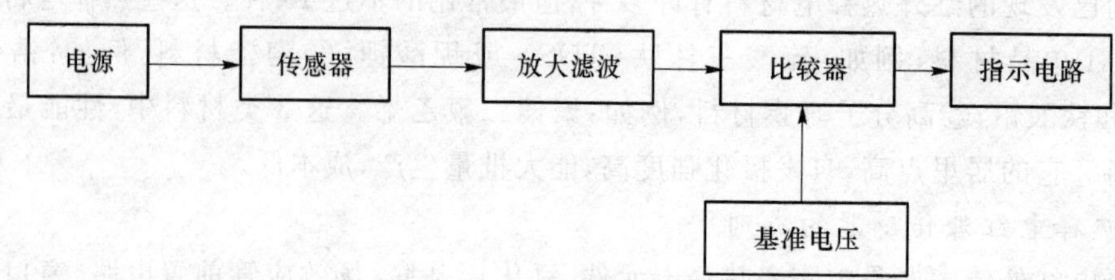

图 4.2.5 报警器电路的组成图

(1) 电源:通过交流电经变压器的变压、桥式二极管的整流、电容的滤波、稳压器的稳压得到 5 V 的直流电压。

(2) 传感器:主要是用来采集人体的红外线信号并将该信号转换成电信号的器件。

(3) 放大滤波:是由集成运算放大器 LM324 和电容构成,对传感器的信号进行放大和滤波供下一级电路使用。

(4) 比较器:采用双限电压比较器,把电路中的基准电压 U_1 和 U_2 作为参考电压($U_1 > U_2$)与比较器输出的电压作比较,控制指示电路显示是否有人进入。

4.2.3.2 整流滤波电路

1. 整流电路

晶体二极管是由两种具有不同导电性能的 N 型半导体和 P 型半导体结合形成的 PN 结构,如图 4.2.6(a)所示。PN 结具有单向导电的特性,常用如图 4.2.6(b)所示的符号表示。

当PN结加上正向电压(P区接正、N区接负)时,外电场使PN结的阻挡层变薄,形成比较大的电流,二极管的正向电阻很小;当PN结加上反向电压时,外电场使PN结的阻挡层变厚,形成极小的反向电流,表现为反向电阻非常大。晶体二极管的正反向特性曲线如图4.2.7所示,可以看出二极管具有单向导电性。

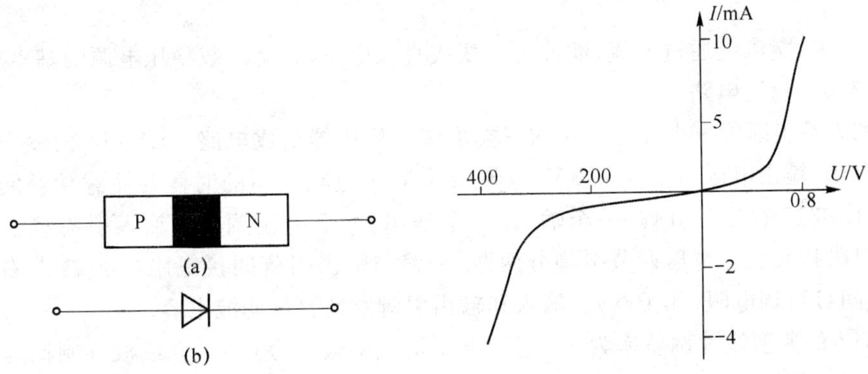

4.2.6 二极管的PN结结构及符号　　图4.2.7 二极管的特性曲线

利用二极管的单向导电性,可将交流电变成脉冲直流电,其过程称为整流。图4.2.8所示是桥式整流滤波电路,其整流过程如下:当交流电为正半周时,M点电压高于N点电压,D_3、D_4截止,而D_2、D_5导通,电流从交流电源依次通过D_2、R_L、D_5回到电源;当交流电为负半周时,N点电压高于M点电压,D_2、D_5截止,而D_3、D_4导通,电流从交流电源依次通过D_3、R_L、D_4回到电源。这样通过R_L的电流方向是固定的,U_A始终大于U_B,且U_{AB}随交流电的起伏而波动。如果将R_L两端接入示波器会观察到如图4.2.9的整流波形②。

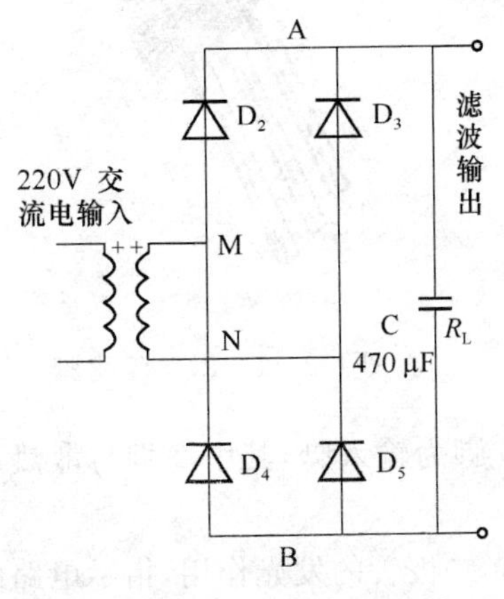

图4.2.8 桥式整流

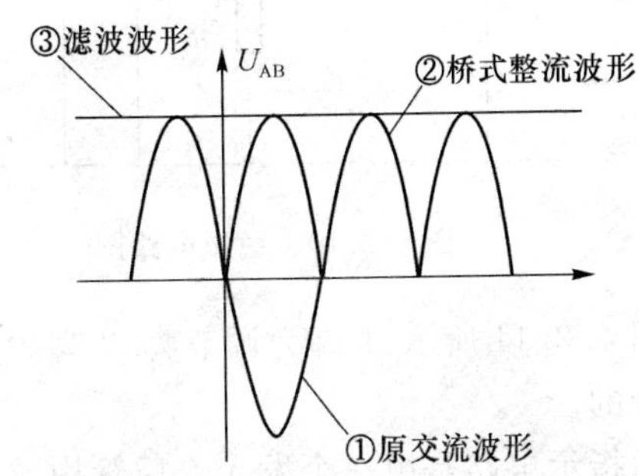

图4.2.9 交流、整流及滤波波形

2. 滤波电路

电容(或电容量,Capacitance)指的是在给定电位差下的电荷储藏量,记为C,国际单位是法拉(F)。一般来说,电荷在电场中会受力而移动,当导体之间有了介质,则阻碍了电荷移动而使得电荷累积在导体上,造成电荷的累积储存,最常见的例子就是两片平行金属板。

在负载R_L两端并接上电容值较大的电解电容,如图4.2.9所示,可将脉冲直流电过滤成较平稳的直流电,称为滤波。波形②将会变得较为平滑或成一条直线③。

滤波的基本原理：电容 C 两端的初始电压为 0，接入交流电源 U 后，当 U 为正半周时，D_2、D_5 导通，U 通过 D_2、D_5 对电容充电；当 U 为负半周时，D_3、D_4 导通，U 通过 D_3、D_4 对电容充电。由于充电回路等效电阻很小，所以充电很快，电容 C 迅速被充到交流电压的最大值 U_{max}。此时二极管的电压始终小于或等于 0，故二极管均截止，电容不可能放电，输出电压恒为 U_{max}。

综上所述，交流电通过整流、滤波可以变成直流电，这就是一般稳压电源的基本原理。

4.2.3.3 稳压电路

LM317 是美国国家半导体公司的三端可调整稳压器集成电路。LM317 的输入最高电压为 30 多伏，输出电压为 1.5～32 V，电流 1.5 A，不过在使用的时候要注意功耗问题和散热问题。LM317 有三个引脚：一个输入、一个输出、一个电压调节。输入引脚接输入正电压，输出引脚接负载。电压调节引脚分两路：一路与输出引脚间接电阻（200 Ω 左右），另一路与地之间接可调电阻（几千欧）。输入和输出引脚对地要接滤波电容。

LM317 的典型线性调整率为 0.01%，典型负载调整率为 0.1%。纹波抑制比为 80 dB，具有输出短路保护及过流、过热保护，标准三端晶体管封装。稳压电路的原理图如图4.2.10 所示。当外部电容应用于任何集成电路稳压时，有时需要加保护二极管以防止电容在低电流点向稳压器放电，LM317 的引脚如图 4.2.11 所示。

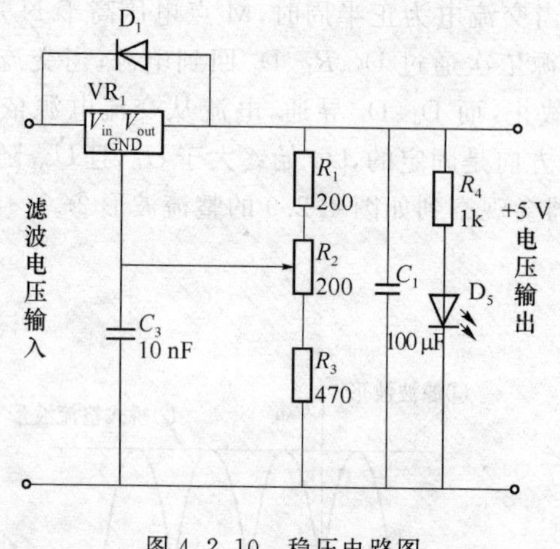

图 4.2.10 稳压电路图

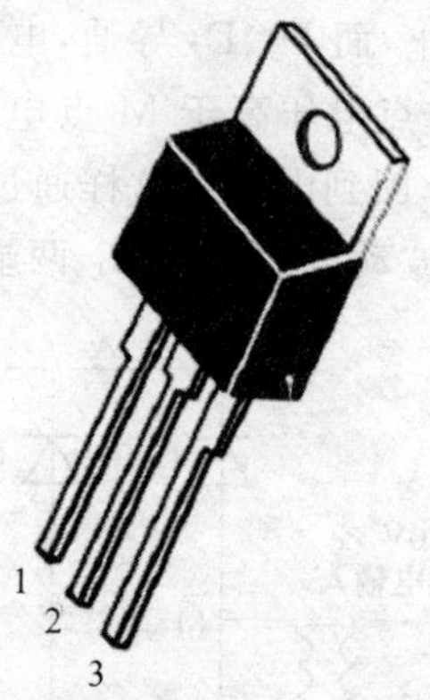

图 4.2.11 LM317 引脚

如图 4.2.11 所示，1 脚为调节脚，2 脚为输出脚，3 脚为输入脚，其中 2 脚与散热片的表面是连接的。

电源指示电路是由一个发光二极管构成，利用发光二极管的发光作用，指示电路的工作情况：当发光时说明电路正常工作，不发光时说明电路不工作，如果电路电流过大，会把发光二极管烧毁，这样就可以检查电源电路是否开路或者短路。

4.2.3.4 放大电路的设计

1. 反相交流放大器

反相交流放大器可代替晶体管进行交流放大，可用于扩音机前置放大等，电路无须调试。

放大器采用单电源供电，由 R_1、R_2 组成$\frac{1}{2}U_+$偏置，C_1 是消振电容。如图 4.2.12 所示，放大器电压放大倍数 A_v 仅由外接电阻 R_i、R_f 决定，$A_v=-\frac{R_f}{R_i}$，负号表示输出信号与输入信号相位相反。按图中所给数值，$A_v=-10$。此电路输入电阻为 R_i，一般情况下先取 R_i 与信号源内阻相等，然后根据要求的放大倍数再选定 R_f。C_o 和 C_i 为耦合电容。

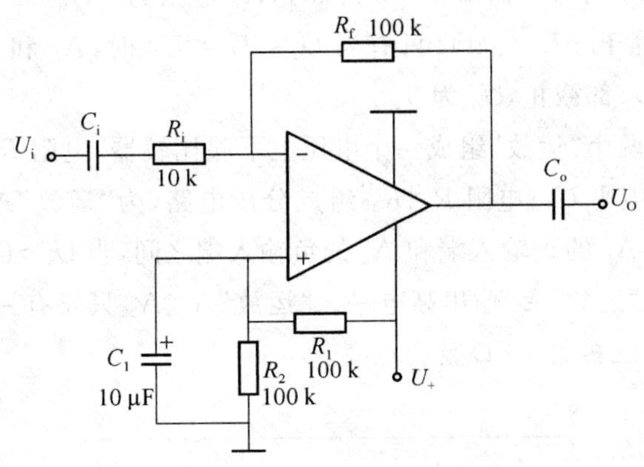

图 4.2.12 反相交流放大器

2. 同相交流放大器

同相交流放大器的特点是输入阻抗高。其中的 R_1、R_2 组成$\frac{1}{2}U_+$分压电路，通过 R_3 对“运放”进行偏置。电路的电压放大倍数 A_v 也仅由外接电阻决定：$A_v=1+\frac{R_f}{R_4}$，电路输入电阻为 R_3 和 R_4，它们的阻值范围为几千欧到几十千欧，如图 4.2.13 所示。

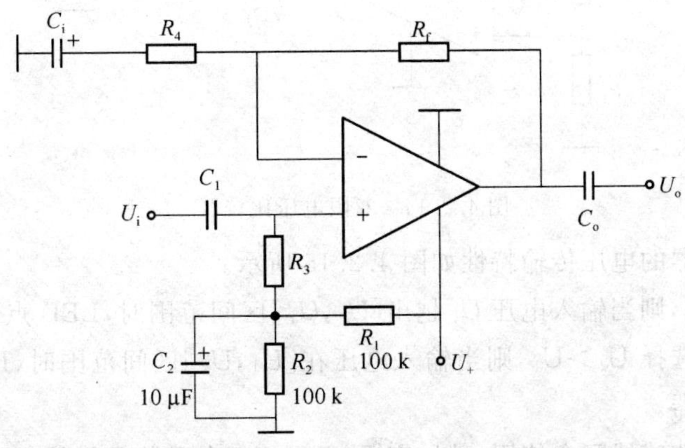

图 4.2.13 同相交流放大器

4.2.3.5 比较器电路设计

单限比较器只能检测一个电平，若要检测 U_i 是否处于 U_1 和 U_2 两个电平之间，则需采用双限电压比较器（又称窗口比较器）。双限电压比较器常用于工业系统控制中，当被监测的对象（如温度、液位）超出要求的范围时，便可以发出指示信号。

当去掉“运放”的反馈电阻时，或者说反馈电阻趋于无穷大时(即开环状态)，理论上认为“运放”的开环放大倍数也为无穷大(实际上是很大，如 LM324“运放”开环放大倍数为 100 dB，即 10 万倍)。此时“运放”便形成一个电压比较器，其输出不是高电平(V_+)，就是低电平(V_-或接地)。当正输入端电压高于负输入端电压时，“运放”输出低电平。当 $U_i>U_2>U_1$ 时，A_2 输出 $+U_o(sat)$，A_1 输出 $-U_o(sat)$，故二极管 VD_2 导通，VD_1 截止，U_o 则近似等于 $+U_o(sat)$；当 $U_i<U_1<U_2$ 时，A_2 输出为 $-U_o(sat)$，A_1 输出为 $+U_o(sat)$，二极管 VD_2 截止，VD_1 导通，U_o 也近似等于 $+U_o(sat)$；只有当 $U_1<U_i<U_2$ 时，A_1 和 A_2 的输出均为 $-U_o(sat)$，二极管 VD_1、VD_2 都截止，U_o 为 0。

如图 4.2.14 使用两个“运放”组成一个电压上下限比较器，电阻 R_1、R_1'组成分压电路，为“运放”A_1 设定比较电平 U_1；电阻 R_2、R_2'组成分压电路，为“运放”A_2 设定比较电平 U_2。输入电压 U_i 同时加到 A_1 的正输入端和 A_2 的负输入端之间，当 $U_i>U_1$ 时，“运放”A_1 输出高电平；当 $U_i<U_2$ 时，“运放”A_2 输出高电平。“运放”A_1、A_2 只要有一个输出高电平，晶体管 BG_1 就会导通，发光二极管 LED 就会点亮。

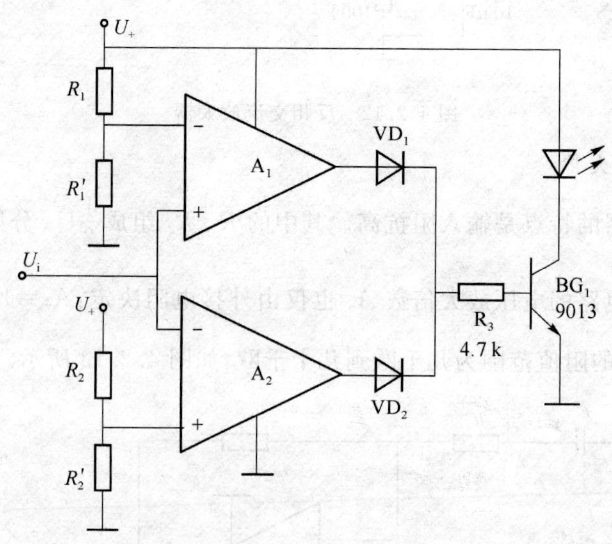

图 4.2.14　双限电压比较器

双限电压比较器的电压传输特性如图 4.2.15 所示。

若选择 $U_1>U_2$，则当输入电压 U_i 越出$[U_2,U_1]$区间范围时，LED 点亮，这便是一个电压双限指示器。若选择 $U_2>U_1$，则当输入电压在$[U_1,U_2]$区间范围时，LED 点亮，这是一个“窗口”电压指示器。

此电路与各类传感器配合使用，稍加变通，便可用于各种物理量的双限检测、短路、断路报警等。

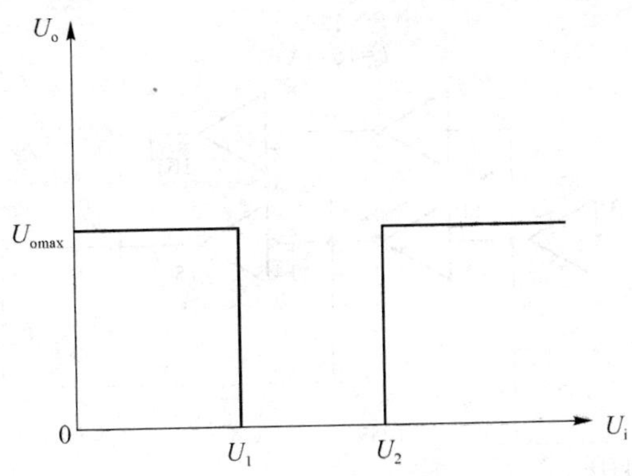

图 4.2.15 双限电压比较器的电压传输特性

4.3 超声波防盗报警器

4.3.1 工作原理

4.3.1.1 超声波防盗报警的工作原理

利用超声波传感器作为发射头和接收头，发射器向被探测区域发射等幅超声波，接收器接收反射回来的超声波。在没有移动物体进入被探测区域时，反射回来的超声波是等幅的。当有活动的物体进入探测区域时，反射回来的超声波幅度不等，并且不断变化，接收电路检测到变化的信号控制电路做出反应，即驱动报警。

超声波防盗报警器按照结构和安装方法的不同分为两种类型：一种是将两个超声波换能器安装在同一个壳体内，即收、发合置型，其工作原理是基于声波的多普勒效应，也称为多普勒型。在没有移动物体进入被探测区域时，反射回来的超声波是等幅的；当有活动的物体进入探测区域时，反射回来的超声波幅度不等，并且不断变化。其发射的超声波的能场分布具有一定的方向性，一般为面向方向区域呈椭圆形能场分布。另一种是将两个换能器分别放置在不同的位置，即收、发分置型，称为声场型探测器。它的发射机与接收机多采用非定向型（即全向型）换能器或半向型换能器。非定向型换能器产生半球型的能场分布模式，半向型换能器产生锥形能场分布模式。

超声波防盗报警器使用的领域：可以探测活动物体的超声波探测器有着广泛的用途，例如，自动开关门的检测、控制器；电梯自动启动器；防盗报警探测器等。这种探测器的特点是可以判断被探测区域内有无活动的人、动物或其他移动的物体，控制范围较大，可靠性高。

超声波连续波信号发送电路示例如图 4.3.1 所示。

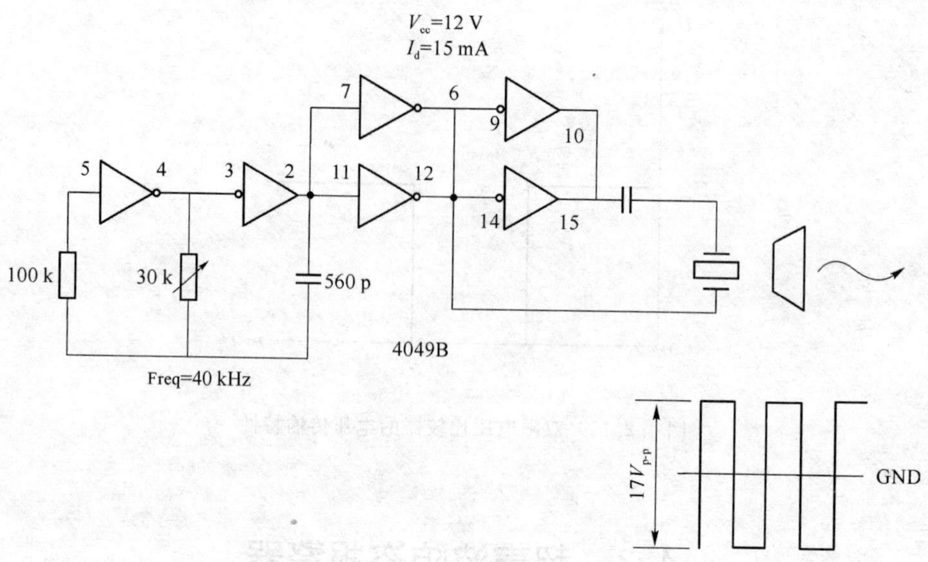

图 4.3.1　超声波连续波信号发送电路示例

4.3.1.2　超声波测距原理

1. 超声波发生器

超声波发生方式可以分为两大类:电气方式和机械方式。电气方式包括压电型、磁致伸缩型和电动型等;机械方式有加尔统笛、液哨和气流旋笛等。它们所产生的超声波的频率、功率和声波特性各不相同,因而用途也各不相同。目前常用的是压电式超声波发生器,其实际上是利用压电晶体的谐振来工作的。它有两个压电晶片和一个共振板。当它的两极外加脉冲信号、其频率等于压电晶片的固有振荡频率时,压电晶片将会发生共振,并带动共振板振动,产生超声波;反之,如果两电极间未外加电压,当共振板接收到超声波时,将压迫压电晶片作振动,将机械能转换为电信号,就成为超声波接收器。

2. 超声波测距原理

超声测距使用脉冲反射式,即利用超声的反射特性。超声波测距原理是通过超声波发射传感器向某一方向发射超声波,在发射的同时开始计时。超声波在空气中传播,途中碰到障碍物就立即返回来,超声波接收器收到反射波就停止计时。常温下超声波在空气中的传播速度为 $c=340\ \text{m/s}$,根据计时器记录的时间 t,就可以计算出发射点距障碍物的距离。

超声波传感器包括三部分:超声换能器、处理单元和输出级。首先处理单元对超声换能器加以电压激励,其受激后以脉冲形式发出超声波,接着超声换能器转入接收状态(相当于一个麦克风),处理单元对接收到的超声波脉冲进行分析,判断收到的信号是不是所发出的超声波的回声。如果是,就测量超声波的行程时间,根据测量的时间换算为行程(超声波在空气中的速度可以近似为定值),再除以 2 ,即为反射超声波的物体距离。其基本过程如图 4.3.2 所示。

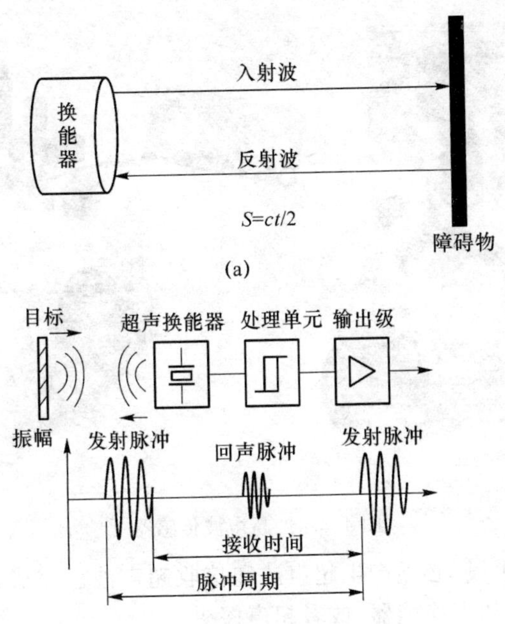

图 4.3.2 超声波测距的基本原理图

3. 频率选择

超声波频率越高，发射的扩散角越小，波束越细，指向性越好。但是，超声波频率增高会产生较多的旁瓣，引起近场的干涉。根据超声波的传播特性、日常测距的距离范围要求，以及可购买到的传感器的性价比等因素，一般选择 40～50 kHz 频率的超声波传感器，波束角一般不大于 30 度。超声波在空间传播的波束角如图 4.3.3 所示。另外，也要考虑传感器的结构，易于安装、可靠性好等因素。

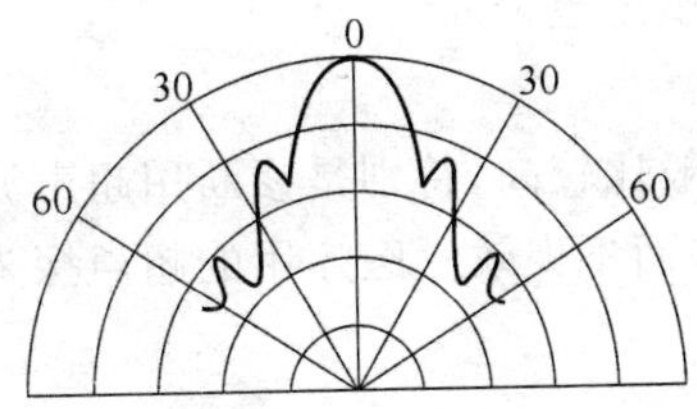

图 4.3.3 超声波在空间传播的波束角

4.3.2 主要元器件选型

4.3.2.1 超声波传感器选择

超声波传感器是利用超声波的特性研制而成的传感器。超声波是一种振动频率高于声波的机械波，由换能晶片在电压的激励下发生振动产生的，它具有频率高、波长短、绕射现象小等特点，特别是方向性好，能够成为射线而定向传播，如图 4.3.4 所示。

超声波对液体、固体的穿透本领很大，尤其是在不透明的固体中，它可以穿透几十米的深度。超声波碰到杂质或分界面会产生明显的反射形成回波，碰到活动物体能产生多普勒效应。因此超声波检测广泛应用在工业、国防、生物医学等方面。

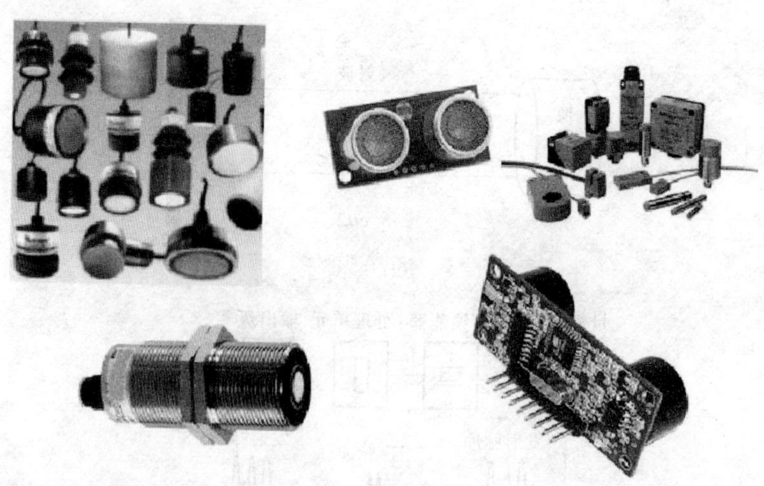

图 4.3.4　超声波传感器

以超声波作为检测手段,必须产生超声波和接收超声波。完成这种功能的装置就是超声波传感器,习惯上称为超声换能器,或者超声探头。

超声波探头主要由压电晶片组成,既可以发射超声波,也可以接收超声波。小功率超声探头多用于探测。它有许多不同的结构,可分直探头(纵波)、斜探头(横波)、表面波探头(表面波)、兰姆波探头(兰姆波)、双探头(一个探头反射、一个探头接收)等。

超声探头的核心是其塑料外套或者金属外套中的一块压电晶片,构成晶片的材料可以有许多种。晶片的大小,如直径和厚度也各不相同,因此每个探头的性能是不同的,使用前必须先了解它的性能。超声波传感器的主要性能指标包括:

1. 工作频率

工作频率就是压电晶片的共振频率。当加到它两端的交流电压的频率和晶片的共振频率相等时,输出的能量最大,灵敏度也最高。

2. 工作温度

由于压电材料的居里点一般比较高,特别是诊断用超声波探头使用功率较小,所以工作温度比较低,可以长时间地工作而不失效。医疗用的超声探头的温度比较高,需要单独的制冷设备。

3. 灵敏度

灵敏度主要取决于制造晶片本身。机电耦合系数大,灵敏度高;反之,灵敏度低。

超声波传感技术应用在生产实践的不同领域,而医学应用是其最主要的应用之一,下面以医学为例说明超声波传感技术的应用。超声波在医学上的应用主要是诊断疾病,它已经成为临床医学中不可缺少的诊断方法。超声波诊断的优点是:对受检者无痛苦、无损害、方法简便、显像清晰、诊断的准确率高等,因而容易推广,受到医务工作者和患者的欢迎。超声波诊断可以基于不同的医学原理,下面来看看其中有代表性的一种所谓的 A 型方法。这个方法是利用超声波的反射,当超声波在人体组织中传播遇到两层声阻抗不同的介质界面时,在该界面就产生反射回声。每遇到一个反射面时,回声在示波器的屏幕上就显示出来,而两个界面的阻抗差值也就决定了回声的振幅的高低。

在工业方面,超声波的典型应用是对金属的无损探伤和超声波测厚度两种。过去,许多技术因为无法探测到物体组织内部而受到阻碍，超声波传感技术的出现改变了这种状况。当然更多的超声波传感器是固定地安装在不同的装置上，“悄无声息”地探测人们所需要的信号。在未来的应用中，超声波将与信息技术、新材料技术结合起来，将出现更多的智能化、高灵敏度的超声波传感器。

超声波距离传感器可以广泛应用在物位（液位）监测、机器人防撞、接近开关，以及防盗报警等方面，工作可靠，安装方便，可以防水，发射夹角较小，灵敏度高，与工业显示仪表连接方便。

采用敏感元件 T40-16，R40-16 作为超声波发射、接收传感器，其详细介绍如下。这种传感器具有良好的温度特性和耐振动、抗冲击等特点。超声波发射器和接收器并排放在一起，发射器发射超声波，接收器接收反射回来的超声波，通过反射的超声波可以判断有无被探测物体的存在及存在的距离。发射器向被探测区域发射等幅超声波，接收器接受发射回来的超声波，在没有移动物体进入被探测区域时，反射回来的超声波是等幅的；当有活动的物体进入探测区域时，反射回来的超声波幅度不等，并且不断变化。其性能参数见表4.3.1。

表 4.3.1 超声波传感器电性能参数

型号	用途	中心频率 kHz	带宽 kHz/dB	灵敏度 dB	电容量 pF	绝缘电阻 MΩ	最大输出电压 mV
UCM-40T	发射	40	96	110	1 700	>100	20
UCM-40R	接收	40	−73	−65	1 700	>100	

4.3.2.2 振荡器选择

采用 NE555 构成多谐振荡器来产生 40 kHz 方波信号。555 定时器是模拟功能和数字逻辑功能相结合的一种双极型中规模集成器件。外加电阻、电容可以组成性能稳定而精确的多谐振荡器、单稳电路、施密特触发器等。

555 定时器的内部原理框图和引脚图如图 4.3.5 所示。

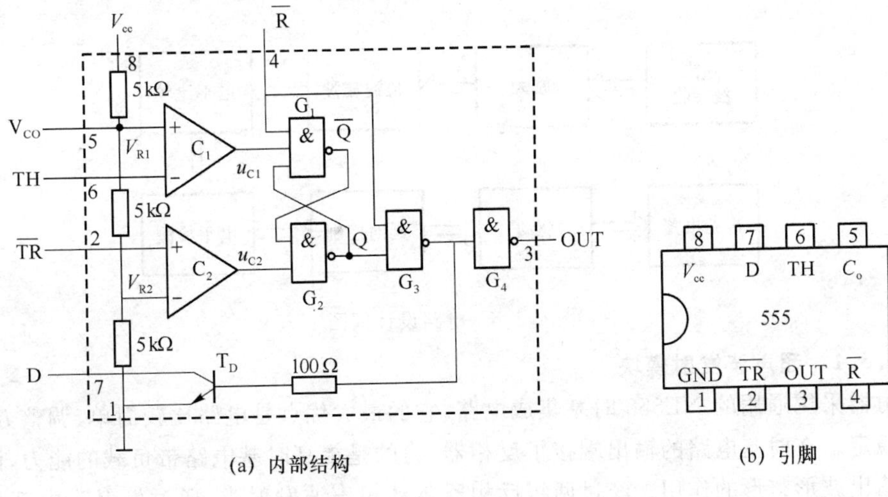

图 4.3.5 555 内部结构及引脚图

555 定时器是由上、下两个电压比较器、三个 5 kΩ 电阻、一个 RS 触发器、一个放电三极管 T_D 以及功率输出级组成。比较器 C_1 的同相输入端 5 接到由三个 5 kΩ 电阻组成的分压网络的 $\frac{2}{3}V_{cc}$ 处，反相输入端 6 为阈值电压输入端。比较器 C_2 的反相输入端接到分压电阻网络的 $\frac{1}{3}V_{cc}$ 处，同相输入端 2 为触发电压输入端，用来启动电路。两个比较器的输出端控制 RS 触发器。RS 触发器设置有复位端 $\overline{R}$，当复位端处于低电平时，输出端 3 为低电平。控制电压端 5 是比较器 C_1 的基准电压端，通过外接元件或电压源可改变控制端的电压值，即可改变比较器 C_1、C_2 的参考电压。不用时可将它与地之间接一个 0.01 μF 的电容，以防止干扰电压引入。555 的电源电压范围是＋4.5～＋18 V，输出电流可达 100～200 mA，能直接驱动小型电机、继电器和低阻抗扬声器。CMOS 集成定时器 CC7555 的功能和 TTL 集成定时电路完全一样，但驱动能力小一些，内部结构也不同，555 定时器的功能表见表 4.3.2。

表 4.3.2　555 定时器功能表

$\overline{TR}$(触发)	TH(阈值)	$\overline{R}$(复位)	D(放电端)	OUT(输出)
$>\frac{1}{3}V_{cc}$	$>\frac{2}{3}V_{cc}$	H	导通	L
$>\frac{1}{3}V_{cc}$	$<\frac{2}{3}V_{cc}$	H	原状态	
$<\frac{1}{3}V_{cc}$	$<\frac{2}{3}V_{cc}$	H	截止	H
×	×	L	导通	L

4.3.3　电路原理分析

超声波防盗报警器的电路总设计图如图 4.3.6 所示。

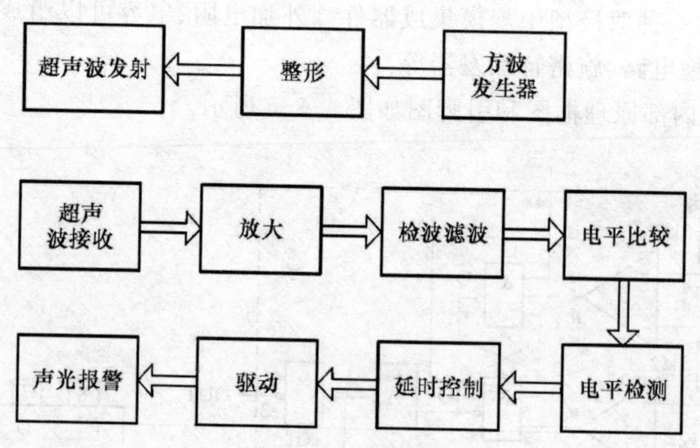

图 4.3.6　电路设计框图

4.3.3.1　超声波发射模块

发射器采用通用的 NE555 时基集成电路，它的最大优点是电路比较简单、调整方便，而且频率稳定。在时基电路的输出端接了反相器，为的是提高时基电路带负载的能力，同时也起到对输出波形整形的作用。经过两级反相器驱动超声波发射头，通过发射头内部的陶瓷激励器和谐振片转换成机械振动信号，经锥形辐射口将 40 kHz 的方波信号以最大的声压能级向空间辐射出去。

如图 4.3.7 所示，由 555 定时器和外接元件 R_1、R_2、C 构成多谐振荡器，脚 2 与脚 6 直接相连。电路没有稳态，仅存在两个暂稳态，电路亦不需要外加触发信号，利用电源通过 R_1、R_2 向 C 充电，以及 C 通过 R_2 向放电端脚 7 放电，使电路产生振荡。电容 C 在 $\frac{1}{3}V_{cc}$ 和 $\frac{2}{3}V_{cc}$ 之间充电和放电，其波形如图(b)所示。输出信号的时间参数如公式 4.3.1 所示。

$$T=t_{w1}+t_{w2}\text{ , }t_{w1}=0.7(R_1+R_2)C\text{ , }t_{w2}=0.7R_2C \tag{4.3.1}$$

555 电路要求 R_1 与 R_2 均应大于或等于 1 kΩ，但 R_1+R_2 应小于或等于 3.3 MΩ。

外部元件的稳定性决定了多谐振荡器的稳定性，555 定时器配以少量的元件即可获得较高精度的振荡频率和具有较强的功率输出能力。

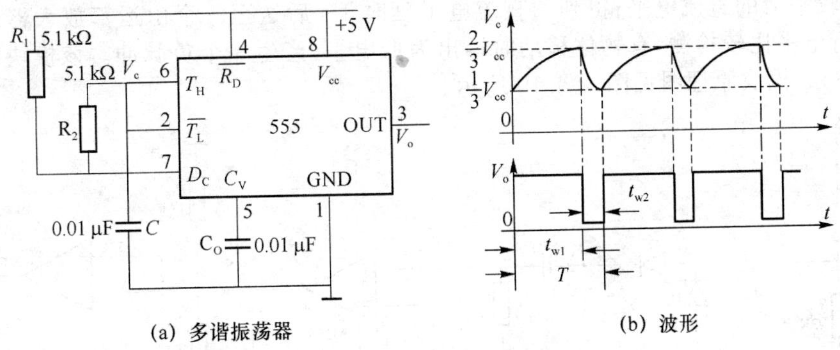

图 4.3.7 555 定时器构成的多谐振荡器电路及工作波形

超声波发射模块的原理图如图 4.3.8 所示。

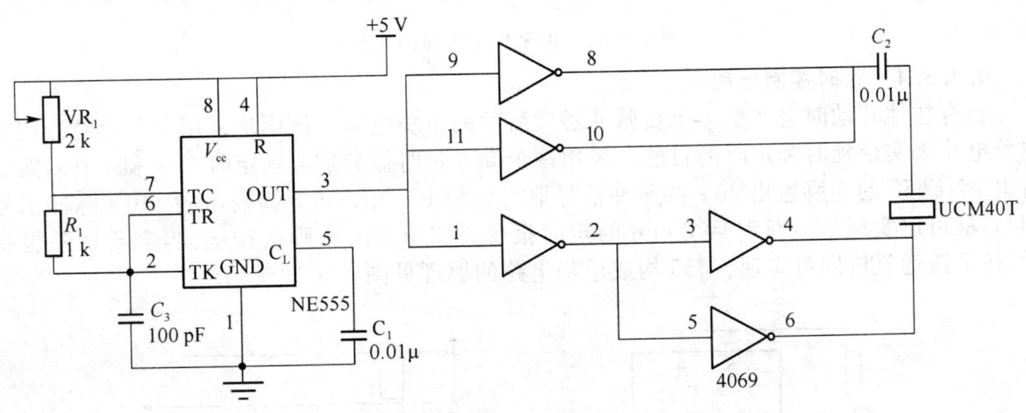

图 4.3.8 超声波发射模块原理图

4.3.3.2 超声波接收放大与检波滤波电路

接收到的信号经过 R_6、C_4 滤波后，经过运算放大器作为前级放大，放大倍数为 $A_1=R_7/R_5=47$，又经过 $A_2=R_9/R_8=47$，总的增益 $A=47\times47$；放大的信号经过二极管 D_1、D_2 进行幅度检波后，在所探测的区域没有物体移动时输出为零，当存在活动的物体时即有电压信号。运算放大器采用的是 TL082，该模块原理图如图 4.3.9 所示。

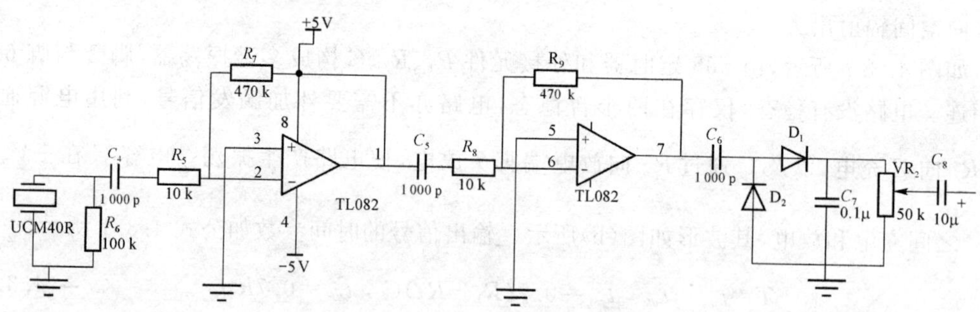

图 4.3.9　超声波接收放大与检波滤波电路

4.3.3.3　电平比较与检测电路

当存在活动的物体时即有电压信号，再经过滤波和“运放”放大，经二极管 D_3、D_4 整流后得到比较平滑的直流电平；得到的直流电平延时 1 s 后送至一个由运算放大器组成的比较器，进行电平比较检测，有物体移动时输出为低电平，产生一个负脉冲。该模块“运放”用的是 LM358，模块原理图见图 4.3.10 所示。

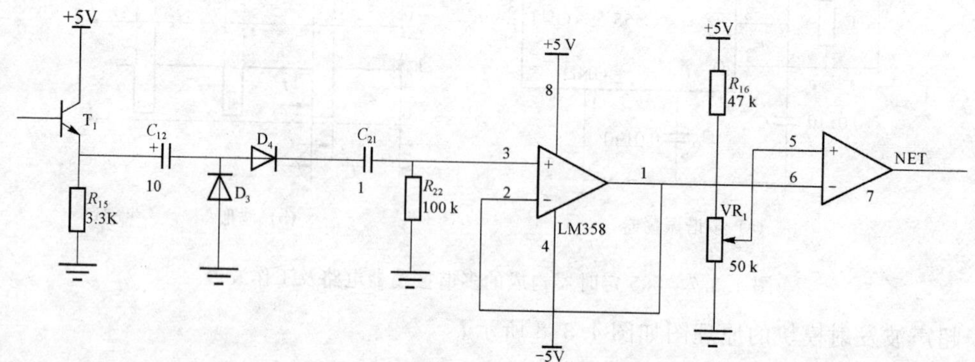

图 4.3.10　电平比较与检测电路

4.3.3.4　延时控制电路

当有物体移动时会产生一个负脉冲触发后面的单稳电路。该模块采用 555 定时器构成单稳电路来实现延时和定时的目的。采用两个 555 定时器分别实现定时 20 s 和 140 s，然后将 IC_2 NE555 的 3 脚输出 20 s 的脉冲信号取反后与 IC_3 NE555 3 脚输出的 140 s 脉冲信号相与，就可以实现 20 s 延时后 2 min 的定时报警。将 IC_3 的 4 脚接按键，当需要切除警报时，按下该键复位即可实现。555 构成单稳电路的原理见图 4.3.11 所示。

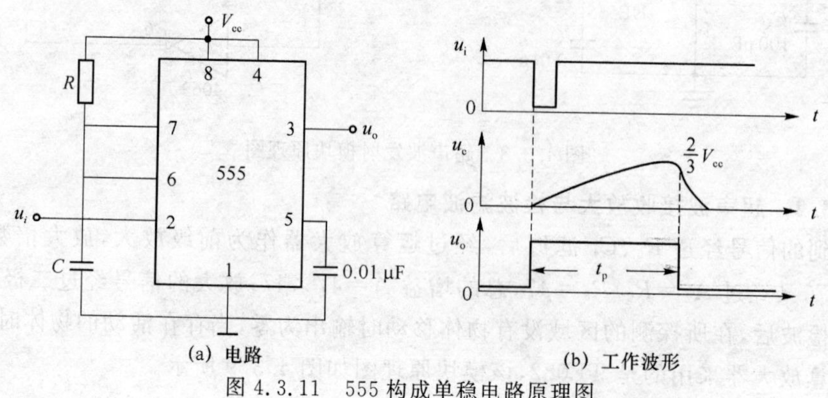

图 4.3.11　555 构成单稳电路原理图

接通 V_{cc} 后瞬间，V_{cc} 通过 R 对 C 充电，当 u_c 上升到 $\frac{2}{3}V_{cc}$ 时，比较器 C_1 输出为 0，将触发器置“0”，$u_o=0$。这时 $Q=1$，放电管 T 导通，C 通过 T 放电，电路进入稳态。u_i 到来时，因为 $u_i<\frac{1}{3}V_{cc}$，使比较器 C_2 输出为 0，触发器置“1”，u_o 又由“0”变为“1”，电路进入暂稳态。由于此时 $Q=0$，放电管 T 截止，V_{cc} 经 R 对 C 充电。虽然此时触发脉冲已消失，比较器 C_2 的输出变为“1”，但充电继续进行，直到 u_c 上升到 $\frac{2}{3}V_{cc}$ 时，比较器 C_1 输出为“0”，将触发器置“0”，电路输出 $u_o=0$，T 导通，C 放电，电路恢复到稳定状态。脉冲宽度 $t_p=1.1RC$。

该模块的时序图和原理图如图 4.3.12 所示。有人进入时产生一个负的触发脉冲，触发定时器产生 20 s 延时，在 20 s 内若未解除警报，则产生 2 min 定时报警；若在 20 s 内按复位键解除警报，则不会触发声光报警电路。

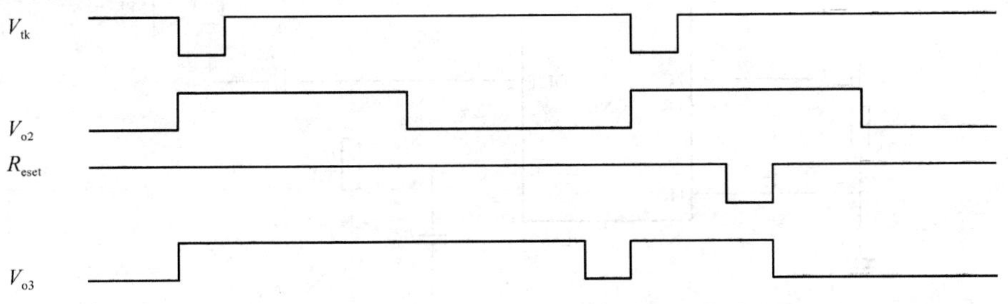

(a) 延时控制电路的时序图

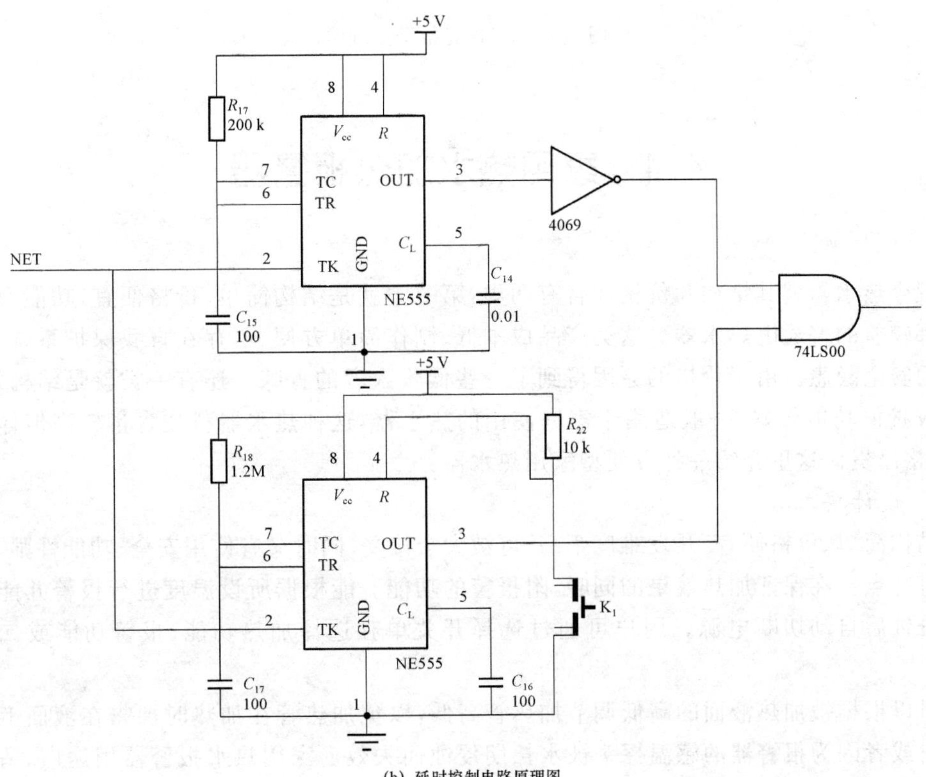

(b) 延时控制电路原理图

图 4.3.12 延时控制模块

4.3.3.5 声光报警电路

声光报警电路模块用555构成多谐振荡器产生一定频率的方波信号来驱动发光二极管和扬声器，从而实现声光报警。555的复位脚是由2 min的定时信号来控制的，当2 min未到时，复位脚为高电平正常工作，当时间到了之后，复位脚为低电平，停止工作。该模块的原理图如图4.3.13所示。

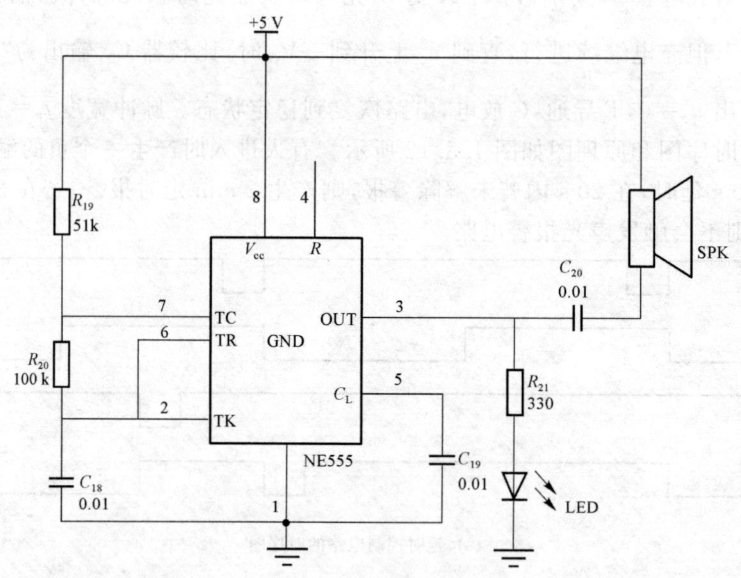

图4.3.13　声光报警原理图

4.4 家用热水加热报警器

现今热水器就其结构和价格而言有两类：第一类就是结构简单，价格便宜，功能及使用性能都较差的普通电热水器。这类产品成本低、制作简单方便、不存在自我保护系统、存在较大的安全隐患。由于价格的原因得到了一些低收入者的青睐。还有一类就是结构复杂、价格较贵但功能较好，一般适用于家庭使用的热水器，这种热水器科技含量较高但体积庞大、价格昂贵。这里介绍一种方便型家用热水器。

1. 设计要求

结构简单、价格便宜、开发难度不高、可被大众接受，同时又有使用安全、功能性强、适应性强等特点。在保证加热效果的同时，附报警的功能。能根据所设温度进行报警并能在报警半分钟后自动切断电源。用户可通过选择开关单独选择加热功能、报警功能或二者均使用。

可以根据被加热液面的高低调节加热管高低，以免加热管在加热时裸露在液面上而引起火灾或者因为报警器的感温探头被水长期侵蚀而失效。家用热水报警器用途广、适应性强，可以用来加热日常用水，也可以用来加热牛奶、果汁、茶水等，同时因不受容器外形限制，不论是小口杯还是水桶，它均有用武之地。加热温度可在 22～99℃之间自由选择，仅需要把水烧开时，关闭报警功能及感温探头即可。

2. 方案的确定

采用多种形状加热管，适用于不同的加热环境，如开水壶、水桶、口杯、面盆等一些高度较低但是口径大的容器。在感温探头上加装保险盒，该保险盒有较高的导热性且不易被腐蚀，损坏后又可方便拆换。

3. 外观结构的设计

如图 4.4.1 所示，该具有报警功能的家用热水加热器由底座、支撑臂、夹紧旋钮、横梁、加热管插座、加热管、温度探头等构成。

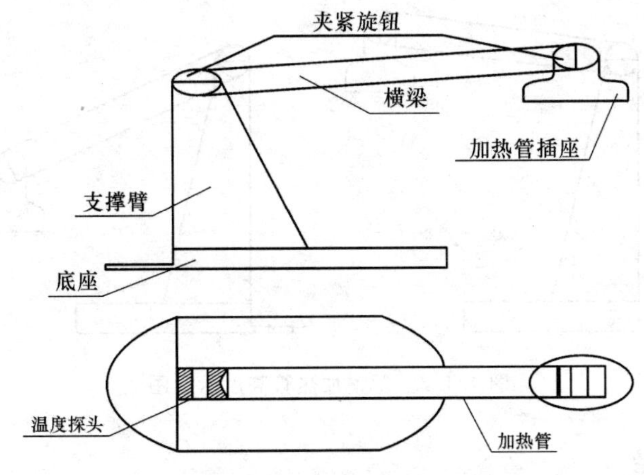

图 4.4.1 外观设计简图

4.4.1 加热管 T 系列

加热管 T 系列共有 3 种外形的加热管，可方便地在加热管插座上插拔，像插拔灯泡一样。T 系列加热管适用于不同的使用条件。

T1 用于加热小口杯中的水，特点是管径较小、功率低。它的水平面投影为圆形，面积较小，高度为 5 cm 左右，因此可以方便地深入口径与高度都较小的口杯里。

T2 用于加热水位较深或者开水壶中的水。与一般的“热得快”加热管一样，成长条形，仅仅在其头部设有卡槽，该槽的作用是将加热管固定在加热管插座内，并使其与座中的金属片接触，以保证供电电路的畅通。

T3 用于加热横截面积较大、容量较大，但水位不高的容器中的水。比如说一大盆水，用 T1 将耗费较多的时间，无法达到快速加热的目的；T2 又无法保证加热管完全伸入液体中。因此，T3 在 T1 的基础上将小口杯的直径放大 5 倍，深度也提高到 20 cm。

4.4.2 加热管插座

加热管插座用来连接加热管和温度探头。像灯泡插座一样，加热管插入后即被卡紧，同时和插座内的金属触点接触，供电路导通，当需要更换加热管时，也像更换灯泡一样方便。加热管插座上还有一个重要部件——温度探头。需要测温时，旋下该探头，测量回路导通；不需要测量时，将探头旋入插头内的凹槽里，断开测量回路，同时保护探头免受侵蚀。

4.4.3 温度探头

温度探头主要由热敏电阻 RT 构成，为了保护热敏电阻，将它置于一保险盒内，该保险盒的作用是防止水侵入热敏电阻上而将探头侵蚀。当选择不使用报警功能时，应将整个探头旋入加热管插座中的凹槽内。

4.4.4 支撑臂和横梁

当加热不同高度液面时，需改变加热管的高度，以免烧毁器件。如图 4.4.2 所示，调整支撑臂和横梁的相对角度，调整好之后旋紧夹紧旋钮即可。

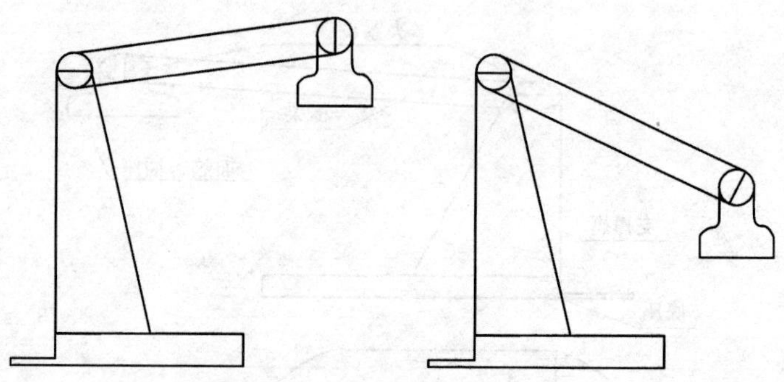

图 4.4.2 调整加热管高度示意图

4.4.5 底座

用来支撑整个加热器。在底座的后半部设置一个平台，其上可放置重物，用来保持加热器平衡；或者直接在底座内部放置一个小铁块，由于横梁、功能座及加热管等重量都较轻，所以铁块的质量也不需太重。同时底座也是整个加热管的控制中心所在，在底座上设有总电源开关、功能选择开关、保险丝等，并且大部分控制电路都设置在底座里。

4.4.6 控制电路设计及其计算

要实现自动温控的功能，仅有一个加热管是不够的。以下是加热报警器的核心部分——控制电路部分，如图 4.4.3 所示。

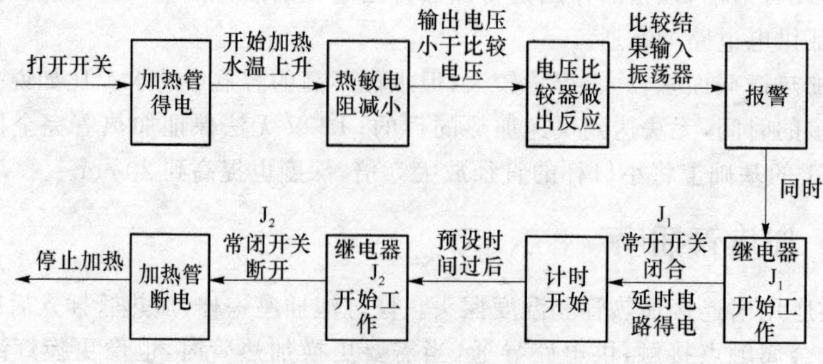

图 4.4.3 控制电路原理方框图

4.4.7 监测报警电路

监测报警电路的作用是当水温上升到预设的温度时报警，提醒用户注意。当水温上升时，置于水中的感温探头中的负系数热敏电阻阻值随之减少，加在该热敏电阻上的电压值也随之降低，当电压值下降到比较值时（该值即温度预设值，由两个分压电阻实现），电压比较器反应，其输出值影响时基电路工作与否。当时基电路工作后，便带动有音腔的压电片开始工作，发出警报声。

监测报警电路如图 4.4.4 所示。

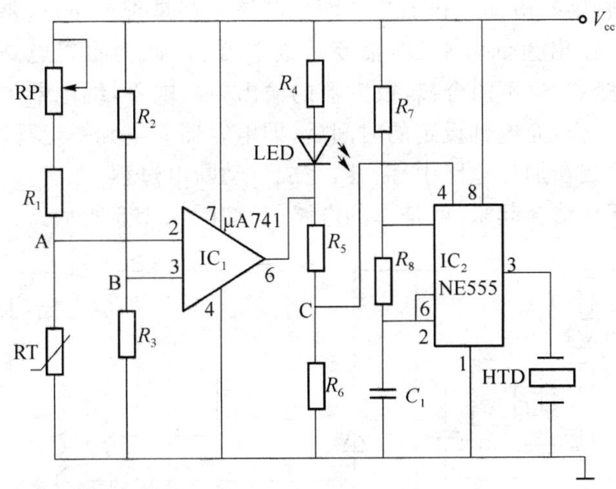

图 4.4.4 监测报警电路

4.4.8 延时电路

为了实现报警后半分钟自动停止加热这一功能，需要再设计一个延时电路。此电路在报警后开始工作，所以它应受报警电路控制。其电路图如图 4.4.5 所示。

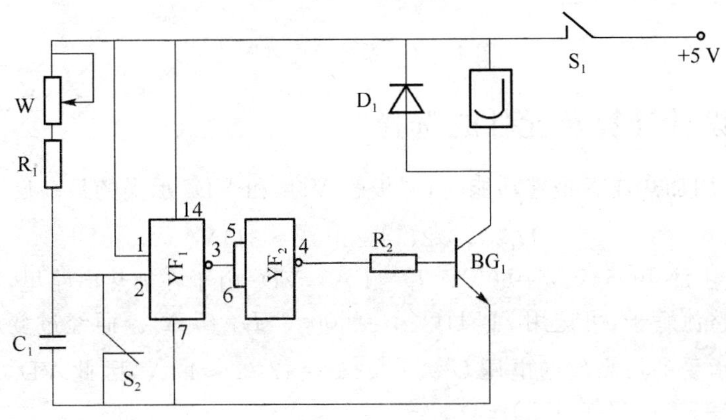

图 4.4.5 延时电路

未报警时，延时电路未通电，电路不工作；报警同时，延时开始。到达预设时间（半分钟）后，该电路自动切断供电电源，加热管停止加热。

该电路的主要元件是延时元件（电容）、开关控制元件（与非门）和动作执行元件（弱电继电器)。具体过程为:接通+5 V电源,+5 V电源经W、R_1对电容C_1充电,此时开关S_2已经断开。该开关受总电源开关(单刀双掷开关)控制,当按下总电源开关时,S_2断开,可对电容器充电;当总电源开关断开时,S_2闭合,电容器C_1通过S_2放电,以便于下次充电的进行。刚开始,由于电容器刚刚充完电,2脚为低电平,1脚接电源亦为高电平,则YF_1的3脚输出为高电平,即YF_2的5、6脚输入为高电平,那么YF_2的输出4脚为低电平,晶体管BG_1截止,继电器不动作。几分钟后,C_1充至电源电压而停止充电(或充至某一设定值时)。这时,YF_1的2脚为高电平,故3脚输出低电平,YF_1的3脚为低电平,即YF_2的5、6脚输入低电平,则YF_2的4脚为高电平。这个高电平经过R_2加到BG_1,使BG_1导通,继电器J工作,其常闭触点断开,加热管因断电而停止加热。而控制该电路是否工作,这要看运算放大器的输出结果。若放大器的输出为低电平(不报警),继电器J_1(此为报警电路上的继电器)不工作,该电路上的常开触点S_1不闭合:若放大器的输出为高电平,继电器J_1得电,常开触点闭合,则延时电路开始工作,充电到设定的时间后(即电容器充电到一定程度后),继电器J_1得电,常闭触点(此开关装在加热电路中)断开,完成自动断电过程。

将以上的各个部分结合起来,就是总的电路图,如图4.4.6所示。

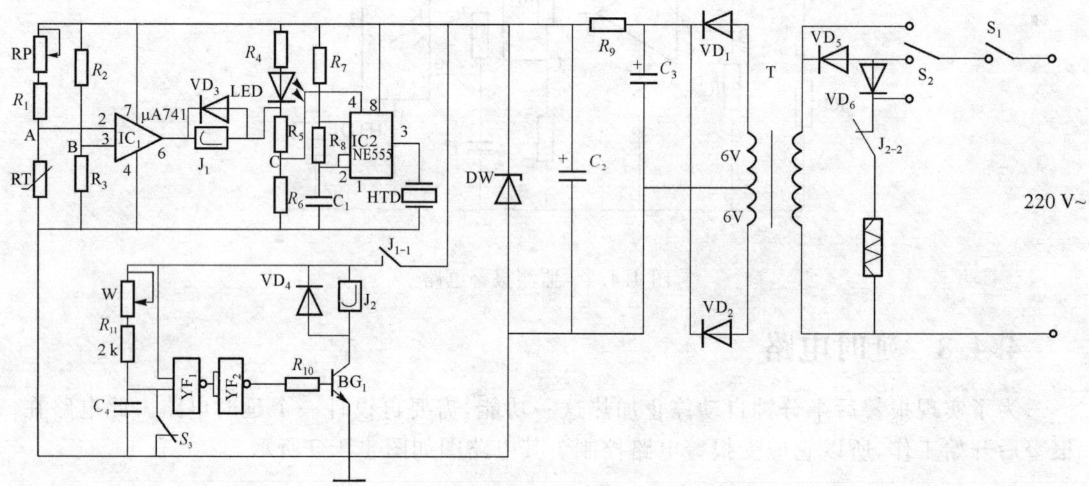

图4.4.6 系统总电路图

4.4.9 设计计算及元件的选择

当选择仅使用加热或者报警功能时,二极管VD_5和VD_6承受的最高反相电压

$$U_{DRM}=\sqrt{2}U=220\sqrt{2}\approx 311V$$

因此,VD_5可选用1N4005($V_{RM}=600$ V,$I_F=1$ A),VD_6由于在加热电路里,需要大电流,因此,要选择大的整流管子,可选用ZP5H($V_{RM}=600$ V,$I_F=5$ A)。而经过变压后,电压的幅值降低,二极管承受的最高反向电压$U_{DRM}=\sqrt{2}U=12\sqrt{2}\approx 17$ V,因此VD_1和VD_2均可选用1N4001($V_{RM}=50$ V, $I_F=1$ A)。

其余一些元器件,它们的选择并不涉及安全问题,所以,可不经过严格的计算,只要所选的元件满足电路的设计需要即可。

R_1可选阻值为12 kΩ,R_2、R_3可选100 kΩ,R_4可选1 kΩ,R_5可选82 kΩ,R_6可选30 kΩ,R_7可选12 kΩ,R_8可选100 kΩ,对R_9而言,阻值越大,滤波效果越好,但阻值太大,将使

直流电压增加，因此，R_9 选用 300 Ω 即可，R_{10} 可选 2.2 kΩ，R_{11} 可选 2 kΩ。

电容器 C_1 的值为 0.01 μF，C_2 的值为 10 μF，C_3 的值一般要求较高，采用 470 μF。以上电容对型号要求不高，而 C_4 采用漏电小的 470μF/16 V 钽电容。

电位器 RP 选取 10 kΩ，W 选取 200 kΩ。

热敏电阻采用负系数的、阻值在 51 kΩ 左右。

稳压管 DW 采用功率 0.5～1 W、稳压为 5～5.6 V 均可。

变压器 T 选用 3 W、双 6 V 的。

压电片 HTD 选用 Φ27 mm 并有助音腔的。

时基电路 IC_2 选用 NE555。

继电器选用 6 V 小型继电器。

三极管 BG_1 选用小功率 NPN 型硅管 9013，$\beta \geqslant 80$。

YF_1～YF_2 采用四与非门 CD4011。

4.5 居家老人无线监测报警系统

随着世界经济的快速发展，人们对待如何照顾家庭的思想意识在不断地改变。“丁克族”的不断增加，出生率小于死亡率，已经让世界逐渐步入人口老龄化阶段。年轻人的工作压力越来越大，几乎顾不上在家照顾家庭。独生子女的家庭越来越多，很多年轻人又长期工作在外，常常会让老人独自在家中，由于缺少必要的照顾，家庭安全无法得到保障。偶有老人外出，家中无人照看，于是便给了窃贼有机可乘的机会，许多家庭也会因此而损失惨重。

在这种状况下，居家老人无线监测系统应运而生。居家无线监测系统是现代电子技术、通信技术相结合的产物。系统通过设置监测参数传感器，感知老人的生命活动状况，同时通过室内安装的家居安全防范报警电路及时检测到家中的异常情况，从而实现家庭内部信息的采集、处理，并且实时将数据以无线方式发送，进而实现对独居老人的实时监护。系统能够缩短老人突发疾病发现的时间，改善老年人群突发疾病的整体救治率，对家庭财产也起到一定的保障作用。

4.5.1 工作原理

居家老人无线监测报警系统主要由腕带式生命信息采集终端模块、家居安全防范报警模块和主控制电路模块三部分组成。

腕带式生命信息采集终端模块主要由生命信息采集部分和无线传输部分组成。其中，生命信息采集部分是由监护参数传感器（体温传感器和脉搏传感器）采集电路组成，无线传输部分是由无线发送电路组成。腕带式生命信息采集终端控制中心电路对传感器的采集信息进行超限判断，如果确认超限后，单片机就把相应的超限报警信号利用无线发送到主控制电路。

家居安全防范报警模块主要由报警信息采集电路和无线发送电路组成。其中，报警信息采集电路主要由热释电红外传感器采集电路、烟雾传感器采集电路、煤气传感器采集电路、声音采集电路组成。无线发送电路主要由编码电路和无线发射电路组成，室内出现的异常情况经过编码电路编码后，通过无线发射发送到主控制电路。

主控制电路主要用于处理接收发送过来的报警信息，一旦有报警信息立即启动家居对外通信电路，将报警信号发送出去。家居对外通信主要负责和外界的联系，将室内的紧急情况发送到外界，让用户能够及时地发现家中的状况，并且做出迅速的判断采取相应的措施，进行及时处理。

4.5.2 系统设计方案

1. 系统的整体框图

根据居家老人无线监测报警系统的功能要求，本系统采用了模块化设计。系统总体框图给出了各个模块之间的关系，系统的总体设计思想如图 4.5.1 所示。

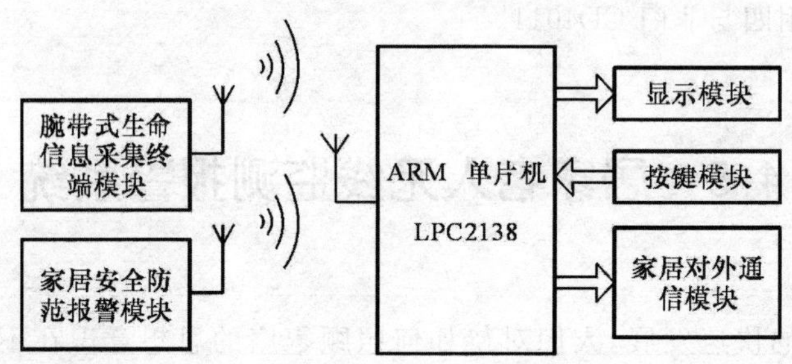

图 4.5.1 系统的整体设计框图

2. 腕带式生命信息采集终端模块设计方案

在设计腕带式生命信息采集终端模块时，数据采集部分主要利用体温传感器和脉搏传感器获取老人的体温和脉搏信息，腕带式模块单片机处理接收到的温度和脉搏信息，首先判断温度和脉搏是否超限，信息判断结束以后，如果任何一个条件超限，单片机通过无线发射模块将报警数据信息传送给主控制器电路。

3. 家居安全防范报警模块设计方案

在设计家居安全防范报警模块时，报警信息采集电路是通过设置在家庭不同位置的热释电红外传感器、烟雾传感器、煤气传感器、声音传感器分别获取相应的信息，经过编码电路编码后，通过无线发送电路将信息传递到主控制电路。安防模块主要用于防盗、防火、防天然气泄露、家居老人突发疾病以及紧急求助。

4. 家居对外通信模块设计方案

家居对外通信模块的设计实现了室内与室外的联系。该模块在硬件设计中包括振铃检测电路、模拟摘挂机电路、DTMF 编解码收发电路、语音提示电路等几个部分。家居对外通信模块是由中心控制电路模块 LPC2138 直接控制的，是通过自动拨号实现与外界的联系，可以及时将室内发生的紧急状况发送出去。单片机不断地检测报警引脚，如果检测到相应的引脚有报警信号，且一旦确定是报警信息，则系统自动播出预先设置的电话号码立刻报警或通知独居老人的子女，其子女收到报警电话后，可以尽快地做出判断并及时采取相应的措施。

4.5.3 中心控制电路的设计

居家老人无线监测报警系统的组成框图如图 4.5.2 所示。

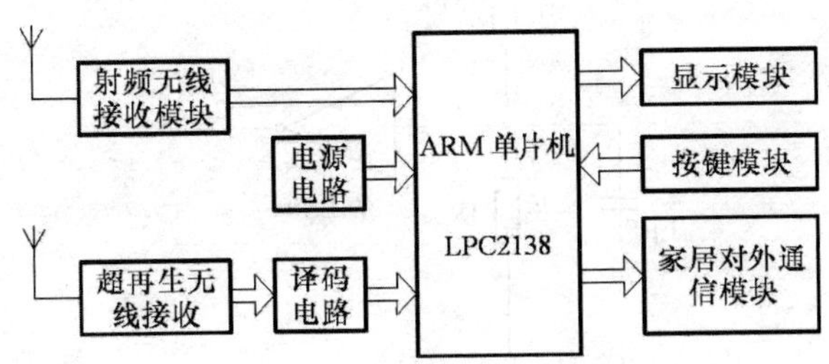

图 4.5.2 无线监测报警系统框图

主控制器 LPC2138 直接控制系统显示模块、按键报警模块和家居对外通信模块。主控制电路接收腕带式生命信息采集终端模块和家居安全防范报警模块发送的报警信息，单片机 LPC2138 不断地检测报警引脚，如果检测到相应的引脚有报警信号，就发送相应的报警信息控制指令，主控制电路负责完成各种报警信息的接收和判断处理，确定报警信息的同时触发电话报警。CPU 可自动播出预先设置好的独居老人子女的手机号码，立刻报警或通知独居老人的子女，最终实现将接收到的报警信息通过家居对外通信模块发送到外界。用户收到报警电话后，可以尽快做出判断并及时采取相应的措施。

1. 主控制器 CPU 的选择

LPC2138 是由 PHILIPS 公司制造的、基于一个支持实时仿真和嵌入式跟踪的 32 位 ARM7TDMI-STM CPU 的微控制器，带有 512 KB 的嵌入式高速 Flash 存储器、128 位宽度的存储器接口和独特的加速结构，使 32 位代码能够在最大时钟速率下运行。它对代码规模有严格控制，使其可用 16 位的 Thumb 模式将代码规模降低 30%，而性能损失却很小。LPC2138 有较小的封装、极低的功耗。它有 2 个 32 位定时器、2 个 10 位 8 路 ADC、1 个 10 位 DAC、PWM 通道、47 个 GPIO，以及多达 9 个边沿或电平触发的外部中断，使 LPC2138 可理想地用于小型系统中，如 POS 机、通信网关、协议转换器、软 modem、声音辨别等 。

2. 控制器 LPC2138 端口分配

腕带式生命信息采集终端模块和系统中心控制模块是通过 2.4 G 无线传输 nRF24L01 实现控制的。家居安全防范报警模块和系统中心控制模块是通过编解码 PT2262/PT2272 收发电路实现控制的。主控制器 LPC2138 完成各种报警信息的采集和处理，能够接收腕带式生命信息采集终端模块和家居安全防范模块发送过来的数据信息，并且能够将报警信息指令发送给家居对外通信模块。

3. 复位和电源电路的设计

复位信号是来自外部的强制性输入信号，能够实现单片机初始化。要实现清除和完全复位，就要满足振荡器的工作状况至少维持两个机器周期的高电平。复位电路有上电复位和按钮复位两种方式。复位电路如图 4.5.3 所示。

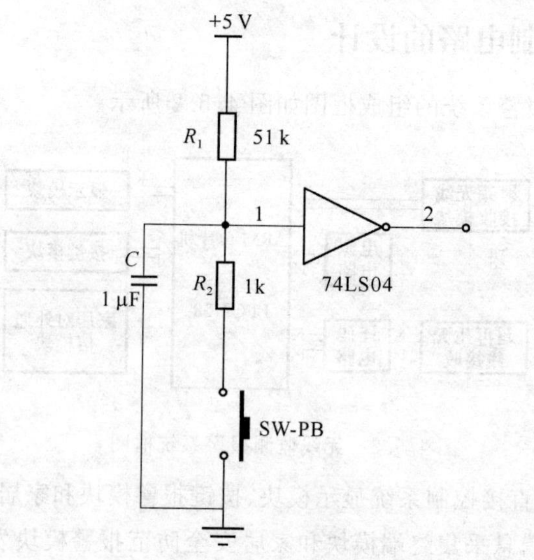

图 4.5.3　复位电路

电容 C 两端电压在接通电源瞬间是不能实现跳变的，这时电容 C 两端电压是低电平“0”，经过反相器输出后变成高电平，将输出直接和单片机复位端相连接，则可以实现 CPU 和 I/O 器件的同步复位。电源经过电阻 R 给电容 C 不断充电，电容 C 的电位就会不断地上升，经过反相器输出后电位变为低电平，单片机便不再是复位状态。单片机复位在必要的时候可以通过按钮复位。按住按钮开关，使其保持的闭合时间为几毫秒到几十毫秒，在保证电容 C 充分放电后，电容 C 拥有足够多的时间处于低电平“0”状态，经过反相器输出变成高电平，实现单片机复位。松开按钮开关时，电源 V_{cc} 经过电阻 R 给电容 C 充电，经过反相器输出变为低电平时，单片机此时便不再处于复位状态。

居家老人无线监测系统中外围器件中需要用到的工作电压是 3.3 V、5 V 等，所以设计相应的稳压电源电路是必要的。3.3 V 稳压电源电路原理为：220 V 交流电压经过变压器，能够得到 9 V 的输入直流电源，稳压电源电路如图 4.5.4 所示。

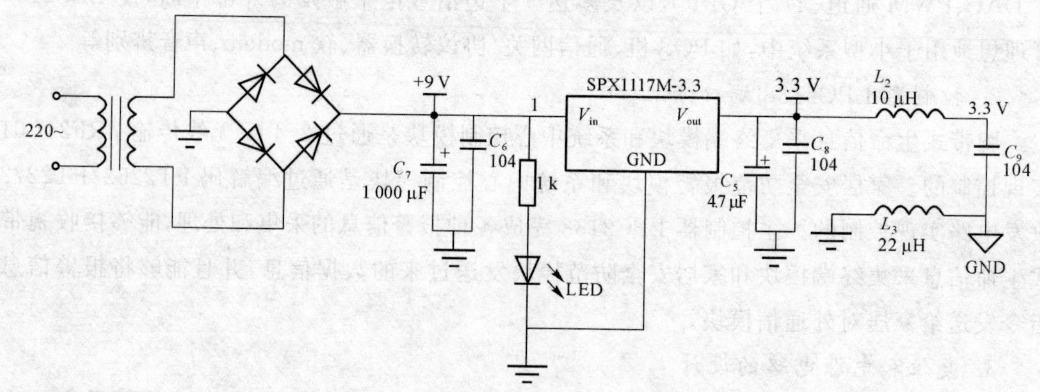

图 4.5.4　3.3 V 稳压电路图

直流电源大小为 9 V，经过起滤波作用的两个电容 C_6 和 C_7，然后通过稳压器 SPX 1117M-3.3，可以获得外围器件所需要的 3.3 V 电压。输出用钽电容，能够改善稳定性和瞬态响应，实现了将电源稳压在 3.3 V 的目的。

同理，在设计 5 V 稳压电源电路时，220 V 交流电压经过变压器后能够实现输入直流电源的大小为 9 V，5 V 稳压电源电路原理图如图 4.5.5 所示。9 V 直流电源同样经过滤波作用的两个电容 C_3 和 C_4，然后通过稳压 LM7805，就可以获得外围器件所需要的 5 V 电压，实现了将电源稳压在 5 V 的目的。

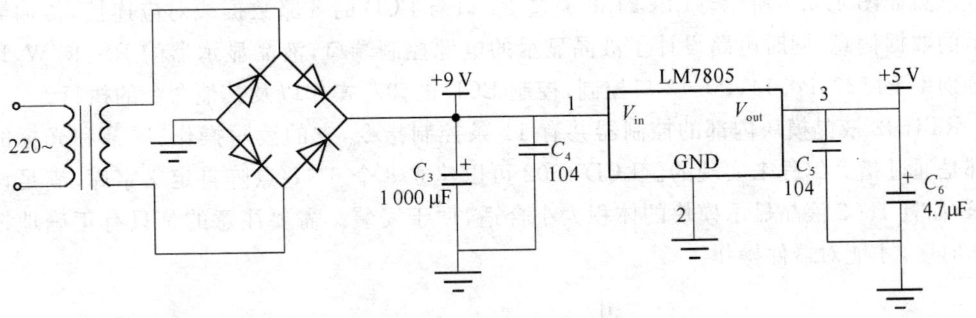

图 4.5.5　5 V 稳压电源电路

4. 按键和液晶显示电路的设计

在居家老人无线监测报警系统安装时，用户可以对系统设置按键。按键电路如图4.5.6 所示。

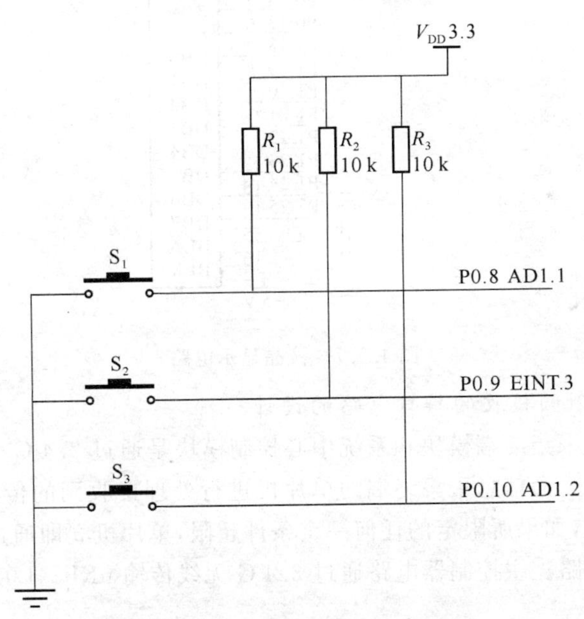

图 4.5.6　按键显示电路

在设计紧急按键模块的时候，主要考虑独居老人在家发生比较紧急的情况下进行操作。一旦有紧急情况，确切地说，如果有火灾、煤气泄漏或者老年人出现突发状况的情况下，就可以按下相应的按键发送报警信息。三个按键分别用 S_1 代表 119，S_2 代表 110，S_3 代表 120，分别与主控制器 LPC2138 的 P0.8、P0.9、P0.10 连接。主控制器 LPC2138 检测到紧急呼叫按钮处于按下状态，就会通过家居对外通信模块，拨出预先相应设置的号码向外界求助。

三个按键按钮相应的预设号码分别设置为 119、110、120。如果主控制器检测到 I/O 为“0”，也就是主控制器 LPC2138 的 P0.8、P0.9、P0.10 任意引脚为低电平，中心控制电路启动家居对外通信模块，拨打相应的预设的电话号码，电话接通后会通过语音报警模块播放已经存储的语音内容，快速报警。

主控制器 LPC2138 可以通过显示模块 LCD 显示需要的时间、温度、脉搏等信息。液晶显示电路如图 4.5.7 所示。LPC2138 通过 P1 口与 LCD 的 8 路数据线对应连接，传输需要显示的数据信息，同时电路设计了液晶显示的电源控制端口，液晶显示器的 RS、R/W、E 三端分别由 P1.27、P0.14、P0.13 口控制，控制 LCD 的读写操作以及其他命令的执行。

RT1602 液晶模块内部的控制器共有 11 条控制指令，它的读写操作、屏幕和光标的操作都是通过指令编程来实现的。LCD 1602 可以建立 8 个 6×8 点阵自定义字库，满足设计要求，而且 1602 液晶显示模块的体积大小合适，便于安装。需要注意的是只有正确地把握操作时序，才能对器件操作。

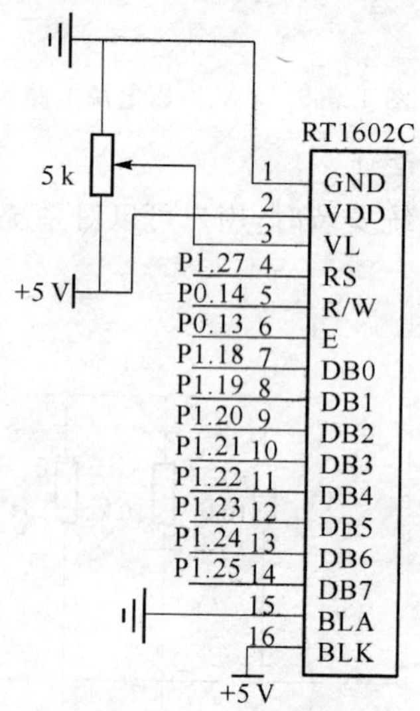

图 4.5.7　液晶显示电路

5. 主控制器与射频接收的接口电路的设计

腕带式生命信息采集终端模块和系统中心控制模块是通过 2.4 G 无线传输 nRF24L01 实现控制的。腕带式生命信息采集终端的单片机进行处理接收到的传感器采集信息，进行采集信息的超限判断，如果所限定的任何一个条件超限，单片机立即通过无线发射模块将数据传送给主控制器电路。主控制器电路通过 2.4 G 无线传输 nRF24L01 接收报警信息并进行判断处理。

LPC2138 与 nRF24L01 的引脚连接对应接口如图 4.5.8 所示。单片机 LPC2138 的 P0.4 作为 EINT0 端口与 nRF24L01 的 IRQ 连接。单片机 LPC2138 的 P0.19、P1.16 作为 GPIO 端口分别与 nRF24L01 的 CSN 和 CE 连接；单片机 LPC2138 的 P1.20、P1.19、P1.18 作为 SPIO 端口分别与 nRF24L01 的 SCK、MISO、MOSI 连接。nRF24L01 闲时处于接收模式，当有数据传输要求时，在 IRQ 引脚产生中断信号，根据单片机要求进入不同模式。

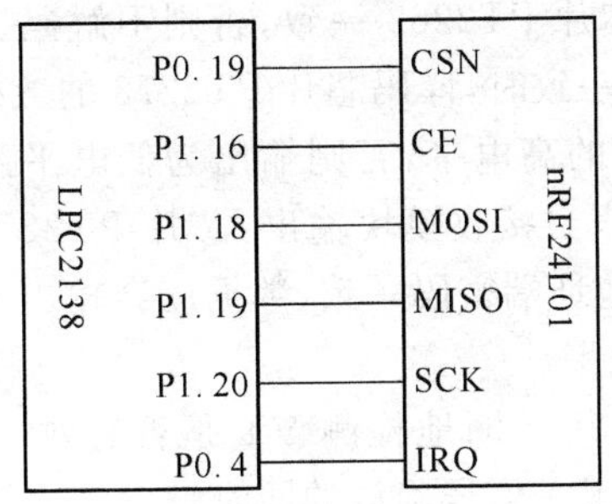

图 4.5.8 对应引脚连接框图

LPC2138 初始化完成以后，配置接收端无线接收模块 nRF24L01 成 PRX 工作模式。延迟 130 μs 以后，无线接收芯片 nRF24L01 处于接收状态，此时芯片 nRF24L01 等待报警数据的接收。当无线接收芯片 nRF24L01 接收并且检测到有效的地址和校验 CRC 的时候，就将接收到的报警数据包存储到 RX_FIFO 中，产生中断，通知主控制器 LPC2138 读取无线接收芯片 nRF24L01 的数据，这时，主控制电路设置中断标志位 RX_DR 置"1"，IRQ 置"0"。主控制器 LPC2138 从无线接收芯片 nRF24L01 读取数据以后，一旦确定接收到的数据信息是报警信号，LPC2138 立即启动家居对外通信模块，将报警信息发送出去。

6. 无线接收译码电路的接口电路的设计

家居安全防范报警模块和系统中心控制模块是通过编解码 PT2262/PT2272 收发电路实现间接控制的。接收译码电路原理图如图 4.5.9 所示。

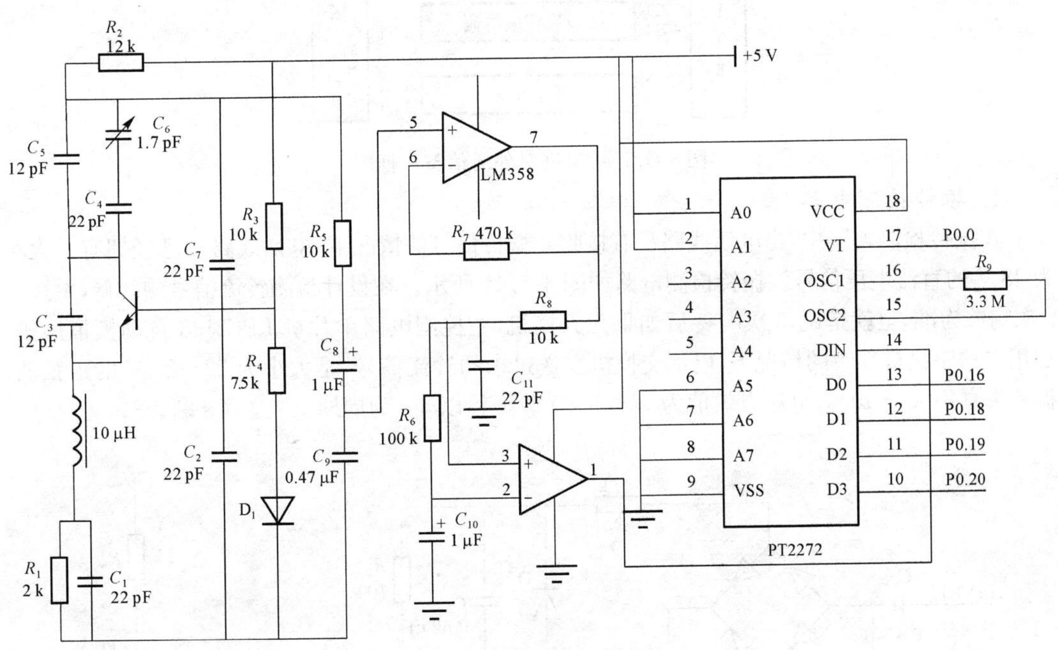

图 4.5.9 接收译码电路原理图

PT2272 引脚 D0～D3 分别与 LPC2138 引脚 P0.16、P0.18、P0.19、P0.20 相连接。无线接收模块为超再生接收，超再生无线接收的一个突出特点是抗干扰能力较强、辐射较小。无线输入端有选频电路，这是无线接收模块和解码电路 PT2272 组成电路的一大特点。

译码芯片 PT2272 的地址管脚中的引脚 A0～A7 相应的设置用于进行地址编码，需要注意的是此设置必须与编码芯片 PT2262 一致,否则不解码。译码芯片 PT2272 只有在保证地址码与编码芯片 PT2262 一致时,译码芯片 PT2272 的数据管脚 D0～D3 才能输出与编码口芯片 PT2262 数据端对应的高电平,否则输出为低电平。译码芯片 PT2272 数据信号输入端的 DIN 14 脚串行输入来自接收模块输出,芯片 PT2272 接收到信号后,其地址码经过 2 次比较核对后,一旦核对地址端密码一致,数据就会输出与 PT2262 发射端一致的电平信号,VT 解码有效端输出高电平。

主控制电路单片机 LPC2138 不断地检测 VT 是否有效,如果检测到 VT 为高电平,单片机 LPC2138 进行判断处理,报警信号确认的同时触发了电话拨号电路的工作,CPU 将预先设置好的独居老人子女的手机号码的编码送至 HT9200A 中,启动家居对外通信模块将报警发送出去。

4.5.4 家居对外通信模块的设计

家居对外通信模块的总体框图如图 4.5.10 所示。在硬件设计中包括振铃检测电路、模拟摘挂机电路、DTMF 编解码收发电路、语音提示电路等几个部分。家居对外通信模块是通过自动拨号实现与外界联系的。

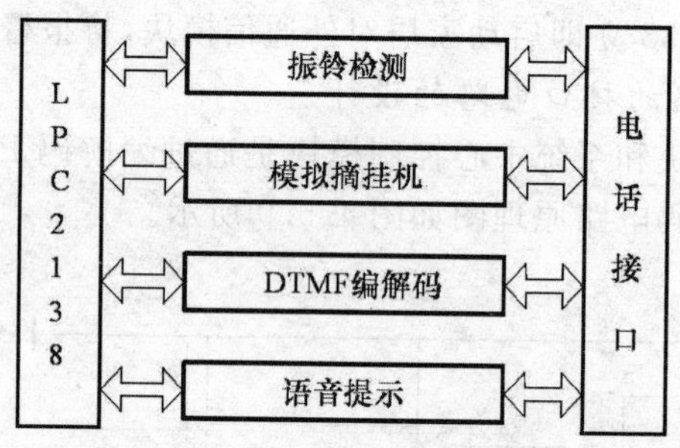

图 4.5.10 家庭对外通信整体框图

1. 振铃检测电路

在振铃检测电路中,当电话线路没有接收到振铃信号的情况下,电话线路上已经拥有了大小为 48 V 的直流电压信号。振铃检测电路如图 4.5.11 所示。在设计检测铃流信号的时候,设置以 5 次响铃为准,也就是说,5 次响铃后如果无人摘机,主控制电路单片机 LPC2138 自动模拟摘机。在用户的座机被呼叫的情况下,电话交换机发送过来的铃流信号,是大小为 22～28 V 的正弦波,振铃失真不大于 10%,电压有效值为 75～105 V。振铃以 5 s 为周期,1 s 送,4 s 断。

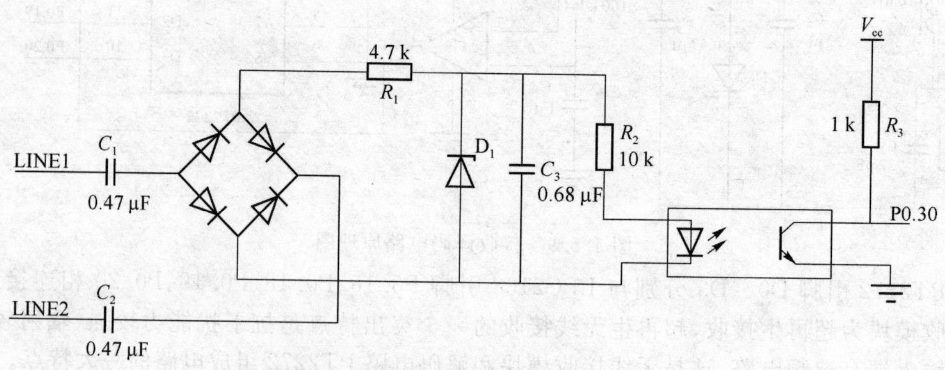

图 4.5.11 振铃检测电路

在电话线路接收到振铃信号的情况下，两电容 C_1、C_2 实现了耦合并且阻断了直流，只允许振铃信号通过桥式整流电路整流，经过电阻 R_1 的限流作用和稳压二极管的稳压作用，电容 C_3 对信号进行滤波，抑制干扰。经过电容 C_3 平滑后的直流电压输入送至驱动光电耦合器的发光二极管，输出信号由光敏三极管输出。振铃信号通过光电耦合器以后，光电耦合器的集电极电位变低，此信号的下降沿向 CPU 申请中断。光电耦合器输出较规则的方波信号，输出的方波信号被发送到单片机 LPC2138 的 P0.30 进行振铃信号的计数。

2. 自动模拟摘挂机

自动摘挂机电路如图 4.5.12 所示。中心控制电路通过 P0.31 引脚口的输出端 Pick 变为高电平“1”，高电平信号使得三极管导通，紧接着继电器开始工作，开关 K 闭合，开关通过 300 Ω 的电阻接入电话线两端，300 Ω 的电阻使回路电流变大，主控制电路向交换机发出模拟摘机的信号，交换机同时响应指令，电话线路接通，完成自动摘机。当执行结束命令操作之后，主控制系统根据判断输出给 Pick 一个低电平，三极管截止，继电器断开，开关 K 断开，完成自动挂机。

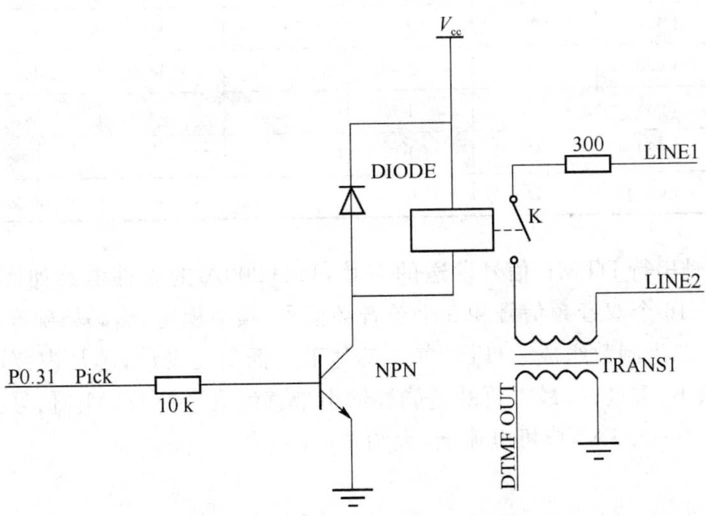

图 4.5.12 自动模拟摘挂机电路

3. DTMF 编解码

DTMF 英文全称是 Dual Tone Multi Frequency，即双音多频。DTMF 信号编解码电路是目前广泛应用的集成电路，主要应用在电话机、程控交换机以及无线通信设备中。DTMF 信号发送与 DTMF 信号接收组成了 DTMF 编解码电路。DTMF 用作双音频信号发送器，通过发送一组双音多频信号，很好地实现了音频拨号。DTMF 信号接收实现了把 DTMF 信号转换为二进制数字信号的功能。

为了实现自动报警的功能，系统要求既能检测电话线上传来的双音频信号，又能实现自动拨号功能，因此必须进行 DTMF 编解码。表 4.5.1 为 DTMF 信号编码表。可以发现 DTMF 信号由 2 个不同的频率信号组合成高频组和低频组，每个频组含有 4 个频率，可以构成 16 种不同的信号，依次对应 16 个不同的 BCD 码。

表 4.5.1 DTMF 信号的编码表

低频/Hz	高频/Hz	数码	D_4	D_3	D_2	D_1	D_0
697	1 209	1	0	0	0	0	1
697	1 336	2	0	0	0	1	0
697	1 477	3	0	0	0	1	1
770	1 209	4	0	1	1	0	0
770	1 336	5	0	1	1	0	1
770	1 477	6	0	1	1	1	0
852	1 209	7	0	1	1	1	1
852	1 336	8	1	0	0	0	0
852	1 477	9	1	0	0	0	1
941	1 336	0	1	0	0	1	0
941	1 209	*	1	0	0	1	1
941	1 477	#	1	1	1	0	0
697	1 633	A	1	1	1	0	1
770	1 633	B	1	1	1	1	0
852	1 633	C	1	1	1	1	1
941	1 633	D	0	0	0	0	0

HT9200A 是串行 DTMF 信号发送的芯片，HT9200A 的硬件电路如图 4.5.13 所示。它能够实现发送 16 个双音频信号和 8 个单音频信号，频率稳定，编码精确度高，其中发送的每位数字由 5 位二进制数组成。HT9200A 芯片采用低功耗设计，芯片内部电路虽然复杂，但是集成后体积小、重量轻，最重要的是能够输出带直流电平的 DTMF 信号。HT9200A 芯片工作电压为 2.0～5.5 V，待机电流低，大约 2 μA 左右。

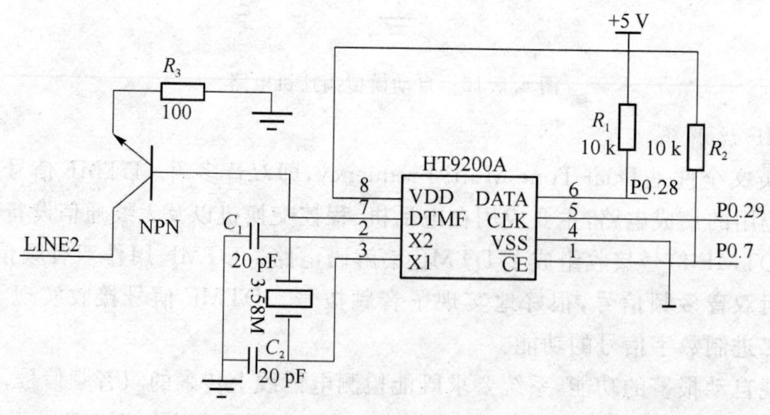

图 4.5.13 DTMF 发送电路

主控制器 LPC2138 引脚 P0.7 控制 HT9200A 的 CE 端，主控制器 LPC2138 引脚P0.29 控制 HT9200A 的 CLK 时钟线，完成产生串行同步信号的功能。主控制器 LPC2138 引脚 P0.28 控制 HT9200A 的 DATA 数据线，DATA 引脚直接应用到输出串行数据，由软件编程进行数据收发工作。在串行模式下,HT9200A 通过 DATA 引脚输入一个 5 bit 的代码来控制不同的 DTMF 信号输出,这 5 位代码按照 D0～D4 的顺序来传输,并且数据要在 CLK 引脚下降沿到来之前放到输出锁存中。

主控制电路单片机 LPC2138 控制 HT9200A 传送数据时,HT9200A 输出的双音频信号中,包含 4 V 直流信号和 0.6 V 的双音频交流信号。主控制器从 40～47 H 内存单元中取出预置 8 位电话号码,然后调用 DTMF 信号发送子程序,数据串行移位到主控制器的端口 P0.28 口,主控制器控制引脚 P0.29 输出同步信号进行发送。程序中有 50 μs 延时子程序,主要是根据 HT9200A 引脚 CLK 的 100 kHz 的同步频率确定的。DTMF 信号由 HT9200A 的 7 脚输出经三极管驱动发送到电话线上,数据发送时,由于交流阻抗为 3 000,所以在输出端将能产生 2 mA 的双音频信号叠加到电话线上输出。

HT9170D 是并行接收 DTMF 信号的芯片,HT9170D 接收电路如图 4.5.14 所示。它能够实现 16 个数字的双音频信号解码,由数字解码器和多带通滤波器组成的双音频接收器,最终将数字信号转化为并行的 4 位二进制数据输出。HT9170D 芯片采用低功耗设计,抗干扰能力极强,可靠性很高,晶体振荡器作为时间基准,精度很高,外围元件少。

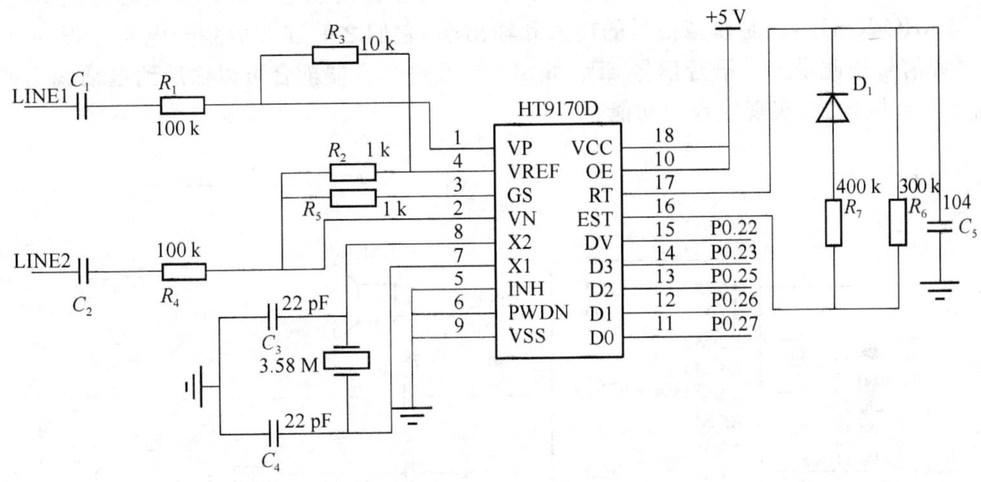

图 4.5.14　DTMF 接收电路

接收数据时,当 HT9170D 芯片接收到一个有效音频 DTMF 信号时,主控制器 LPC2138 置 DV 端口为高电平“1”;如果没有接收到有效的音频 DTMF 信号时,主控制器 LPC2138 置 DV 端口保持低电平“0”。采用主控制器 LPC2138 的引脚 P0.22 检测 HT9170D 的 DV 端,控制 HT9170D 芯片的接收。主控制电路 LPC2138 的四个引脚 P0.23、P0.25、P0.26、P0.27 分别与 HT9170D 芯片的引脚 D3、D2、D1、D0 相连接,实现接收解码数据的目的。在理论上,DTMF 信号每秒能够实现 20 个十六进制数的传送,但在实际中,DTMF 信号每秒最多只能实现 5 个十六进制数的传送。在实际使用 HT9170D 双音频解码器接收 DTMF 信号的过程中,数据一般发送不要太快,目的是为能够保证成功的通信率。为解决这一问题,在传送每帧 DTMF 数据的时候,保证每次传送的 DTMF 数据至少要有 100 ms 的时间间隔,输入音频信号的持续时间要多于 30 ms,并且要求数字间歇的接收时间也要多于 20 ms,这样,HT9170D 芯片就能够准确地接收数字。

4. 语音提示电路的设计

在语音提示电路设计中,语音芯片选用 ISD2560 语音录放集成电路,录音时间为 60 s,重复录放能够实现 10 万次。ISD2560 语音录放集成电路具有抗断电、音质好、集成度较高、接口简单等优点。ISD2560 语音录放芯片直接把采样值存储在芯片内部 E^2PROM 单元里,能够真实、自然再现语音。ISD2560 语音录放集成电路,内部结构非常复杂,包括前置放大器、内部时钟、定时器、采样时钟、滤波器、自动增益控制、逻辑控制、模拟收发器、解码器和 480 K 字节的 E^2PROM 等。居家老人无线监测报警系统采用 2.4 G 无线传输,PT2262/2272 编解码无线收发进行报警信号的传送,单片机 LPC2138 控制 ISD2560 语音芯片进行语音报警,报警速度快,可靠性强。

主控制器 LPC2138 分别与 ISD2560 的地址线相连,主要用来实现设置语言段的起始地址,语音提示电路如图 4.5.15 所示。连接电路为单片机 LPC2138 的引脚 P0.11、P0.12、P0.13、P0.14、P0.15 分别与 ISD2560 的地址线 A7、A3、A4、A5、A6 相连接。ISD2560 芯片的 CE 端口可以外接一个电阻,然后通过主控制器 LPC2138 的引脚 P0.3 控制,也可以在此处增加一个按键 S,供录放音测试时使用。ISD2560 芯片的引脚 P/R、EOM 与主控制器 LPC2138 的引脚 P0.17、P0.21 相连接,实现控制录放音的状态。ISD2560 芯片的 MICIN 端口与 MIC REF 端口是模拟信号的输入和输出端,它们之间连接的耦合电容一般为 0.22 μF,语音信号由此录入。语音信号 SP_+ 和 SP_- 端经过耦合器耦合可以输送到电话线上或者由扬声器直接播放,实现放音的功能。

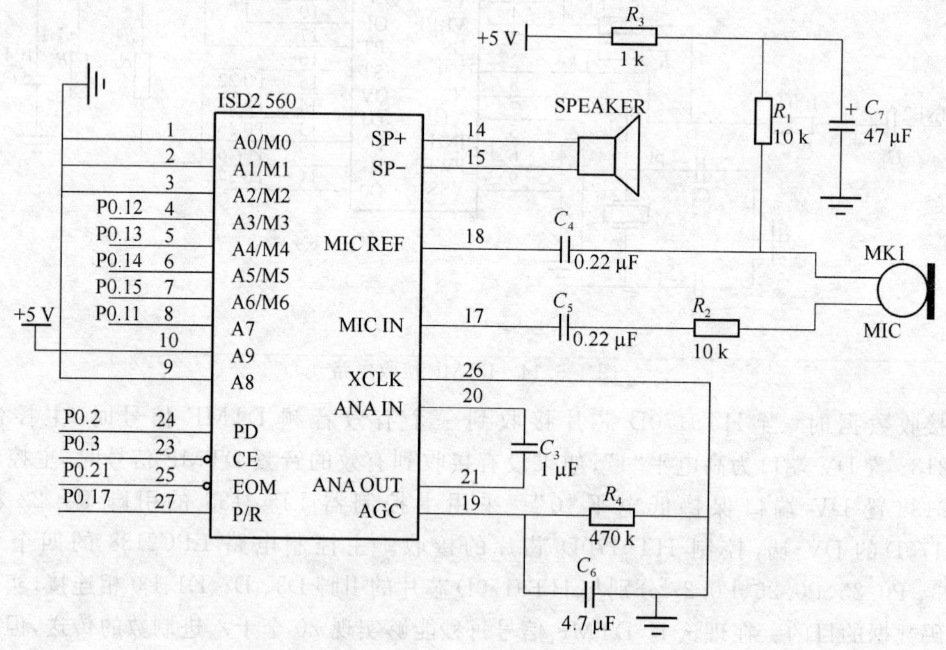

图 4.5.15 语音提示电路

录音的时候,单片机 LPC2138 通过引脚 P0.11、P0.12、P0.13、P0.14、P0.15 设置语音端的起始地址,然后通过 LPC2138 的引脚 P0.3 控制 ISD2560 芯片的 CE 端口为低电平"0",主控制器 LPC2138 的引脚 P0.17 控制 ISD2560 芯片的引脚 P/R 为低电平"0",LPC2138 的引脚 P0.2 控制 SD2560 芯片的引脚 PD 为低电平"0",启动录音;录音结束的时候，单片机 LPC2138 的引脚 P0.3 控制 ISD2560 芯片的 CE 端口回到高电平"1"，这样就完成了一段录音的录制。

放音的时候，单片机 LPC2138 首先通过引脚 P0.11、P0.12、P0.13、P0.14、P0.15 查找到相应的语音段起始地址，然后将查找到的语音段起始地址通过口线发送出去，控制器 LPC2138 的引脚 P0.17 控制 ISD2560 芯片的引脚 P/R 为高电平"1"，LPC2138 的引脚 P0.2 控制 SD2560 芯片的引脚 PD 为低电平"0"，让 ISD2560 芯片的 CE 端口产生一个负脉冲启动放音，单片机 LPC2138 只需要等待 ISD2560 芯片的信息结束信号，也就是低电平 EOM 的产生。结束信号为负脉冲，该段播放结束的标志是负脉冲的上升沿。

4.5.5 腕带式生命信息采集终端的设计

腕带式生命信息采集终端模块结构框图如图 4.5.16 所示。数据采集部分主要利用体温传感器和脉搏传感器获取老人的体温和脉搏信息，单片机进行判断处理，温度和脉搏超限信息判断结束以后，如果超限的条件成立，腕带式生命信息采集终端模块的微处理器就会通过 2.4 G 无线传输模块将报警数据信息传送给主控制器电路 LPC2138。

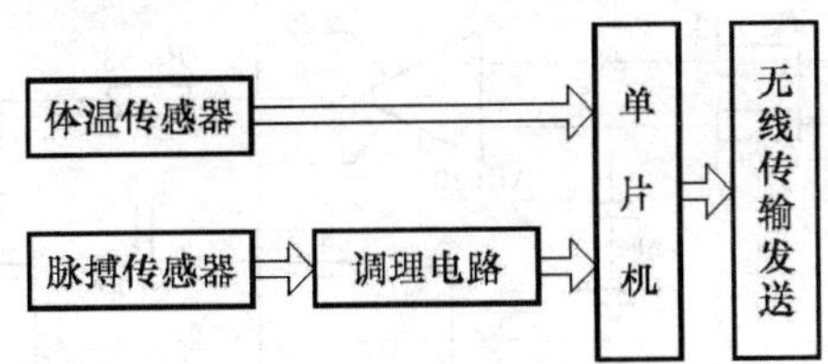

图 4.5.16 腕带式生命信息采集终端框图

1. 温度传感器的选取和信号采集电路的设计

选用 DS18B20 数字式温度传感器实现体温信息的采集，利用它独特的单线接口方式，DS18B20 在与微处理器连接时仅需要一条口线即可实现微处理器与 DS18B20 的双向通信，并且耐磨耐碰，体积小(外形与普通三极管相似)，使用方便。温度传感器能够实现较高的测温精度，(±0.5℃)，比较精确地采集到老年人的体温。

DS18B20 直接将测得的结果以串行数字信号输出，直接与 MSP430F1232 的引脚 P3.7 相连接。温度采集硬件电路原理图如图 4.5.17 所示。DS18B20 温度传感器直接输出数字信号，不需要进行信号放大和模/数转换的处理，又因为用户设定的报警温度存储在 E^2PROM中，掉电后依然保存，体积小，功耗低，很省电，符合该方案的设计要求。

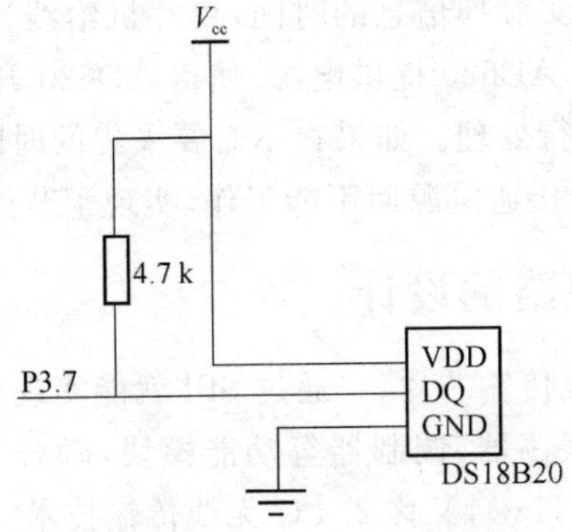

图 4.5.17 温度采集电路原理图

2. 脉搏传感器的选取、采集和信号处理电路的设计

在众多压力传感器中,超小型、低功耗的 1451 压力传感器成为采集脉搏信息的首选。1451 型表面贴装硅压阻式传感器采用集成电路工艺技术,在硅片上制造出 4 个等值的薄膜电阻并组成电桥电路,当无脉动作用时,电桥处于平衡状态,无电压输出;当有脉动作用时,电桥失去平衡而输出电压,且输出的电压与脉动成比例,虽然有应力作用,但是也不会影响脉搏压力变化的检测,微小的脉动信号都能够比较好的实现检测。脉搏传感器信号调理电路如图 4.5.18 所示。压力传感器 1451 的输出电压信号经过 AD620 放大后("运放"部分的滤波截止频率在 200 Hz 左右,脉搏传感器输出电压在 60 mV 时,AD620 输出电压为 2.4 V 左右,考虑了一定的过压裕量),经过比较器之后能够输出较规则的方波,下降沿的时候向 MSP430F1232 申请开始计数。

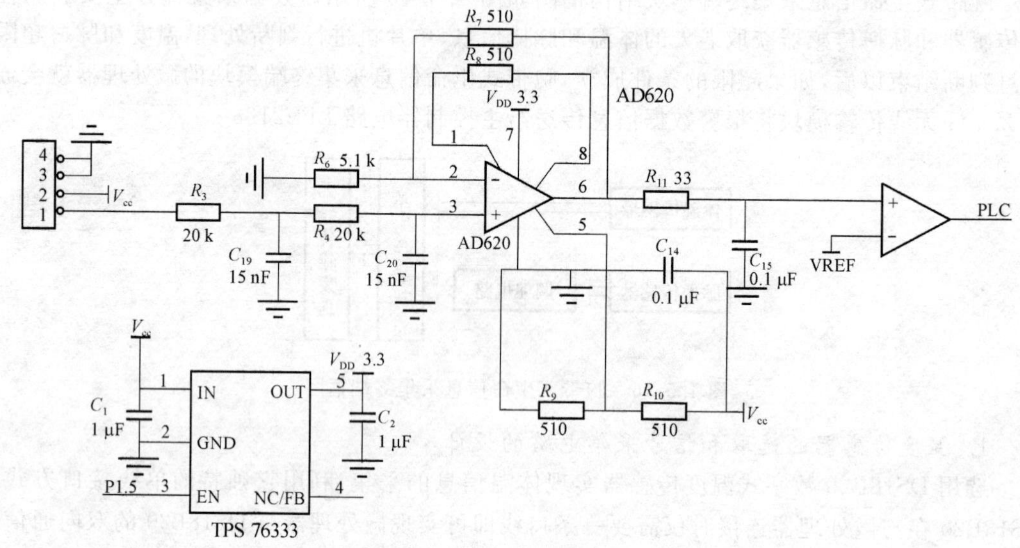

图 4.5.18 脉搏传感器信号调理电路

在脉搏传感器信号调理电路设计中,引入 TPS76333 线性稳压器。TPS76333 既可以降压也可以作为开关使用,能够实现脉搏传感器间隔一定的时间(如 30 min)后进行检测,更好地实现了节能。在软件编程部分可以设定一定的间隔时间(如 30 min)进行采集,MSP430F1232 通过引脚 P1.5 控制 TPS76333 的开关状态,从而实现对脉搏传感器采集的控制。确切地说,到了需要采集脉搏信息的时间,单片机给线性稳压器送一个"开"的信号,TPS76333 开始为仪表放大器 AD620 提供电源,使得 AD620 开始工作实现脉搏信号的模拟放大,输出信号送给单片机进行处理。如果在不需要采集的时间里,单片机给 TPS76333 一个"关"的信号,AD620 因为未接通电源而不能工作,实现了节能的目的。

4.5.6 无线传输电路的设计

选择 nRF24L01 作为无线传输芯片,它通过 SPI 就能实现所有的无线收发传输,内置频率合成器、功率放大器、晶体振荡器、调制器等功能模块,融合 Enhanced ShockBurst 技术,工作于 ISM 频段(2.4~2.5 GHz),又称 2.4 G 无线传输技术。nRF24L01 可通过编程设置输出功率、通信频道、自动重发次数等参数,适用于低电压、低功耗系统的应用,容易集成到

各种电子器件中。nRF24L01 有 5 种工作模式：RX、TX、Standby Ⅱ、Standby Ⅰ、PowerDown 模式，在 3 V 电压下 5 种工作模式的工作电流不同，但是 PowerDown 模式的工作电流最小，仅 900 nA，因此应尽量在 PowerDown 模式下工作，当需要传输数据时才转入 TX 或 RX 模式。在模式间转换过程也会产生功耗，模式间切换的延时主要由晶振起振的稳定时间决定，选择起振快、负载电容小的晶振可以减少延时。nRF24L01 与 MCU 进行数据传输的时间也是需要考虑的。数据传输率低会使数据传输模块功耗升高，nRF24L01 内置高速的 SPI 口（速率高达 8 Mbit/s ），很好地解决了 nRF24L01 与 MCU 数据传输率问题。

1. nRF24L01 的 SPI 接口设置和中断源

nRF24L01 所有的配置字都由配置寄存器来定义，这些配置寄存器可通过 SPI 口访问。SPI 接口由 SCK、MOSI、MISO 和 CSN 组成。在配置模式下单片机通过 SPI 接口配置 nRF24L01 的工作参数。

SPI 接口的指令共有 8 个，使用每个指令时必须使 CSN 变低，用完后将其变高。单片机的控制指令从 nRF24L01 的 MOSI 引脚输入，而 nRF24L01 的状态信息和数据信息是从其 MISO 引脚输出送给单片机的。利用 SPI 传送数据时，先传低位字节，再传高位字节，并且在传送每个字节时都是从高位字节传起的。读寄存器指令，格式是 000AAAAA；写寄存器指令，格式是 001AAAAA，AAAAA 代表寄存器在内存中的地址；读 Payload 指令；写 Payload 指令；清发射堆栈指令；清接收堆栈指令；发射数据再利用；空操作。

当 nRF24L01 的中断（TX_DS，RX_DR，MAX_RT）设置为高电平时，TX_DS 为发送成功标志位，RX_DR 为接收数据成功标志位，MAX_RT 为自动重发超上限标志位，会使 IRQ 引脚设置为低电平。状态寄存器写“1”清除这些中断标志位，通过设置 CONFIG 寄存器的某些位，来屏蔽掉这些中断源，默认情况下，这三个中断源都是允许的。

2. 无线传输的工作原理

MSP430F1232 的时钟、定时器和 SPI 口完成后，就把无线传输芯片 nRF24L01 配置成 TX 工作模式。微控制器按照时序把接收节点地址 TXee ADDR 和有效数据 TX_PLD 通过 SPI 口写入无线传输芯片 nRF24L01 缓存区。采用定时中断的方法实现节点按一定的周期完成数据的采集和发送，单片机 MSP430F1232 顺序地采集温度和脉搏，然后判断温度和脉搏是否超限。无论是温度超限还是脉搏超限，只要这两个条件中的任意一个超限条件成立，单片机立即控制 2.4 G 无线射频芯片 nRF24L01 将报警数据信息发送出去。无线收发的电路原理图如图 4.5.19 所示。

在休眠状态下实现定时器定时 $T_s=0.2$ s；在 nRF24L01 的 PowerDown 模式下，初始化速率、发射功率、频段、地址和校验等配置，完成后 MCU 打开全局中断；MCU 通过 SPI 口将有效数据（设为 16 B）写入 nRF24L01 的 TX_FIFO 缓存。MCU 的 SPI 速率由于受到系统时钟频率的限制仅为 500 kbit/s，MCU 控制引脚 CE 置高大于 10 μs 后，经 130 μs 的晶振稳定时间，nRF24L01 进入 TX 模式开始发送数据帧；控制位 TX-DS 置位，引脚 IRQ 产生中断信号，完成一次报警数据信息的发送，此时应立即使 nRF24L01 进入 PowerDown，以节省能量。

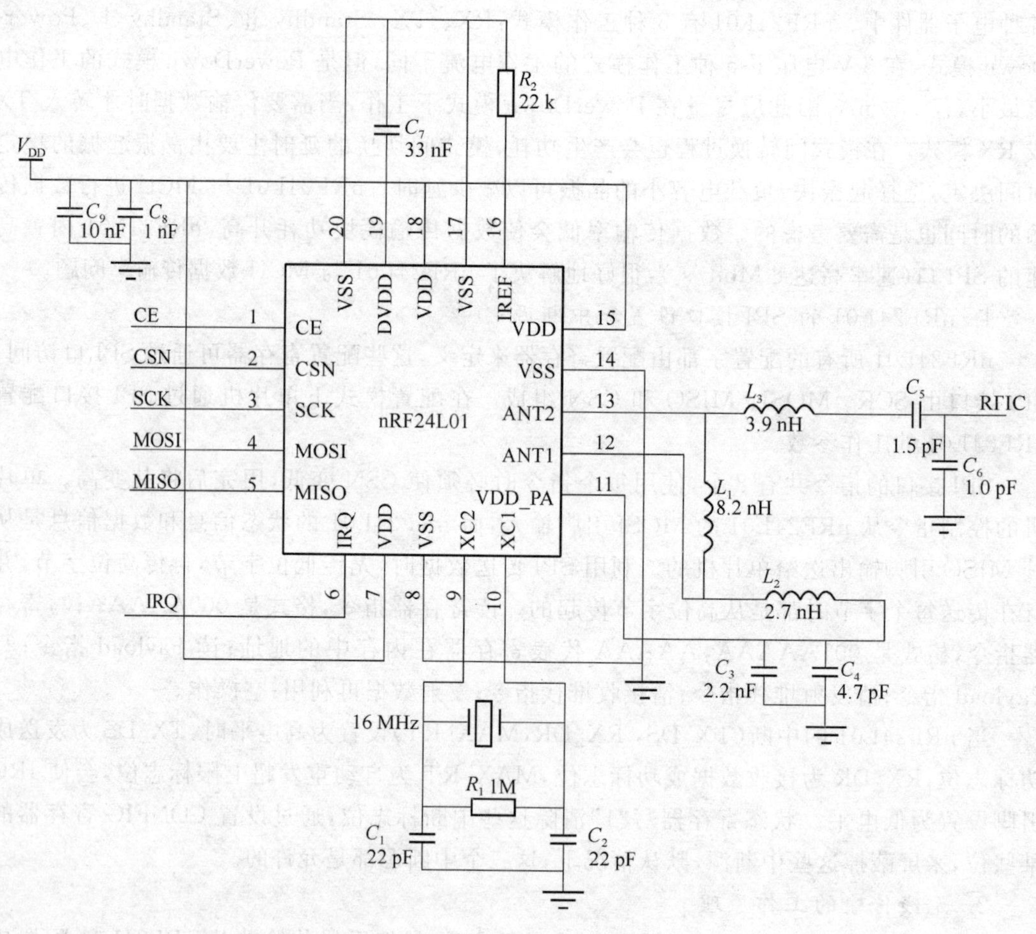

图 4.5.19　无线收发原理图

4.5.7　家居安全防范报警电路的设计

在设计家居安全防范报警模块时，主要考虑用于防盗、防火、防天然气泄露以及独居老人出现意外情况的紧急求助等。为了采集这些信息，分别设计了热释电红外报警电路、烟雾传感器报警电路、煤气传感器报警电路、声音采集报警电路等详细的相关电路，通过编码发射电路实现报警信号的无线传输。

1. 热释电红外报警电路的设计

人体是红外线的发射体，具有特定的波长。热释电红外传感器 P2288 是一种新型高热电系数材料的敏感元件，只需少量的外围元件连接。人体发出红外辐射以后，热释电红外传感器 P2288 能够实现以非接触方式检测，有效地抑制人体辐射波长以外的干扰辐射，并且能够把检测到的红外线信号转化成电信号输出。设计采用 BIS0001 作为红外信号的处理芯片，功耗低，电路处于集成化。红外信号处理芯片 BIS0001 内含有两级运算放大器、两级电压比较器、状态控制器、延时定时器、输出封锁定时器及参考电源等。热释电红外报警电路图如图 4.5.20 所示。

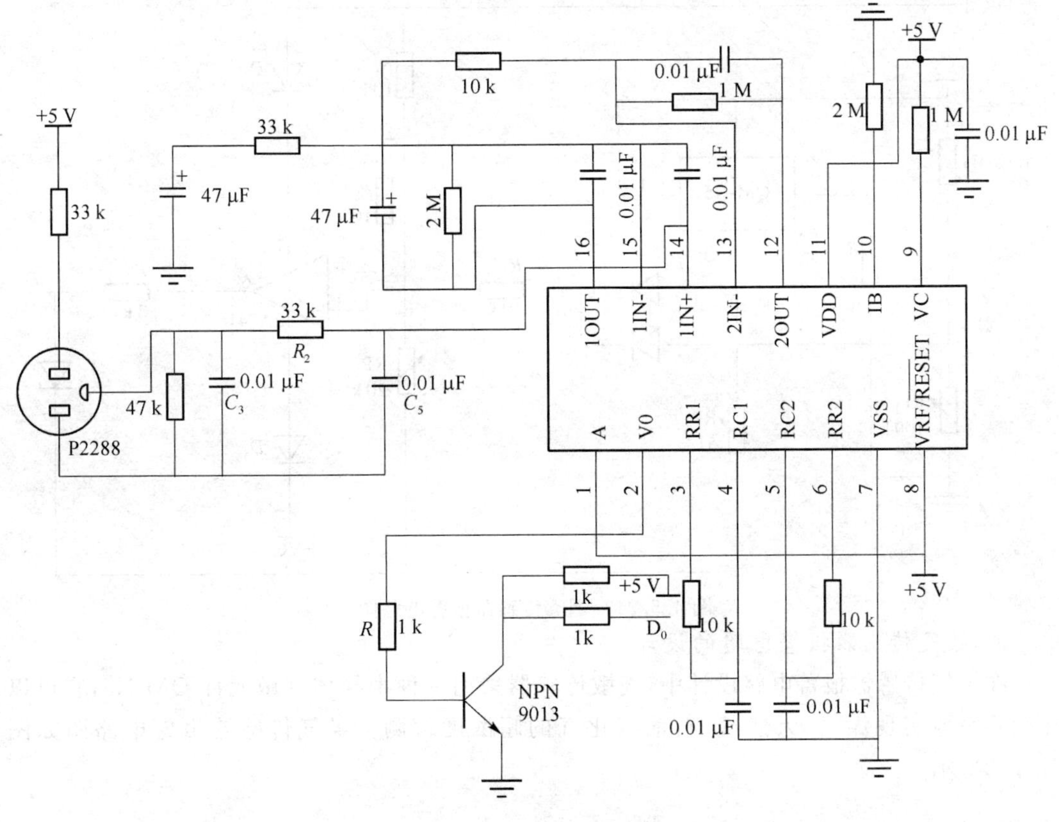

图 4.5.20 热释电红外报警电路图

警戒区域发现有人体活动时，热释电红外传感器 P2288 的 PIR 就会感应接收到人体的红外信号变化，接着把这种红外信号转换为电信号，通过低通滤波电路，滤除高频干扰噪声。低通滤波电路是由电阻 R_2、电容 C_3 和 C_5 组成的。经过滤波后的信号送至红外信号处理芯片 BIS0001 的 14 引脚，经红外信号处理芯片 BIS0001 内部两级运算放大器和双向幅度鉴别，然后通过芯片 BIS0001 内部逻辑控制延时电路在 BIS0001 的 2 引脚输出高电平，再经过电阻 R 送至三极管 9013，三极管 9013 集电极输出通过一个电阻与编码电路 PT2262 引脚 D_0 连接，启动芯片编码发射。

2. 烟雾传感器报警电路的设计

在烟雾传感器报警电路设计中，烟雾传感器采用 QM-N5，用于测试一定浓度的烟雾，热敏电阻采用 NTC503D 用于测试一定的环境温度变化，电压比较器是由运算放大器(μA741)和外部电路组成的。在本电路中，设置参考电压值 U_2 为 5 V，稳压管的稳压值为 6 V。烟雾传感器报警电路如图 4.5.21 所示。

没有发生火灾的情况，周边常温下，热敏电阻 NTC503D 的阻值是比较大的，分压原理可知，可变电阻 RP_1 分得的电压比较小。对比之下，参考电压 $U_2>U_3$，输出为低电平。一旦有火灾发生，周边环境温度相应升高，空气中充满一定浓度的烟雾，热敏电阻和烟雾传感器的阻值都快速降低，可变电阻 RP_1、RP_2 相应的电压都增大，结果导致 $U_3>U_2$，输出为高电平。通过 μA741 的输出来控制编码电路 PT2262 的 D_1 引脚，能够实现及时发现火灾的目的。

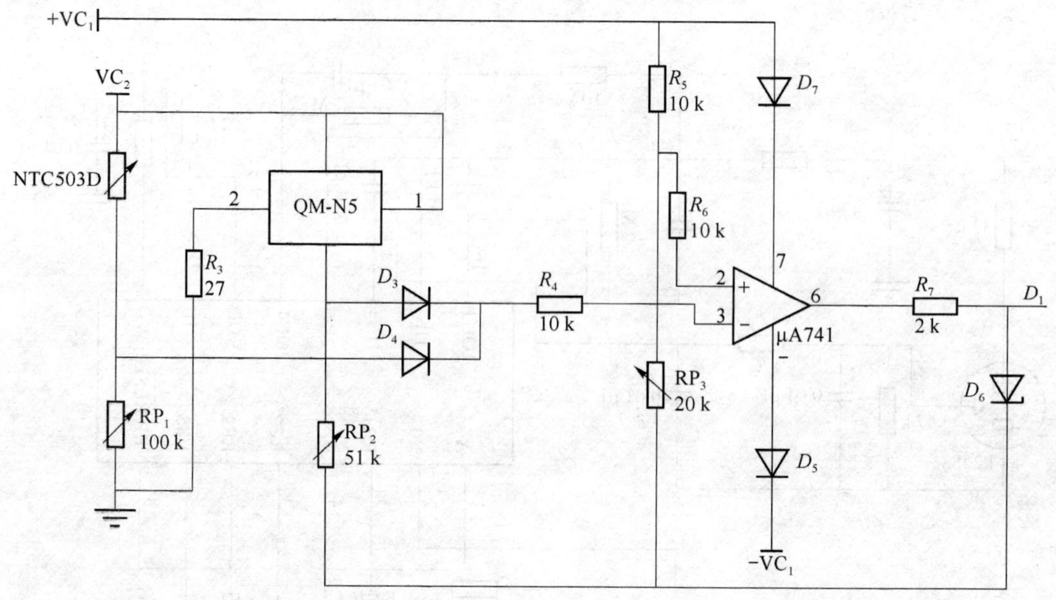

图 4.5.21 烟雾传感器报警电路图

3. 煤气传感器报警电路的设计

在煤气传感器报警电路设计中，气敏传感器采用一种半导体气敏元件 QM-N5，它可以比较容易地实现煤气、天然气、石油液化气的超浓度检测。煤气传感器报警电路图如图 4.5.22所示。

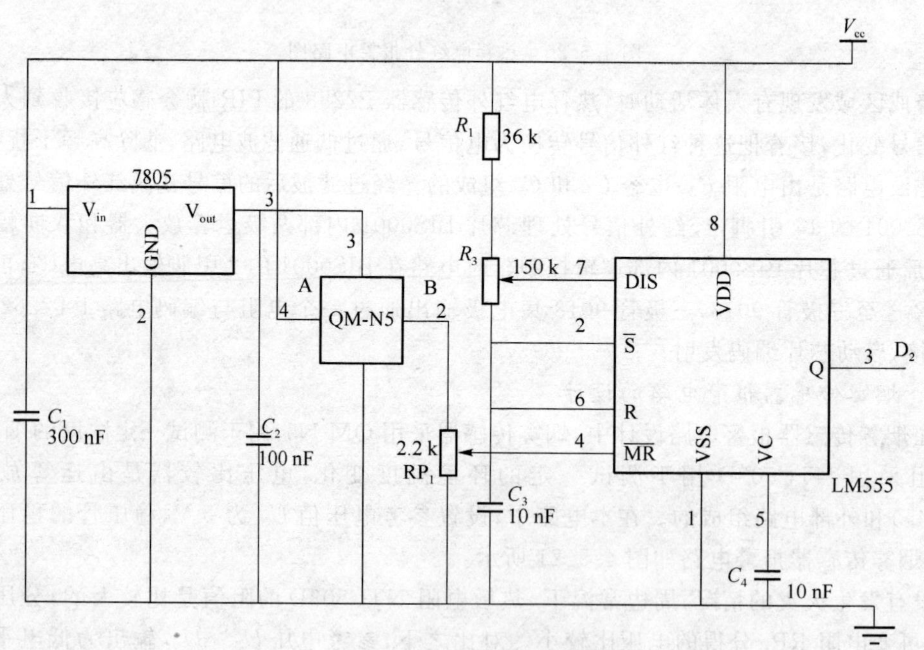

图 4.5.22 煤气传感器报警电路

本电路主要由气敏传感器和可控多谐振荡器等构成，其中可控多谐振荡器是由单时基 LM555 组成。QM-N5 气敏传感器 A 和 B 两极之间是电加热丝，这种气敏传感器的工作电压为(5±0.5)V,主要是由三端稳压集成电路7805供给。本电路的一个特殊要求就是在正式工作之前,需要通电预热3 min左右。气敏传感器A和B电极定义为测量端,能够随着感测到的可燃气体的浓度而发生变化。当有煤气泄漏时,气敏传感器A和B电极之间的阻值比较大,一旦感测到可燃气体浓度超标(一般取0.05%),气敏传感器A和B电极之间的阻值骤减,B处电位上升,如果单时基LM555的引脚4的复位端MR高于1 V时,单时基LM555的输出端连接编码电路的D_2,启动芯片编码发送。当空气清新的时候,QM-N5气敏元件要经过约10 s的恢复时间,气敏传感器电极A、B之间的阻值变得很大,B处电位降低,单时基LM555引脚4的复位端MR低于0.4 V,单时基LM555处于强制复位状态,输出为低电平。

4. 声音采集电路的设计

在声音采集电路设计中,可以将驻极体传声传感器设置在家中卧室、厨房等处,声音采集电路如图4.5.23所示。声音信号的采集是通过驻极体传声器来实现的。驻极体是运用驻极体材料做成电容传声器,驻极体自身带有电荷,再加上用驻极体材料做后极板,电容传声器的结构就显得简化了。驻极体电容传声器的电声性能比较好,抗振能力比较强而且价格低廉,便于实现集成化。

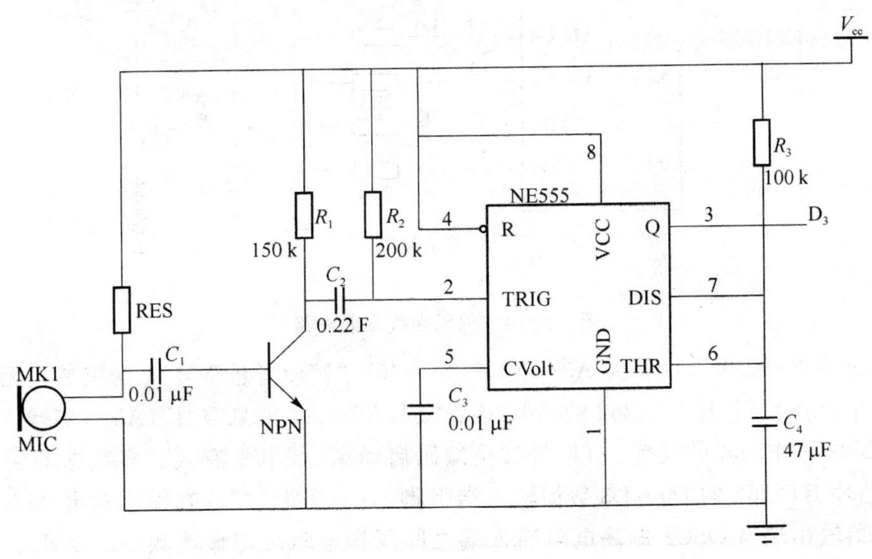

图4.5.23 声音采集电路图

驻极体传声器(MIC)实时感测居家老人的活动声响后,产生电压信号,经过三极管Q放大以后,形成一串脉冲信号,并由单稳态电路NE555整形,单稳态电路NE555的引脚3输出高电平信号,把单稳态电路NE555的引脚3连接编码电路PT2262的D_3,触发编码器芯片,PT2262收到触发信号以后输出一连串不同宽度的串行码,再经过无线发射电路发射出去,完成整个声音数据信息的采集。独居老人白天在家时,在主控制电路软件编程中设定2个小时进行一次声音信号的处理,信号采集到声音信号不报警,采集不到声音信号就报警。对老人生命信息的监测在一些特殊情况下(晚上老人熟睡的时候),偏重腕带式采集终端体温和脉搏的监测。

4.5.8 安防信息无线发送电路的设计

在设计家居安全防范报警模块中，报警电路由 4 路传感器报警电路组成。每一路家居安全防范报警电路都具有相同的电路，能够采用相同的地址编码，多路安全防范模块报警电路只有数据编码不同，每一路安全防范报警电路信号源，都可以实现独立向接收端发送信号。主控制电路在接收端接收的情况下，根据接收到的数据编码的不同，就可以明确地判别出属于哪一路传感器信号的报警。编码无线发射电路如图 4.5.24 所示。

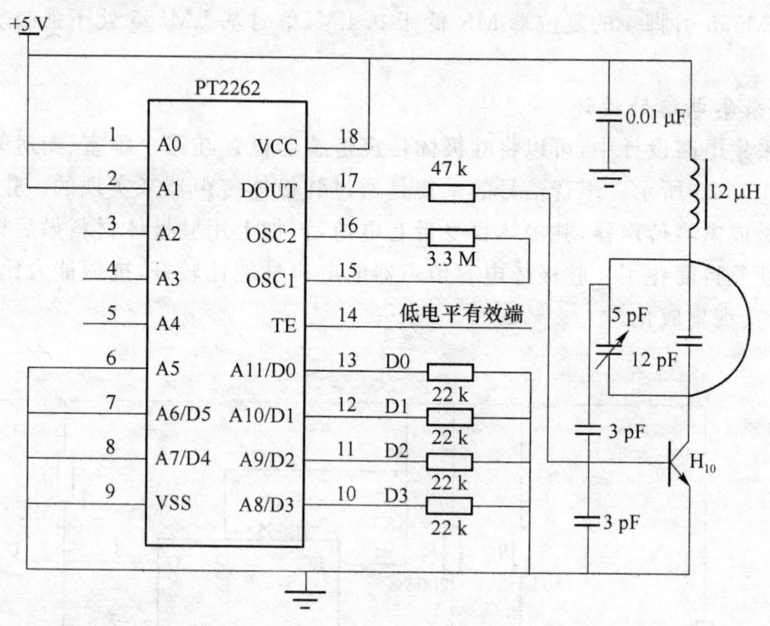

图 4.5.24 编码无线发射电路

编码芯片 PT2262 地址管脚 A0～A7，可置为“0”、“1”或者悬空“f”。居家老人无线监测报警系统中，对编码芯片 PT2262 的 A0、Al 置“1”，A2～A4 置悬空“f”，A5～A7 置“0”。译码芯片 PT2272 作同样的设置。TE 引脚是编码启动端，低电平有效。多数据的编码发射时，编码芯片 PT2262 的 D0～D3 数据输入端引脚，有一个为“1”就有编码发出，OSC1 振荡电阻振荡器输出端与 OSC2 振荡电阻输入端之间所接电阻决定振荡频率。DOUT 是编码输出端，正常时为低电平。

PT2262 有 4 根数据线分别为 D0～D3，一组地址码可以同时接 16 路报警信号。当家居安全防范报警模块中任意一路有相应的传感器报警信号输入时，设置为二进制“1”。如果接收到热释电红外传感器的报警信号，则 D0 设置为“1”，其余的数据输入端 D1～D3 设置为“0”。为了能够更好地区别是哪一路传感器报警电路发出的报警信号，在发送端，就需要对输入的报警信号进行编码。编码芯片 PT2262 发出的报警编码信号是一个完整的码字，它由地址码、数据码及同步码三部分组成。编码芯片 PT2262 的 14 引脚产生一个低电平信号，同时，17 引脚输出一个串行二进制代码，这个串行的二进制代码是由地址码和数据码混合组成的，然后由超再生发射模块将这个串行二进制代码发送出去。

4.6 防火防盗报警器

防火防盗报警器系统的总体设计框图如图 4.6.1 所示。

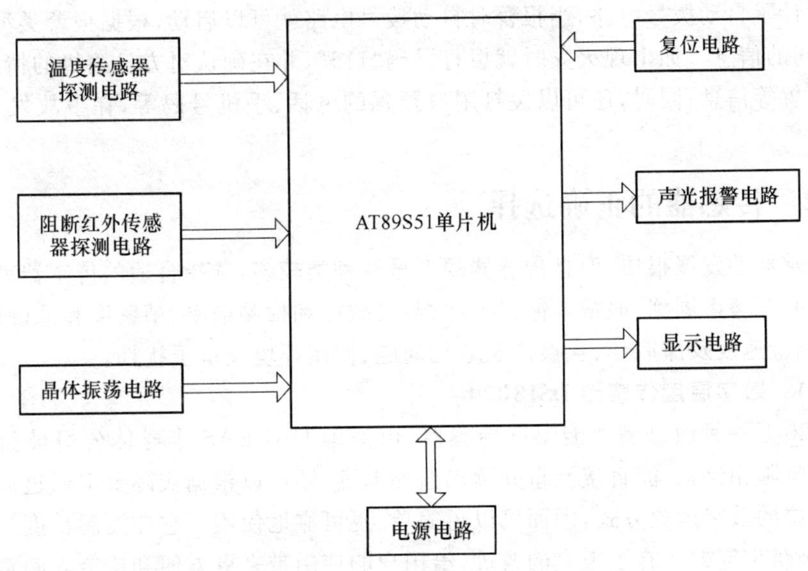

图 4.6.1 防火防盗报警器系统总体设计框图

各模块单元的功能如下。

- 前端探测电路:温度和红外线传感器主要完成探测工作,对所设定的不同监控区域内的各种灾情发生前的各种参数如温度等进行检测。
- 电源电路:为系统和其他模块的工作提供能源。
- 晶体振荡电路:为 AT89S51 单片机提供工作脉冲信号,这个脉冲就是单片机的工作速度。
- 复位电路:给单片机延时以等电压稳定或当系统死机后为 AT89S51 单片机提供相应的信号使其复位,复位后系统又可以正常工作。
- AT89S51:系统的控制器,它相当于电脑的主机,是控制其余模块相互配合的部件,要经过它执行相应的程序才能输出信号。
- 声光报警和显示电路:输出信号到模块后发出声音并点亮二极管,用以通知用户监控区域出现情况并显示类别说明是火灾还是盗灾。

4.6.1 系统的基本工作原理

传感器一般安装在厨房和卧室的门窗处,报警上位机最好放在较隐蔽且用户熟悉的地方。该体系是以红外线传感器和温度传感器为检测元件,以 AT89S51 单片机为控制核心,主要应用于小型的普通居民家里和仓库等地点。系统有非法闯入报警(盗警)和火灾报警两种类型,总开关合上后系统开始复位,处于待机状态,当温度传感器检测到监控场所温度上升到报警所设定的值或者红外发射管发射的光被遮挡使得接收管未接收到时，则传感器将该信号送到 AT89S51 单片机中，待其分析后输出相关信号到声光报警装置，蜂鸣器响发光二极管亮，同时显示电路也开始工作即 3 个 7 段数码管显示报警类别，假如显示的数字是"119"，则表明发生火灾；假如显示的数字是"110"，则表明发生盗灾。当温度传感器检测到的温度没有达到设定值或是红外线接收管接收到发射管发射的光时，也会将信息送给 AT89S51 单片机等其分析后输出对应的信息，只不过此时声光报警电路和显示电路不工作。如果设计了自动拨号电路，当报警时自动拨号电路就可以启动，根据报警类型来拨打号码，发送不同的信息。如出现火灾时就拨打号码"119"，并在确认对方已摘机的情形下，告知火灾现场位置等信息；同时，还可以拨打用户预置的电话、手机号码等，在事故发生之前，通知用户。

4.6.2 传感器的正确选择

由于传感器的发展很快，而且传感器的型号和种类较多，选择合适的传感器就变得很重要。在选择时要考虑周到，通常遵循以下原则：灵敏度和检测极限、精密度和准确度、动态范围和线性、响应速度及滞后性、互换性及老化问题、使用环境及抗干扰性。

4.6.2.1 数字温度传感器 DS18B20

DS18B20 是一种改进型智能温度传感器，由美国 DALLAS 半导体公司最新推出。与传统的热敏电阻相比，它能直接测量并读出监测温度，还可以根据实际要求通过简单的编程实现 9～12 位的数字读数方式，因而可以更简单、更可靠地使用。它在测温精度、转换时间、传输距离、分辨率等方面有了很大的改进，给用户的使用带来更方便和更令人满意的效果。

DS18B20 的外形及管脚排列如图 4.6.2 所示。

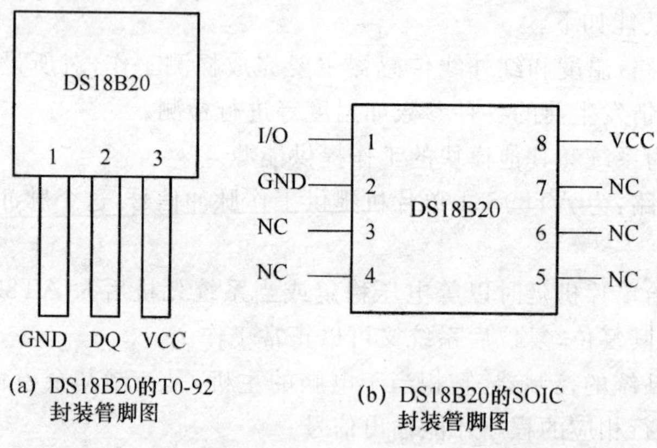

(a) DS18B20的T0-92封装管脚图 (b) DS18B20的SOIC封装管脚图

图 4.6.2 传感器 DS18B20 的外形结构封装图

DS18B20 测温原理如图 4.6.3 所示。

图中，高温度系数晶振随温度变化明显，当温度变化时其振荡频率明显改变，所产生的信号作为计数器 2 的脉冲输入。低温度系数晶振的振荡频率几乎不受温度的影响，产生固定频率的脉冲信号用于送给计数器 1。测量前计数器 1 和温度寄存器被预置在 －55℃ 所对应的一个基数值上，温度传感器置放到被测区域。当计数门打开时，高温度系数晶振受被测区域温度的影响，提供一个频率随温度变化的计数脉冲信号送到计数器 2，计数器 2 就开始计数;同时计数器 1 对低温度系数晶振产生的脉冲信号进行减法计数,当计数器 1 预置的值减到 0 时,温度寄存器的值将加 1,计数器 1 的预置值将重新被装入,计数器 1 又开始对低温度系数晶振产生的脉冲信号进行计数,如此循环直到计数器 2 计数为 0 时,停止温度寄存器的累加,此时温度寄存器中的数值即为所测温度。该图的斜率累加器用于补偿和修正测温过程中的非线性,它的输出用来修正计数器 1 的预置值。在计数门未关闭之前重复上述过程,直至被测温度值在温度寄存器中。

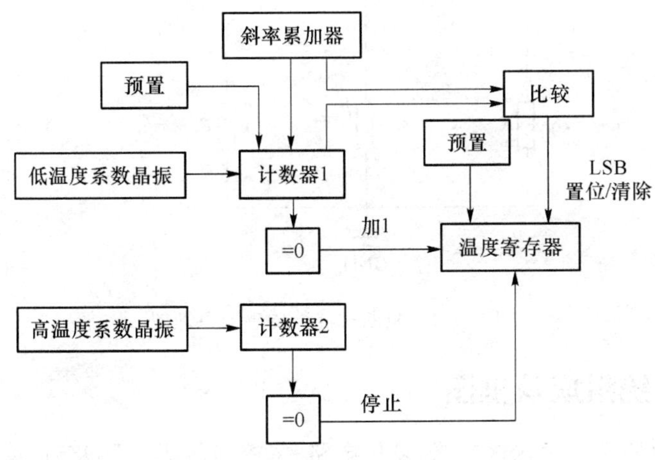

图 4.6.3 DS18B20 测温原理框图

温度传感器 DS18B20 完成对温度的测量,提供的是用 16 位符号扩展的二进制补码读数的形式,表达形式为 0.0625℃ / LSB。二进制形式的前 5 位是符号位,这 5 位为 0 时,表明测得的温度大于或等于 0,只要将测到的数值乘以 0.062 5 即得到实际的温度;如果温度小于 0,这 5 位为 1,要得到实际温度,就要将测到的数值取反加 1 再乘以 0.062 5 即可。

4.6.2.2 红外线传感器

红外线传感器电路使用最广泛的是红外线二极管或集成式红外线二极管。红外线二极管又称红外光敏二极管,与普通光敏二极管一样,它的 PN 结具有单向导电性,因此,在红外光敏二极管工作时应加反向电压。红外线二极管分为红外线发射二极管和红外线接收二极管两种,通常发射管与接收管配对使用。红外线传感器的电路主要有三种方式:阻断式、电源隔离式和运放式。

阻断式红外线传感器电路的电路原理图如图 4.6.4 所示。

当红外发射管 D_7(PH303)发射红外线照射到红外接收管 D_8(RPM-301B)上时,在反向电压作用下,D_8 反向饱和漏电流大大增加,形成光电流,该光电流随入射光强度的变化而产生相应变化即光强度增加光电流增大、光强度减弱光电流减小。光电流通过电阻时,在电阻两端将得到随入射光变化的电压信号,这时 NPN 三极管 Q_1 导通,电路输出电压高电平信号送入单片机;当发射管和接收管之间有物体遮挡时,电路中也有很小的反向饱和漏电流,此时相当于光敏二极管截止,那么 NPN 三极管 Q_1 也截止,电路输出低电平信号送至单片机,二极管就是这样完成光电功能转换的。同时通过软件设定当输入低电平时,单片机分析该信号并驱动报警装置报警,因此该电路可用于非法闯入的监控场所。

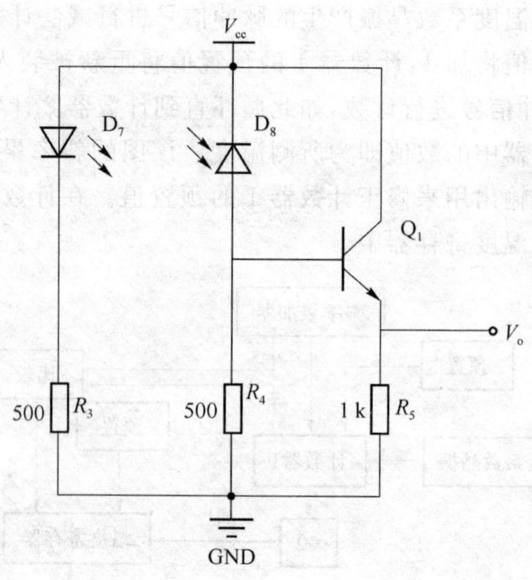

图 4.6.4　阻断式红外传感器原理图

4.6.3　系统组成及框图

报警器系统电路主要由振荡电路、复位电路、主控制器即 AT89S51 单片机和电源组成，其系统组成方框图如图 4.6.5 所示。

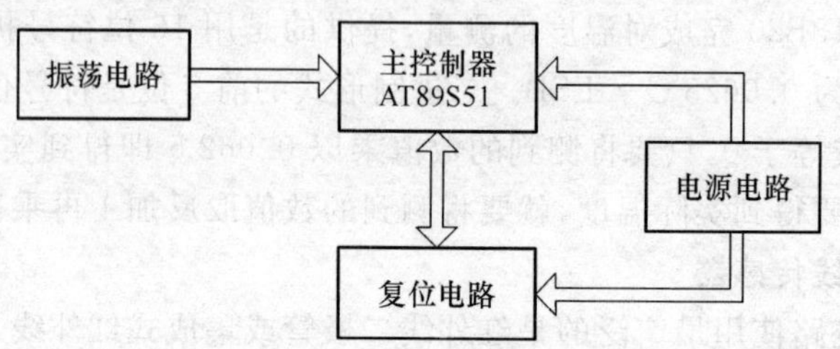

图 4.6.5　系统主机电路框图

4.6.3.1　振荡电路

在单片机的最小系统里，晶振也叫晶体振荡器，其作用非常大，提供基本的时钟信号给主控制器。单片机是在晶振提供时钟频率的基础上接收一切指令并执行，其晶振频率绝对精度可达 50%，越高级的单片机，精度也越高。一般一个系统中共用一个晶振，便于各部分保持同步。晶振和电容再结合单片机内部部分组成的电路，产生单片机所需的时钟频率，提供的时钟频率越高，单片机运行速度就越快。

晶振采用 6 MHz 或者 12 MHz，电容一般选用 15～33 pF，并且电容距离晶振越近越好。为单片机提供工作信号脉冲的就是晶振，即单片机的工作速度是脉冲，比如 12 M 的晶振工作速度就是每秒 12 M，这与电脑的 CPU 概念一致。当然，单片机的工作频率是有范围的，不能太大，否则就不稳定。

4.6.3.2　复位电路

单片机系统复位电路中直接影响它的复位时间是极性电容 C_1 的大小，一般选用 10～30 μF，电容值越大需要的复位时间就越短。电阻 R_1 给电容充电，电容的电压缓慢上升直到

V_{cc}。当其两端电压未达到V_{cc}时，单片机复位9脚近似低电平，单片机不复位；当两端电压接近V_{cc}时，单片机复位9脚近似高电平且保持一段时间后，就开始复位，待该脚电平下降时复位停止，这时复位就完成了。

单片机内部执行复位操作是在AT89S51单片机的RST脚引入高电平并保持2个机器周期时。在实际应用中，复位操作有两种基本形式：一种是上电与按键均有效的复位，另一种是上电复位。上电复位要求接通电源后，其自动实现复位操作，图4.6.6是按键与上电复位电路图。一般系统复位工作过程是上电瞬间RST引脚获得高电平，随着电容C_1的充电，使得RST引脚的高电平逐渐下降。只要高电平能保持足够的时间在RST引脚上，单片机就可以进行复位操作。该电路典型的电阻和电容参数是：晶振为12 MHz时，C_1为10 μF，R_1为8.2 kΩ；晶振为6 MHz时，C_1为22 μF，R_1为1 kΩ，本设计选择的是后一种复位电路。另外在单片机运行期间，还可以利用上电复位电路完成复位，其工作原理与按键上电复位电路相同。

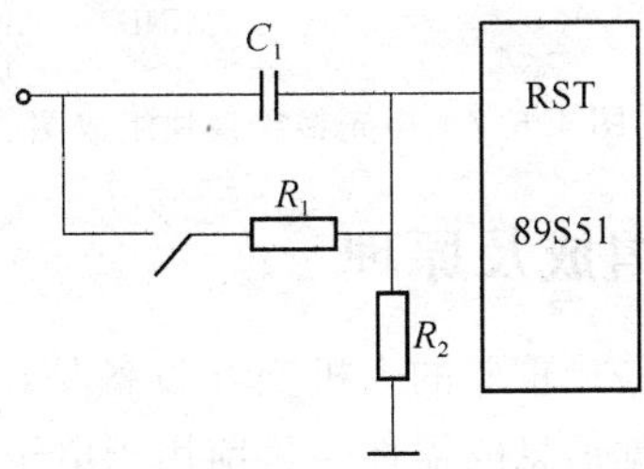

图4.6.6　按键与上电复位电路图

在上电或复位过程中控制CPU复位状态设计复位电路时，不是让CPU一上电或刚复位完毕就工作，而是保持这种状态可以提高兼容性防止发出错误指令、执行错误操作。无论使用哪种单片机，复位电路设计得好坏直接影响到整个系统工作的可靠性，复位电路设计不可靠会引起许多用户在设计完系统并在调试成功后，现场却出现“死机”等现象。

4.6.4　声光报警电路的组成及原理

声光报警电路主要是由两只PNP型三极管Q_2、Q_3、发光二极管D_9、电阻R_6、R_7、R_{13}、R_{14}及蜂鸣器U_2组成。单片机P0.0和P0.1口分别连接电阻R_6、R_7，再接三极管Q_2、Q_3的基极，蜂鸣器和发光二极管分别接到两个三极管的集电极，然后分别通过电阻R_{13}、R_{14}接地，而两个三极管Q_2、Q_3的发射极共同接电源V_{cc}。

三极管Q_2、Q_3工作在饱和导通状态，起到开关的作用。当温度传感器检测到温度上升至70℃以上或红外接收二极管没有接收到发射管发射过来的光时，单片机P0.0脚输出低电平，电流经过电阻R_6到达三极管Q_2基极，使得Q_2导通，通过蜂鸣器和电阻R_{13}后接地，因此驱动蜂鸣器工作发声。同样的单片机P0.1脚也输出低电平，电流经过电阻R_7到达三极管Q_3基极，也使Q_3导通，通过发光二极管D_9和电阻后接地，因此也将驱动D_9工作发光。反之，当温度传感器检测到温度没有上升到70℃或红外接收管接收到了发射管发射的光时，单片机P0.0和P0.1引脚输出的是高电平，三极管Q_2、Q_3截止，蜂鸣器和发光二极管都不工作。这是本设计的声光报警装置的工作原理，此方案性能稳定、电路简单。组成图如图4.6.7所示。

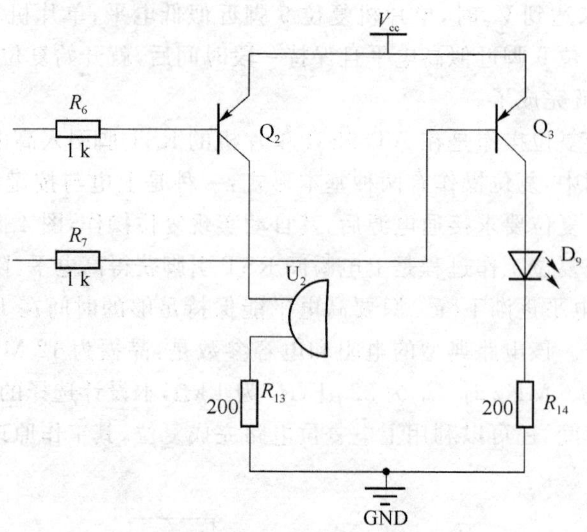

图 4.6.7　声光报警模块组成图

4.6.5　显示电路的组成及原理

在电子系统中最基本的也是最重要的人机交互设备是显示设备，它是可以显示系统的工作信息或其他信息和传递视觉信息的器件。目前用于电子电路中的显示器件主要有发光二极管组成的各种显示器件和液晶显示器。这两种显示器件都有笔划段型和点阵型两大类，笔划段型由一些特定的笔划段组成，以显示一些特定的字形和符号；点阵型由许多成行成列的发光元素点组成，由不同行和列上的发光点组成一定的字形、符号和图形。LED 是 Light Emitting Diode 的缩写，直译为光发射二极管，中文名为发光二极管。对于小尺寸的 LED 显示器件，一般是笔划段型的，广泛用于显示仪表之中；大型尺寸的一般是点阵型器件，往往用于大型的和特大型的显示屏中。

LED 显示器件有共阴极和共阳极两类，LED 显示器件的供电电压仅几伏，可以和集成电路匹配，单个发光二极管的电流从零点几毫安到几个毫安。LED 是一种主动发光器件，周围光线越暗，发光显得越明亮，有红、绿、黄等几种颜色。本设计用作显示电路的主要部件是笔划段型 7 段数码管即 LED，它与普通的二极管一样具有单向导电性。

LED 有以下特点：当用小电流时获得较高的亮度(与白炽灯相比较)，导体材料等因素决定其正向导通压降。发光响应速度快、体积小、可靠性高、功耗低，适宜配合集成电路，驱动电路简单。

LED 采用共阳极即高电平驱动，共阳极数码管是指将所有 7 段发光二极管的阳极接到一起形成的数码管。它的工作过程是共阳极数码管将公共极也就是将 7 个发光二极管的阳极接到一点，再引出一根线作为其连线连接到电源上，当某一段发光二极管的阴极为低电平时，相应字段就点亮；当某一段的阴极为高电平时，相应字段就不亮，其余两个数码管工作过程也一样。显示电路组成方框图如图 4.6.8 所示。

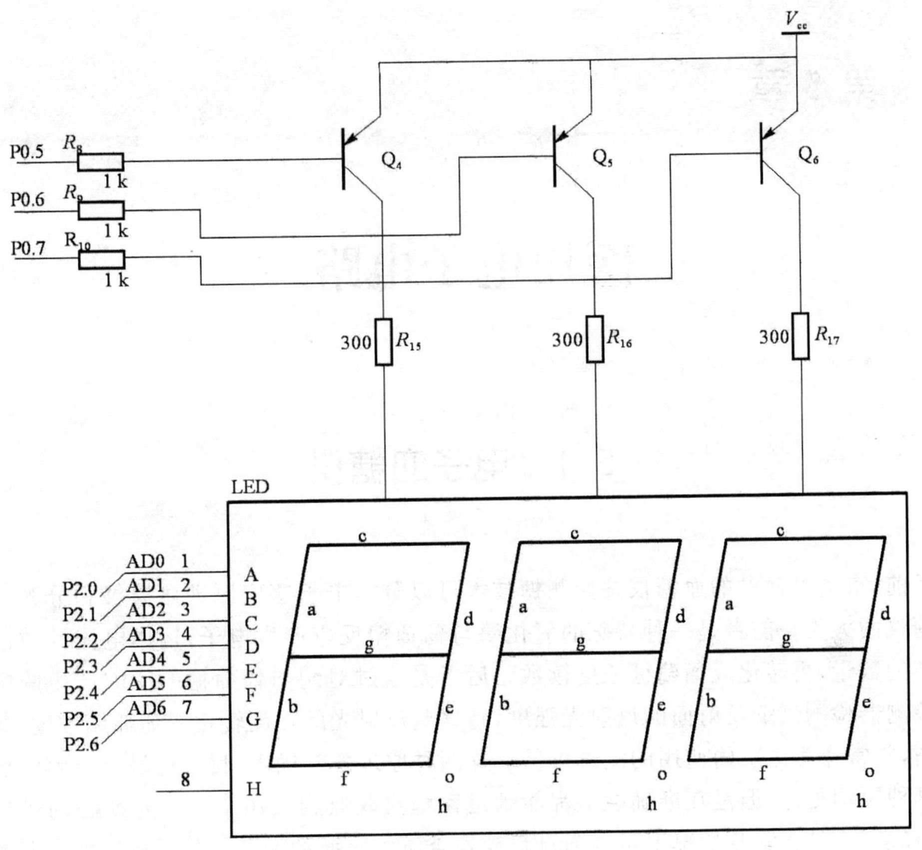

图 4.6.8 系统显示框图

当发生火灾时，单片机对送来的信号进行分析后，使得 P0.5 引脚输出低电平，通过电阻 R_8 到达三极管 Q_4 的基极，这时 Q_4 导通，选中第一个 7 段数码管，同时 P2 口的 P2.0、P2.1 引脚也输出低电平，那么 a、b 两段点亮，这个数码管剩下的 5 段不亮，第一个数码管就显示“1”；在延时一段时间后，单片机 P0.6 引脚也输出低电平，和前一个数码管一样，此时第二个数码管也显示“1”；再延时一段时间后，单片机 P0.7 引脚输出低电平，那么选中第三个数码管，然而这时 P2.0、P2.2、P2.3、P2.4、P2.5、P2.6 输出的是低电平，所以第 3 个数码管显示的是“9”，而不是显示“1”，组合后三个数码管显示的是“119”，表明该区域发生了火灾。当非法闯入时数码管工作原理和发生火灾时基本一样，只是第 3 个数码管工作时，输出低电平的是 P2.0、P2.1、P2.2、P2.3、P2.4、P2.5，显示的是“0”，那么组合后显示的是“110”，表明该区域发生了偷盗。

第5章

医用电子电路

5.1 电子血糖仪

目前，市场上常见的血糖仪按照测糖技术可以分为电子感应原理血糖仪和分光光度原理血糖仪两大类。前者是一种特殊的氧化酶与葡萄糖反应产生电子，运用电流计数设施读取电子的数量，再转化成葡萄糖浓度读数。后者是通过对酶与葡萄糖的反应产生的中间物运用检测器检测试纸反射面的反射光强度，将这些反射光的强度转化成葡萄糖浓度，其准确度更高，常常作为医院内使用的测试仪器。这两种原理各有优劣，目前还没有足够的证据来证明哪种原理更好，但是在准确性上都能满足家庭自我监测之用。分光光度法的优势比较成熟、稳定，而且在紧急情况下可以通过目视检查试纸背面的颜色变化进行辅助判断血糖的高低。但是这种原理在强光环境下操作会产生误差(如夏天室外)，另外高脂血症和高胆红素血症的病人用这种血糖仪进行测试时，误差也会加大。电子感应原理则不会受到上面两种因素的干扰，但是使用中微波炉、手机则会影响仪器的准确性，因此在使用这类仪器进行血糖监测时，应避免仪器受到电磁辐射。使用者可以根据实际情况来选择。另外，采用分光光度法的血糖仪，测试速度比较慢，采血量大；电子感应原理的血糖仪测试速度快，误差范围是±0.2 mmol/L，正常使用的情况下，不需要校准。

电子血糖仪又叫电子血糖计，是一种方便的测试自身血糖指数的智能电子医疗仪器，一般适用于血糖较高的人群。测试仪器主要包括血糖仪、试纸和针头，针头用于刺破无名指采血；试纸用于吸入样血，接入到血糖仪中；血糖仪通过测试试纸得出血糖指数。

5.1.1 工作原理

家用型血糖仪对很多糖尿病患者来说，都是生活中不可缺少的“帮手”，在指导饮食和用药方面起着极大的作用。对于糖尿病患者来说，选择一台合适的自测血糖仪就显得至关重要。当前市场上血糖仪种类繁多，外形结构千奇百态，而价格和精度却大相径庭。目前市场上常见的血糖仪按照测糖技术可以分为电化学法测试和光反射技术测试两大类。

电化学法测试的原理是：酶与葡萄糖反应产生的电子运用电流计数设施读取电子的数量，再转化成葡萄糖浓度读数。它的优点是价格比较便宜，缺点是光电血糖仪类似 CD 机，探测头暴露在空气里，很容易受到污染，影响测试结果，误差比较大。一般在短期内是比较准确的，使用一段时间后必须到维修站做一次校准。

光反射技术的原理是：通过酶与葡萄糖的反应产生中间物（带颜色物质），运用检测器检测试纸反射面的反射光的强度，再将这些反射光的强度转化成葡萄糖浓度。该型血糖仪电极口内藏，可以避免污染，准确度比较高。

血糖仪从采血方式上有两种，一种是吸血式，另一种是抹血式。吸血式的血糖仪，试纸自己控制血样计量，不会因为血量的问题出现结果偏差，操作方便，用试纸点一下血滴就可以了。抹血的机器一般采血量比较大，患者比较痛苦，如果采血偏多，还会影响测试结果，血量不足，操作就会失败，浪费试纸。最新的血糖仪均已采用电极原理，吸血式采血。

5.1.2 主要元器件选型

这里主要探讨基于C8051F系列单片机的血糖仪电路原理设计与应用分析。

血糖测量通常采用电化学分析中的三电极体系。三电极体系是相对于传统的两电极体系而言，包括工作电极（WE）、参比电极（RE）和对电极（CE）。参比电极用来定位零点，电流流经工作电极和对电极，工作电极和参比电极构成一个不通或基本少通电的体系，利用参比电极电位的稳定性来测量工作电极的电极电势。工作电极和辅助电极构成一个通电的体系，用来测量工作电极通过的电流。利用三电极测量体系，来同时研究工作电极的电位和电流的关系，如图5.1.1所示。

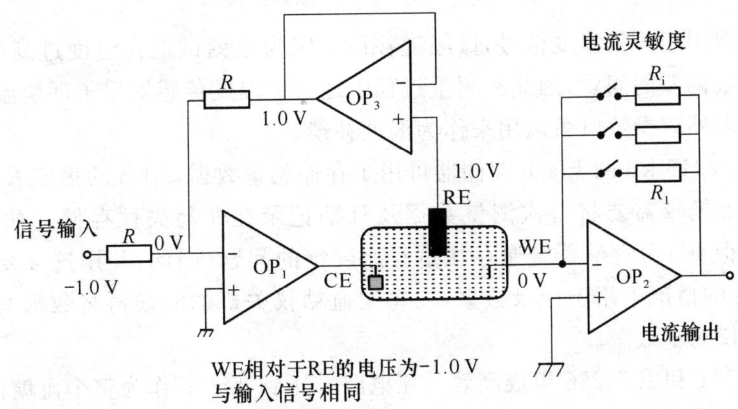

图5.1.1 三电极工作原理

5.1.2.1 方案描述

Silicon labs C8051F410单片机内部集成了丰富的外围模拟设备，使用户可以充分利用其丰富的硬件资源。C8051F410单片机的逻辑功能图如图5.1.2所示。其中12位的A/D转换器用来做小信号测量，小信号电流经过电流采样电路最终转换为电压由该A/D采样，然后以既定的转换程序计算出浓度显示在液晶板上。利用12位的D/A转换器可以输出精确稳定的参比电压用于三电极电化学测量过程，由于D/A的输出可以由程序编程任意改变，因此可以很方便地通过改变D/A值来改变参比电压与工作电压之间的压差，而且可以12位的精度保证了压差的稳定，有效地提高测量精度。

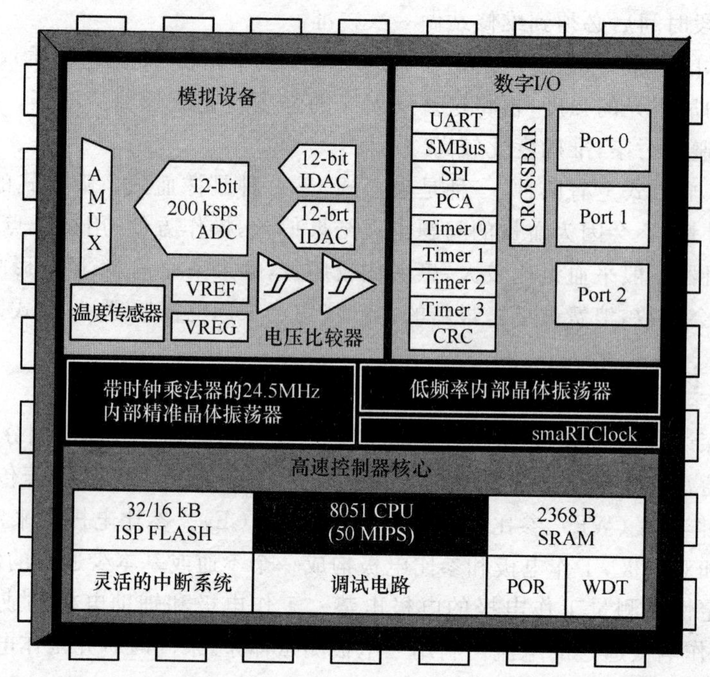

图 5.1.2　C8051F410 逻辑功能图

温度传感器用于采集温度信号，做温度补偿。因为血糖试剂在温度过高或过低的情况下都会出现测量偏差的问题，因此在测量过程中通过该温度传感器采集环境温度，在试剂要求的温度范围之外该参数就可以用来作为温度补偿。

内部具有 32/16 kB 的 Flash 存储器可用于存储测量数据，2 kB 的集成 RAM 作为测量数据的缓冲。血糖仪需要将每次测量数据及日期记录在非易失性存储介质中，通常采用 Flash 存储器，但 Flash 存储器普遍存在重写速度慢的问题，因此，利用这 2 kB 的 RAM 做缓冲，在有电源的情况下用于记录数据，在每次血糖仪关机的时候再将数据写入 Flash 中，间接提高血糖仪测量效率。

利用 RT9701 和 RT9266 组成高效升压电路升压到 3.3 V 作为整个血糖仪的供电。在整个仪器的供电电路结构上，设计电源开关电路，当关机时除了 MCU 和实时时钟可以直接通过电池供电以外，其他电路的电源被全部切断，然后使 MCU 和实时时钟进入休眠或节电状态，可以大大节省待机的耗电，延长电池的使用时间。MCU 的唤醒通过中断实现，当开关按键按下时产生一个按键中断，由此唤醒 MCU 并为其他电路接通电源，血糖仪重新进入工作状态。

该实时时钟具有高精度低功耗的特点，工作晶振频率 32 k，并设有节电模式，可以在血糖仪不工作的时候使其进入节电模式，节省电池电量。采用 I^2C 总线与单片机连接，有效节省单片机 I/O 口线。自动计算闰年，并且以 BCD 码格式表示年月日时间数据，为 MCU 的读写提供很大方便。

血糖仪每更换一批试剂就需要进行代码校正，所谓代码校正实际上就是向血糖仪输入新的一组拟合曲线的参数，该参数会被事先烧写在代码校正条上，校正代码条如图 5.1.3 所示。其中特征代码实际就是拟合曲线的参数整合成一个特殊的代码形式。图 5.1.4 是试剂条，由专业生物医学机构调配，因为每批试剂条的调配不可能一致，因此每次的拟合曲线参数也不一样，该参数由该机构提供，并烧写相应的校正代码条随试剂交付终端用户使用。用户每次购买一批新试剂的时候必须先通过代码校正条修改血糖仪的参数。代码校正条的设计采用和试剂条同样的接口，因此只需要像使用试剂条一样直接插入血糖仪的检测端口，就可以方便地将新参数输入到血糖仪。

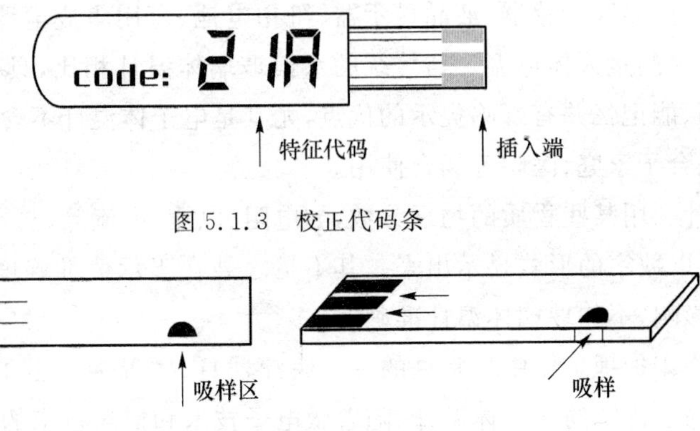

图 5.1.3 校正代码条

图 5.1.4 试剂条

5.1.2.2 电路实现

血糖仪电路结构如图 5.1.5 所示。血糖仪采用一块 PDM1621-893 的定制液晶模块作为人机界面，该模块可以实现诸如实时时钟、电池电量、测量单位、报警信号和代码提示等多种显示，另外结合对三位七段数码显示的编程可以在多个工作模式下提供尽可能丰富的提示信息。

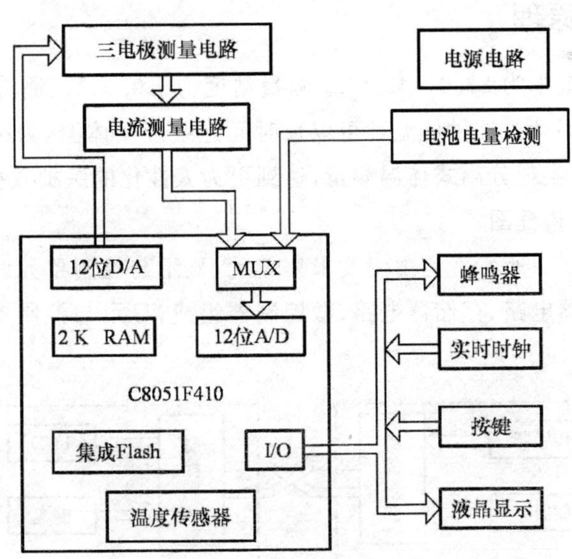

图 5.1.5 电路结构图

血糖仪作为临床医学中常用的医疗电子仪器，主要通过测量血液中的血糖浓度进行临床诊断。如今我国糖尿病发病率有上升的趋势，血糖仪具有较好的市场前景。

5.2 电子体温计

电子体温计由温度传感器、液晶显示器、纽扣电池、专用集成电路及其他电子元器件组成，能快速准确地测量人体体温。与传统的水银玻璃体温计相比，具有读数方便、测量时间短、测量精度高、能记忆并有蜂鸣提示的优点，尤其是电子体温计不含水银，对人体及周围环境无害，特别适合于家庭、医院等场合使用。

电子体温计利用某些物质的物理参数，如电阻、电压、电流等，与环境温度之间存在的确定关系，将体温以数字的形式显示出来。其不足之处在于示值准确度受电子元件及电池供电状况等因素影响，不如玻璃体温计准确。

体温计是临床护理工作中最常见的一种医疗器具，体温为医生了解患者的生理状态提供重要信息。除了传统的水银体温计，随着微电子技术和信息技术的发展，各种电子式体温计不断涌现，在不同程度上满足临床医疗的需求。目前所见到的电子体温计，温度采集单元和显示与控制单元集于一体，体积较大；即使是市场上销售较为先进的国外产品，如妇女专用的智能型体温计，也因结构上存在缺陷，不便于固定在人体上长时间连续测量体温，只能采用定时报警的方式，提醒用户及时测量体温。将温度采集单元和显示与控制单元相分离，由于温度采集单元体积较小，则能实现长时间放在用户身体上连续测量体温的目的。

5.2.1 工作原理

设计了一种测量范围为32.0～42.0℃、测量精度为±0.05℃、测温时间约为1 min、可保存200组数据的体温计。这种体温计可以长时间连续测量体温，为医生提供更为详尽的患者体温的动态信息，实现分离式体温测量，达到更为人性化的医护效果。

5.2.1.1 系统结构框图

系统结构如图5.2.1所示。它由温度采集单元、显示与控制单元两部分组成。温度采集单元是由温度传感器电路、存储器电路、微控制器组成；显示与控制单元是由LCD电路、键盘电路、微控制器组成。

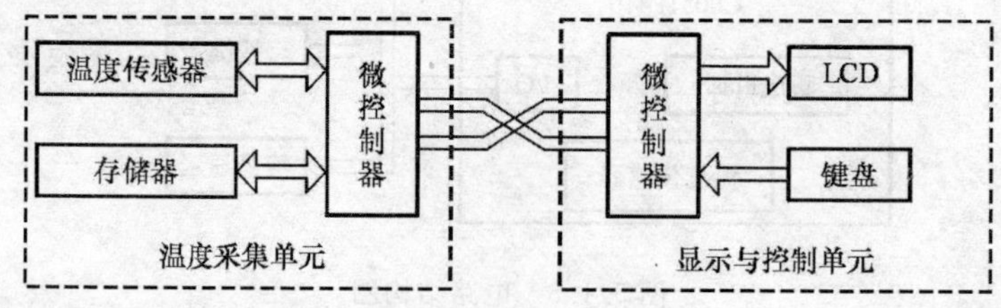

图5.2.1 系统结构框图

5.2.1.2 工作原理

电子体温计的温度采集单元和显示与控制单元，它们都有独立的微控制器。当温度采集单元测温时，微控制器产生的电子时钟与设定采集温度的时间周期相比较，若相等，系统自动检测人体温度，并把结果存储在存储器中(包括对应的时间信息：月、日、时、分)。当显示与控制单元与温度采集单元之间通过接口相连时，用户通过按键可对温度采集单元进行操作。依次操作状态选择键，有提示字符，系统进入下列四种工作状态。

(1) 查询温度状态：读取存储器中存储的温度值和对应的存储时钟时间。操作“∧”键或“∨”键，实现上翻页或下翻页查看LCD显示的温度。

(2) 设置周期状态：设置采集温度的时间周期(最小周期可设到分钟)。操作“＜”键或“＞”键，实现左移或右移修改参数，操作“∧”键或“∨”键，被修改参数加“1”或减“1”，再操作确认键，设置数据有效。

(3) 修改时钟状态：修改时钟的“月、日、时、分”数据，操作“＜”键或“＞”键，实现左移或右移修改参数，操作“∧”键或“∨”键，被修改参数加“1”或减“1”，再操作确认键，修改数据有效。

(4) 数据清零状态：操作清零键，再操作确认键，存储器中的数据全部清零。

5.2.2 硬件设计

5.2.2.1 微控制器

微控制器是采用美国Cygnal公司的C805lF330芯片。它体积小、功耗低，具有真正10位200 ksps的16通道单端/差分ADC。它的微控制器在系统中主要完成如下功能：产生带万年历的电子时钟；实现温度采集电路和显示键盘电路之间的通信控制及数据传输；检测温度、A/D转换、数据存储；控制显示电路，实现字符、数据显示；查按键，实现查询温度、设置温度采集周期、修改时钟及数据清零等。

5.2.2.2 温度采集单元

温度传感器选用型号为DA-02-ET，它是专门用于测量体温的温度传感器，具有纽扣形超小金属外壳，用高导热环氧封装，响应时间小于10 s。传感器输入电路如图5.2.2所示。由R_1、DA-02-ET、ICl组成。测温电路将温度的变化转换成电压信号的变化，输入到C8051F330的模拟输入端P1.0口，经内部的A/D转换器转换成相应的数字量。C805lF330将两次温度采样值取平均，经线性补偿后存到FM24CL64中对应的单元。

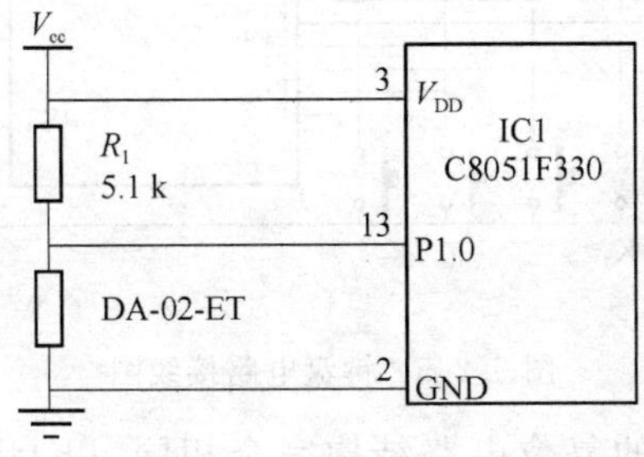

图5.2.2 传感器输入电路图

存储器选用FM24CL64，用来存储设置采集温度的时间周期，存储人体温度及对应的时间信息。存储器电路由 IC1、IC2、R_2、R_3 组成，它的接线如图 5.2.3 所示。

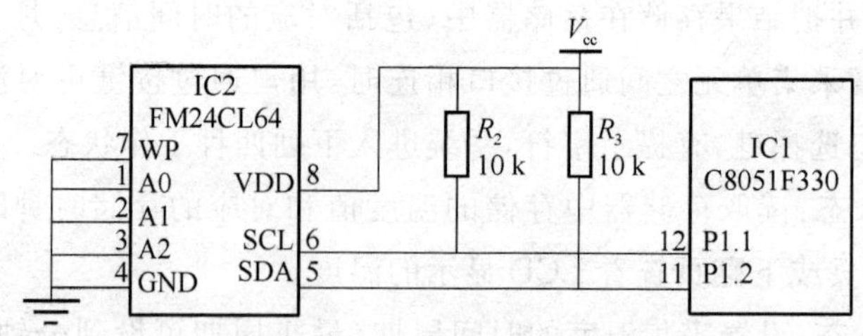

图 5.2.3　FM24CL64 接线图

5.2.2.3　显示与控制单元

1. 显示电路

LCD 外观、驱动电路接口(液晶模块厂家定做)如图 5.2.4 所示，主要功能是实现时间显示和温度显示。液晶驱动芯片为 T112C，工作电压为 2.4～5.2 V，最多可驱动 128 段，采用三线串行接口，模块连接只需 5 个引脚，简单可靠。微控制器只要往显示模块对应的地址写入显示数据，模块就可自动刷新和扫描液晶片。在该系统中，模块的 $\overline{CS}$、$\overline{WR}$、DATA 分别与微控制器的 P1.0 口、P0.6 口、P0.7 口相连。

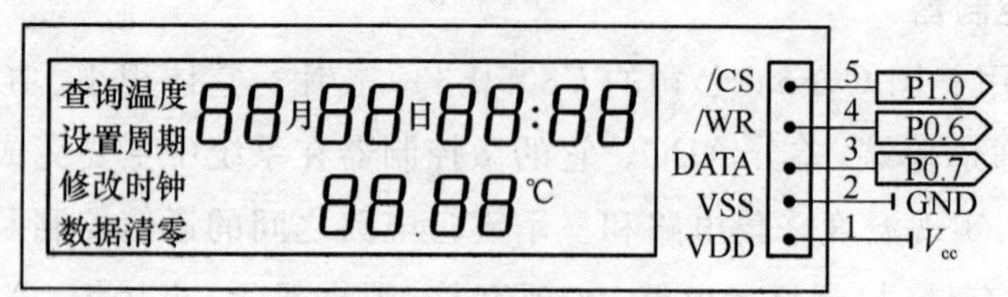

图 5.2.4　显示电路

2. 键盘电路

键盘电路接线如图 5.2.5 所示，它由 R_1～R_7、K_1～K_7 组成。K_1 是状态选择键，K_2 是清零键，K_3 是确认键，K_4 是“∧”键，K_5 是“∨”键，K_6 是“＜”键，K_7 是“＞”键。

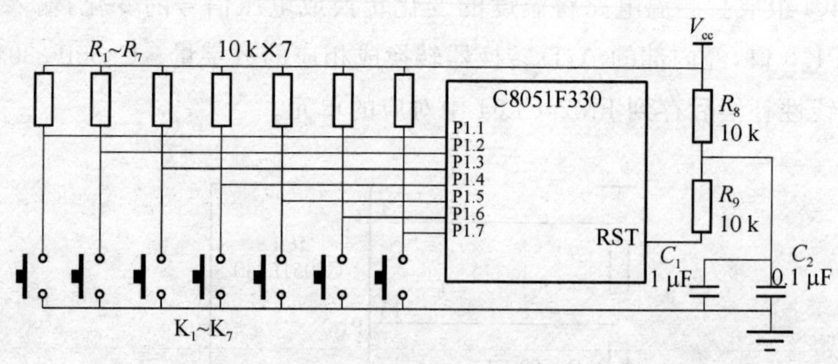

图 5.2.5　键盘电路接线图

系统中两个微控制器上的复位电路结构完全相同，以上图为例，它由 R_8、R_9、C_1、C_2 组成。

5.2.2.4 数据通信

系统中的显示与控制单元作为上位机系统，温度采集单元作为下位机系统。两个单元之间通过接口相连后，上位机中C8051F330的TX口、RX口分别与下位机中C8051F330的RX口、TX口相连，进行串行通信，接线如图5.2.6所示。用户通过上位机上的键盘发送命令来实现对下位机的控制，读取下位机采集的温度值，设定下位机采集温度的时间周期、清空。

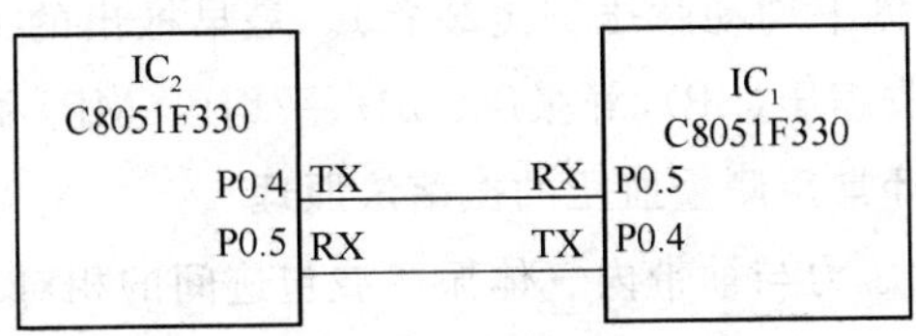

图5.2.6 接口连接图

5.3 电子血压计

血压是人体重要的生理参数之一，对其进行精确测量，有利于早期发现和鉴别高血压类型，提出合理的治疗建议。

电子血压计是利用现代电子技术与血压间接测量原理进行血压测量的医疗设备。电子血压计有臂式、腕式之分；其技术经历了最原始的第一代、第二代(臂式使用)、第三代(腕式使用)的发展。电子血压计已经成为家庭自测血压的主要工具。电子血压计也越来越多地被用于医院等医疗机构。

血压间接测量法中，分为听诊法(Auscultatory method)和示波法(Oscillometric method)。

听诊法存在其固有的缺点：一是在舒张压对应于第四相还是第五相问题上一直存在争论，由此引起的判别误差很大；二是通过听柯氏声来判别收缩压、舒张压，其读数受医生的情绪、听力、环境噪音、被测者的紧张等一系列因素的影响，易引入主观误差，难以标准化。以听诊法原理制成的电子血压计，虽然实现了自动检测，但仍未彻底解决其固有缺点，即误差大、重复性差、易受噪音干扰。

目前绝大多数血压监护仪和自动电子血压计采用了示波法间接测量血压。示波法测血压通过建立收缩压、舒张压、平均压与袖套压力震荡波的关系来判别血压。

因为脉压震荡波与血压有较为稳定的相关性，因此实际家庭自测血压的应用中，利用示波原理测量的血压结果比听诊法较为准确，而且示波法测血压时袖套内无拾音器件，操作简单，抗外界噪声干扰能力强，还可同时测得平均压。

必须指出，从测量原理上来说，两种测量法不存在哪一个更准确的问题。

基于人们对于健康的不断关注，使用家用便携电子血压计来关注自身健康状况的人也是逐年递增。目前国内市场上大多数的电子血压计是基于单片机或ARM系列芯片来设计的。对比这两种设计，基于SoPC嵌入式系统的便携电子血压计集成度更高也更加轻便，比基于单片机的电子血压计稳定度和精度更高，而比基于 ARM 系列芯片的电子血压计设计方式更方便，设计周期更短。

5.3.1 电子血压计测量血压的一般方法

第一只商用波动法血压监护仪于 1973 年由美国一个公司开始设计，1976 年投入市场，取名为 Dinamap (间接无创平均动脉压测定装置)。最早推出的 Dinamap-825 只能测平均血压，后来发展为可以测收缩压(SP)，舒张压(DP)、平均压(MP)和脉率的 845 型。

5.3.1.1 电子血压计常用测量血压的振荡法原理

振荡法原理基于动脉压力与袖带内气体振荡波包迹间的相对关系。图 5.3.1 是振荡波幅与袖带压在一个心动周期的图示关系。

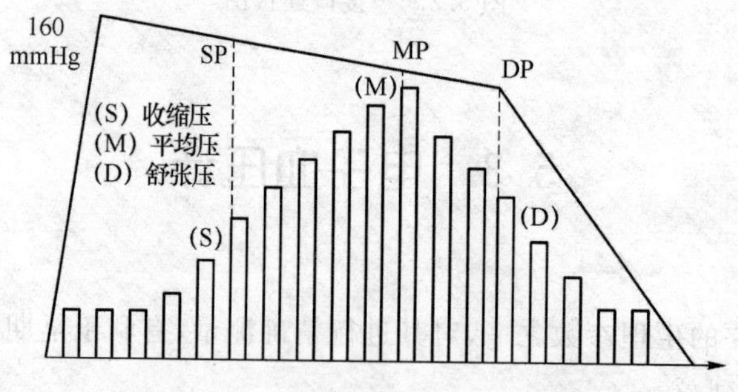

图 5.3.1 振荡波幅与袖带压的图示关系

由图 5.3.1 可以看出，当静压(袖带压)大于收缩压(SP)时，动脉被压闭，此时因近端脉搏的冲击而呈现细小的振荡波；当静压接近 SP 时，波幅增大；静压等于平均压(MP)时，动脉壁处于去负荷状态，波幅达到最大值，静压小于 MP 时，波幅逐渐减小；静压小于舒张压(DP)后，动脉管腔在舒张期已充分扩张，管腔刚性增加，这时波幅维持在较低水平。放气过程中记录的振荡波呈现近似抛物线的包迹。显然，该包迹线所对应的静压值间接反映了动脉血压，问题在于怎样用准确有效和简洁的方法找出包迹与血压之间的关系？需要注意的是，这里的平均压是动脉血压波形在一周内的积分除以周期所得，平均压表示心脏在整个心动过程中给予动脉血液的灌注压力。研究人员已经证明，血压振荡信号最大值与平均压有较好的对应性，因此常用最大波幅来确定平均血压值。

5.3.1.2 电子血压计测量血压的检测过程

袖带充气通过操作者的操控，处理器发出指令启动泵电机使袖带充气至约 21.33 kPa (160 mmHg) (第一次检测)或高于前次检测到的平均压约 8.67 kPa (65 mmHg)。当仪器检测到病人血压很不稳定忽高忽低时，仪器将立即给袖带充压到 29.33 kPa(220 mmHg)开始一次非常规的血压检测，之后泵电机关闭。动脉阻塞血管内无血流通过，压力探测器感知的仅仅是袖带气压。

压力递减是通过系统放气装置控制的，袖带内气压以 0.67～1.33 kPa (5～10 mmHg) 递减直至动脉被部分闭塞。动脉压的振荡变化反映在压力传感器上，此过程被一带通滤波器识别读取供后续测量，直至袖带内气压下降到约 5.33 kPa (40 mmHg)时，放掉袖带内剩余空气，完成一次检测过程。

袖带压力的振荡变化，袖带内气压逐步减小直至接近动脉压平均值时，进一步减小；当袖带内气压低于动脉压平均值时，脉冲幅度开始减小。图 5.3.2 反映了这一变化。

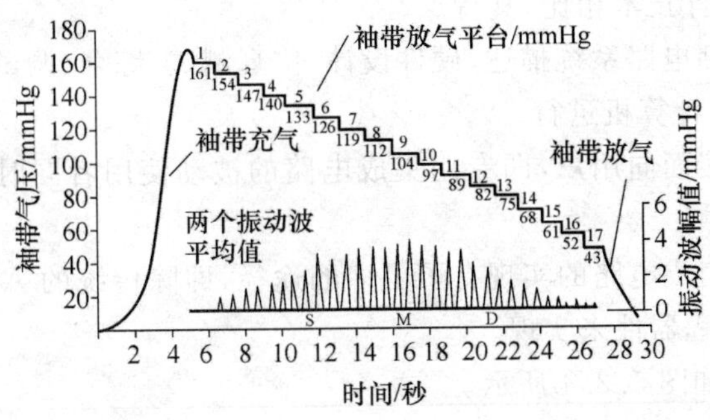

图 5.3.2 振动法血压检测过程

NiosⅡ处理器通过幅度系数法的 S 判别法分析测量过程并将所测血压结果显示在显示屏上。这种方法被证明是简洁有效的，具有较强的抗干扰性和个体适应性，容易在以处理器为核心的电子血压计中实现。

5.3.2 基于 SoPC 的系统硬件的设计

目前最为常用的嵌入式系统大多采用了 ARM 的 32 位处理器核的器件。尽管由这些器件构成的嵌入式系统有很强的功能，但为了使系统完备通常必须为此处理器配置许多接口器件，比如 DRAM、Flash 等。SoPC 则可以将硬核植入 FPGA 中，利用 FPGA 中的可编程逻辑资源，直接利用 FPGA 中的逻辑宏单元来构成该嵌入式系统的处理器的接口功能模块。基于 SoPC 的系统硬件设计的构架框图如图 5.3.3 所示。

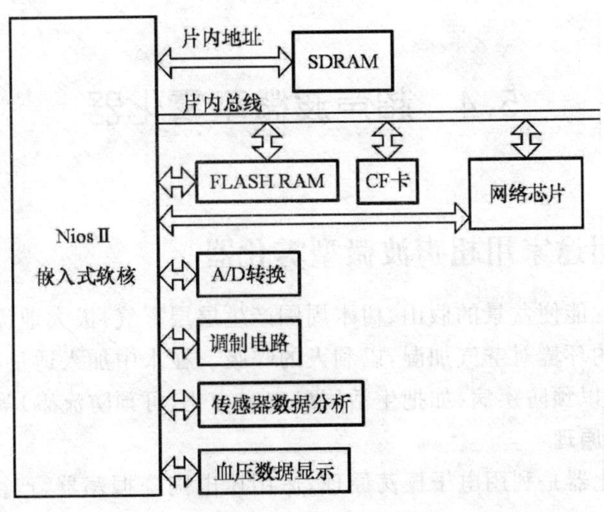

图 5.3.3 基于 SoPC 的系统硬件设计的构架框图

5.3.3 系统工作流程简图

NiosⅡ嵌入式软核专用 SoPC 软硬件设计技术是指面向专用 SoC 的软硬件设计技术，与通用 SoC 软硬件设计技术相比，其特点有：

(1) 设计全程包括电路系统描述、硬件设计、仿真测试、综合、调试、系统软件设计，直至整个系统的完成，都由计算机进行。

(2) 设计技术直接面向用户，即专用集成电路的被动使用者同时也可能是专用集成电路的主动设计者。

(3) 系统级专用集成电路的实现有了更多的途径，即除传统的 ASIC 器件外，还能通过大规模 FPGA 等可编程器件来实现。

系统工作流程图如图 5.3.4 所示。

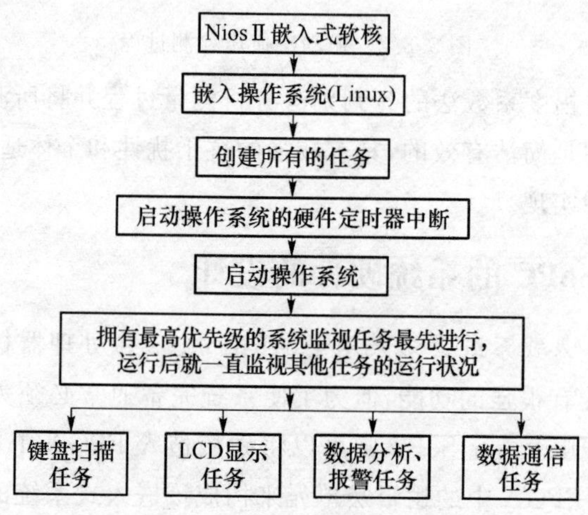

图 5.3.4 系统工作流程图

5.4 超声波微型雾化器

5.4.1 多用途家用超声波微型雾化器

家用雾化器装置能使盆景的假山、树木周围产生层层雾气，极大地提高了观赏价值。同时也适合过分干燥的环境对空气加湿，以利人的呼吸。在水中加入适量的某种溶剂，给被污染的居住环境消毒，以预防疾病(如把生活用醋定时雾化，可预防流感)等。

5.4.1.1 工作原理

家用超声波雾化器是利用电子振荡原理，运用压电陶瓷振荡器，产生高频率振波(超声波)将液态分子结构打散，以此方式将水等液体振成极小的雾状粒子，再利用风扇将雾状粒子送出。其工作原理图如图 5.4.1 所示。

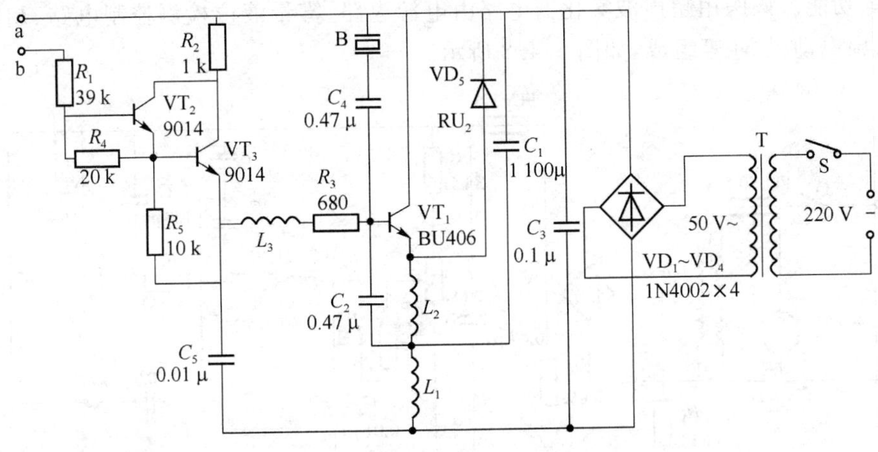

图 5.4.1 超声波雾化器原理图

5.4.1.2 主要元器件选型

VT_1 的质量是制作成功的关键，最好采用意大利 SGS 产 BU406、BU407 或 BU408 等大功率高频三极管，要求 $f_T \geqslant 100$ MHz；VT_2、VT_3 可用 9014 型等 NPN 型硅管，要求 $\beta \geqslant 100$；VD_1～VD_4 可用 1N4002 硅整流二极管。

所有电阻最好全部采用 RJ-0.25 W 金属膜电阻；电容采用 CBB-100 V 聚苯电容；电感 L_1 可用直径 0.51 mm 漆包线在直径 10 mm、厚 10 mm 的磁芯上绕 27 匝，电感量约为 24 μH；L_2 用直径 0.69 mm 漆包线在直径 6 mm 钻头绕 2.5 匝，然后脱胎取下，电感量约为 0.22 μH；L_3 可用 270 μH 色码电感器；换能器 B 是关键元件，应采用直径 20 mm、厚 1.25 mm、频率1.65 MHz 的高强度压电陶瓷片；变压器 T 要求次级电压为 50 V，功率 40 W；S 用小型船形开关；VT_1 最好安装散热器；换能器 B 不能离水通电，否则将烧坏。盆景中水深以4～6 cm为宜，应清洁。装好后调整电阻 R_1，使总电流为 0.6 A 左右。

5.4.1.3 电路原理分析

电路主要由超声波发生器、水位控制器、电源电路等几部分组成。超声波发生器主要由三极管 VT_1 构成，VT_1 及其外围元件组成电容三点式 LC 振荡器，B 是超声波换能器，其固有频率 f_c＝1.65 MHz，电容 C_1、C_2 决定振荡幅度，其固有频率略低于 f_c，L_1、C_2 为正反馈元件，其固有频率略高于 f_c，VD_5 为 VT_1 的保护二极管。

由于雾化时 B 浸在水中，水位控制器由 VT_2、VT_3 等元器件构成，其作用是：为振荡电路提供基极偏置电流；当盆景中水位低于设定值时，使振荡器停振，起保护作用。

VT_2、VT_3 接成复合管，通过 L_3、R_3 向 VT_1 提供基极偏置电流，L_3 为高频扼流线圈，阻止超声波信号进入水位控制电路。调整 R_1 的阻值，可改变 VT_1 的基极电流，从而控制整机的工作电流。a、b 为水位控制线，平时浸没在水中。雾化器正常工作时，若水位下降到一定限度，a、b 脱离水面，VT_2、VT_3 便截止，水位控制器停止向 VT_1 提供基极电流，整机停止工作。

5.4.2 医用超声波雾化器

本例介绍的医用超声波雾化器，具有雾量大小调节和液位自动检测、液位偏低自动保护、定时等功能。该医用超声波雾化器电路由电源电路、雾量液位检测控制电路、超声波振荡器和风扇电动机 M 等组成,如图 5.4.2 所示。

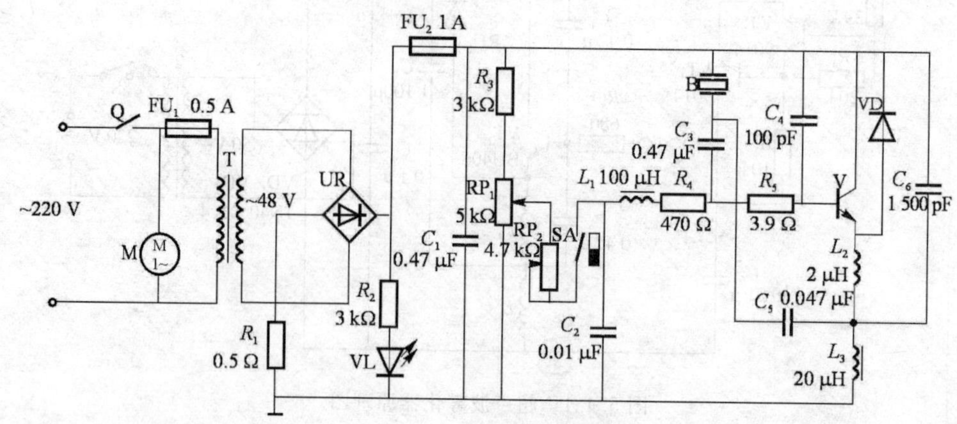

图 5.4.2　医用超声波雾化器电路原理图

电源电路由定时器 Q、熔断器 FU_1、FU_2、电源变压器 T、整流桥堆 UR、电阻器 R_1 和 R_2、发光二极管 VL 和滤波电容器 C_1 组成。雾量/液位检测控制电路由电阻器 R_3、电位器 RP_1、RP_2、磁控水位开关 SA(由带磁环浮子、干簧管构成)和电容器 C_2 组成。超声波振荡器由晶体管 V、电阻器 R_4 和 R_5、电容器 C_2～C_6、电感器 L_1～L_3、二极管 VD 和超声换能器 B 组成。接通定时器 Q、交流 220 V 电压经 T 降压、UR 整流后,一路经 R_2 限流降压后将 VL 点亮;另一路经 C_2 滤波后为雾量/水位检测控制电路和超声波振荡器提供＋48 V 工作电源。超声波振荡器通电后振荡工作,产生频率为 1.65 MHz 或 1.7 MHz 的超声波振荡信号,驱动 B 产生高频振动,使药液雾化,雾化后的药液被风扇从导管口吹出。调节 RP_1 的阻值,可改变 V 的基极电压的高低,从而改变振荡信号幅度的高低,达到调节雾量大小的目的。RP_2 起辅助调节(微调)作用。在雾化器内液位达到一定高度时,装在浮子内的磁铁随着液位上升而升高,使干簧管 SA 的触头接通,超声波振荡器工作;当液位降至一定高度时,浮子下降使 SA 的触头断开,超声波振荡器停止工作,起到液位偏低自动保护的作用。

R_1、R_3～R_5 均选用 2 W 的金属膜电阻器;R_2 选用 1/4 W 的金属膜电阻器。C_1～C_3 和 C_5 均选用 100 V 的 CBB 电容器;C_4 和 C_6 均选用高频瓷介电容器。RP_1 和 RP_2 选用 2 W 的合成碳膜电位器或多圈线绕电位器,RP_2 也可使用可变电阻器。VD 选用 RF104 型快恢复二极管。VL 选用 φ3 mm 的高亮度发光二极管。V 选用 BU406 或 SD35 型高反压硅 NPN 晶体管。L_1 选用高频扼流圈,L_2 和 L_3 均选用 TDK 色码电感器。B 选用 1.65 MHz 或 1.7 MHz 的成品压电式超声换能器。T 选用 40 W、二次电压为 45～50 V 的电源变压器。M 选用交流 220 V 微型风扇,Q 选用 0～60 min 机械式定时器。

5.5　心电图机

心电图机就是用来记录心脏活动时所产生的生理电信号的仪器。由于心电图机诊断技术成熟、可靠，操作简便，价格适中，对病人无损伤等优点，已成为各级医院中最普及的医用电子仪器之一。心电图机能将心脏活动时心肌激动产生的生物电信号(心电信号)自动记录下来，成为临床诊断和科研常用的医疗电子仪器。

5.5.1 性能参数

1. 输入电阻

输入电阻即前级放大器的输入电阻。输入电阻越大，因电极接触电阻不同而引起的波形失真越小，共模抑制比越高。一般要求大于 2 MΩ，国际上大于 50 MΩ。

2. 共模抑制比

心电图机一般采用差动式放大电路，这种电路对于同相信号(又称共模信号，例如周围的电磁场所产生的干扰信号)有抑制作用；对异相信号(又称差模信号，需采集的心电信号就是差模信号)有放大作用。共模抑制比(CMRR)是指心电图机的差模信号(心电信号)放大倍数 A_d 与共模信号(干扰和噪声)放大倍数 A_c 之比，表示抗干扰能力的大小，要求大于 80 dB，国际上大于 100 dB。

3. 抗极化电压

皮肤和表面电极之间会因极化而产生极化电压。这主要是由于心动电流流过后形成的电压滞留现象。极化电压对心电图测量的影响很大，会产生基线漂移等现象。极化电压最高时可达数十毫伏乃至上百毫伏，处理不好极化电压产生的干扰将是很严重的。

尽管心电图机使用的电极已经采用了特殊材料，但是由于温度的变化以及电场和磁场的影响，电极仍产生极化电压，一般为 200～300 mV，这样就要求心电图机要有一个耐极化电压的放大器和记录装置，要求大于 300 mV，国际上大于 500 mV。

4. 灵敏度

灵敏度是指输入 1 mV 标准电压时，记录波形的幅度。通常用 mm/mV 表示，它反映了整机放大器放大倍数的大小。心电图机标准灵敏度为 10 mm/mV。规定标准灵敏度的目的是为了便于对各种心电图进行比较。

5. 内部噪声

内部噪声是指心电图机内部元器件工作时，由于电子热运动而产生的噪声，而不是因使用不当外来干扰形成的噪声。这种噪声使心电图机没有输入信号时仍有微小的杂乱波输出，这种噪声如果过大，不但影响图形美观，而且还影响心电波的正常性，因此要求噪声越小越好，在描记曲线中应看不到噪声波形。噪声大小可以用折合到输入端的作用大小来计算，一般要求低于输入端加入几微伏至几十微伏以下信号的作用，国际上规定小于或等于 10 μV。

6. 时间常数

时间常数是指在直流输入时，心电图机描记出的信号幅度将随时间的增加而逐渐减小，输出幅度自 100%下降至 37%左右所需的时间。一般要求大于 3.2 s，若过小，幅值下降得过快，甚至会使输入的方波信号变成尖波信号，这样就不能反映心电波形的真实情况。

7. 频率响应

人体心电波形并不是单一频率的，而是可以分解成不同频率、不同比例的正弦波成分，也就是说心电信号含有丰富的高次谐波。若心电图机对不同频率的信号有相同的增益，则描记出来的波形就不会失真。但是放大器对不同频率的信号的放大能力并不一定完全一样。心电图机输入相同幅值、不同频率的信号时，其输出信号幅度随频率变化的关系称为频率响应特性。心电图机的频率响应特性主要取决于放大器和记录器的频率响应特性。频率响应越宽越好，一般心电图机的放大器比较容易满足要求，而记录器是决定频率响应的主要因素，一般要求在 0.05～150 Hz(－3 dB)。

8. 绝缘性

为了保证医务人员和患者的安全，心电图机应具有良好的绝缘性。绝缘性常用电源对机壳的电阻来表示，有时也用机壳的漏电流表示。一般要求电源对机壳的绝缘电阻不小于 20 MΩ，或漏电流应小于 100 μA。为此，心电图机通常采用“浮地技术”。

9. 安全性

心电图机是与人体直接连接的电子设备，必须十分注意其对人体的安全性。从安全方面考虑，心电图机可分为三型：B 型、BF 型和 CF 型(详见中华人民共和国国家标准 GB 10793—89 心电图机和使用安全要求)。根据国际电工技术委员会(IEC)通则中规定：医用电器设备与患者直接连接部分叫“应用部分”。为了进一步保证患者安全，医用电器设备的应用部分往往也加有隔离措施、光电耦合、电磁波耦合等。

5.5.2 心电图机的分类

心电图机按照机器的功能可分为图形描记普通式心电图机(模拟式心电图机)和图形描记与分析诊断功能心电图机(数字式智能化心电图机)。

记录器是心电图机的描记元件。对模拟式心电图机来说，早期使用的记录器多为盘状弹簧为回零力矩的动圈式记录器，20 世纪 90 年代之后多用位置反馈记录器。对数字式心电图机来说，记录器为热敏式或点阵式打印机。

动圈式记录器的结构原理是由磁钢组成的固定磁路和可转动的线圈。心电图机功率放大器的输出信号加到记录器的线圈上，线圈上固定有记录笔。在有心电信号输出时，功率放大器向线圈输出电流，线圈转动。当线圈的偏转角度与盘状弹簧的回零力矩相同时，停止偏转。这样，线圈带动的记录笔便在记录纸上描记出心电图波形。

位置反馈记录器是一种不用机械回零弹簧的记录器，特殊的电子电路可起到回零弹簧的作用。机器断电时，位置反馈记录器的记录笔可任意拨动。

点阵热敏式记录器是利用加热烧结在陶瓷基片上的半导体加热点，在遇热显色的热敏纸上烫出图形及字符。

按供电方式来分，可分为直流式、交流式和交、直两用式心电图机，其中，交、直两用式居多。直流供电式多使用充电电池进行供电。交流供电式采用交流—直流转换电路，先将交流变为直流，再经高稳定的稳压电路稳定后，供给心电图机工作。

按一次可记录的信号导数来分，心电图分为单导式及多导式(如三导、六导、十二导)。单导心电图机的心电信号放大通道只有一路，各导联的心电波形要逐个描记，即它不能反映同一时刻各导心电的变化。多导心电图机的放大通道有多路，如六导心电图机就有六路放大器，可反映某一时刻六个导联的心电信号同时变化的情况。

5.5.3 心电图机在使用及检定过程中的干扰及排除

心电图机是医院普遍使用的诊断检查设备，但在使用诊断及检定过程中，心电图机的交流干扰是最常见的也是最棘手的问题。干扰现象的产生直接影响心电图机波形图的准确性，使记录器所描述的图形幅值的波形产生突变，从而直接影响到医生的诊断。

5.5.3.1 干扰分类

(1) 漏电流干扰：心电图诊断室内的交流电源有可能存在漏电流，这些交流电通过检定仪、地面、人体及其他一些不良绝缘体和仪器接地线形成回路，从而在心电图记录器所描述的波形上形成调制干扰。

(2) 空间干扰：当心电图机附近有较大功率的变压器、电动机和使用有大功率交变电流设备时，电磁场会在线路、壳体上形成辐射、吸收与调制等。即由于漏磁通存在，其周围会产生较大的干扰，磁场作用在心电图机的导联线上时，将会产生感应电流，影响心电图机的记录图幅值的准确性。

(3) 供电系统的干扰：这是破坏性极强的一种干扰，这种干扰表现为欠压、过压、浪涌等，最容易造成仪器设备的损坏。

5.5.3.2 消除干扰的措施

心电图机在使用和检定过程中所出现的干扰现象是一个比较复杂的问题，很难用某一种方法加以解决。这就需要在检测过程中认真分析研究和探讨干扰源的起因，再结合工作实践采取以下有效措施加以解决。

(1) 确保心电图机诊断室的环境条件。尽量远离电疗室、放射室、牙科等具有较大功率电器设备的科室。

(2) 合理设计地线。地线的合理设计是抑制干扰的重要方法之一。现今医院大楼都有良好的接地线，但都是公共接地线，与许多医疗设备的地线相连，有时有漏电流干扰产生。这时就必须设置专用地线，以防相互有漏电流干扰。如能将接地线和屏蔽结合起来并正确使用，就能有效地解决一部分干扰。对心电图机可将分线盒及各分支电缆装入检定仪的屏蔽盒内或专用屏蔽盒内。对固定放置心电图机的工作台，其表面铺设厚度 2.5 mm 以上的铁板(其他导磁材料也可)，一般可对磁场干扰有所抑制。

(3) 设置电磁屏蔽。这也是避免或减小干扰影响的有效手段之一。如对电源箱采用 RC 吸收回路或加上触点间灭弧电容，以消除通断瞬间产生的火花形成的电磁干扰，此干扰串入仪器中就会形成调制解调干扰。

(4) 对供电系统电源干扰的减少及排除。可采用接入交流稳压器、隔离变压器、低通滤波器、净化电源等措施，以保证供电的稳定性，提高抗干扰能力，减少电源高次谐波的干扰影响。

5.6 脑电图机

5.6.1 工作原理

人体组织细胞总在自发地不断产生着很微弱的生物电活动，利用在头皮上安装电极将细胞的电活动引出来并经脑电图机放大后记录下来得到有一定波形、波幅、频率和相位的图形、曲线，即为脑电图。当脑组织发生病理或功能改变时，这种曲线也会发生相应的改变，从而为临床诊断治疗大脑及神经系统疾病，如畸形中枢神经系统感染、颅内肿瘤与慢性病变、脑血管疾病、脑损伤及癫痫等提供依据。

当神经元受遗传、病理、电化学或药物刺激时，细胞膜的平衡遭到破坏，产生高度去极化，这时可产生动作电位，这个局部动作电位又会破坏下一段细胞膜的平衡状态，这一系列反复恢复和破坏细胞膜的生化物理过程，便构成了动作电位在神经元和神经细胞膜上的单向传递，产生了脑电信号，其幅值范围为 10～100 μV。脑电图机就是拾取这种极其微弱的脑电信号进行放大处理、描迹记录的仪器，用以诊断神经系统的疾病，其基本原理框图如图5.6.1所示。

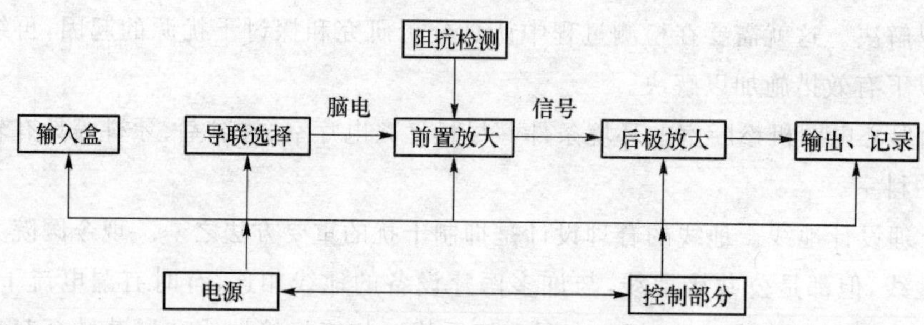

图 5.6.1 脑电图机原理框图

输入盒为金属屏蔽盒，头皮电极导线通过输入盒与脑电图机输入端相连接，当今市场上的脑电图机一般在输入盒内加装缓冲放大器以降低噪音。导联选择器实现不同导联及信号通道的选择。由于脑电信号微弱，幅值极低，要求脑电图机有很高的放大增益，故脑电图机多采用多极放大技术，以实现其较高的增益，还要求有很高的共模抑制比。对电源的稳定性也有严格要求，一般在电源电压波动±10%时，输出电压变化要小于 0.01%，特别是供给前置放大级的电源电压波动应小于 0.5 μV。

电极与皮肤接触电阻的大小，与脑电记录的质量有直接关系，一般接触电阻应小于 20 kΩ；如果大于此值，必须清洁皮肤，处理电极或采用更好的电极膏，以保证测量的准确，所以脑电图机设有电极-皮肤接触阻抗测量装置。

由于脑电信号幅值变化较大，所以要求增益控制设置多挡调节。

5.6.2 脑电图机干扰的排除

由于脑电信号是一种极其微弱的生物电信号，在对信号的采集、放大、处理等过程中很容易发生干扰现象，当脑电图机受到干扰时，多表现为描述出的波形不光滑、抖动大，会影响临床诊断。

脑电图机的干扰可分为外界干扰和机内干扰。外界干扰的主要表现是定标时波形正常，在脑电描记时有干扰出现。其原因多为接地不良，输入短路，皮肤、电极接触电阻过大及周围环境的影响。机内故障引起的干扰多表现为无论定标还是脑电描记时均有干扰存在，检测时可将增益开关置于“0”，使前置放大器的输入端对地短路，看是否有干扰存在，主要原因有元件老化、差分放大管对称性不好以及电源滤波电路故障等，要排除这些干扰，则要采用由外到内、从简单到复杂的方法去思考。

首先要查看周围是否有其他电器在工作，要尽可能地远离这些能产生电磁波的设备，并查看电极盒和导联线以及患者是否碰到金属床架或仪器外壳等；要检测整机的接地是否良好，还要注意内部各模块的接地。在检测记录脑电图时发生干扰，要注意检查信号采集放大处理通路，检查电极与头皮是否正确连接，电极盒各个插口与导联线插头接触是否良好。还要检查电路板上的各个部件，因有许多相同的放大通路，所以可以用元件替换法来查找，注意检查机内电源滤波及稳压电路，特别要注意滤波电容、稳压管、三端稳压块等。

第6章

工业检测电子电路

6.1 温湿度检测

6.1.1 温湿度计的测量原理

温度的测量包括膨胀式温度计、压力式温度计、热电偶以及热电阻等。膨胀式温度计是利用液体或固体受热时产生热膨胀的原理，固体膨胀式温度计用两片线膨胀系数不同的金属片叠焊接在一起制成双金属片，受热后，由于两金属片的膨胀长度不同而产生弯曲。压力式温度计是利用封闭容器中的液体、气体或低沸点液体的饱和蒸气，受热后体积膨胀，压力增大。热电偶是将两种不同材料的导体或半导体 A 和 B 焊接起来，构成一个闭合回路。当导体 A 和 B 的两个接点 1 和 2 之间存在温差时，两者之间便产生电动势，因而在回路中形成一定大小的电流，这种现象称为热电效应。热电阻是利用热电阻的电阻值随温度变化而变化的特性来进行温度测量。

湿度计的原理是根据某种物质从其周围的空气吸收水分后引起的物理或化学性质的变化，间接地获得该物质的吸水量及周围空气的湿度。电容式、电阻式和湿涨式湿敏元件分别是根据其高分子材料吸湿后的介电常数、电阻率和体积随之发生变化而进行湿度测量的。

6.1.1.1 湿度传感器工作原理

1. 湿度定义

在计量法中，湿度定义为“物象状态的量”。日常生活中所指的湿度为相对湿度，用 RH 表示。总而言之，即气体中（通常为空气中）所含水蒸气量（水蒸气压）与其空气相同情况下饱和水蒸气量（饱和水蒸气压）的百分比。

湿度很久以前就与生活存在着密切的关系，但用数量来表示较为困难。对湿度的表示方法有绝对湿度、相对湿度、露点、湿气与干气的比值（重量或体积）等。

2. 湿度测量方法

湿度测量从原理上划分有二三十种之多，但湿度测量始终是世界计量领域中著名的难题之一。一个看似简单的量值，深究起来，涉及相当复杂的物理-化学理论分析和计算，初涉者可能会忽略在湿度测量中必须注意的许多因素，因而影响传感器的合理使用。

常见的湿度测量方法有：动态法（双压法、双温法、分流法），静态法（饱和盐法、硫酸法），露点法，干湿球法和电子式传感器法。

(1) 双压法、双温法是基于热力学P、V、T平衡原理,平衡时间较长。分流法是基于绝对湿气和绝对干空气的精确混合。由于采用了现代测控手段,这些设备可以做得相当精密,但因设备复杂、昂贵,运作费时、费工,主要作为标准计量之用,其测量精度可达±2%RH以上。

(2) 静态法中的饱和盐法是湿度测量中最常见的方法,简单易行。但饱和盐法对液、气两相的平衡要求很严,对环境温度的稳定要求较高,用起来要求等待很长时间去平衡,低湿点要求更长。特别在室内湿度和瓶内湿度差值较大时,每次开启都需要平衡6~8小时。

(3) 露点法是测量湿空气达到饱和时的温度,是热力学的直接结果,准确度高,测量范围宽。计量用的精密露点仪准确度可达±0.2℃甚至更高。但用现代光-电原理的冷镜式露点仪价格昂贵,常和标准湿度发生器配套使用。

(4) 干湿球法是18世纪发明的测湿方法,历史悠久,使用最普遍。干湿球法是一种间接方法,它用干湿球方程换算出湿度值,而此方程是有条件的,即在湿球附近的风速必须达到2.5 m/s以上。普通用的干湿球温度计将此条件简化了,所以其准确度只有5%~7%RH,干湿球法不属于静态法,不能简单地认为只要提高两支温度计的测量精度就等于提高了整体湿度计的测量精度。

(5) 电子式湿度传感器法。电子式湿度传感器产品及湿度测量属于20世纪90年代兴起的行业，近些年来,国内外在湿度传感器研发领域取得了长足的进步。湿敏传感器从简单的湿敏元件向集成化、智能化和多参数检测的方向迅速发展,为开发新一代湿度测控系统创造了有利条件,也将湿度测量技术提高到一个新的水平。

3. 湿度传感器的发展趋势

在工农业生产、气象、环保、国防、科研和航天等部门,经常需要对环境湿度进行测量及控制,但在常规的环境参数中,湿度是最难准确测量的一个参数。用干湿球湿度计或毛发湿度计来测量湿度的方法,早已无法满足现代科技发展的需要。这是因为测量湿度要比测量温度复杂得多,温度是一个独立的被测量,而湿度却受其他因素(大气压强、温度)的影响,此外,湿度的标准也是一个难题。国外生产的湿度标定设备价格十分昂贵。

湿敏元件是最简单的湿度传感器。湿敏元件主要分电阻式和电容式两大类。

(1) 湿敏电阻

湿敏电阻的特点是在基片上覆盖一层用感湿材料制成的膜,当空气中的水蒸气吸附在感湿膜上时,元件的电阻率和电阻值都发生变化,利用这一特性即可测量湿度。湿敏电阻的种类很多,例如金属氧化物湿敏电阻、硅湿敏电阻、陶瓷湿敏电阻等。湿敏电阻的优点是灵敏度高,主要缺点是线性度和产品的互换性差。

(2) 湿敏电容

湿敏电容一般是用高分子薄膜电容制成的,常用的高分子材料有聚苯乙烯、聚酰亚胺、醋酸纤维等。当环境湿度发生改变时,湿敏电容的介电常数发生变化,使其电容量也发生变化,其电容变化量与相对湿度成正比。湿敏电容的主要优点是灵敏度高、产品互换性好、响应速度快、湿度的滞后量小、便于制造、容易实现小型化和集成化,其精度一般比湿敏电阻要低一些。国外生产湿敏电容的主要厂家有Humirel公司、Philips公司、Siemens公司等。以Humirel公司生产的HS1100型湿敏电容为例,其测量范围是1%~99%RH,在55%RH时的电容量为180 pF(典型值)。当相对湿度从0变化到100%时,电容量的变化范围是

163～202 pF，温度系数为 0.04 pF/℃，湿度滞后量为±1.5%，响应时间为 5 s。

除电阻式、电容式湿敏元件之外，还有电解质离子型湿敏元件、重量型湿敏元件（利用感湿膜重量的变化来改变振荡频率）、光强型湿敏元件、声表面波湿敏元件等。湿敏元件的线性度及抗污染性差，在检测环境湿度时，湿敏元件要长期暴露在待测环境中，很容易被污染而影响其测量精度及长期稳定性。

4. 集成湿度传感器的性能特点及产品分类

目前，国外生产集成湿度传感器的主要厂家及典型产品分别为 Honeywell 公司（HIH-3602 型、HIH-3605 型、HIH-3610 型），Humirel 公司（HM1500 型、HM1520 型、HF3223 型、HTF3223 型），Sensiron 公司（SHT11 型、SHT15 型）。这些产品可分成以下三种类型：

(1) 线性电压输出式集成湿度传感器

典型产品有 HIH3605/3610、HM1500/1520。其主要特点是采用恒压供电，内置放大电路，能输出与相对湿度呈比例关系的伏特级电压信号，响应速度快，重复性好，抗污染能力强。

(2) 线性频率输出集成湿度传感器

典型产品为 HF3223 型。它采用模块式结构，属于频率输出式集成湿度传感器，在 55%RH 时的输出频率为 8 750 Hz（典型值），当被测湿度从 10%变化到 95%时，输出频率就从 9 560 Hz 减小到 8 030 Hz。这种传感器具有线性度好、抗干扰能力强、便于相配数字电路或单片机、价格低等优点。

(3) 频率/温度输出式集成湿度传感器

典型产品为 HTF3223 型。它除具有 HF3223 的功能以外，还增加了温度信号输出端，利用负温度系数（NTC）热敏电阻作为温度传感器，当环境温度变化时，其电阻值也相应改变并且从 NTC 端引出，配上二次仪表即可测量出温度值。

5. 单片智能化湿度/温度传感器

2002 年 Sensiron 公司在世界上率先研制成功 SHT11、SHT15 型智能化温度/湿度传感器，其外形尺寸仅为 7.6 mm×5 mm×2.5 mm，体积与火柴头相近。出厂前，每只传感器都在湿度室中做过精密标准，标准系数被编成相应的程序存入校准存储器中，在测量过程中可对相对湿度进行自动校准。它们不仅能准确测量相对湿度，还能测量温度和露点。测量相对湿度的范围是 0～100%RH，分辨力达 0.03%RH，最高精度为±2%RH。测量温度的范围是－40℃～＋123.8℃，分辨力为 0.01℃。测量露点的精度小于±1℃。在测量湿度、温度时 A/D 转换器的位数分别可达 12 位、14 位。利用降低分辨力的方法可以提高测量速率，减小芯片的功耗。SHT11/15 的产品互换性好，响应速度快，抗干扰能力强，不需要外部元件，适配各种单片机，可广泛用于医疗设备及温度/湿度调节系统中。

芯片内部包含相对湿度传感器、温度传感器、放大器、14 位 A/D 转换器、校准存储器（E^2PROM）、易失存储器（RAM）、状态寄存器、循环冗余校验码（CRC）寄存器、二线串行接口、控制单元、加热器及低电压检测电路。其测量原理是首先利用两只传感器分别产生相对湿度、温度的信号，然后经过放大，分别送至 A/D 转换器进行模/数转换、校准和纠错，最后通过二线串行接口将相对湿度及温度的数据送至控制单元。鉴于 SHT11/15 输出的相对湿度读数值与被测相对湿度呈非线性关系，为获得相对湿度的准确数据，必须利用控制单元对读数值进行非线性补偿。此外当环境温度 TA≠＋25℃时，还需要对相对湿度传感器进行温度补偿。

芯片内部有一个加热器。将状态寄存器的第 2 位置"1"时该加热器接通电源，可使传感器的温度大约升高 5℃，电源电流亦增加 8 mA(采用+5 V 电源)。使用加热器可实现以下三种功能：①通过比较加热前后测出的相对湿度值及温度值，可确定传感器是否正常工作；②在潮湿环境下使用加热器，可避免传感器凝露；③测量露点时也需要使用加热器。

集成湿度传感器的测量范围一般可达到 0～100％，但有的厂家为保证精度指标而将测量范围限制为 10％～95％。设计＋3.3 V 低压供电的湿度/温度测试系统时，可选用 SHT11、SHT15 传感器。这种传感器在测量阶段的工作电流为 550 μA，平均工作电流为 28 μA(12 位)或 2 μA(8 位)。上电时默认为休眠模式(sleep mode)，电源电流仅为 0.3 μA(典型值)。测量完毕只要没有新的命令，就自动返回休眠模式，能使芯片功耗降至最低。此外，它们还具有低电压检测功能，当电源电压低于(＋2.45±0.1)V 时，状态寄存器的第 6 位立即更新，使芯片不工作，从而起到了保护作用。

6. 湿度传感器选择的注意事项

和测量重量、温度一样，选择湿度传感器首先要确定测量范围。除了气象、科研部门外，进行温、湿度测控的一般不需要全湿程(0～100％RH)测量。

测量精度是湿度传感器最重要的指标，每提高一个百分点，对湿度传感器来说就是上一个台阶，甚至是上一个档次。因为要达到不同的精度，其制造成本相差很大，售价也相差甚远。所以使用者一定要量体裁衣，不宜盲目追求"高、精、尖"。

如在不同温度下使用湿度传感器，其示值还要考虑温度漂移的影响。众所周知，相对湿度是温度的函数，温度严重地影响着指定空间内的相对湿度。温度每变化 0.1℃，将产生 0.5％RH 的湿度变化(误差)。使用场合如果难以做到恒温，则提出过高的测湿精度是不合适的。

多数情况下，如果没有精确的控温手段，或者被测空间是非密封的，±5％RH 的精度就足够了。对于要求精确控制恒温、恒湿的局部空间，或者需要随时跟踪记录湿度变化的场合，再选用±3％RH 以上精度的湿度传感器就可以满足要求。

精度高于±2％RH 的要求恐怕连校准传感器的标准湿度发生器也难以做到，更何况传感器自身了。相对湿度测量仪表，即使在 20～25℃下，要达到 2％RH 的准确度仍是很困难的。通常产品资料中给出的特性是在常温 20℃±10℃和洁净的气体中测量的。

在实际使用中，由于尘土、油污及有害气体的影响，使用时间一长，电子式湿度传感器会产生老化，精度下降，电子式湿度传感器年漂移量一般都在±2％左右，甚至更高。

选择湿度传感器要考虑应用场合的温度变化范围，看所选传感器在指定温度下能否正常工作，温漂是否超出设计指标。要提醒使用者注意的是，电容式湿度传感器的温度系数 α 是个变量，它随使用温度、湿度范围而异。这是因为水和高分子聚合物的介电系数随温度的改变是不同步的，而温度系数 α 又主要取决于水和感湿材料的介电系数，所以电容式湿敏元件的温度系数并非常数。电容式湿度传感器在常温、中湿段的温度系数最小，5～25℃时，中低湿段的温漂可忽略不计。但在高温高湿区或负温高湿区使用时，就一定要考虑温漂的影响，进行必要的补偿或订正。

湿度传感器是非密封性的，为保护测量的准确度和稳定性，应尽量避免在酸性、碱性及含有机溶剂的气氛中使用，也避免在粉尘较大的环境中使用。为正确反映欲测空间的湿度，还应避免将传感器安放在离墙壁太近或空气不流通的死角处，如果被测的房间太大，就应放置多个传感器。

有的湿度传感器对供电电源要求比较高，否则将影响测量精度，或者传感器之间相互干扰，甚至无法工作。使用时应按照技术要求提供合适的、符合精度要求的供电电源。

传感器需要进行远距离信号传输时，要注意信号的衰减问题。当传输距离超过 200 m 以上时，建议选用频率输出信号的湿度传感器。

6.1.1.2 温度传感器工作原理

1. 温度传感器器件 AD590、DS18B20

AD590 是电流型温度传感器，通过对电流的测量可得到所需要的温度值。AD590 的测温范围是－55～＋150℃，电源电压范围为 4～30 V，输出电阻为 710 MΩ，精度高。根据特性分挡，AD590 的后缀以 I,J,K,L,M 表示。AD590L、AD590M 一般用于精密温度测量电路。AD590 的外形电路图和集成温度传感器的电路符号如图 6.1.1 所示。

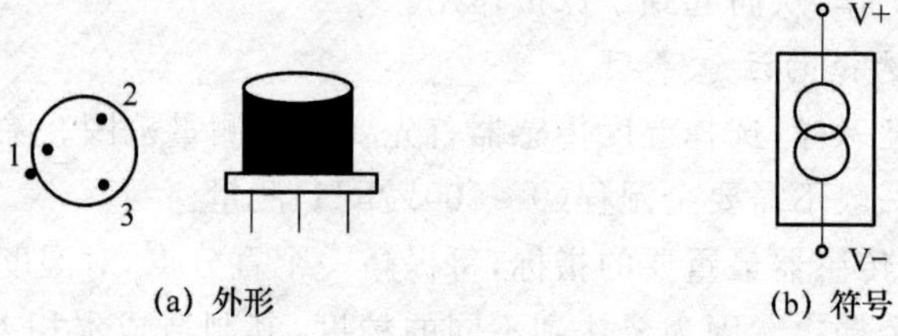

图 6.1.1 AD590 的外形电路图及电路符号图

DS18B20 温度传感器是美国 DALLAS 半导体公司最新推出的一种改进型智能温度传感器，它是单线数字温度传感器，具有下列独特的优点：

(1) 采用单总线的接口方式与微处理器连接

DS18B20 传感器仅需要一条口线即可实现微处理器与 DS18B20 的双向通信。单总线具有经济性好，抗干扰能力强，适合于恶劣环境的现场温度测量，使用方便等优点，用户可轻松地组建传感器网络，为测量系统的构建引入全新概念。

(2) 测量温度范围宽

DS18B20 的测量范围为－55～＋125℃。在－10～＋85℃ 范围内，精度为±0.5℃ 。

(3) 结构简单

在使用中不需要任何外围元件。

(4) 具有多点组网功能

多个 DS18B20 可以并联在唯一的单线上，实现多点测温。

(5) 供电方式灵活

DS18B20 可以通过内部寄生电路从数据线上获取电源。因此，当数据线上的时序满足一定的要求时，可以不接外部电源，从而使系统结构更趋简单，可靠性更高。

(6) 测量参数可配置

DS18B20 的测量分辨率可通过程序设定 9～12 位。

(7) 温度计保护功能

负压特性电源极性接反时，温度计不会因发热而烧毁，但不能正常工作。

(8) 掉电保护功能

DS18B20 内部含有 E^2PROM，在系统掉电以后，它仍可保存分辨率及报警温度的设定值。DS18B20 具有体积小、适用电压宽、经济、可选更小的封装方式、更宽的电压适用范围等优点,适合于构建自己经济的测温系统。DS18B20 的引脚如图 6.1.2 所示。

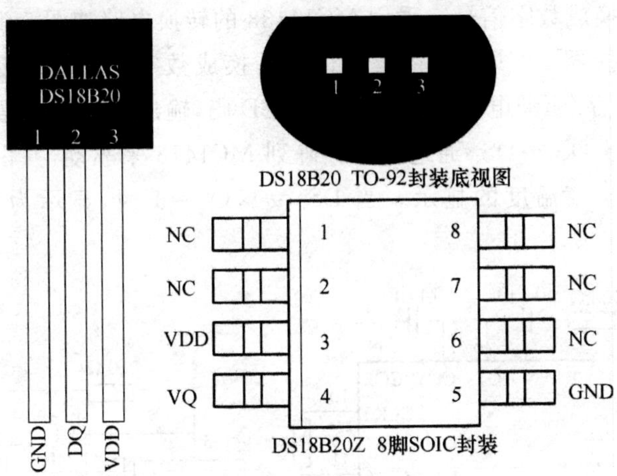

图 6.1.2 DS18B20 的引脚图

2. 测温电路的设计

在设计测温电路时,首先应将电流转换成电压。由于 AD590 为电流输出元件,它的温度每升高 1 K,电流就增加 1 μA。当 AD590 的电流通过一个 10 kΩ 的电阻时,这个电阻上的压降为 10 mV,即转换成 10 mV/K,为了使此电阻精确(0.1%),可用一个 9.6 kΩ 的电阻与一个 1 kΩ 的电位器串联,然后通过调节电位器来获得精确的 10 kΩ。图 6.1.3 所示是一个电流/电压和绝对/摄氏温标的转换电路,其中运算放大器 A_1 被接成电压跟随器形式,以增加信号的输入阻抗。而运算放大器 A_2 的作用是把绝对温标转换成摄氏温标,给 A_2 的同相输入端输入一个恒定的电压(如 1.235 V),然后将此电压放大到 2.73 V。这样,A_1 与 A_2 输出端之间的电压即为转换成的摄氏温标。

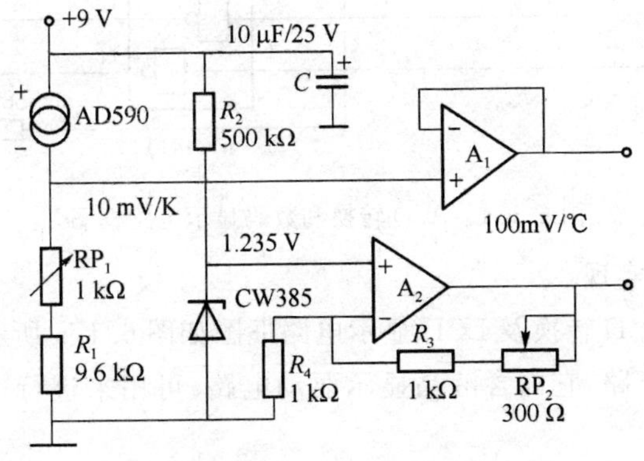

图 6.1.3 测温电路

将 AD590 放入 0℃的冰水混合溶液中,A_1 同相输入端的电压应为 2.73 V,同样使 A_2 的输出电压也为 2.73 V,则 A_1 与 A_2 两输出端之间的电压为 0 V,即对应于 0℃。

3. A/D 转换和显示电路的设计

设计 A/D 转换和显示电路有两种方案,分述如下。

(1) 用 A/D 转换器 MC14433 实现

首先将 AD590 的输出电流转换成电压，由于此信号为模拟信号，因此，要进行数码显示，还需将此信号转换成数字信号。采用 MC14433 的转换电路如图 6.1.4 所示。此电路的作用是通过 A/D 转换器 MC14433 将模拟信号转换成数字信号，以控制显示电路。其中 MC14511 为译码/锁存/驱动电路，它的输入为 BCD 码，输出为七段译码。LED 数码显示由 MC14433 的位选信号 $DS_1 \sim DS_4$ 通过达林顿阵列 MC1413 来驱动，并由 MC14433 的 DS_1、Q_2 端来控制"＋"、"－"温度的显示。当 $DS_1=1$，$Q_2=1$ 时，显示为"＋"；$Q_2=0$ 时，显示为"－"。

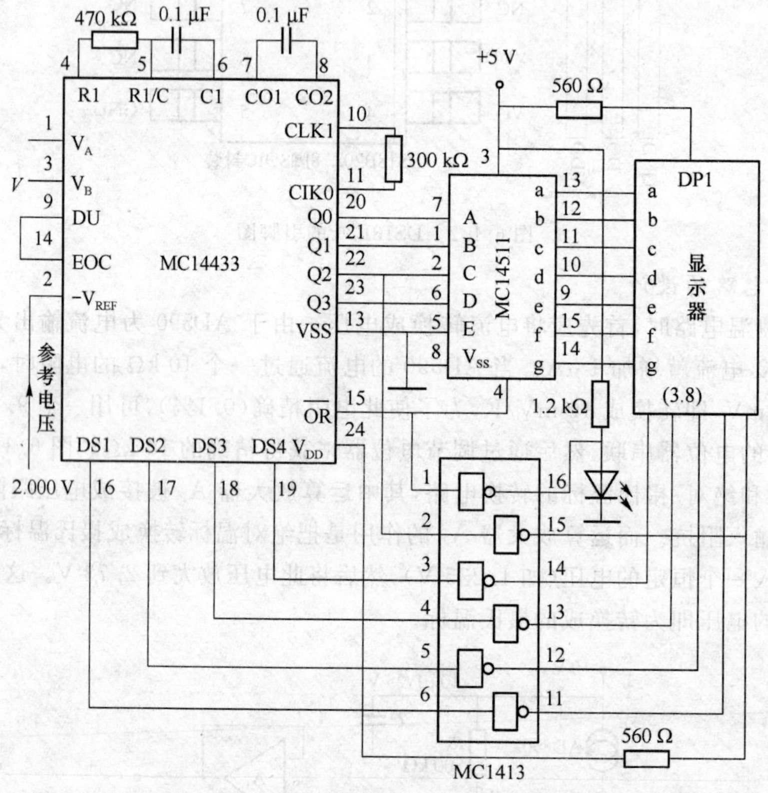

图 6.1.4　A/D 转换和数码显示电路框图

(2) 用 ICL7106 来实现

采用 ICL7106 的 A/D 转换及 LCD 显示电路框图如图 6.1.5 所示。其中，ICL7106 是 3 位半显示的 A/D 转换电路，它内含液晶显示驱动电路，可用来进行 A/D 转换和 LCD 显示驱动。

温度传感器的应用范围很广，它不仅广泛应用于日常生活中，而且也大量应用于自动化和过程检测控制系统。

温度传感器的种类很多，根据现场使用条件，选择恰当的传感器类型才能保证测量的准确可靠，并同时达到增加使用寿命和降低成本的作用。

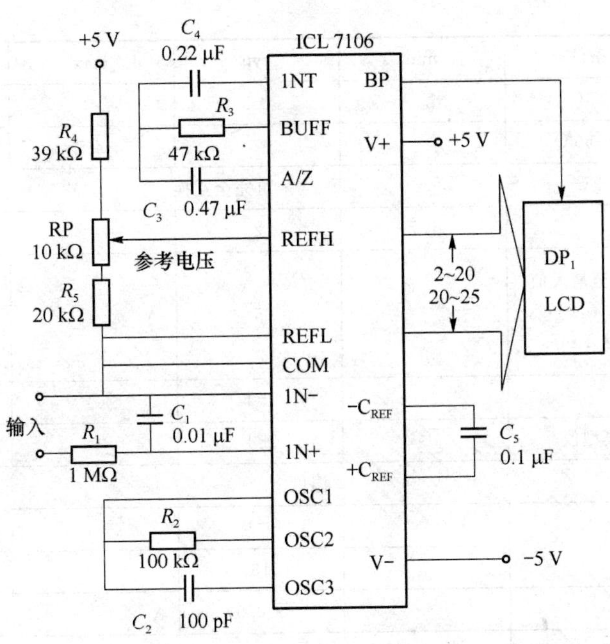

图 6.1.5 采用 ICL7106 的 A/D 转换

6.1.2 温湿度传感器举例

6.1.2.1 DHT21 数字温湿度传感器

DHT21 数字温湿度传感器是一款含有已校准数字信号输出的温湿度复合传感器。它应用专用的数字模块采集技术和温湿度传感技术，确保产品具有极高的可靠性与卓越的长期稳定性。传感器包括一个电容式感湿元件和一个 NTC 测温元件，并与一个高性能 8 位单片机相连接，因此该产品具有品质卓越、超快响应、抗干扰能力强、性价比极高等优点。每个 DHT21 传感器都在极为精确的湿度校验室中进行校准，校准系数以程序的形式储存在内存中，传感器内部在检测信号的处理过程中要调用这些校准系数。单线制串行接口使系统集成变得简易快捷。超小的体积、极低的功耗，信号传输距离可达 20 m 以上，使其成为各类应用甚至最为苛刻的应用场合的最佳选择。产品为 4 针单排引脚封装，连接方便，特殊封装形式可根据用户需求而提供。

1. 传感器性能说明

DHT21 数字温湿度传感器的性能如表 6.1.1 所示。

表 6.1.1 传感器性能

参数	条件	min	typ	max	单位
湿度					
分辨率			0.1		RH
			16		bit
重复性			±1		RH

续表

参数	条件	min	typ	max	单位
精度	25℃		±3		RH
	0～50℃			±5	RH
互换性	可完全互换				
采样周期		1.7	2		s
响应时间	上升至最大值的63%,25℃,风速1 m/s		5		s
迟滞			±1		RH
长期稳定性	典型值		±1		RH/年
温度					
分辨率			0.1		℃
			16		bit
重复性			±0.5		℃
精度				±1	℃
量程范围		−20		60	℃
响应时间	1/e(63%)	6		20	s

2. 采样周期

采样周期不得低于最小值,否则会引起错误。连接线长度小于20 m时用5 k上拉电阻,大于20 m时根据实际情况使用合适的上拉电阻。

3. 电源引脚

DHT21的供电电压为5 V。传感器上电后,要等待1 s越过不稳定状态,在此期间无须发送任何指令。电源引脚(V_{DD},GND)之间可增加一个100 nF的电容,用以去耦滤波。

4. 测量分辨率

测量分辨率分别为16 bit(温度)、16 bit(湿度)。

6.1.2.2 DHT11数字温湿度传感器

DHT11数字温湿度传感器具有很高的稳定性和可靠性,内含一个NTC测温和一个电阻式感湿元件。DHT11的外形和引脚图如图6.1.6所示。

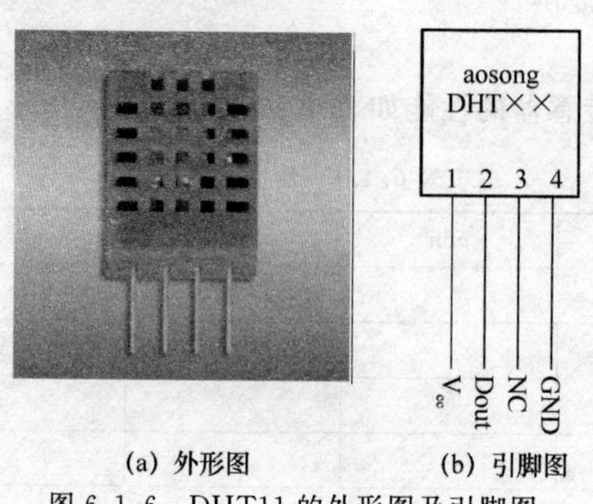

(a) 外形图　(b) 引脚图

图6.1.6 DHT11的外形图及引脚图

6.1.2.3 SHT1×系列温湿度传感器

SHT1×系列温湿度传感器有三种型号:SHT10、SHT11 和 SHT15,它们有相同的结构,差别在于测量的精度不同。SHT10 的温度量程为 −40～123.8℃,测量精度误差为±0.5℃,湿度量程为 0～100%RH,测量的精度为±4.5%RH。

SHT10 单芯片传感器是一款含有已校准数字信号输出的温湿度复合传感器。该芯片广泛应用于暖通空调、湿度调节器、除湿器、汽车、消费电子和自动控制领域等。它采用工业COMS 技术与传感器技术两者结合起来的微加工技术,从而发挥出强大的优势互补作用。产品具有极高的可靠性与卓越的长期稳定性。传感器包括一个电容式聚合体测湿元件和一个能隙式测温元件,并与一个 14 位的 A/D 转换器以及串行接口电路在同一芯片上实现无缝连接。

6.1.3 温湿度传感器的实际应用

本例介绍通过单片机 AT89C51 及其各种接口电路来实现湿度的检测。其工作原理是:电容式相对湿度传感器的容值随着湿度的变化而线性地变化,通过信号检测和转换电路将变化的电容转换成与之对应的变化的电压,再由 A/D 转换器把模拟电压信号转换为数字信号并送入到单片机中。单片机对采集到的信号进行滤波处理并通过查表得到实际测量的湿度值,之后通过单片机的各外部接口电路显示该湿度值,或通过其与上位机的接口把此值送入到上位机进行保存及打印。

1. 系统的硬件构成及功能设计

图 6.1.7 是系统结构原理图,其中下位机以单片机 AT89C51 为核心,配以湿度检测和传送电路、A/D 转换电路、存储器电路、时钟电路、看门狗复位电路、串行通信电路、键盘和LED 显示电路及电源电路等。

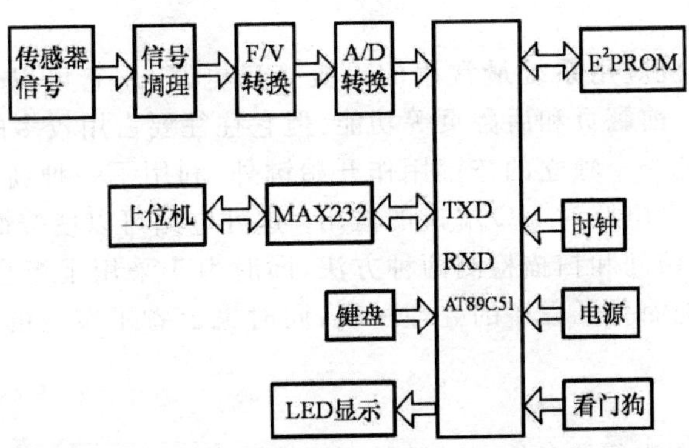

图 6.1.7 系统结构原理图

湿度传感器采用高精度的 HS1100 电容式相对湿度传感器,它采用电容式湿度敏感元件,其特点是尺寸小、响应速度快、线性度好、温度系数小、可靠性高和稳定性好。在相对湿度为 0～100%RH 范围内,电容量由 162 pF 变到 200 pF 时,其误差不大于±2%RH,而且响应时间小于 5 s,温度系数为 0.04 pF/℃,可见该湿度传感器受温度的影响是很小的。为了保存数据的原始记录，AT89C51 单片机作为检测仪的核心部分，主要负责将 A/D 转换模块采集到的数据进行处理并送至 LED 显示模块实时显示，响应键盘输入、查看或修改用户设定的湿度上限值。

(1) A/D 转换

A/D 转换电路负责把模拟电压信号转换为数字信号，本系统采用了以 10 位开关电容逐次逼近 A/D 转换器为基础而构造的 CMOS A/D 转换器 TLC1549。它具有片内采样-保持电路，还有差分高阻抗基准电压输入，抗干扰，可按比例量程校准转换范围，总误差为 ±1 LSB Max(4.8 mV)等特点。它通过一个三态输出端(DATAOUT)和 2 个输入端(包括 I/OCLOCK 和 CS)与 AT89C51 的 P1.0～P1.2 接口相连，这样不仅简化系统的设计，减少电路板的占用面积，而且提高了可靠性，分辨率也较高。

(2) 看门狗复位

看门狗复位电路选用 X25045 芯片。它集断电数据保存功能、看门狗功能、上电掉电复位功能、电源电压监控功能于一身，这种组合大大简化了硬件设计，降低了成本和系统功耗。当系统出现故障时，在选定的时间超时之后，X25045 的看门狗将以 RESET 信号作为响应，利用 X25045 低 V_{cc} 检测电路，可以保护系统使之免受低电压的影响。当 V_{cc} 降到最小转换点以下时，系统复位一直到 V_{cc} 返回规定值且稳定为止。

(3) 串口通信

为了对采集到的数据进行进一步的处理，需要将数据从单片机传送至计算机。AT89C51 具有串行通信接口(SCI)，而 SCI 是能与 CRT 终端及计算机等外设通信的全双工异步系统。本系统采用 RS-232C 接口方式，传送波特率为 9 600 bit。接口芯片采用 MAX232，这种芯片可以实现 TTL 电平和 RS-232C 接口电平之间的转换，也就是可以把 5 V电平表示为“1”、0 V 电平表示为“0”的逻辑，转换成 −15～−3 V 电平表示为“1”、+3～15 V电平表示为“0”的逻辑，从而解决了由于 PC 机的串行口是 RS-232C 标准的接口，其输入输出在电平上和采用 TTL 电平的 AT89C51 在接口时会产生电平不同的问题。因此 PC 机和 AT89C51 单片机串行通信便可以顺利进行。

(4) 键盘控制

键盘电路是单片机应用系统最常用的人机接口电路，用它可以完成湿度值的设定、移位、加 1、减 1、清零、前翻页和后翻页等功能，但它往往要占用较多的 I/O 端口。在本湿度检测系统中，除了把一个独立的按键用作开始键外，利用了一种新型的键盘电路，它可以最大限度地减少键盘电路对 I/O 端口的占用。这种电路可以使按键数目达到 16 个，其软件处理使用了端口访问和扫描检测两种方法，同时由于采用了组合逻辑来直接对端口进行读取，因此极大地简化了程序的处理过程，同时也节省了宝贵的存储器和 CPU 运算资源。

(5) LED 显示

由于该湿度计还要进行信息的实时显示，所以设计了 LED 显示电路。该电路由三端可调集成稳压器(LM317)、晶体管(NPN)、串行输入/8 位并行输出的移位寄存器(74LS164)、显示器(共阳极 LED)和电阻构成。

该显示控制电路中单片机串行口工作方式为 0，即为 8 位移位寄存器，TXD 为同步信号输出端，RXD 为串行数据输出端，选用在串行口接串行输入/8 位并行输出的移位寄存器 74LS164 来驱动 LED 显示器。但是由于 74LS164 无并行输出控制端，在串行输入过程中，其输出端的状态会不断变化，故在某些使用场合，在 74LS164 与输出装置之间还应加上可控的缓冲级(如三态缓冲器 74LS244),以使串行输入过程结束后再输出。而这里是通过控制 NPN 晶体管的导通与截止和 LM317,来控制显示器(LED)共阳极电位的高低,从而控制显示器的亮暗,也就是在数据传输过程中显示器暗、在数据传输结束时显示器亮。由于 74LS164 在低电平输出时,允许通过的电流可达 8 mA,故不需要再加驱动电路。通过电位器 RP_2 调整脚 2 的输出电压,可使 LED 的显示亮度均匀在线可调,而且可以节约大量限流电阻。

(6) 时钟控制

系统时钟由实时日历时钟芯片 PCF8563 提供,该芯片是一款工业级内含 I^2C 总线接口的具有极低功耗的多功能时钟/日历芯片。PCF8563 的多种报警功能、定时器功能、时钟输出功能以及中断输出功能能完成各种复杂的定时服务。内部时钟电路、内部振荡电路、内部低电压检测电路(1.0 V)以及两线制 I^2C 总线通信方式,不但使外围电路非常简洁,而且也增加了芯片的可靠性。为了使单片机在将湿度值提供给显示器显示的同时,能将转换后的数据存入外部数据区供批处理打印和主系统共享或以备传输和处理之用,在电路中还扩展了一片 16 K 的 ATMEL 公司的 E^2PROM 存储卡 AT24C16。单片机将数据采集处理后,读取 PCF8563 时间数据与采集到的数据一同存储到 AT24C16 中。

(7) 电源控制

电源电路是给电子设备提供必要的电源能量的电路,就输入和输出而言,在集成电路中主要使用的是由交流(AC)220 V、50/60 Hz 的市电转换成直流电。该部分电路由降压、整流、滤波以及稳压四部分组成,其电路图如图 6.1.8 所示。

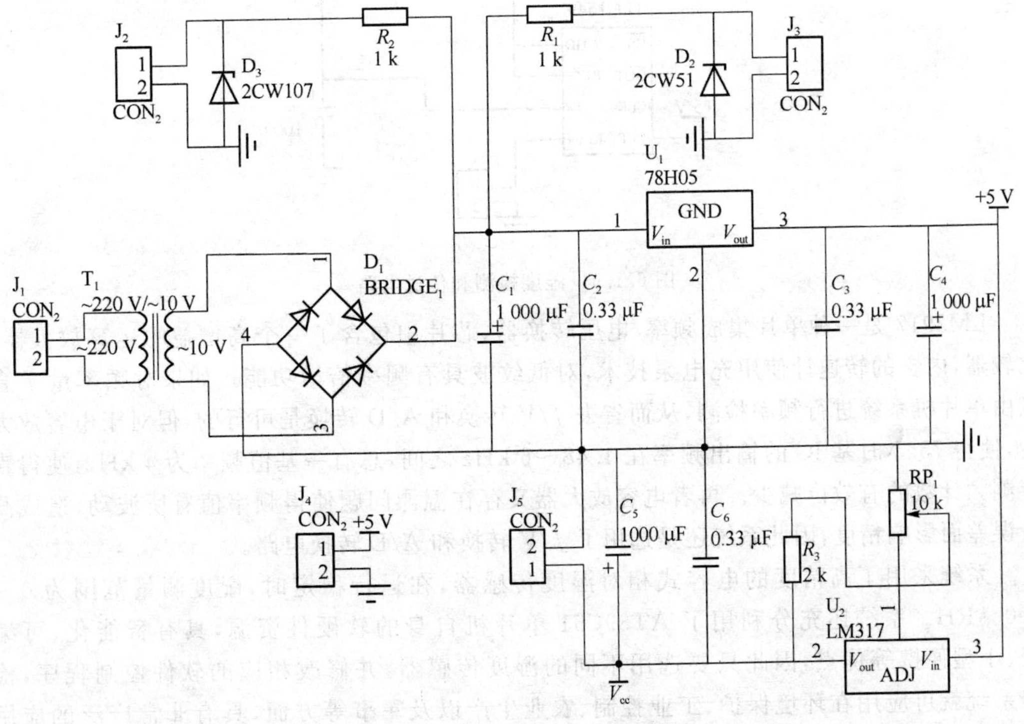

图 6.1.8 电源控制电路

在设计稳压部分时,根据电路对电源要求的不同而选择不同的稳压电路。由于 A/D 转换器(TLC1549)、看门狗定时器(X25045)、三端可调集成稳压器(LM317)、单片机

(AT89C51)要求电源电压的稳定性较高,所以采用了三端固定式集成稳压电路(78H05)。由于测量电路和频率/电压转换器对电源要求不太高,所以分别采用稳压管给它们供电。由于A/D转换器的基准电压(REF_+)对电源要求非常高,所以采用精密基准电压源(LM336)供电。

2. 温湿度检测和传送电路的设计

湿度检测和传送电路的作用是将被检测出的湿敏元件参数的变化转化成电压变化使其能满足A/D转换电路的要求。该部分电路由自激多谐振荡器、脉宽调制电路和频率/电压转换器LM2917电路组成。电路的原理图如图6.1.9所示。

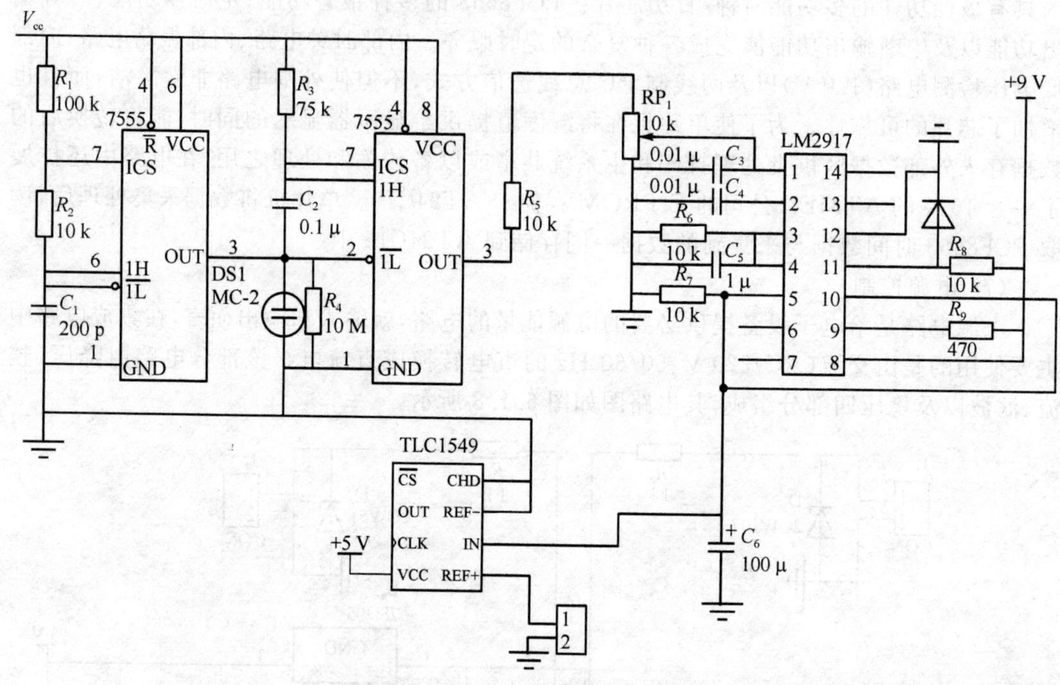

图 6.1.9 湿度检测和传送电路

LM2917是一种单片集成频率/电压转换器,芯片中包含了一个高增益的运算放大器/比较器,内含的转速计使用充电泵技术,对低纹波具有频率倍增功能。如果对频率量f直接由单片机系统进行频率检测,从而省去f/V转换和A/D转换是可行的,但对于电容放大后,使得7555时基IC的输出频率在4.48~6 kHz之间,总有一基值频率为4 kHz,使得直接测频计数的有效位减少。再者电容放大器又存在温漂问题使得频率值有所波动,造成测量误差而影响精度,因此系统还是选用了f/V转换和A/D转换电路。

系统采用了高精度的电容式相对湿度传感器,在运行稳定时,湿度测量范围为0~100%RH。系统还充分利用了AT89C51单片机自身的软硬件资源,具有智能化、可编程、小型便携等优点,因此只要选用不同的湿度传感器,并修改相应的软件控制程序,检测系统就可应用在环境保护、工业控制、农业生产以及军事等方面,具有非常广泛的应用前景。由于该系统主要是湿度的检测而涉及湿度的控制比较少,所以在控制方面有待进一步研究。

6.1.4 温湿度传感器的发展前景

随着社会的不断发展前进，人们进入了数字化信息时代，对生活质量的要求越来越高。汽车、空调、除湿器、烘干机等都已家喻户晓，它们都离不开对温度、湿度等环境因素的要求。

传感器的应用不仅是时代进步的产物，更是智能时代前进的助推力。随着消费电子领域和物联网领域的不断发展，温湿度传感器的应用领域也在不断地延伸。面对电子产品中大量软件的研发及应用，对于温湿度传感器的使用支持力度有所提高。应用在消费类电子产品上的温湿度传感器对精度要求并不需要很高，5%RH 湿度精度、0.5℃温度精度就可以满足需求了。物联网方面，仓储运输、物流监控等领域将会是温湿度传感器的重点发展方向。

温湿度传感器市场正在稳步发展中，新的应用领域也在不断增长。未来数年，温湿度传感器市场将会在消费电子及物联网等领域大展拳脚，发展前景无限，潜力巨大。

6.2 压力检测

6.2.1 工作原理

压力传感器是工业实践、仪器仪表控制中最为常用的一种传感器，并广泛应用于各种工业自控环境，涉及水利水电、铁路交通、生产自控、航空航天、军工、石化、油井、电力、船舶、机床和管道等众多行业。

力学传感器的种类繁多，如电阻应变片压力传感器、半导体应变片压力传感器、压阻式压力传感器、电感式压力传感器、电容式压力传感器、谐振式压力传感器及电容式加速度传感器等。但应用最为广泛的是压阻式压力传感器，它具有极低的价格和较高的精度以及较好的线性特性。

压力测量仪表按工作原理分为液柱式、弹性式、负荷式和电测式等类型。液压式压力测量仪表常称为液柱式压力计，它是利用一定高度的液柱所产生的压力，与被测压力相平衡的原理测量压力的；弹性式压力测量仪表是利用各种不同形状的弹性元件，在压力下产生变形的原理制成的压力测量仪表；负荷式压力测量仪表常称为负荷式压力计，它是直接按压力的定义制作的，常见的有活塞式压力计、浮球式压力计和钟罩式压力计；电测式压力测量仪表是利用金属或半导体的物理特性，直接将压力转换为电压、电流信号或频率信号输出，或是通过电阻应变片等，将弹性体的形变转换为电压、电流信号输出。

6.2.1.1 应变片式压力传感器

在了解压阻式压力传感器时，首先认识一下电阻应变片这种元件。电阻应变片是一种将被测件上的应变变化转换成为一种电信号的敏感器件，它是压阻式应变传感器的主要组成部分之一。电阻应变片应用最多的是金属电阻应变片和半导体应变片两种。金属电阻应变片又有丝状应变片和金属箔状应变片两种。通常是将应变片通过特殊的黏合剂紧密地黏合在产生力学应变基体上，当基体受力发生应力变化时，电阻应变片也一起产生形变，使应变片的阻值发生改变，从而使加在电阻上的电压发生变化。这种应变片在受力时产生的阻值变化通常较小，一般这种应变片都组成应变电桥，并通过后续的仪表放大器进行放大，再传输给处理电路(通常是 A/D 转换和 CPU)、显示电路或执行电路。

金属电阻应变片由基体材料、金属应变丝或应变箔、绝缘保护片和引出线等部分组成。根据不同的用途，电阻应变片的阻值可以由设计者设计，但电阻的取值范围应注意：阻值太小，所需的驱动电流太大，同时应变片的发热致使本身的温度过高，在不同的环境中使用，使应变片的阻值变化太大，输出零点漂移明显，调零电路过于复杂；而电阻太大，阻抗太高，抗外界的电磁干扰能力较差，所以一般均为几十欧至几十千欧左右。

金属电阻应变片的工作原理是吸附在基体材料上应变电阻随机械形变而产生阻值变化，这种现象俗称为电阻应变效应。

以金属丝应变电阻为例，当金属丝受外力作用时，其长度和截面积都会发生变化，因而其电阻值也会发生改变，假如金属丝受外力作用而伸长时，其长度增加而截面积减少，电阻值便会增大；当金属丝受外力作用而压缩时，长度减小而截面积增加，电阻值则会减小。只要测出加在电阻两端的变化(通常是测量电阻两端的电压)，即可获得金属丝的应变压力。

陶瓷是一种公认的高弹性、抗腐蚀、抗磨损、抗冲击和振动的材料。陶瓷的热稳定特性及它的厚膜电阻可以使它的工作温度范围为－40～135℃，而且具有测量的高精度、高稳定性。电气绝缘程度大于 2 kV，输出信号强，长期稳定性好。高特性、低价格的陶瓷传感器将是压力传感器的发展方向，在欧美国家有全面替代其他类型传感器的趋势，在中国也有越来越多的用户使用陶瓷传感器替代扩散硅压力传感器。

抗腐蚀的陶瓷压力传感器没有液体的传递，压力直接作用在陶瓷膜片的前表面，使膜片产生微小的形变，厚膜电阻印刷在陶瓷膜片的背面，连接成一个惠斯通电路电桥，由于压敏电阻的压阻效应，使电桥产生一个与压力成正比、高度线性的且与激励电压也成正比的电压信号，标准的信号根据压力量程的不同标定为 2.0 / 3.0 / 3.3 mV/V 等，可以和应变式传感器相兼容。通过激光标定，传感器具有很高的温度稳定性和时间稳定性，传感器自带温度补偿 0～70℃，并与绝大多数介质直接接触。

6.2.1.2　压电式压力传感器

压电传感器中主要使用的压电材料包括石英、酒石酸钾钠和磷酸二氢胺。其中石英(二氧化硅)是一种天然晶体，压电效应就是在这种晶体中发现的，在一定的温度范围之内，压电性质一直存在，但温度超过这个范围之后，压电性质完全消失(这个温度值就是所谓的“居里点”)。由于随着应力的变化电场变化微小(即压电系数比较低)，所以石英逐渐被其他的压电晶体所替代。而酒石酸钾钠具有很大的压电灵敏度和压电系数，但是它只能在室温和湿度比较低的环境下才能够应用。磷酸二氢胺属于人造晶体，能够承受高温和相当高的湿度。在压力的作用下，钛合金接收膜片产生形变，该形变被硅-蓝宝石敏感元件感知后，其电桥输出会发生变化，变化的幅度与被测压力成正比。现在压电效应也应用在多晶体上，比如压电陶瓷，包括钛酸钡压电陶瓷、PZT、铌酸盐系压电陶瓷、铌镁酸铅压电陶瓷等。

压电效应是压电传感器的主要工作原理，压电传感器不能用于静态测量，因为经过外力作用后的电荷，只有在回路具有无限大的输入阻抗时才得到保存。这就决定了压电传感器只能够测量动态的应力。压电传感器主要应用在加速度、压力和力等方面的测量中。压电式加速度传感器是一种常用的加速度计，它具有结构简单、体积小、重量轻、使用寿命长等优点。压电式加速度传感器在飞机、汽车、船舶、桥梁和建筑的振动和冲击测量中已经得到了广泛的应用，特别是航空和宇航领域中更有它的特殊应用。压电式传感器也可以用在发动机内部燃烧压力的测量与真空度的测量，还可以用于军事工业，例如用它来测量枪炮子弹在膛中击发的一瞬间的膛压的变化和炮口的冲击波压力。它既可以用来测量大的压力，也可以用来测量微小的压力。

压电式传感器也广泛应用在生物医学测量中，比如心室导管式微音器就是由压电传感器制成的，因为测量动态压力非常普遍，所以压电传感器的应用也非常广泛。

6.2.2 测量电路分析

6.2.2.1 压力测量电路

图 6.2.1 是一种压力测量电路，当作用力为 0～1 500 g 时，U_o 输出为 0～1 500 mV（灵敏度为 1 mV/g）。电源由±12 V 供电，压力传感器由 12 V 经 3 个二极管降压后（约 10 V）供电。

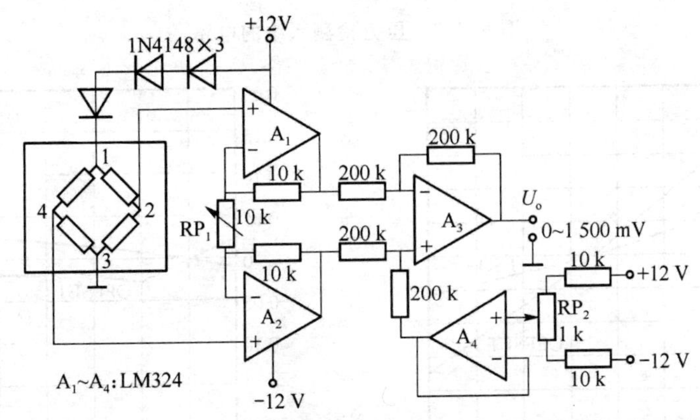

图 6.2.1 压力测量电路

A_1～A_3 组成仪器放大器，其差动输入端直接与压力传感器 2 脚、4 脚连接。A_4 接成跟随器，输入电位器 RP_2 的电压，其作用是消除零点输出，即作用力为零时，若电桥有不平衡输出或放大器有失调电压时，可以调整 RP_2，使输出 U_o=0 V。调整 RP_1（调放大倍数）可以在满量程 1 500 g 作用力时，使 U_o=1 500 mV。

6.2.2.2 压力检测系统

由 MAX1460 和硅压力传感器构成压力检测系统的电路如图 6.2.2 所示。

系统采用+5 V 电源供电，晶振频率为 2 MHz。由 R_1 和 R_2 组成电源分压器，模拟地（AGND）接在电源的中点上。C 为电源退耦电容。主机可采用 PC 机，由主机首先对 MAX1460 进行测试并接收 MAX1460 输出的 12 位并行数据，然后把测试系统移出，MAX1460 与被测试后的传感器构成一个高精度智能化压力检测系统，其转换速率为 15 次/秒，测量误差小于±0.1%。例如，用 MAX1460 对 NPH8-100-EH 型硅压力传感器进行补偿前后的传感器误差曲线，分别如图 6.2.3(a)、(b)所示。图中的 FSO 表示满量程，OFFSET 表示失调，γ 表示满量程时的相对误差。不难看出，经过补偿后的传感器误差整整降低了两个数量级。

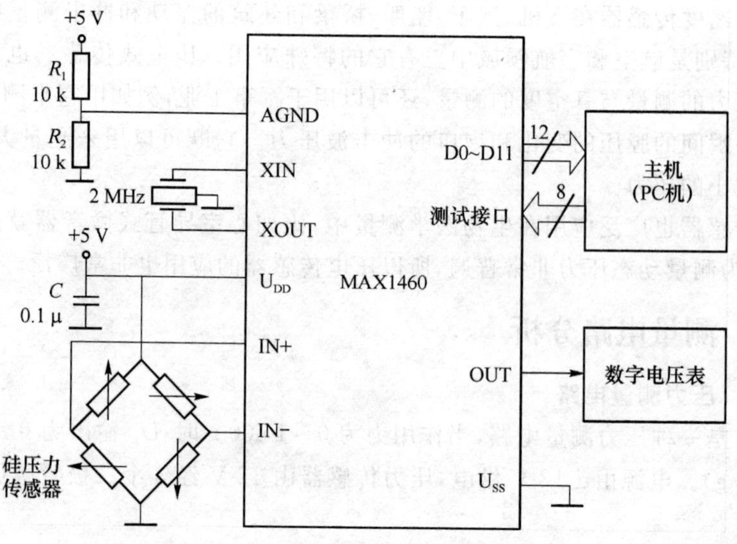

图 6.2.2　压力检测系统的电路

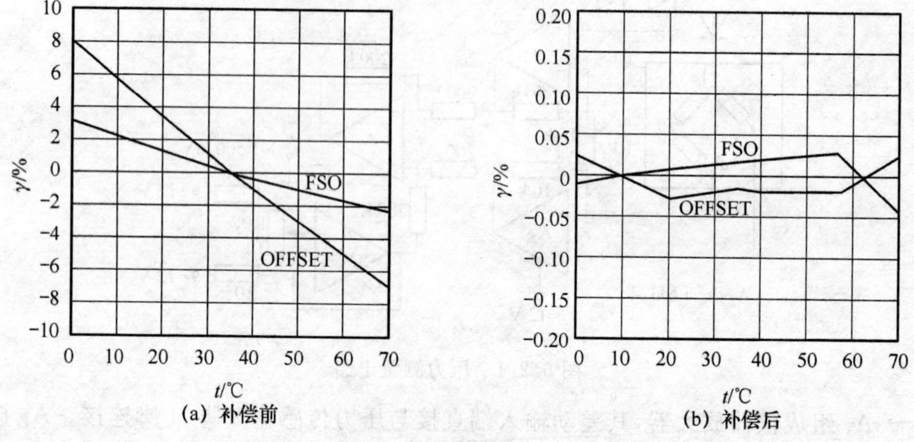

图 6.2.3　传感器误差曲线

6.3　液位检测

6.3.1　电容式液位计工作原理

电容式液位计是根据电容的变化来测量液位高度的液位仪表，它主要是由电容液位传感器和检测电容的电路组成。它的传感部件结构简单，动态响应快，能够连续及时地反映液位的变化。电容表达式见式 6.3.1。

$$C_0 = \frac{2\pi\varepsilon L}{\ln(D/d)} \tag{6.3.1}$$

式中，D、d 为外电极内径和内电极外径(m)；ε 为极板间介质介电常数(F/m)；L 为极板相互重叠的长度(m)。

由上式可知，改变 D、d、ε、L 其中任意一个参数时，电容量 C_0 都会变化。但在实际液位测量中，D 和 d 通常是不变的，电容量与电极长度和介电常数的乘积成正比。由液位变化引起的等效介电常数的变化，使电容量变化，根据电容量变化来计算液位高度，就是电容式液位计的测量原理。

电容式液位计的形式很多，有平行板式、同心圆柱式等，应用比较广泛。它对被测介质本身性质的要求不是很严格，既能测量导电介质和非导电介质，也可以测量倾斜晃动及高速运动的容器的液位，因此在液位测量中的地位比较重要。

图 6.3.1 所示为传感器部分的结构原理图。它主要是由细长的不锈钢管(半径为 R_1)、同轴绝缘导线(半径为 R_0)以及被测液体共同构成的金属圆柱形电容器。该传感器主要利用其两电极的覆盖面积随被测液体液位的变化而变化，从而引起对应电容量变化的关系进行液位测量。

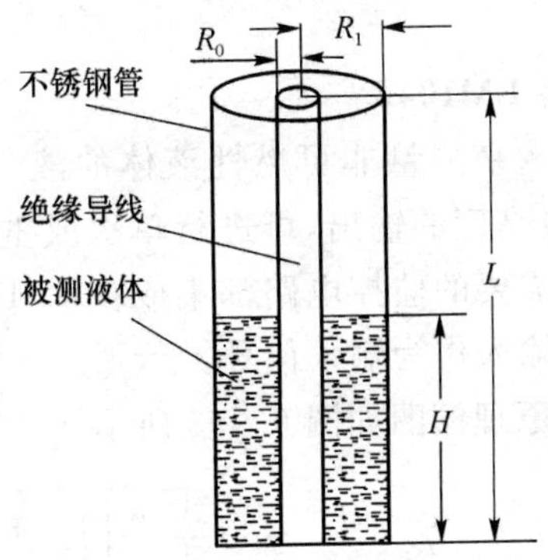

图 6.3.1 传感器部分的结构原理图

当可测量液位 $H=0$ 时，不锈钢管与同轴绝缘导线构成的金属圆柱形电容器之间存在电容 C_0，电容量为

$$C_0=\frac{2\pi\varepsilon L}{\ln(R_1/R_2)} \tag{6.3.2}$$

式中，C_0 为电容量，单位为 F；ε_0 为容器内气体的等效介电常数，单位为 F/ m；L 为液位最大高度；R_1 为不锈钢管半径；R_0 为绝缘导线半径，单位为 m。

当可测量液位为 H 时，不锈钢管与同轴绝缘电线之间存在电容 C_H：

$$\begin{aligned}C_H&=\frac{2\pi\varepsilon_0(L-H)}{\ln(R_1/R_0)}+\frac{2\pi\varepsilon H}{\ln(R_1/R_0)}\\&=\frac{2\pi\varepsilon_0 L}{\ln(R_1/R_0)}+\frac{2\pi(\varepsilon-\varepsilon_0)H}{\ln(R_1/R_0)}\end{aligned} \tag{6.3.3}$$

式中，ε 为容器内气体的等效介电常数，单位为 F/ m。当传感器内液位由零增加到 H 时，其电容的变化量 ΔC 可由式(6.3.2)和式(6.3.3)相减得到

$$\Delta C=C_H-C_0=\frac{2\pi(\varepsilon-\varepsilon_0)}{\ln(R_1/R_0)} \tag{6.3.4}$$

由式可知，参数 ε_0、ε、R_1、R_0 都是定值，所以电容的变化量 ΔC 与液位变化量 H 呈近似线性关系。因为参数 ε_0、ε、R_1、R_0、L 都是定值，可得

$$C_H = a_0 + b_0 H \tag{6.3.5}$$

其中，a_0 和 b_0 为常数。可见，传感器的电容量值 C_H 的大小与电容器浸入液体的深度 H 呈线性关系。由此可知，只要测出电容值便能计算出水位。

6.3.2 主要元器件选型

6.3.2.1 电容式传感器

电容式传感器一般利用改变介电常数 ε 的原理制作而成，如图 6.3.2 所示。

1151 电容式差压变送器是以微处理器为基础的智能变送器，最新推出的 R300 版本全面提升了变送器的精度、可靠性及长期稳定性指标。它能测量各种液体和气体的差压、流量、压力或液位，并输出对应的 4～20 mA 模拟信号和数字信号。它独特的温度和静压误差及自动修正功能使其能满足苛刻的使用环境。

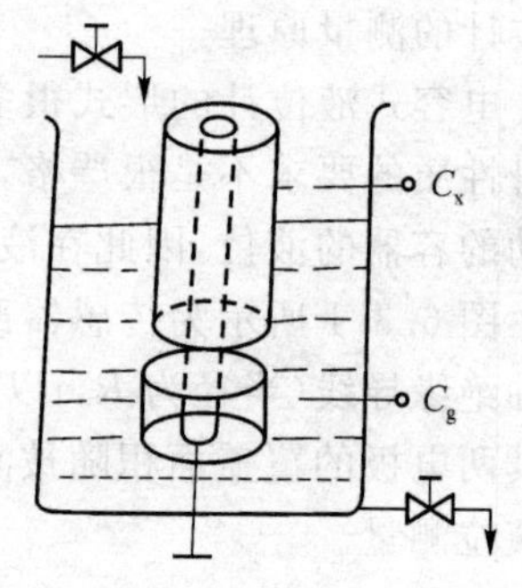

图 6.3.2 电容式液位传感器

6.3.2.2 集成液位传感器 LM1042

LM1042 使用热阻探针技术来测量非可燃性液体的液面高度，它能提供一正比于液位高度的输出，可进行单次或重复测量。所有控制热阻探针、检测热阻探针的短路和开路所需要的监控电路都集成在 LM1042 芯片内部，此外该芯片还可采用其他传感器信号或线性输入作为输入信号。

液位检测芯片 LM1042 的原理框图如图 6.3.3 所示。

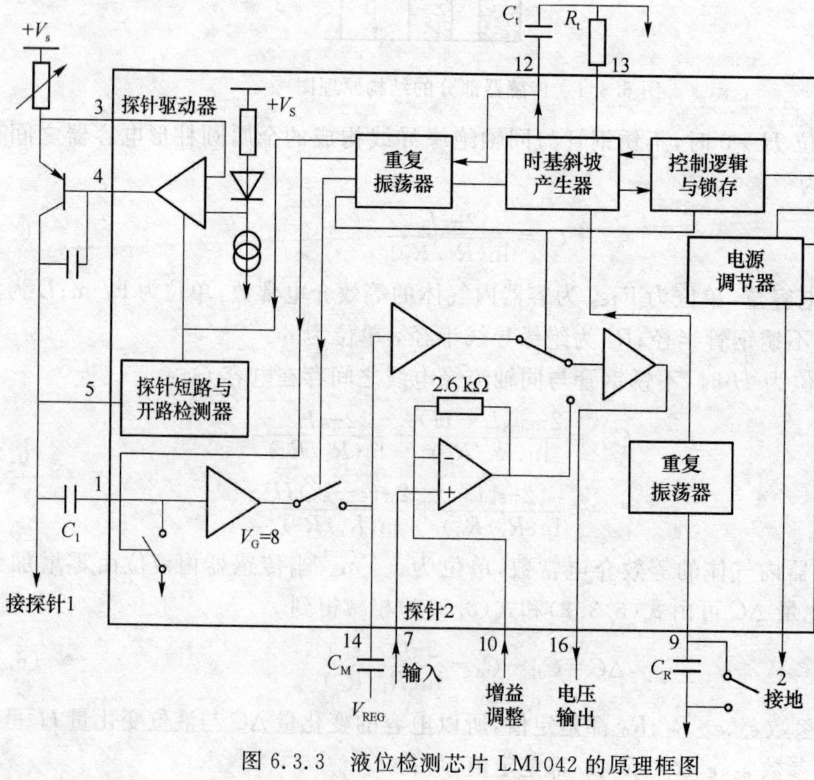

图 6.3.3 液位检测芯片 LM1042 的原理框图

芯片管脚说明如下。

1 脚：热阻探针输入，内接放大器，在探针开始测量时被箝位到低电平。

2 脚：器件接地端。

3 脚：该端连接到外部 PNP 晶体管的发射极，为热阻探针提供 200 mA 的固定电流，芯片内部的参考源使该端的电压维持在比电源端低 2 V 的电平上。

4 脚：该端连接到外部 PNP 晶体管的基极上。

5 脚：该端接热阻探针以便对其进行开路和短路检测。

6 脚：电源端$+V_s$，电压范围 7.5～18 V，可承受 50 V 的瞬时电压。

7 脚：第二热阻探针输入或其他线性信号输入，输入电压范围为 1～5 V，探针增益可通过 10 脚进行调整。

8 脚：探针选择与控制端。如果该端加逻辑低电平，探针 1 被选中并启动定时周期，随后低电平被锁定，直到测量结束。在该端为低电平时，根据 9 脚的状态，探针 1 进行一次测量或重复测量；如果在探针 1 的测量周期外该端输入为逻辑高电平，则选中探针 2 进行测量。

9 脚：重复振荡器的定时电容器在该脚与地之间连接。当探针 1 的测量周期被启动时，2 μA 的电流对定时电容充电，直到电压值为 4.3 V。如果该端接地，重复振荡器被禁止。在 8 脚为低电平时，只允许探针 1 进行一次测量。

10 脚：可在该端与地之间接一电阻以改变探针 2 的输入放大器增益。此放大器的增益在该端开路时为 1.2，在该端对地短路时为 3.4。可通过电阻分压网络把直流偏置调整为 V_{REG}或低电平。

11 脚：电压调整输出，应将该端连接到 15 脚以构成完整的电压调整控制环路，使 15 脚电压保持恒定 6 V。

12 脚：在该端与地之间连接一电容，用以设定探针 1 测量的定时周期。

13 脚：在该端与地之间连接一电阻以设定 12 脚的充电电流，电阻值应介于 3 kΩ 到 15 kΩ 之间，典型值为 12 kΩ。

14 脚：在该端与探针电压端 11 脚之间连接一具有低漏电流的电容，作为探针 1 测量时的记忆电容器，该电容的典型值为 0.1 μF(不大于 0.47 μF)。对于长记忆保持时间，该端的内部泄漏电流最大为 2 nA。

15 脚：此端为内部电压探针器的反馈输入，通常连接到 11 脚，可在该端串接一电阻以调节调整电压输出值。

16 脚：探针 1 和探针 2 的线性电压输出端，能够提供±10 mA 的启动电流。该端可通过一个内阻为 600 Ω 的测量仪表连接到 V_{REG}端。

6.3.3 电路分析

在待测溶液中设置一个圆柱形电容器，在极板距离 d 和面积 A 固定的情况下，电容量 C_X 将随极板间介质的介电常数 ε 而变化。设液体介电常数为 ε_1，气体的介电常数为 ε_2，一般 $\varepsilon_1>\varepsilon_2$，当液位上升时，总的介电常数增大，因而电容量 C_X 随之增大；反之，当液位下降时，ε 减小，C_X 也随之减小，故可以通过测量 C_X 的变化得知容器内液位的高低。图 6.3.4 为电容量电路原理图，其中 C_g 为参比臂电容。

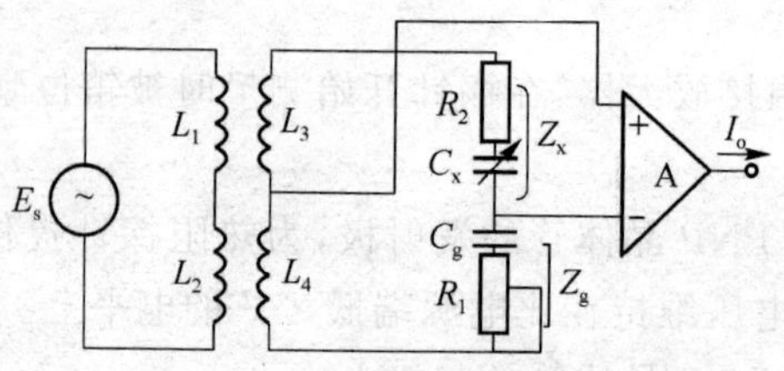

图 6.3.4　电容量电路原理图

图 6.3.5 所示为 LM1042 在汽车中的应用电路。探针选择信号来自于油压开关。在汽车启动(点火)时，油压开关闭合，由于 R_4 的作用，8 脚电平变低，探针 1(油液位)的测量开始。一旦引擎启动后，油压开关打开，D_1 使 8 脚成为高电平，切换到第 2 探针 2。在引擎失速时，由于电容 C_5 的作用，8 脚保持为高电平，防止探针 1 进行测量，在其他应用中可用一逻辑控制信号直接驱动 8 脚。

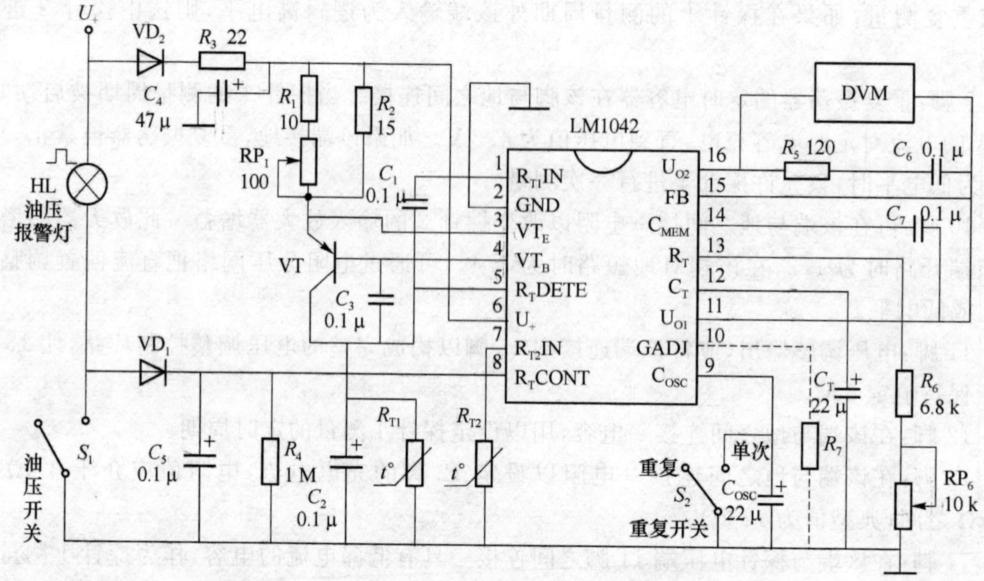

图 6.3.5　LM1042 在汽车中的应用电路

6.4　速度检测

6.4.1　工作原理

6.4.1.1　光电式转速传感器

光电式转速传感器分为投射式和反射式两类。投射式光电转速传感器的读数盘和测量盘有间隔相同的缝隙。测量盘随被测物体转动，每转过一条缝隙，从光源投射到光敏元件(见光电式传感器)上的光线产生一次明暗变化，光敏元件即输出电流脉冲信号。反射式光电传感器在被测转轴上设有反射记号，由光源发出的光线通过透镜和半透膜入射到被测转轴上。转轴转动时，反射记号对投射光点的反射率发生变化，反射率变大时，反射光线经透镜投射到光敏元件上即发出一个脉冲信号；反射率变小时，光敏元件无信号。在一定时间内对信号计数便可测出转轴的转速值。

6.4.1.2 电容式转速传感器

电容式传感器有变面积型和介质变化型两种。

变面积型传感器的结构图如图 6.4.1 所示。在变面积型传感器中，预变换元件是用低电阻率的轻型金属材料（如铜、铝等）制成导电齿盘。变换元件是以导电齿盘的齿部为一极板（即动极板）和固定安装的另一极板（即定极板）1 或 2 所组成的电容器。工作时，可动介质板与转动轴相连，随着转动轴的旋转，电容器板间的介电常数发生周期性变化而引起电容量的周期性变化，其速率等于转动轴的转速。

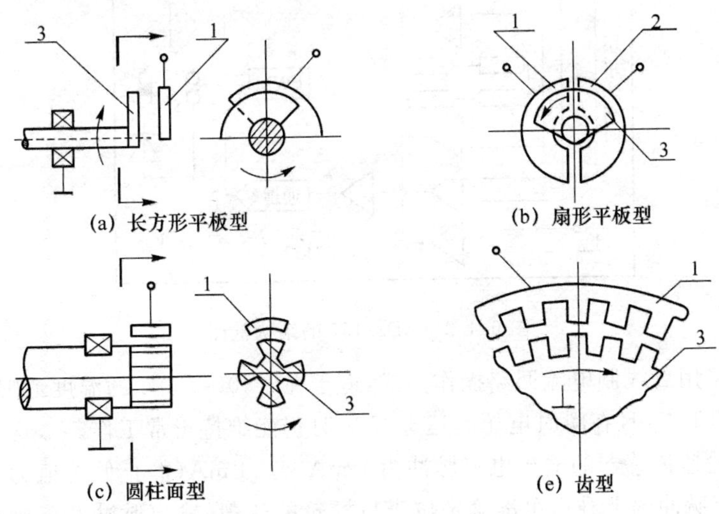

图 6.4.1 变面积型传感器结构图

6.4.2 主要元器件选型

6.4.2.1 光电式转速传感器 LG-916/930

LG-916 是从传感器发出光（红外线），照射到旋转轴上产生反射光，再检测这个反射光的非接触式转速传感器。在旋转轴上通常要贴反射标签，LG-916 是在其尖端部使用玻璃纤维束，其玻璃纤维束发出红外线光，同时接收反射回来的光。传感器内装小型放大器，对波形整形后成为矩形波输出，重量只有 150 g，非常紧凑轻便。

LG-930 是将红色可见光作为光源，而检测反射光的非接触式转速传感器。在旋转轴上通常贴反射标签（选购件）。全长为 76.5 mm 的小传感器，检测距离最大可达 200 mm。将投光部、受光部及放大器作为一体构造，功能好，精度高，而且小型轻量。投光元件采用 LED，灯泡根本不会发生断线等故障。由于是非接触式检测，对测量对象完全不加载负荷。LG-930 附带 L 型夹具，小型而且便于安装，占空间小。LG-930 使用便于定位的可见光，另外内装动作显示灯，设置简便。它采用脉冲点灯方式，不容易受外界光线的干扰。

6.4.2.2 轮速传感器 AD22157

AD22157 是 AD 公司生产的一种基于霍尔效应的传感器，可作为车速传感器应用于汽车的 ABS 系统中。它具有较大的测速范围和较宽的温度使用范围，并且采用二线制电流操作，使用方便；还具有气隙诊断和反向电压保护功能。

AD22157 是一种混合信号磁场转换器，它具有很大的测速范围(0～2 500 Hz)和较宽的操作温度范围(－40～150℃)，同时具有二线制电流操作、气隙诊断和反向电压保护(－30V)等一系列特性。它可在较大的车速范围内对汽车铁磁性目标轮进行车速与转动方向的测量，此外，还可在传送系统作传输速度的测量、接近测量、位移测量等。AD22157 的结构框图如图 6.4.2 所示。

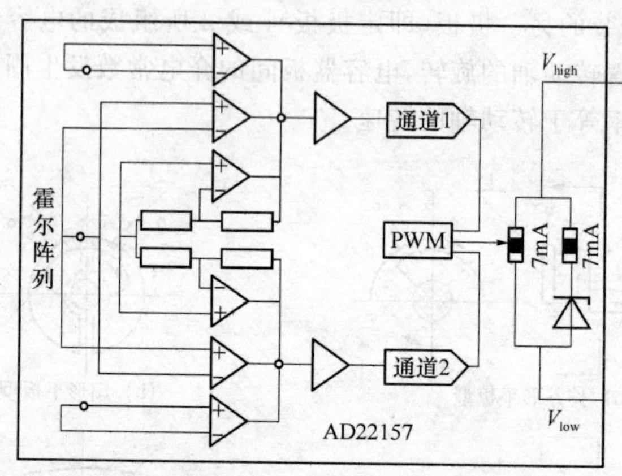

图 6.4.2 AD22157 的结构框图

AD22157 采用二线制电流回路操作方式，适于在－40～150℃的温度范围、＋20 V 直流供电情况下持续工作，且在瞬时电压高达＋27 V 时仍能维持正常工作。

AD22157 轮速传感器的输出电流脉冲为 7 mA 或 14 mA(静止偏置值为 7 mA)。该传感器的输出电流脉冲的上升沿可准确定位于目标轮的轮毂，输出脉冲宽度则可由目标轮的运动方向和磁场强度来决定，并可按照主流系统制造商所推荐的现行工业标准，编码为一组根据目标轮的运动方向和磁场强度预先定义的时间间隔。它的脉冲宽度可根据所测量的差模磁场强度的不同而有所不同：$\Delta B>4$ mT(正常磁场)、2 mT$<\Delta B<$4 mT(低磁范围)、$\Delta B<$2 mT(极低磁范围)，三种不同磁场中具有不同的宽度输出。另外，在正常和低磁情况下，它还可提供车轮转动方向的测量。

AD22157 传感器内部集成有霍尔单元，并有相应的电路来减小霍尔器件参数的温漂，在与 SmCo 磁铁搭配使用时，该器件的补偿效果最佳。该结构充分发挥了 CMOS 电路线性度高和 DMOS 电路电压高的优点，因而能够使传感器在要求的环境下准确工作。

AD22157 还包括一个适应性的差模过零检测器，它能准确地检测出目标轮轮毂的位置。此结构减小了由于封装和温度对霍尔传感器阵列所造成的影响，使其输出脉冲的上升沿与下降沿之间的时间间隔存在 2%的偏差。为保证测量的精确度，AD22157 舍弃了每次上电时或停止时的 4 个脉冲沿。它采用数字信号处理技术来增强功能，同时还可以减少在极限条件下可能产生的伪脉冲或脉冲丢失现象。

AD22157 轮速传感器实际上是一个二线制电流调制传送器，它可根据磁场在空间的差模变化产生相应的电流脉冲。在其应用于轮速传感器时，它所探测到的磁场是一个放置于其后面的永久磁铁和位于传感器前端目标轮上的铁制凹槽相互作用产生的。在这种条件下,传感器必须抵消恒定的磁场偏置,并放大差模调制磁场,从而准确地判断目标轮的转动情况。

6.4.3 电路分析

速度(频率)/电压转换同样可以用555电路实现,可以进一步控制成本,现以柴油机测速电路为例说明该测速电路。如图6.4.3所示,信号U_i来自安装柴油机飞轮上的转速传感器,该传感器采用带有永久磁钢线圈,在齿盘转动时,其齿盘磁路的磁阻发生变化,在线圈上产生与齿盘的转速成正比的感应电动势,其输出波形是一个标准的正弦波。

由于转速传感器输出波形的频率不仅和柴油的转速有关,同时和柴油机飞轮的齿数也有关系,其波形的频率按下式折算:

$$f_{in}=\frac{Z}{60n} \tag{6.4.1}$$

式中,n代表飞轮的齿数;Z代表柴油机转速,因为习惯上柴油机转速单位用$r/\min$表示,所以在计算其频率时要换算为r/s。

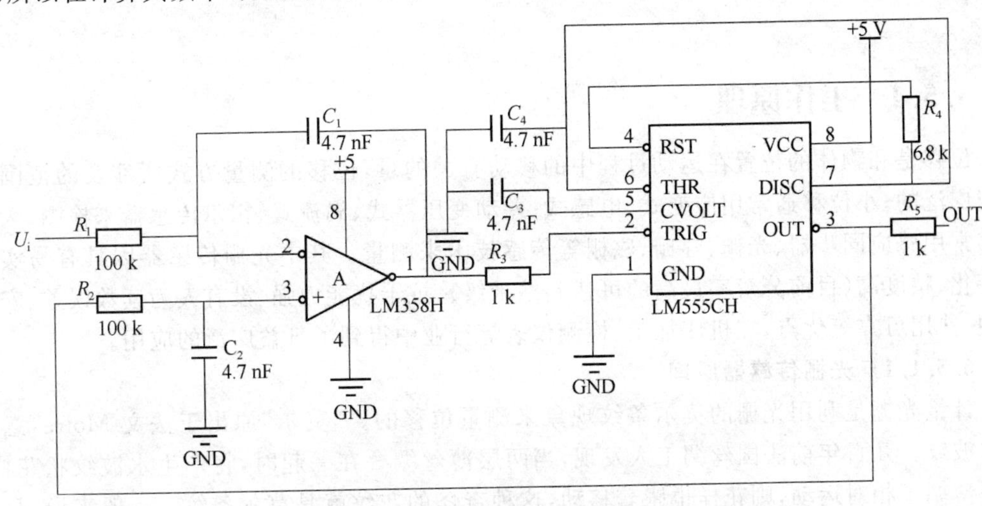

图6.4.3 基于555的频率/电压转换应用电路

信号经滤波送入运算放大器LM358,整形成同频率的方波信号输入至555的第2脚。555构成单稳态定时电路,当柴油机不转时,3脚为低电平;当其转动时,每送来1个感应脉冲,555被触发并输出一个定宽脉冲,故输出方波的平均值正比于被测转速,可在显示仪表上显示其转速值。

如图6.4.4所示,输出电压送入比较器LM339,比较电压分别对应柴油机在怠速、额定和超速时的速度/电压值,调整R_1和R_2值可以改变比较电压。通过三极管N_1可将输出用于驱动继电器、指示灯等负载,这样可以准确地判断柴油机怠速、额定、超速三种运行状态,从而决定柴油机升速、降速、报警等动作。

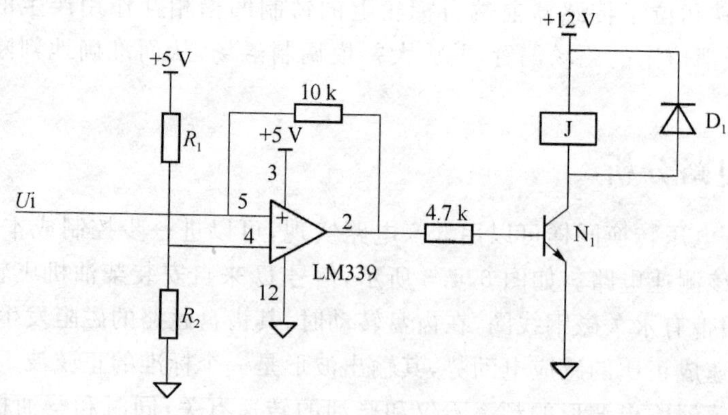

图 6.4.4　比较输出电路

6.5　位移检测

6.5.1　工作原理

位移是和物体的位置在运动过程中的移动有关的量，位移的测量方式所涉及的范围是相当广泛的，小位移通常用应变式、电感式、差动变压器式、涡流式、霍尔传感器来检测，大的位移常用感应同步器、光栅、容栅、磁栅等传感技术来测量。其中光栅传感器因具有易实现数字化、精度高(目前分辨率最高的可达到纳米级)、抗干扰能力强、没有人为读数误差、安装方便、使用可靠等优点，在机床加工、检测仪表等行业中得到了日益广泛的应用。

6.5.1.1　光栅传感器原理

计量光栅是利用光栅的莫尔条纹现象来测量位移的。“莫尔”原出于法文 Moire，意思是水波纹。几百年前法国丝绸工人发现，当两层薄丝绸叠在一起时，将产生水波纹状花样；如果薄绸子相对运动，则花样也跟着移动，这种奇怪的花纹就是莫尔条纹。一般来说，只要是有一定周期的曲线簇重叠起来，便会产生莫尔条纹。计量光栅在实际应用上有透射光栅和反射光栅两种；按其作用原理又可分为辐射光栅和相位光栅；按其用途可分为直线光栅和圆光栅。下面以透射光栅为例加以讨论。透射光栅尺上均匀地刻有平行的刻线即栅线，a 为刻线宽，b 为两刻线之间缝宽，W 为光栅栅距，如图 6.5.1(a)所示。目前国内常用的光栅每毫米刻成 10、25、50、100、250 条等线条。光栅的横向莫尔条纹测位移，需要两块光栅。一块光栅称为主光栅，它的大小与测量范围相一致；另一块是很小的一块，称为指示光栅。为了测量位移，必须在主光栅侧加光源，在指示光栅侧加光电接收元件。当主光栅和指示光栅相对移动时，由于光栅的遮光作用而使莫尔条纹移动，固定在指示光栅侧的光电元件，将光强变化转换成电信号。由于光源的大小有限及光栅的衍射作用，使得信号为脉动信号。此信号是一直流信号和近似正弦的周期信号的叠加，周期信号是位移 x 的函数。每当 x 变化一个光栅栅距 W，信号就变化一个周期，信号由 b 点变化到 b' 点。由于 $bb'=W$，故 b' 点的状态与 b 点的状态完全一样，只是在相位上增加了 2π，如图 6.5.1(b)所示。

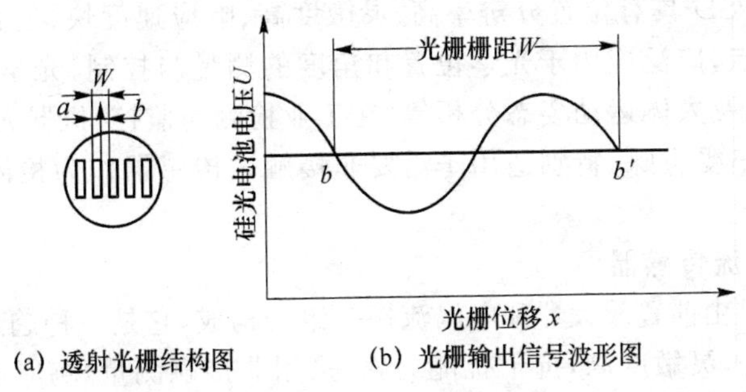

图 6.5.1 透射光栅结构及输出信号波形

6.5.1.2 电感式位移传感器原理

电感式位移传感器是一种属于金属感应的线性器件，接通电源后，利用电感元件把被测位移量的变化转化成电感的自感系数 L，再由测量电路转换成电压或电流信号。为提高自感式传感器的灵敏度，增大传感器的线性工作范围，实际应用中较多的是将两个结构相同的自感线圈组合在一起形成差动式电感传感器。如图 6.5.2 所示，当衔铁位于中间位置时，位移为零，两线圈上的自感相同。此时流过电感 L_1 和 L_2 的电流相同，负载 R_2 上无电流通过，输出电压 $u_o=0$。当衔铁向一个方向移动时，其中的一个线圈自感增加，而另一个线圈自感减少，即 L_1 不等于 L_2，此时有电流通过电阻 R_2，输出电压 u_o 变化。u_o 的大小表示了衔铁的位移量。

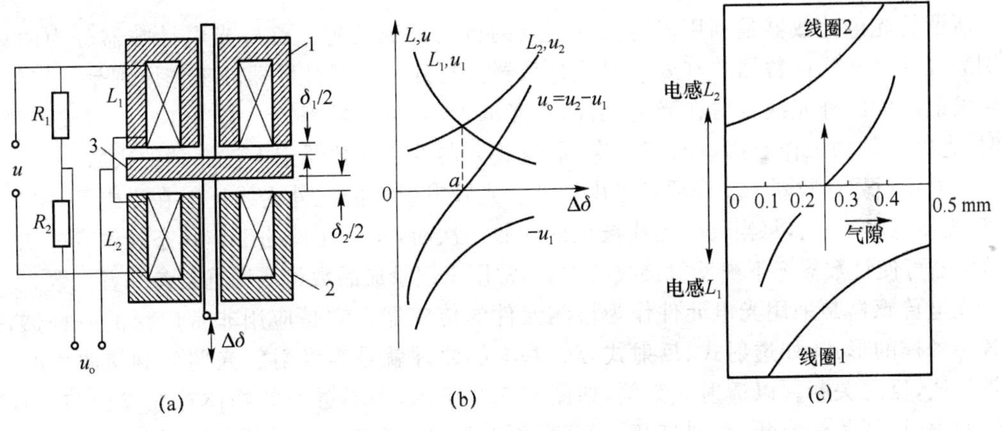

图 6.5.2 电感传感器及其特性

6.5.1.3 磁致伸缩位移传感器原理

磁致伸缩位移传感器是根据磁致伸缩原理制造的高精度、长行程，绝对位置测量的位移传感器。它采用非接触的测量方式，由于测量用的活动磁环和传感器自身并无直接接触，不至于被摩擦、磨损，因而其使用寿命长、环境适应能力强，可靠性高，安全性好，便于系统自动化工作，即使在恶劣的工业环境下，也能正常工作。此外，它还能承受高温、高压和强振动，现已被广泛应用于机械位移的测量和控制中。

6.5.1.4 位置敏感传感器

位置敏感传感器(position sensitive detector，简称 PSD)是利用横向光电效应来实现光点位置探测的光电器件。当入射光点落在器件感光表面不同位置时，PSD 将输出不同的电信号，通过对输出信号的处理，即可判断入射点在 PSD 器件上的位置，因此，可以实现光点位置的连续测量。PSD具有位置分辨率高、灵敏度高、响应速度快、位置与光强同时测量和不受光斑约束等优点，广泛应用于光学位置和角度的测量与控制、光学遥测系统、位移和振动测量、距离测试以及人体运动姿态分析等，在工业检测与监控、机器人传感、医疗、军事、航空空间等诸多领域倍受青睐，特别适用于需要非接触式传感器作为检测装置的一些特殊的测量场合。

6.5.1.5 电涡流传感器

电涡流传感器是由前置放大器和电涡流探头组合构成，它是一种趋近式传感系统。由于其长期工作可靠性好，灵敏度高，抗干扰能力强，采用非接触测量，响应速度快，耐高温，能在油、汽、水等恶劣环境下长期连续工作，检测不受油污、蒸气等介质的影响，已广泛应用于电力、石化、冶金、钢铁、航空航天等大中型企业，对各种旋转机械的轴位移、振动、转速、胀差、偏心、油膜厚度等进行在线监测和安全保护，为精密诊断系统提供了全息动态特性，有效地对设备进行保护。电涡流位移传感器系统主要包括探头、延伸电缆(可选)、前置器和附件。它的优点是线性范围宽、动态响应好、抗干扰能力强。电涡流传感器是以高频电涡流效应为原理的非接触式位移传感器，前置器内产生的高频电流从振荡器流入探头线圈中，线圈就产生了一个高频电磁场。当被测金属的表面靠近该线圈时，由于高频电磁场的作用，在金属表面产生感应电流，即电涡流。该电流产生一个交变磁场，方向与线圈磁场相反，这两个磁场相互迭加就改变了原线圈的阻抗，所以探头与被测金属表面距离的变化可通过探头线圈阻抗的变化来测量，前置器根据探头线圈阻抗的变化输出一个与距离成正比的直流电压。

6.5.1.6 光电计数电路原理

所谓的光电计数器是利用光电元件制成的自动计数装置。红外光电计数器分为两种，分别为红外遮光式计数器和红外反射式计数器。红外遮光式计数器的工作原理是从红外发光管发射出的红外光线直射在光电元件(如光电管、光敏电阻等)上，每当红外光线被遮挡一次时，光电元件的工作状态就改变一次，通过放大器可使计数器记下被遮挡的次数。

红外反射式计数器的工作原理是由红外发光管发射出的红外光线反射在光电元件(如光电管、光敏电阻等)上，每当红外光线被反射接收一次时，光电元件的工作状态就改变一次，通过放大器可使计数器记下被反射接收的次数，常用于记录成品数量或展览会参观者人数。

光电传感器是采用光电元件作为检测元件的传感器。它是应用非常广泛的一种器件，有各种各样的形式，如透射式、反射式等。基本的原理就是当发射管光照射到接收管时，接收管导通，反之关断。以透射式为例，如图6.5.3所示，当不透光的物体挡住发射与接收之间的间隙时，开关管关断，否则打开。为此，可以制作一个遮光叶片安装在转轴上，当扇叶经过时，产生脉冲信号。当叶片数较多时，旋转一周可以获得多个脉冲信号。

图6.5.3 透射式光电传感器

6.5.2 主要元器件选型

6.5.2.1 直线位移传感器

直线位移传感器的功能在于把直线机械位移量转换成电信号。为了达到这一效果，通常将可变电阻滑轨定置在传感器的固定部位，通过滑片在滑轨上的位移来测量不同的阻值。

传感器滑轨连接稳态直流电压，允许流过微安培的小电流，滑片和始端之间的电压与滑片移动的长度成正比。将传感器用作分压器可最大限度地降低对滑轨总阻值精确性的要求，因为由温度变化引起的阻值变化不会影响到测量结果。

6.5.2.2 电位器式位移传感器

电位器式位移传感器通过电位器元件将机械位移转换成与之成线性或任意函数关系的电阻或电压输出。普通直线电位器和圆形电位器都可分别用作直线位移和角位移传感器。但是，为实现测量位移目的而设计的电位器，要求在位移变化和电阻变化之间有一个确定关系。电位器式位移传感器的可动电刷与被测物体相连。物体的位移引起电位器移动端的电阻变化。阻值的变化量反映了位移的量值，阻值的增加还是减小则表明了位移的方向。通常在电位器上通以电源电压，以把电阻变化转换为电压输出。线绕式电位器由于其电刷移动时电阻因匝电阻为阶梯而变化，其输出特性亦呈阶梯形。如果这种位移传感器在伺服系统中用作位移反馈元件，则过大的阶跃电压会引起系统振荡。因此在电位器的制作中应尽量减小每匝的电阻值。电位器式传感器的另一个主要缺点是易磨损。它的优点是：结构简单，输出信号大，使用方便，价格低廉。

6.5.2.3 霍尔式位移传感器

霍尔式位移传感器的测量原理是保持霍尔元件的激励电流不变，并使其在一个梯度均匀的磁场中移动，则所移动的位移正比于输出的霍尔电势。磁场梯度越大，灵敏度越高；梯度变化越均匀，霍尔电势与位移的关系越接近于线性。

6.5.2.4 KB3845 凹槽型光电传感器

KB3845 凹槽型光电传感器（如图 6.5.4），一般称作遮断型光电传感器，主要用来感应是否有各类遮断物通过。它是以螺丝固定连接头型的形式封装，凹槽宽 4 mm，深 7.5 mm，环境温度 Ta＝25℃，光电流是 0.3 mA。

6.5.2.5 光敏反射传感器

KR3900 一般称作光敏反射传感器，主要通过接收物体反射光源的受光元件的信号来进行感应，其外形如图 6.5.5 所示。

图 6.5.4 KB3845 凹槽型光电传感器

图 6.5.5 KR3900 光敏反射传感器

6.5.2.6 磁敏传感器

用磁敏元件作为传感器，在无外磁场时，磁敏传感器的输出端 OUT 输出 1 电平，当电机转动一圈时，将带动小磁铁 N 从磁敏传感器上掠过一次，传感器在外加磁场的作用下，电机每转动一圈，计数一次。

6.5.3 电路分析

6.5.3.1 利用电感传感器测量位移的电路分析

根据线圈导体在铁氧体材料附近运动时电感量会发生变化的原理，可制成测量电感的传感器。当线圈进入或靠近铁芯时其电感量会增加，通过桥式电路将此信号放大，即可测量出位移，此时输出电压为

$$U_A = \frac{ER_b}{4R_a}Kx \tag{6.5.1}$$

式中，K 为灵敏度或每单位距离的电感相对变化量；E 为电源电压；x 为位移量。

此外，还有一种线性变化差动变压器用作电感位移传感器。它的初级加交流电源，次级有两个反极性相连的线圈。当线圈在中央位置时两线圈耦合电压相等，输出合成电压为零。而当偏向一方时，则输出电压与位移成正比，故可用电路将此位移量测量出来。具体过程如图 6.5.6 所示。

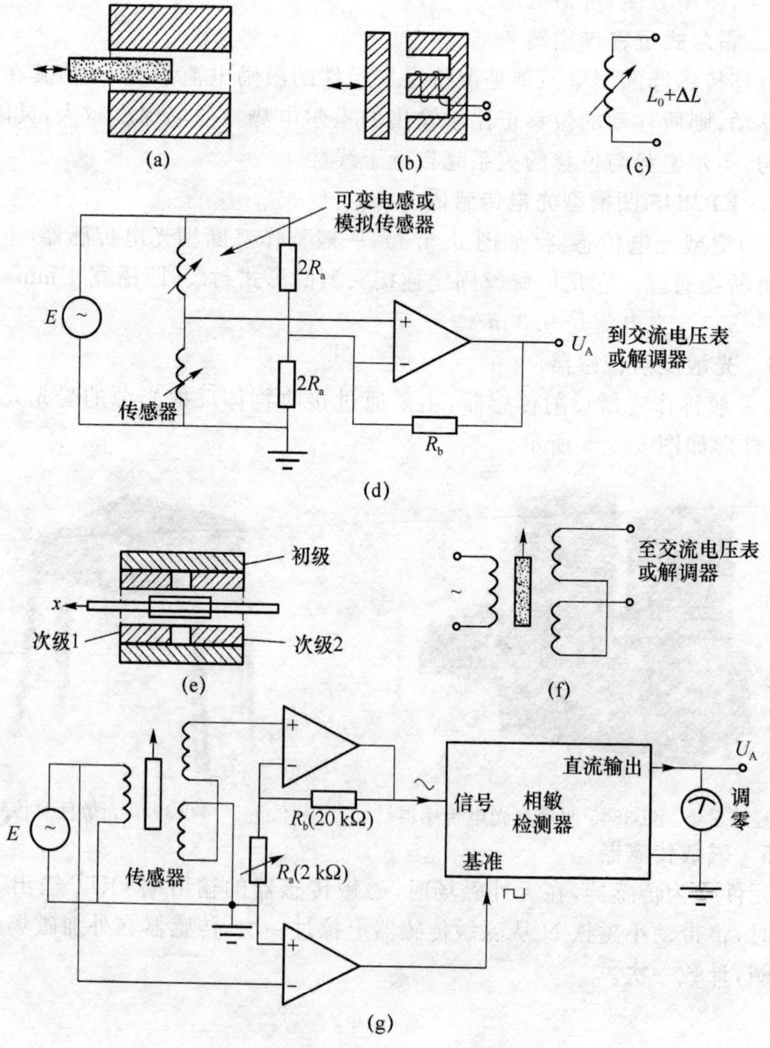

图 6.5.6 线性变化差动变压器用作电感位移传感器

6.5.3.2 基于光电传感器的工件计数电路分析

基于光电传感器的工件计数电路如图 6.5.7 所示。8253 的片选端接至译码处的 200～207 H 插孔，8255A 的片选端接至译码处的 208～20 FH 插孔，8259A 的片选端接译码处的 210～217 H，CLK0 接至工件脉冲(正脉冲)提供插孔(也可以用直流电机的转速产生脉冲)，GATE0 接至＋5 V 电源，OUT0 接至中断芯片 8259A 的 IR0，CLK1 接至 2 MHz 频率插孔，GATE1 接至 8255A 的 PA0，OUT1 接驱动电路到扬声器。

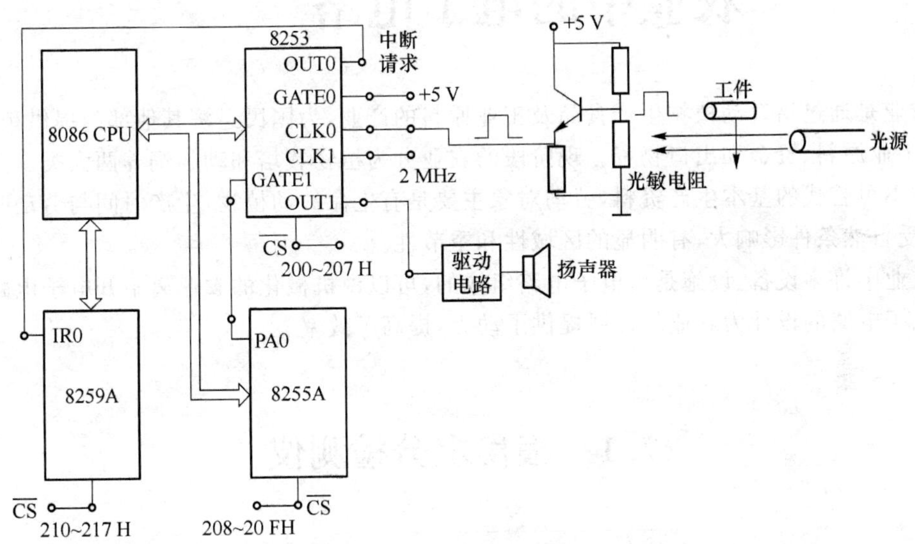

图 6.5.7 光电工件计数器

当工件从光源与光敏电阻之间通过时，光源被工件遮挡，光敏电阻值增大，在晶体管的基极产生一个正脉冲，随之在晶体管的发射极将输出一个正脉冲给 8253 计数通道 0 的计数输入端 CLK0；8253 计数通道 0 工作于方式 0，其门控制输入端 GATE0 固定接＋5 V。当 100 个工件通过后，计数通道 0 减 1 计数至 0，在其输出端 OUT0 产生一个正跳变信号，用此信号作为中断请求信号；在中断服务程序中，由 8255A 的 PA0 启动 8253 计数通道 1 工作，由 OUT1 端输出 1 kHz 的方波信号给扬声器驱动电路，持续 5 s 钟后停止输出。

计数通道 1 工作于方式 3(方波发生器)，其门控信号 GATE1 由 8255A 的 PA0 控制，输出的方波信号经过驱动电路送给扬声器，计数通道 1 的时钟输入端 CLK1 接 2 MHz 的外部时钟电路。

第7章

农业中的电子电路

农业是通过培育动植物生产食品及工业原料的产业，为国民经济其他部门提供粮食、副食品、工业原料、资金和出口物资。现阶段的农业分为植物栽培和动物饲养两大类。土地是农业中不可替代的基本生产资料，劳动对象主要是有生命的动植物，生产时间与劳动时间不一致，受自然条件影响大，有明显的区域性和季节性。

农业中许多设备、设施是由电子电路组成的，可以说机械化的农业离不开电子电路的设计。电子电路的设计为农业的发展提供了动力，提高了效率。

7.1 粮食水分检测仪

粮食水分检测对粮食的收购、运输、储藏、加工贸易都具有十分重要的意义。水分过高浪费运力和仓容，促使粮食生命活动旺盛，容易引起粮食发热、霉变、生虫和其他生化变化；而粮食水分过低，减少了粮食重量，影响粮食品质。因此，水分一直是粮食的一项重要质量指标。

7.1.1 粮食水分检测方法

近20年来，粮食水分的检测技术迅速发展，检测方法层出不穷，表7.1.1列出了主要的粮食水分检测方法。

表7.1.1 主要粮食水分检测方法

<table>
<tr><th>类别</th><th colspan="2">检测方法</th></tr>
<tr><td rowspan="7">直接法</td><td rowspan="4">干燥法</td><td>电烘箱法</td></tr>
<tr><td>减压法</td></tr>
<tr><td>红外加热法</td></tr>
<tr><td>微波加热法</td></tr>
<tr><td rowspan="3">化学法</td><td>蒸馏法</td></tr>
<tr><td>卡尔・费休法</td></tr>
<tr><td>碳化钙法</td></tr>
</table>

续表

<table>
<tr><th>类别</th><th colspan="2">检测方法</th></tr>
<tr><td rowspan="7">间接法</td><td rowspan="2">电测法</td><td>电导法</td></tr>
<tr><td>电容法</td></tr>
<tr><td rowspan="5">其他</td><td>红外射线法</td></tr>
<tr><td>微波法</td></tr>
<tr><td>中子法</td></tr>
<tr><td>核磁共振法</td></tr>
<tr><td>色谱法</td></tr>
</table>

直接法是通过干燥或化学方法，直接去除粮食中的水分，检测出样品的绝对含水量。含水率公式为

$$M=\frac{W_1-W_2}{W_1}\times 100\% \tag{7.1.1}$$

式中，M 为含水率；W_1 为去除水分前的样品重量；W_2 为去除水分后的样品重量。

直接法检测精度高，但费时，不适于在线检测。

间接法是通过与水分有关的物理量(例如物质的电导率、介电常数等)的检测，相应地测定物质的含水量。这种方法速度较快，易实现在线检测。

下面分别简介一下主要的粮食水分检测方法。

1. 干燥法

(1) 电烘箱法

电烘箱法是利用电烘箱对被测物进行加热，使水分蒸发的物理现象进行水分检测。通过样品加热前后重量的变化检测样品水分，检测时需要较长的烘干时间。其优点是精度高，可以作为标准用来检验其他方法的检测精度，一般用于实验室检测。

根据烘干温度和样品含水量的高低分类，有烘箱恒重法(烘干温度(105±2)℃，烘干时间 2～3 h)、电烘箱法(烘干温度(130±2)℃，烘干时间 40 min)及隧道电烘箱法(烘干温度(160±2) ℃，烘干时间 20 min)，对于高含水量的粮食，可采用双烘干法(谷物含水率超过18%，油料超过 15%)。

(2) 减压干燥法

减压干燥称重法是利用真空处理技术、微小重量测定技术及数据处理技术来测定水分的。它不受被测物形状的影响，精度及可靠性高，可检测微量水分。

(3) 红外烘干法

红外辐射器靠红外辐射主波长与水的吸收峰值波长相匹配，使水分子剧烈运动而升温加速蒸发，缩短了烘干时间，检测精度可达 0.1 %，检测时间为 10～20 min，如日本研制的 FD-230、FD-310 及 FD-600 型等红外水分仪，均采用红外烘干方法。

2. 化学法

(1) 蒸馏法

蒸馏法是一种常用的检测水分的化学方法，它将样品粉末及蒸馏液(甲苯、二甲苯)混合放入蒸馏瓶中，利用所加蒸馏液不溶于水及混合后沸点低的特点，加热后使水分蒸馏出来，

由于容器壁易附着蒸馏出来的水分，所以，这种方法会造成一定的误差。

(2) 卡尔·费休法

卡尔·费休法水分仪是化学水分仪中的代表产品，其原理是利用水与碘和亚硫酸的定量反应，即碘将二氧化硫氧化为三氧化硫时需要一定量的水参加才能进行反应，从碘的消耗量可以测出水的含量。这种方法检测精度高，但可测样品量少，试剂成本高。

3. 电测法

(1) 电导法

电导式水分仪是利用物体的电导或直流电阻随其含水量的不同而变化的原理设计的，它根据电导的变化来检测物体的含水量。电阻 R 与含水率 M 的关系为

$$M=K_1+K_2\ln R \tag{7.1.2}$$

式中，K_1、K_2 为常数，含水率与电阻之间呈对数关系。

电导式水分仪具有结构简单、响应速度快、成本低等优点。缺点是一般需要把粮食磨碎，压制成固定大小和形状的电阻，不宜检测微量及高含水量物质的水分，此外，电极与样品接触时的状态，也会影响检测的精度。

(2) 电容法

电容法是利用不同物质介电常数的差异而设计的。常温下，水的介电常数比其他物质的介电常数大(水为81，粮食约为2～5)。随着物质含水量的增加，介电常数也相应增大，所以，如果检测出物质的介电常数，就可以计算出物质中的水分含量。根据所测物质的不同，电容的电极结构也有所不同，主要有平板式、圆筒式等电极结构。

电容法采用的是非接触检测，可靠性高，简便经济，易维护，可用于在线检测，适合于检测高含水量的物质。缺点是影响因素多、数据复杂。

电测法检测中，影响检测结果的因素较多。例如，被测粮食样品的温度、品种、紧实度等，所以，在检测过程中必须考虑到这些因素，进行相应的补偿，才能提高检测的精度。

4. 射线法

(1) 红外射线法

红外吸收式水分仪的理论基础是比尔定律，水分对 1.64 μm 或 1.94 μm 波长的红外辐射有强烈的吸收，通过被测样品后的光强为

$$I=I_0\mathrm{e}^{-ktM} \tag{7.1.3}$$

式中，I_0 为通过被测样品前的光强；k 为吸收系数；t 为被测物的厚度；M 为被测物的含水量。两边取对数得被测物的水分含量为

$$M=\frac{1}{kt}\ln\frac{I_0}{I} \tag{7.1.4}$$

由于物质含水量的不同，对特定波长辐射的吸收能量也不同，只要测得吸光度便能完成含水率的测定。具体方法有反射法、透射法、反射透射复合式。用于粮食水分检测主要是反射式。它具有无接触、速度快、连续检测、检测范围大、准确度高、稳定性好等优点，而且可以测导电性物质的水分，最高精度可达 0.1 %。缺点是受样品形状、密度、厚度等影响，难以检测物质内部水分，设备价格也相对较高。

近几年，红外吸收水分仪发展迅速，现在国内外研制这种水分仪的部门很多，具有很好的发展前景。

(2) 微波法

水与粮食的介电常数相比特别高,而且在超高频范围内存在介电损耗最大值。微波法就是利用超高频能量通过样品产生能量损耗的变化计算出水分值。根据电磁能量的关系,超高频能量在含水物质中的衰减量 W(dB)为

$$W=8.686\alpha_B M\rho' kt+|\tau|-|\tau|\mathrm{e}^{-2\alpha_B t}\cos 2Bt \tag{7.1.5}$$

式中,M 为相对水分含量;$|\tau|$ 为空气与被测物之间反射系数的模;B 为含水物质的相数;α_B 为水的衰减系数;ρ' 为密度因数;k 为材质因数;t 为被测物的厚度。若被测物厚度 t 足够大时,第三项可忽略,水分含量表示为

$$M=\frac{W-|\tau|}{8.686\alpha_B\rho' kt} \tag{7.1.6}$$

微波法的优点是非接触测量,能检测水分含量的绝对值,可以连续在线检测。缺点是受形状、密度、厚度等影响,仪器结构复杂,价格高。

(3) 中子法

中子式水分仪是根据中子散射原理工作的。它采用能发射快中子的中子源,射出快中子与含有氢原子核的物质相遇,相互之间发生碰撞而减速为慢中子,根据测出的慢中子的密度就可知含氢的总量,从而算出物质含水量。碰撞后损失的能量可表示为

$$\Delta E=E\left[1-\left(\frac{A-1}{A+1}\right)^2\right] \tag{7.1.7}$$

式中,ΔE 为中子损耗的能量;E 为相互作用前中子的能量;A 为发生相互作用的元素的质量数。当 $A=1$ 时,相互作用的元素是氢,这时能量损失最大,则发射的快中子就减速为慢中子。

中子水分仪是一种较先进的在线检测水分仪,能在不破坏物料结构和不影响物料正常运行状态下准确检测,这种技术引起了世界各国研究机构的重视。

上述是当前粮食水分检测中常用的几种方法。另外,核磁法、色谱法、碳化钙法等也可以用于粮食水分的检测。在检测过程中,由于影响检测的因素很多,数据复杂,有些系统采用一些先进的数据融合技术和人工智能方法,对于加速检测、修正误差以及提高稳定性都起到了很好的效果。

7.1.2 水分检测技术的发展方向

快速、准确、适应性强始终是水分检测仪的研制目标。虽然国内外研究机构研制生产了各种水分快速测定仪,以求取代耗时、费电、不宜现场使用的传统烘箱干燥法,但目前的水分快速测定仪受间接检测原理的限制,不能排除各种相关因素的影响,检测的局限性较大,普遍存在检测误差大与重复性差等问题。根据水分仪所存在的问题及目前的研究资料分析,高性能水分仪的开发主要有以下几个方面的发展趋势。

通过有效的数据融合技术,研究对多个物理量检测的复合型水分仪,由于水分检测受多种因素的影响,目前可以确定温度、密度和重量是影响最为明显的物理量,因此将这些物理量同时采集,通过大量的实验数据,利用数据融合技术,找出一种能够综合各个量影响的水

分测量关系曲线，最终获得准确的水分测量结果。

进一步探讨新型的更准确测量含水量的检测技术，探讨新的、影响因素少、处理简单的水分检测技术，有待于科研人员今后作进一步研究。

7.1.3 工作原理

不同类型的粮食水分检测仪原理不尽相同，但都是通过水分影响某一可测参数来获取水分的多少，该可测参数与水分的多少呈线性关系，至少在一定范围内是线性关系。

7.1.3.1 电容法

测量粮食水分的原理是：不同水分的粮食经过电容传感器后，使电容传感器介质的介电系数 ε 发生变化，随着介电系数 ε 的变化，电容传感器的电容量亦发生变化，这样就可以间接地测出粮食的含水量。比如含水量较高的粮食相对介电常数就大。电容法的优点是结构简单，成本低，易于实现连续快速测量。缺点是测量精度不高，稳定性差。影响电容式水分计测量精度和稳定性的原因是多方面的，如被测物料的品种、温度、紧密度等。

电容传感器是将被测非电量的变化转化为电量变化的一种传感器。它具有结构简单、分辨力高、可非接触测量，并能在高温、辐射和强烈震动等恶劣条件下工作的优点。电容传感器的检测原理是：将被测粮食放入传感器两极间的介质空腔，由于粮食含水量不同，从而使电容传感器的相对介电常数发生变化，即引起了电容值变化，从而测出粮食的水分含量。电容传感器用于粮食含水率测量的基本依据是：干燥粮食的相对介电常数一般为 2～4，而水的相对介电常数为 80 左右，用电容法测量粮食含水率具有使用和标定方便、灵敏度高及动态特性好等优点。由于所测的粮食为颗粒形状，其装入容器中存在许多气隙，因而其介电常数较小，但其传感器的极板有效面积不能太小，因此设计中的电容传感器采用同轴的圆筒型电容传感器。采用圆筒型电容传感器的另一目的是它的电极是非对称的，即内极板被外极板所包络，这样可以十分有效地抑制人体感应。电容传感器采用同轴圆筒，由两个同心金属圆柱筒面组成。设两圆柱面的长度为 H，半径分别 R 和 r，如图 7.1.1 所示。

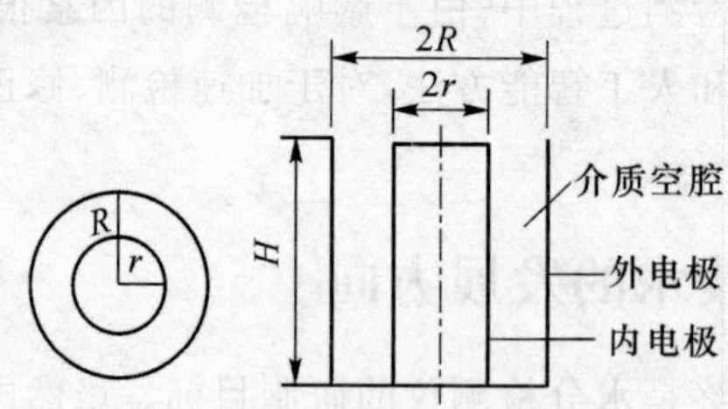

图 7.1.1 圆筒形电容传感器结构

当 $H \gg (R-r)$ 时，则可将两端边缘处电场不均匀性的影响忽略。这样，圆筒形电容器的电容为

$$C=\frac{2\pi H\varepsilon}{\ln(R/r)} \tag{7.1.8}$$

式中，H 为极板高度；R 为外极板半径；r 为内极板半径；ε 为介电常数。

设待测粮食的物质密度为 ρ_1，水分的密度为 ρ_2（$p_2 \approx 1$）；待测粮食的物质介电常数为

ε_1，待测粮食水分的介电常数为 ε_2；待测粮食的含水率为 W；则传感器装满含一定水分的待测粮食时的电容 C_X 为

$$C_X = C + \Delta C_X = \frac{2\pi H\varepsilon_1}{\ln(R/r)} + \frac{2\pi H}{\ln(R/r)}(\varepsilon_2 - \varepsilon_1) \times \frac{\rho_1 W}{1 + W(\rho_2 - 1)} \tag{7.1.9}$$

其中，第一项为传感器装满待测干燥粮食的电容量，用 C 表示；第二项则是由于水分 W 的存在而引起的电容变化量，ΔC_X 表示。

令 $K_1 = \frac{2\pi H}{\ln(R/r)}(\varepsilon_2 - \varepsilon_1)\rho_1$；$K_2 = 1 - \rho_2$ 得

$$\Delta C_X = \frac{K_1 W}{1 - K_2 W} \tag{7.1.10}$$

对于确定的传感器和特定类别的粮食（如小麦、玉米等），K_1 和 K_2 均为常数，且随粮食类别不同而异，故称其为粮食类别常数。W 与 ΔC_X 互为单值函数，因此，确定 ΔC_X 则可确定 W 的大小，这正是电容传感器用于测量粮食水分的原理。

7.1.3.2 电阻法

粮食的电阻特性为：①在一定的含水范围内电阻对数与含水量关系近似呈线性；②在粮食的含水范围内，电阻的量值变化很大，根据水分含量的不同，电阻值可能在较低的兆欧级直到高达几十兆欧级之间；③温度对粮食电阻的影响十分显著，性质上表现为被测的等效电阻随着温度的升高而减小。电阻法测定粮食水分即是利用粮食水分含量的不同，其导电率不同，电阻值的变化间接地反映粮食水分含量。电阻式粮食水分仪结构简单、价格便宜；缺点是信号强度小，取样要求高，不宜于微量水和高含水量的测定，传感器与样品接触状态会影响测量精度。

7.1.3.3 微波和无线电波法

微波为 300 MHz～300 GHz 间的电磁波，其主要物理特性近似光性和声性。微波检测水分的原理是：利用微波作用于粮食产生的功率变化、幅度变化、相位变化或频率改变信息来推算粮食的水分含量。实质上这种方法是综合研究微波和物质的相互作用，根据物料介电常数与非电量之间存在的函数关系，利用微波反射、穿透、散射和腔体微扰等物理特性的改变，通过测量微波信号基本参数（如幅度、相位、频率等）的改变量进行检测。粮食中水的介电常数和损耗因子比其中干燥粮食的介电特性值高很多，水分子在微波场作用下极化，表现出对微波的特殊敏感性。粮食在干燥状态下的相对介电常数为 2～5（小麦的介电系数约为 2.3），而水的相对介电常数接近 80，水在超高频范围内存在介电损耗的最大值。利用超高频能量通过含水粮食产生能量损耗、相移或发射波参数的变化，可换算出粮食水分值。微波水分测量正是利用水对微波能量的吸收或微波谐振腔谐振频率等参数随水分变化的原理进行水分测量的。不同的应用对象，微波的检测原理略有不同。其中，用于水分检测的主要有：透射法、反射法、腔体微扰法。微波式水分仪的优点是：灵敏度高，速度快，非介入无损式测量，易于实现水分连续测定，测量信号易于联机数字化、可视化，所测结果为体积总体水而有代表性。缺点是测量结果受物料形状、密度等因素影响，仪器价格高。

7.1.4 主要元器件选型

1. 运算放大器 CA3140

CA3140 高输入阻抗运算放大器，是美国无线电公司研制开发的一种 BiMOS 高电压的运算放大器，它结合了压电 PMOS 晶体管工艺和高电压双极晶体管的优点。

2. 555 定时器

555 定时器是一种模拟和数字功能相结合的中规模集成器件。一般用双极型工艺制作的称为 555，用 CMOS 工艺制作的称为 7555，除单定时器外，还有对应的双定时器 556/7556。555 定时器的电源电压范围宽，可在 4.5～16 V 的电压下工作，7555 可在 3～18 V 的电压下工作，输出驱动电流约为 200 mA，因而其输出可与 TTL、CMOS 或者模拟电路电平兼容。

555 定时器的功能主要由两个比较器决定。两个比较器的输出电压控制 RS 触发器和放电管的状态。在电源与地之间加上电压，当 5 脚悬空时，则电压比较器 C_1 的反相输入端的电压为 $2V_{cc}/3$，C_2 的同相输入端的电压为 $V_{cc}/3$。若触发输入端 TR 的电压小于 $V_{cc}/3$，则比较器 C_2 的输出为“0”，可使 RS 触发器置“1”，使输出端 OUT＝1。如果阈值输入端 TH 的电压大于 $2V_{cc}/3$，同时 TR 端的电压大于 $V_{cc}/3$，则 C_1 的输出为“0”，C_2 的输出为“1”，可将 RS 触发器置“0”，使输出为 0 电平。

在 1 脚接地，5 脚未外接电压，两个比较器 A_1、A_2 基准电压分别为“0”、“1”的情况下，555 时基电路的功能表如表 7.1.2 所示。

表 7.1.2 555 定时器的功能表

清零端	高触发端 T_H	低触发端 T_L	Q	放电管 T	功能
0	×	×	0	导通	直接清零
1	0	1	×	保持上一状态	保持上一状态
1	1	0	1	截止	置“1”
1	0	0	1	截止	置“1”
1	1	1	0	导通	清零

3. 变压器 T

变压器 T 用 E1 型铁氧体磁芯或 MXD-2000E1 铁氧体磁芯绕制，初级用 0.12 mm 高强度漆包线绕 1 000 匝左右，再用 0.35 mm 的漆包线绕 70～100 匝作为次级，初级与次级之间用涤纶纸绝缘。

4. 探头

探头用两根截面 2 mm×2 mm 左右的黄铜或不锈钢材料制成两根电极，中间用 2 mm 左右厚的绝缘材料隔离，固定在一起，安装在绝缘手柄上，探头长度一般以 300～600 mm 为宜，插入粮食的深度为 200～400 mm。

7.1.5 电路分析

粮食水分测量仪是利用所含水分的不同而导致粮食的导电率(电阻)也不同的原理制成的。该电路如图 7.1.2 所示。

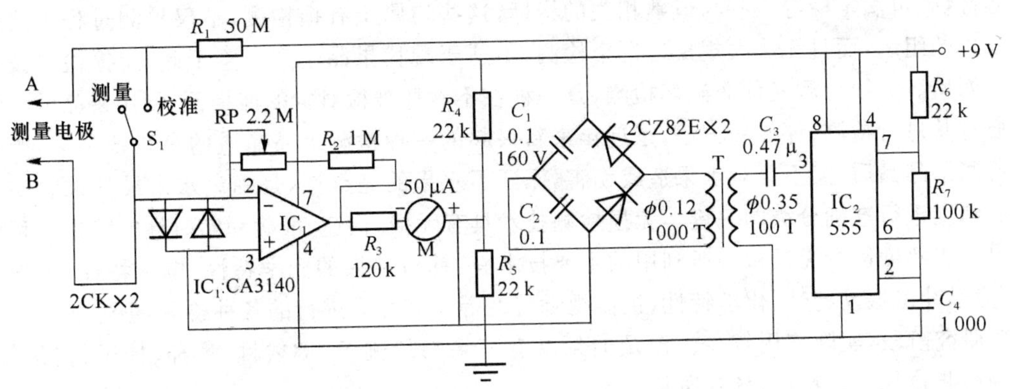

图 7.1.2 粮食水分测量仪电路图

图 7.1.2 中 A、B 是两根测量电极，IC_1 用作电流放大器，表头 M 指示粮食的水分。IC_2 构成脉冲振荡器，通过变压器升压再经二极管全波整流获得 150 V 左右的高电压，供电极测量使用。粮食是高阻物质，含水分越多，其电阻率越低，电阻就越小，即使电极之间加上 150 V高电压，其电流一般也就在 1 μA 以内，所以要用高阻放大器放大，才能供电表指示。这里 IC_1 用的是 CA3140，其输入漏电流为 pA 级，A、B 之间的电流绝大部分流经 RP 和 R_2，在 IC_1 输出形成电压，在 M 中形成电流指示出来。粮食中水分越多，A、B 电极间流过的电流越大，电表指示值也越大；反之亦然。

S_1 是“测量、校准”选择开关。S_1 在校准位置时，经 R_1 产生约 3 μA 的电流，可变电阻使表头指示到满度值，然后 S_1 放在“测量”位置去进行检测。

表头的刻度需用标准含量的粮食或者凭经验来确定，含水量百分数与粮食品种有关，还与粮食的温度有关。对于同样含水量的同一种粮食，温度高，其漏电流大，电阻小；反之，则电流小，电阻大。通常粮食的含水量在 10%～14%之间。

7.2 水果成熟度无损检测技术

无损检测技术是近年来兴起的有别于有损检测手段的新兴高科技技术，得到了众多国内外研究人员的广泛关注，并且已经广泛应用于农业和工业。在水果成熟度检测方面，有较大的发展空间，现通过文献调查及统计分析的方法综述了目前对水果成熟度的几种无损检测技术方法的技术原理、研究现状及发展趋势，并对各种检测技术的应用前景进行了展望与预测。

许多研究结果表明，水果在采摘、包装、保存、运输及加工等作业环节中的损失率高达 30.45%，主要原因之一即为不同成熟度的水果相互混杂所造成的。因此，根据水果的成熟度区分与筛选并及时地对其进行加工处理，对于改善水果品质、提升水果等级有重要意义。

7.2.1 水果成熟度检测方法

传统的水果成熟度检测主要是利用硬度计、糖度计、酸度计等来检测水果内部的硬度、可溶性糖、可滴定酸等一些与成熟相关的指标，这些均属于有损检测，不仅检测过程中要破坏水果的组织，而且无法大规模地逐个检测，不适于现代果品生产。鉴于此，无损检测技术应运而生。无损检测又称非破坏检测，是一种在不破坏被检对象的前提下，利用果品的物理性质对其进行检测、评价的方法，是近年来新兴起的一种检测果品品质的高科技手段，既可以检测果品品质，又不会对水果造成伤害，保证了水果的完整性，是确定水果最佳采收期和按成熟度进行准确分级的关键。无损检测技术具有无损、快速、准确和实时性的特性。目前对果实成熟度进行无损检测所利用的主要技术有：针对水果的光学特性、电学特性、声学特性、力学冲击振动特性、化学特性、机器视觉特性等众多性质进行的各种检测，但这些多处于试验研究阶段，实际应用较少。涉及的果品有苹果、梨、桃子、猕猴桃、番茄、柿子、芒果等。各种检测技术各具特色，各有所长。

1. 利用水果光学特性的无损检测

水果对光的吸收特性、反射特性和透射特性因为其内部成分和外部特征不同，在不同的波长光线照射时会出现不同的吸收或者反射特性。水果的分光反射率或吸收率在某一波长内会出现峰值，这一峰值的变化可与水果成熟时的内部生理指标如可溶性糖的含量、可滴定酸的含量或硬度相联系，因此根据水果的这些光学特性，进行无损检测是可行的。目前水果成熟度的光学检测主要是利用可见光-近红外技术和荧光技术。

(1) 可见光与近红外技术分析法

目前国内外对利用可见光-近红外技术检测水果成熟度的研究较多。近红外射线包含了波长从 780～2 500 nm 的光波，当红外线照射到物体上时，光波会被反射、吸收或者散射，每种现象的产生都是由样品的物理和化学组成而决定的。所用的检测方法有单色扫描、傅立叶变换和光电二极管阵列。近红外与可见光的无损检测技术具有适应性强、灵敏度高、对人体无害、使用灵活、成本低和易实现自动化等优点，因而已被普遍应用于水果成熟度的无损检测的研究。但其也存在一定的不足，如其抗干扰能力较差、光易散射、所用仪器复杂等，限制其广泛应用，因此未来的研究方向应放在抗干扰及轻便简捷上。

(2) 叶绿素荧光法检测成熟度

叶绿素荧光法的主要原理是利用叶绿素 a 的荧光特性，用电磁辐射(红光)进行激发，使水果中的叶绿素 a 分子受到激发跃迁至高能激发态，当其返回基态时，多余的能量会以荧光的形式散发出去。因水果成熟时叶绿素含量下降，故其荧光参数会发生变化，可以利用荧光变化进行水果成熟度等级的判断。目前所利用的荧光的激发光主要在 660～670 nm 之间，而叶绿素的吸收峰在 685 nm 处。相对于近红外技术而言，利用叶绿素荧光进行果实成熟度的无损检测还是一项新兴的技术，目前国内外对此研究相对较少，但因其具有方便简单、快捷无损等特性，因而具有很大的发展潜力，未来在果品无损检测方面的研究方向应倾向于此。

2. 基于水果电学特性的无损检测

对于基于介电常数测定水果成熟度的原理是根据生物分子中束缚电荷对外加电场的响应特性，通过电学参数反映水果内部变化，并与其内部某些生理指标(如可溶性糖含量、硬度、可滴定酸含量等)建立相关性关系，进而用于测定水果的成熟度。

3. 基于水果声学特性的无损检测技术

利用水果的声学特性对其进行成熟度的无损检测和分级是近 40 年来发展形成的新技

术，水果的声学特性是指水果在声波作用下的反射特性、散射特性、透射特性、吸收特性、衰减系数和传播速度及其本身的声阻抗与固有频率等，它们反映了声波与水果相互作用的基本规律。其主要原理是依据水果的各种声学特性指标变化来反映果实内部的品质。应用上述各种指标的变化，与成熟指标（糖度、硬度、酸度）建立相关关系，以此来预测水果的成熟度和对其进行分级。目前利用较多的主要是超声波和可听声（声波），其中利用可听声进行果品无损检测研究较早，而超声波应用研究相对较晚，但超声波以其频率高、波长短、定向传播性良好、穿透性强等优点而受到了众多研究人员的青睐，所以发展较快。

4. 基于水果化学特性的无损检测技术

基于果实挥发特性的电子鼻检测技术（电子鼻又叫作气味扫描仪），是20世纪90年代发展起来的一种快速检测食品的新型仪器。它以特定的传感器和模式识别系统快速提供被测样品的整体信息，指示样品的隐含特征。电子鼻对水果成熟度的无损检测技术主要是用模拟电子仪器感知水果成熟时所散发出的特定物质（如某些酚类、酯类、乙烯等），而对其进行无损检测。基于电子鼻技术研究人员已经对苹果、香蕉、梨等水果进行了检测，电子鼻检测技术具有客观性、可靠性和可重现性等优点，因此对其研究和应用也较为广泛，已经在酒类及其他许多领域用于检测和分析。但由于传感器具有选择性和限制性，电子鼻往往有一定的适应性，不可能适应所有的检测对象，即没有通用的电子鼻，因此有必要加强研制并发展合适的传感器结构和传感器材料，在模式识别系统上亦应多样化。

5. 基于机器视觉特性的成熟度无损检测技术

机器视觉技术是以计算机和图像获取部分为工具，以图像处理技术、图像分析技术、模式识别技术、人工智能技术为依托，处理所获取的图像信号，并从图像中获取某些特定信息。基于机器视觉特性的无损检测水果成熟度方法，主要是依据水果成熟过程中的一系列生理生化反应与其成熟度的相关性，利用机器视觉传感系统传导其变化并通过分析确定成熟度。

机器视觉检测技术可以将虚拟的和现实的联系起来，在外界的最小干预下恢复场景信息。将人工智能和图像处理技术相结合，信息量大、功能多，是今后应用计算机技术检测水果成熟度的重要发展方向。但是，由于机器视觉系统构造复杂、造价偏高、正确率偏低等一些缺点，使得其推广存在难度，今后的主要研究方向应放在如何提高准确性以及如何降低造价上。

除上述各种无损检测技术外，其他应用于水果成熟度的无损检测技术还有：生物传感器检测技术，其原理同机器视觉技术相似，主要应用于检测糖度和测定成熟度；核磁共振检测技术，其在测定水果糖度等方面存在巨大的潜在价值；X射线衍射技术，用X射线的强穿透性对水果内部可溶性固形物进行检测，进而预测其成熟度。

7.2.2 无损伤成熟度检测仪的设计

针对传统采用的有损检测水果成熟度的不足，基于介电特性理论建立水果宏观阻抗特性的等效模型，推导出了水果阻频特性和成熟度之间的关系，研发出水果成熟度无损检测装置。试验结果表明：在适当频率的交变电场作用下，水果的阻抗特性参数随频率按一定规律变化，成熟度不同水果阻频曲线也不同，曲线与水的阻抗频率曲线的交点反映了水果的阻抗频率特性，交点越往左移其成熟度越好。利用阻抗频率特性衡量水果的成熟度的方法是可行的，并且该装置具有检测速度快、结构简单、可靠性高等优点。

水果的成熟度检测是水果分级、保鲜及存储的一项重要指标。其检测方法主要分为两类：有损伤检测和无损伤检测。目前常用的有损伤检测大多是采用提取水果内汁液进行化学分析，对水果有破坏性，检测设备昂贵，过程复杂。无损检测又称非破坏性检测，即在不破坏样品的情况下对其内部品质进行评价。它主要运用力学、光学、声学等物理学方法进行检测，该方法检测速度快，有效地判断出从外观无法得出的样品内部的品质信息。下面通过水果在电场中的介电特性研究水果的成熟度无损检测。

7.2.2.1 工作原理

水果等农作物属于电介质，电介质的特征是以正负电荷重心不重合的电极化方式传递、存储或记录电的作用和影响，其中起主要作用的是束缚电荷。水果一般由果皮、果肉、果核组成，其果肉占绝大部分。在果肉的成熟过程中，其内部水分量及水分的空间分布变化很大，果肉的水分可以通过电特性宏观反映。微观实质是果实分子内部存在电场，且在分子限度范围内改变位置，场强变化剧烈。但微观场难以测量，因此，可以研究微观场的平均值，即转化为宏观电特性、复阻抗和复介电常数，其中复介电常数是水果内部物质特性的反映，复阻抗是水果的物理常数。

由于水果是电介质，因此在介电频率谱上会随着频率的增加出现色散。在色散区，水果的复介电常数 ε_r^* 可由下式给出，即

$$\varepsilon_r^* = \varepsilon_r - j\varepsilon''_r \tag{7.2.1}$$

$$\varepsilon_r = \varepsilon_{r\infty} + \frac{\varepsilon_{rs} - \varepsilon_{r\infty}}{1+\omega^2\tau^2} \tag{7.2.2}$$

$$\varepsilon''_r = \frac{(\varepsilon_{rs} - \varepsilon_{r\infty})\omega\tau}{1+\omega^2\tau^2} \tag{7.2.3}$$

其中，ε_r 为相对介电常数；ε''_r 为损耗因子；ε_{rs} 为静态介电常数；$\varepsilon_{r\infty}$ 为位移极化常数；τ 为弛豫时间。令

$$\omega_0 = \frac{1}{\tau} \tag{7.2.4}$$

弛豫时间 τ 反映了水果本身的一种特性，同时随着温度的升高，弛豫时间 τ 减小，ω_0 将增大。

由于介质电导和介质极化的滞后作用，水果在外加交变电场的作用下，其内部电介质有能量损耗，因而水果的电路理想等效模型可采用电阻和电容的并联形式。其等效阻抗为

$$Z = \frac{1}{j\omega C_0 \varepsilon_r^*} \tag{7.2.5}$$

其中，C_0 为电容常数；ω 为外加电场的角频率。

7.2.2.2 测试电路原理

根据以上对水果的理论分析，给出水果的介电特性参数测试电路的示意图，如图 7.2.1 所示。

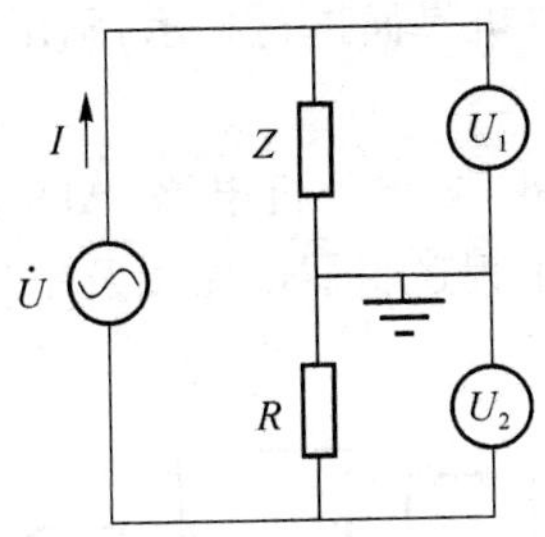

图 7.2.1 介电特性参数测试电路的示意图

在信号发生器给定的频率 ω 下，将被测水果置于两电极之间作为电容器的内部电介质，信号发生器输出的正弦波的电流流过标准电阻 R 和电极之间的阻抗 Z 构成串联电路，通过相同增益放大的输出电压为 $\dot{U}_1$ 和 $\dot{U}_2$，经过等效的代数运算得到被测电极之间的复阻抗为

$$Z=R\times\frac{\dot{U}_1}{\dot{U}_2} \tag{7.2.6}$$

基于水果的阻抗特性设计出无损检测装置，其基本模型如图 7.2.2 所示。

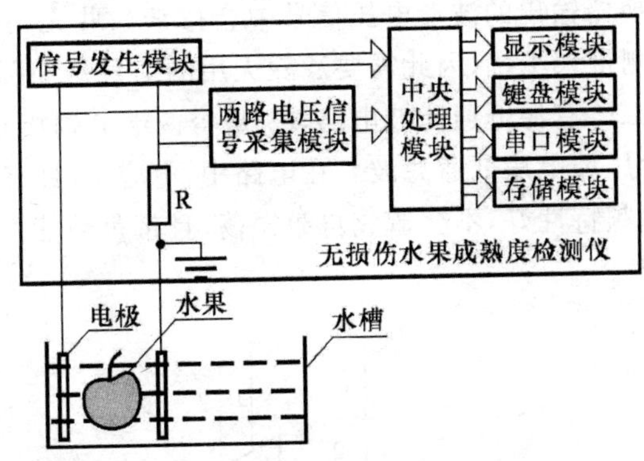

图 7.2.2 检测装置示意图

检测装置由无损伤水果成熟度检测仪和检测容器组成。

成熟度检测仪的各个模块的功能：信号发生模块产生交变信号；电压信号采集模块分别对标准电阻和两极板间等效阻抗的电压进行同增益放大和采集；中央处理模块实现对各个模块的控制和数据处理；显示模块实现对测得阻抗特性值实时显示；键盘模块实现对系统参数的设定。

检测容器是由水槽和两个电极组成。电极与水接触引起的电势和阻抗易于得到控制并且也不损伤水果。电极宽度与水槽宽度相同，水槽长度约为电极间长度的 3 倍(有利于稀释水果在测试中渗透离子对阻抗的影响)。在水槽中装满水，将水果放置在水槽中两个电极之间(因为水中不存在环境湿度的控制和水果水分散失的问题)。

该检测装置首先通过成熟度检测仪的信号发生模块输出交变正弦信号给标准电阻和检测容器组成的串联电路，然后分别测出两路电压信号进行同增益放大和数据采集，在中央处理模块中进行运算处理等，最后根据需要把测试的数据通过串行模块向上位机实时传送，上位机把数据存入数据库并通过上位机界面进行显示，画出阻抗曲线图。

7.2.2.3 硬件电路设计

成熟度检测仪主要是由 AT89C52 单片机电路、AD7521 数模转换电路 、ADC0809 模数转换电路 、EPM7032SLC44 可编程逻辑器电路以及串口通信、键盘、显示等电路组成，检测仪总体结构图如图 7.2.3 所示。

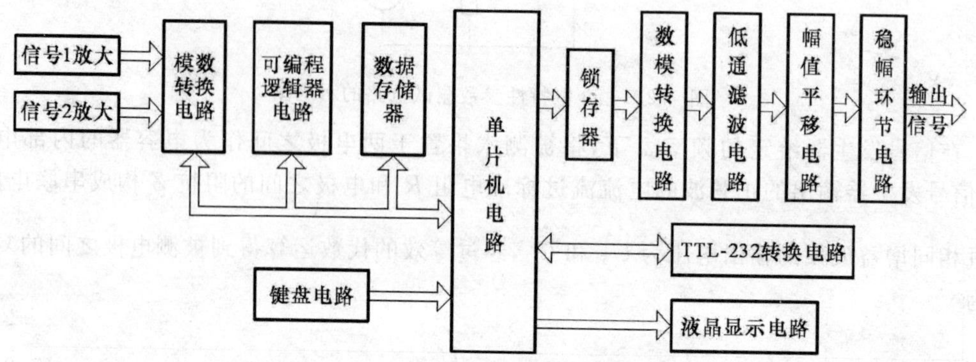

图 7.2.3 水果无损检测仪总体结构图

1. 二阶低通滤波

在 AD7521 数模转换器输出的波形电压信号中会掺杂一些无用的高频干扰信号，这些信号会对后续电路的检测带来干扰，因此需要滤除无用的信号。如图 7.2.4 所示，采用 C_1、C_2和电压跟随器等构成二阶有源低通滤波电路，C_1 电容两端分别接到集成“运放”μA741 的输入和输出端，构成二阶压控电压低通滤波。在电路中，电容 C_1具有超前作用，C_2具有滞后作用，这样的电路具有幅频特性好，不会造成自激振荡，且带负载能力强等优点。

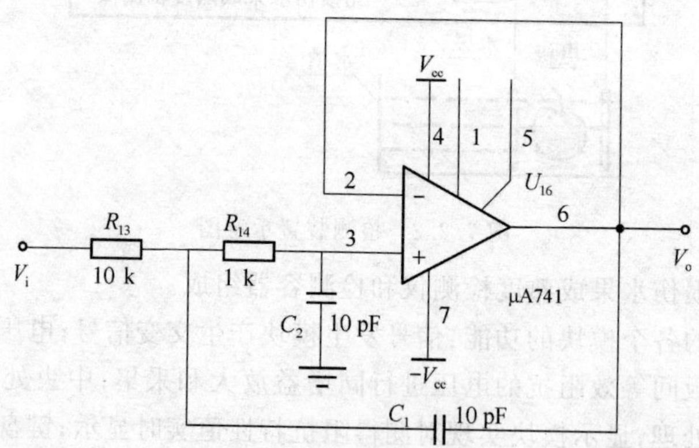

图 7.2.4 低通滤波电路

2. 稳幅环节

由于数模转换器输出的波形电压幅值不稳定，会给后续电路的精确电压检测带来非常大的影响，因此必须对输出的波形进行稳压处理。如图 7.2.5 所示，采用 NPN(2N5551)、PNP(H5401)晶体管构成互补功率放大电路，满足最大输出电流约 500 mA，输出最大不失真功率 $P_{om}=(U-U_{ces})^2/2$。此电路可实现波形不失真的输出，且带负载能力强。

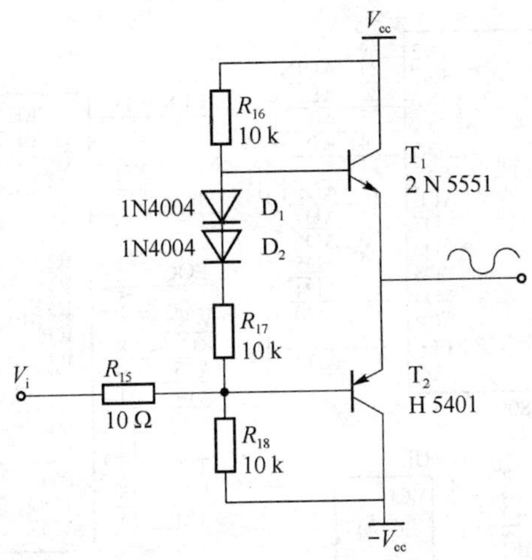

图 7.2.5 稳幅电路

3. 信号处理及数据采集

信号处理及数据采集部分主要实现对毫伏表检测的两路信号进行放大处理并转化成数字量，最终送给单片机处理。电路图如图 7.2.6、图 7.2.7 所示。

从毫伏表得到的为两路电压信号 0～100 mV，即为测得参考电阻的电压值和电极两端得到的电压值，首先经 LF356 运算放大器放大 30 倍，即将输入信号放大到 0～3 V，然后通过 ADC0809 模数转换器件把模拟量转化为数字量信号送给单片机处理。模数转换器 ADC0809 为 8 bit 的 ADC，转换速率为 200 μs。模数转换器的控制部分为可编程逻辑器件 EPM7064SLC44，目的是为了简化数字控制逻辑电路的设计，同时提高电路设计的灵活性。

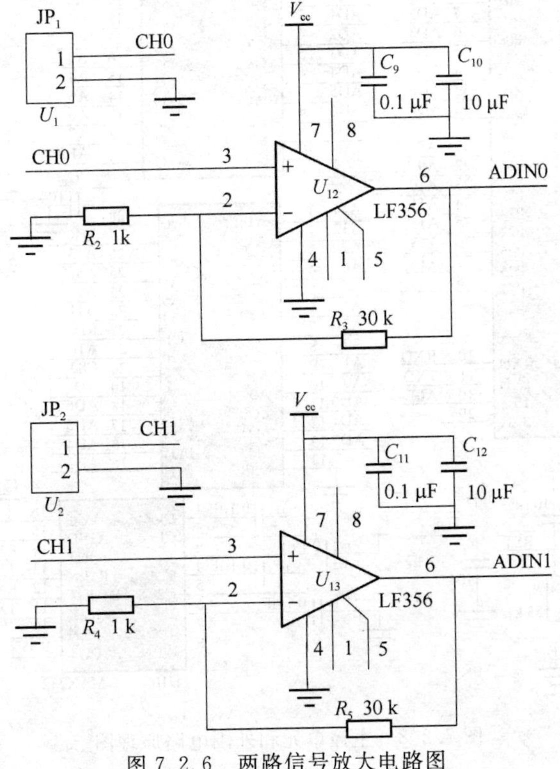

图 7.2.6 两路信号放大电路图

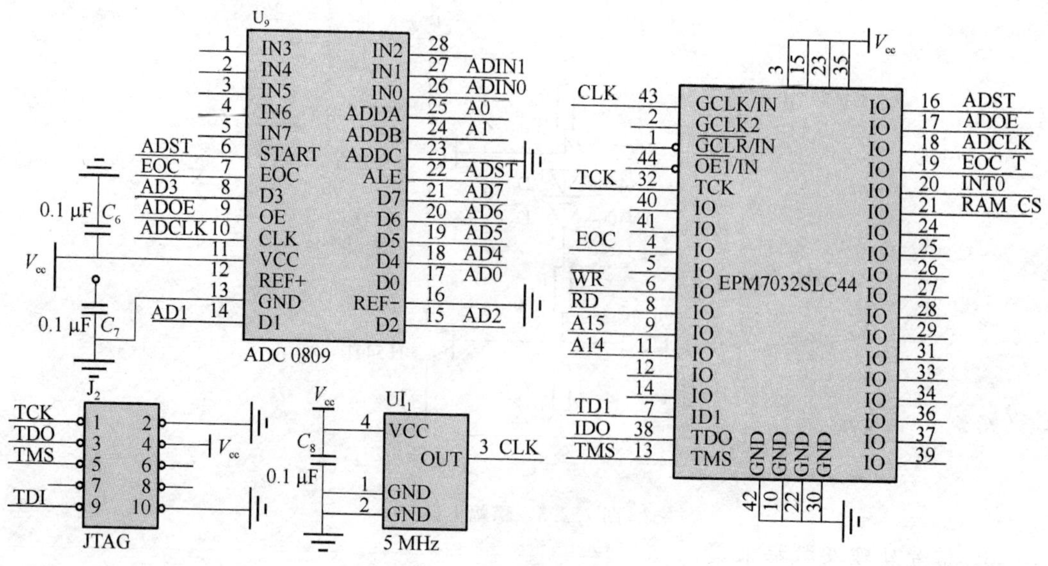

图 7.2.7　数据信号采集电路图

4. 主控单元和外围电路

主控单元电路完成数据采集的控制、数据处理、存储、显示及通信。单片机及外围电路如图 7.2.8 所示。

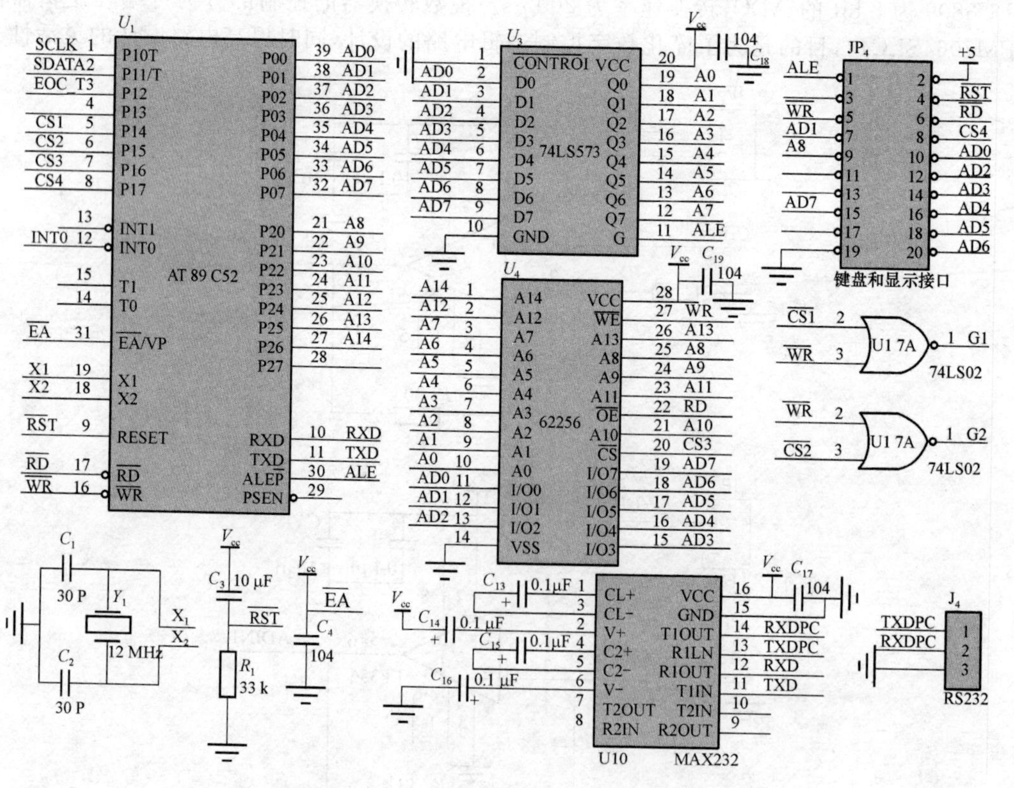

图 7.2.8　主控单元和外围电路原理图

主控单元采用AT89C52单片机，与MCS-51单片机兼容，内部有8 K Bytes闪存记忆，可1 000次写/擦循环，256×8 Bit内部RAM。在电路设计中扩展了32 K字节的数据存储器；为了便于同计算机进行数据通信，设计了串行通信接口。液晶显示电路实现检测结果的实时显示；键盘接口电路实现对不同水果参数的设定，可通过用户设定改变检测的初始参量，对仪器进行初始化。

7.3 小型畜、禽舍恒温控制仪

温度是鸡生长发育的首要条件，保持适宜的环境温度是养鸡成功的关键。鸡的理想温度育雏期为28～32℃，育成期为20～25℃。鸡舍温度过高会引起鸡的体温升高，代谢缓慢，采食量减少，饮水量增加；温度过低就会导致鸡群细菌感染，出现疫情。所以温度对小型畜、禽舍的影响很大，需要恒温控制。

旧式的恒温控制器大多数采用继电器来切换加热电源，由于加热电流较大，在使用一段时间后，继电器触点容易被烧毁，因此需要经常更换继电器。自从出现了晶闸管，由于其完全可以取代继电器，因此便开始用它制作无触点的恒温控制器。由于这种恒温控制器采用了热敏电阻、运算放大器和双向晶闸管，所以它的控制精度高，工作可靠，还能节省维修费用。

7.3.1 主要元器件选型

1. 热敏电阻

热敏电阻器是敏感元件的一类，按照温度系数不同分为正温度系数热敏电阻器(PTC)和负温度系数热敏电阻器(NTC)。热敏电阻器的典型特点是对温度敏感，不同的温度下表现出不同的电阻值。正温度系数热敏电阻器(PTC)温度越高电阻值越大，负温度系数热敏电阻器(NTC)温度越高电阻值越低，它们同属于半导体器件。这里用的是负温度系数的热敏电阻。

热敏电阻的主要特点：

(1) 灵敏度较高，其电阻温度系数要比金属大10～100倍以上，能检测出6～10℃的温度变化。

(2) 工作温度范围宽，常温器件适用于－55～315℃，高温器件适用温度高于315℃(目前最高可达到2 000℃)，低温器件适用于－273℃～－55℃。

(3) 体积小，能够测量其他温度计无法测量的空隙、腔体及生物体内血管的温度。

(4) 使用方便，电阻值可在0.1～100 kΩ间任意选择。

(5) 易加工成复杂的形状，可大批量生产。

(6) 稳定性好，过载能力强。

2. 涤纶电容

用两片金属箔做电极，夹在极薄绝缘介质中，卷成圆柱形或者扁柱形芯子，介质是涤纶。涤纶薄膜电容的介电常数较高，体积小，容量大，稳定性较好，适宜做旁路电容。

涤纶薄膜电容的突出优点是精度、损耗角、绝缘电阻、温度特性、可靠性及适应环境等指标都优于电解电容和瓷片电容。

7.3.2 电路分析

恒温控制器由热敏电阻 Rt_1、Rt_2、NE555 时基电路、温度范围调整 RP_1、RP_2 及控制执行机构组成,电路如图 7.3.1 所示。

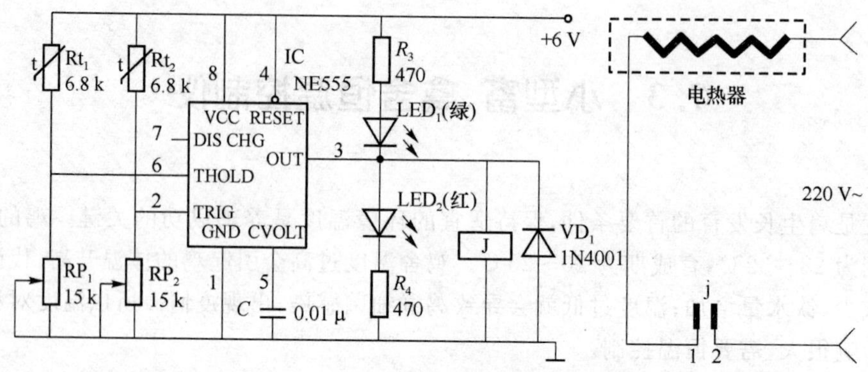

图 7.3.1 恒温控制器电路图

Rt_1、RP_1 为上限温度检测电阻,Rt_2、RP_2 为下限温度检测电阻。当温度下降时,2 脚电位低于$\frac{1}{3}V_{cc}$时,3 脚输出高电平,J 吸合,LED_2 点亮,开始加热。当温度升高而使 IC 的 6 脚电位高于$\frac{2}{3}V_{cc}$时,3 脚输出低电平,J 释放,断开控制“电热器”的电源,停止加热。

调整时,首选应调整上限温度,把 Rt_1 置于所要求的上限温度环境中(用温度计监测),过一分钟后(Rt_1 与环境达到热平衡),调 RP_1 使 LED_1 刚好发光为止,反复多调几次,可先将 2 脚与地短接一下,使 3 脚输出高电平(LED_1 亮),这样便于观察翻转状态。然后调整下限温度,过程同上,调整 RP_2 使红 LED_2 亮,要反复调整几次,可先将 6 脚与电源 V_{cc}短接一下,以使 3 脚输出低电平,观察电路翻转状态。

在实际调试过程中,应该对 Rt_1,RP_1,RP_2 的控制得当,才能使效果更加明显。在调试本电路的时候发现,该电路最好用小型稳压电源供电。可以使上限及下限温度更容易得到控制。

7.4 智能化禽舍环境控制器的设计

家禽养殖过程中,禽舍的环境控制对于禽类的健康生长、最大限度地发挥其生长性能有着重要意义,禽舍环境控制的好坏已成为影响家禽养殖发展的重要因素。养殖产业化作为我国畜牧业发展的一个方向和趋势,也必然对养殖业本身特别是养殖环境方面提出了更高的要求。禽舍环境控制器以 AVR 单片机为核心,对禽舍内的温度、湿度、负压等参数进行监测,然后传送给单片机进行处理,单片机根据相应的控制规则驱动执行机构运行,实现对禽舍环境的控制。

整个控制系统主要分为控制单元、检测单元、辅助单元和执行单元。在硬件设计过程中,采用模块化设计的方法,分别设计每个单元的电路,并进行验证,然后进行整合,构成整个系统,整个控制系统的硬件构成如图 7.4.1 所示。

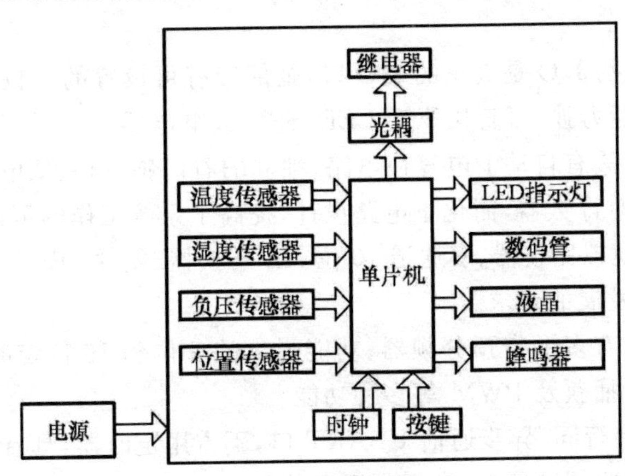

图 7.4.1 硬件结构

控制单元主要以单片机为核心,主要工作是单片机型号的选取,另外还包括单片机外围的晶振、复位、电源等电路的设计,主要功能是对传感器采集的信号进行处理,并向执行机构发送控制信号。

检测单元设计的主要任务是选择合适的温度、湿度、负压、位置等传感器,采集禽舍环境信号,传送给单片机进行处理。

辅助单元设计主要是选择合适的显示器件、键盘及数码管驱动芯片、实时时钟芯片、I/O扩展芯片等,并根据选择的芯片设计电路,主要功能是实现人机交互,辅助其他单元实现相应功能。

执行单元主要由光耦和继电器组成,单片机对采集的数据进行处理,发出控制信号,通过光耦和继电器驱动执行机构,对环境参数进行调节。

7.4.1 控制单元设计

7.4.1.1 单片机的选择

控制单元是整个硬件的核心,控制单元的设计主要是单片机的选择。单片机的种类很多,常用的有 PIC 系列、51 系列、AVR 系列等。各个系列的单片机各有所长,在处理速度、稳定性、功耗、功能、价格等方面各有千秋。这些种类繁多的单片机家族,为设计者提供了很大的选择空间。控制单元中单片机的输入输出信号较多,要求单片机有足够的 I/O 口,足够的定时/计数器和中断,足够的程序存储空间,还应该具有较高的运算速度。针对以上要求,单片机选择 Atmel 公司的 AVR 单片机。AVR 单片机吸取了 PIC 及 51 等单片机的优点,同时在内部结构上做了一些重大改进,其主要优点如下。

(1) 采用 CMOS 技术和 RISC 架构,实现了高速、低功耗。AVR 单片机采用 Harvard 结构,具有一级流水线的预取指令功能,即对程序的读取和数据的操作使用不同的数据总线,这使得指令可以在每一个时钟周期内被执行。具有 32 个通用寄存器(相当于 51 个单片机的 32 个累加器),克服了单一累加器数据处理造成的瓶颈现象。

(2) 内嵌大容量的 FLASH 程序存储器,擦写方便,支持并行方式编程,也可以使用串行在线下载(ISP)、在线应用下载(IAP)方式写入,便于产品的调试、开发、生产及更新。片内集成了可擦写 10 万次的 E^2PROM，相当于又增加一个芯片，可长期保存关键数据，掉电后不丢失，方便了使用，减少了系统空间。片内包含 128 B～8 KB SRAM，十分适合使用 C 语言进行编程。

(3) AVR 单片机的 I/O 是真正的 I/O 口，全部带有可设置的上拉电阻，可设定为输入或输出。I/O 的驱动能力强，可直接驱动 LED、SSR 或继电器。

(4) AVR 单片机具有自动上电复位电路、独立的看门狗电路、低电压检测电路等，带有可设置的启动复位延时计数器，简化了电路设计，提高了系统工作的可靠性。

(5) 内部集成有模拟比较器、多通道 10 位 AD 转换器、硬件 SPI、TWI，充分体现了单片机技术向“片上系统”发展的要求。

(6) AVR 单片机有多个带预分频器、功能强大的 8 位和 16 位定时器/计数器，有多种模式可选，还具有输入捕获及 PWM 等多种功能。

(7) 性能优良的串行同/异步通信 USART 口，不占用定时器，具有硬件产生校验码、硬件检测和校验、两级接收缓冲等功能，提高了通信的可靠性，方便程序的编写。

(8) AVR 单片机具有多种省电休眠模式，工作电压范围宽，抗干扰能力强，许多 AVR 单片机内置 RC 振荡器，提供 1/2/4/8 MHz 的工作时钟，使得该类单片机无须外加时钟电路即可工作，非常简单和方便。

根据要求，选择 ATmega 8 和 ATmega 64 两片单片机构成整个控制单元，二者之间通过串口进行通信。ATmega 8 作为辅助芯片，管理控制系统的时间；ATmega 64 作为主控制芯片，实现整个控制系统的功能。

7.4.1.2 单片机的时钟电路设计

AVR 单片机内置 RC 振荡器，可直接作为系统的工作时钟，也可外接晶振，构成其他标称频率的系统时钟。

系统时钟是控制器的心脏，是单片机内部正常工作的运行基础。系统时钟频率是单片机的重要性能指标之一，系统时钟频率越高，单片机的执行速度就越快，但其耗电量也增大，也更容易受到干扰。由于控制器涉及串口通信，需要比较准确的波特率，为保证控制系统的可靠性和稳定性，两片单片机均选择 7.372 8 MHz 的晶振。

AVR 单片机的时钟电路如图 7.4.2 所示。在 XTAL1 和 XTAL2 引脚上加上由石英晶体和电容组成的谐振回路，与单片机内部振荡电路配合就能产生系统所需要的时钟，电容值的选取在 20～30 pF 之间。

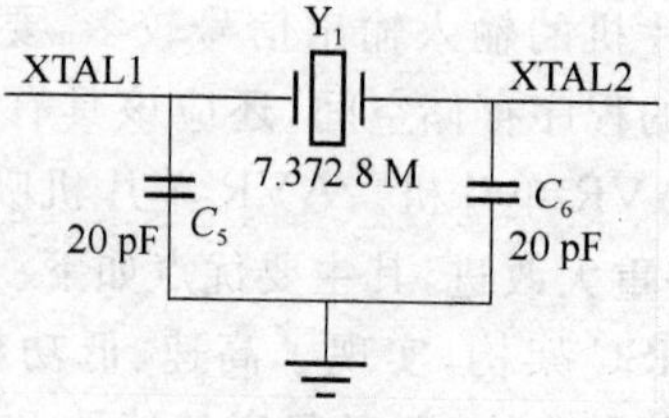

图 7.4.2　晶振电路

7.4.1.3 A/D 转换滤波电路的设计

外部的模拟信号需转换成数字量才能进一步被单片机进行处理。由于 ATmega 64 单片机内部集成有 8 路 10 位逐次比较 AD 转换电路，内建采样保持电路，以确保输入电压在

AD 转换过程中保持稳定，因此无须再额外选取 AD 转换芯片，节约了成本，同时还可以简化电路设计，保证了系统的可靠性。

AVR 单片机的 ADC 电路由独立的专用模拟电源引脚 AVCC 供电，单片机的供电电压与引脚 AVCC 的电压差不能大于±0.3 V。ADC 转换的参考电源有多种，可以采用芯片内部的参考电源，或采用 AVCC，也可以采用接在 ARFE 引脚的外部参考电源上，控制器采用 AVCC 作为参考电源。

为减少 A/D 转换的干扰，AVR 的 AVCC 引脚通过 LC 网络与数字端电源 AVCC 连接。官方文档推荐在 V_{cc} 上串一个 10 μH 的电感与 AVCC 连接，然后接一个 0.1 μF 的电容到地，如图 7.4.3 所示。

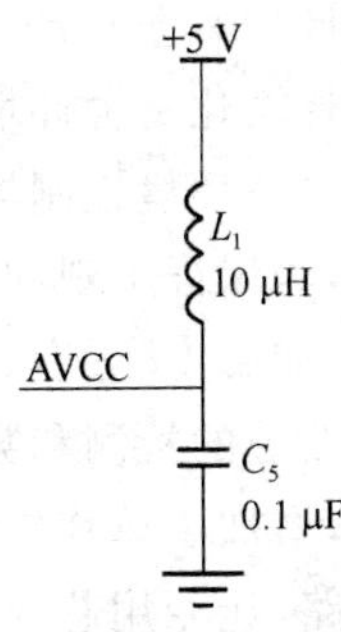

图 7.4.3　滤波电路

7.4.1.4　电源设计

智能化禽舍环境控制器中的电源由直流稳压电路提供，220 V 交流电通过变压器变换，在变压器的副边输出两路独立的 20 V 交流电，其中一路经过整流滤波后经 7812 稳压，输出 12 V 直流电压，作为继电器的驱动电源；另一路经过整流滤波，通过 7812 输出 12 V 直流电压，再经过 7805 稳压输出 5 V 直流电压，作为控制板上其他器件的电源。

为防止自激振荡，抑制电源的高频脉冲干扰，在集成稳压器的输入端接入一个 0.33 μF 的电容。为消除电路的高频噪声，改善负载的瞬态响应，在输出端接入一个 0.1 μF 的电容，直流稳压电路原理图如图 7.4.4 所示。

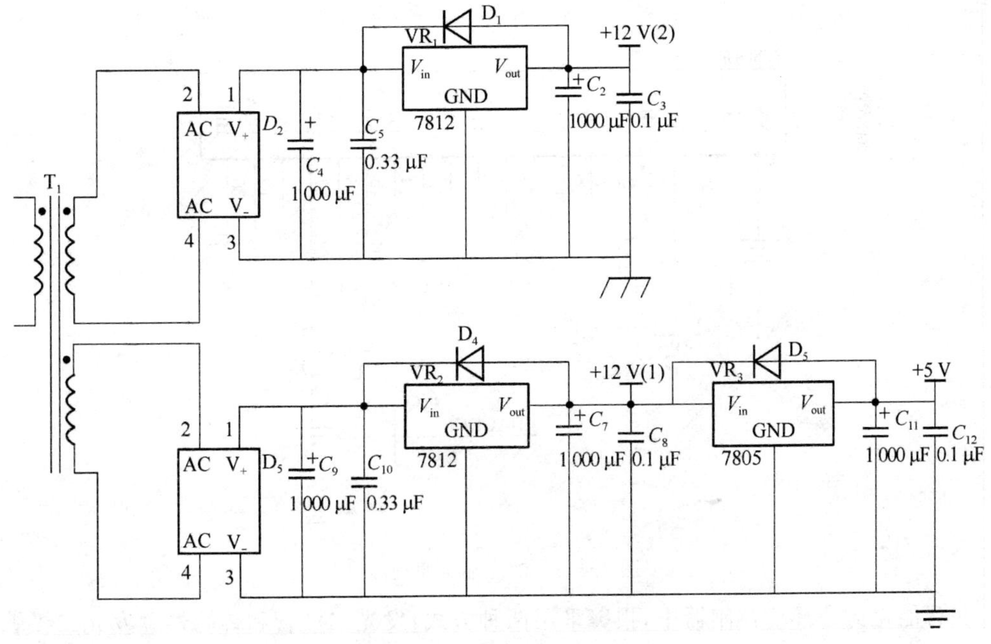

图 7.4.4　直流稳压电源

7.4.2 检测及辅助单元设计

根据系统所要求的测量范围,选择了数字式温度传感器 DS18B20,数字式温湿度传感器 DHT11,负压的测量选择模拟传感器 SDP1000 气体差压式传感器。

智能化禽舍环境控制器的辅助单元主要由按键输入、显示、报警指示等模块组成。在智能化禽舍环境控制器中,按键主要完成菜单的选择、光标的移动、数据的修改、保存和退出等功能,为保证美观和可靠性,本控制系统采用定制的薄膜按键。数码管主要实时显示重要的参数,如温度、湿度、负压、当前日期、时间和日龄。

按键的检测和数码管的显示可通过软件动态扫描来实现,但会占用大量的硬件和软件资源,增加了单片机的负担,使系统的效率降低。因此很多公司推出了专用的键盘/LED 驱动电路,让专用芯片去处理这些烦琐的工作,将单片机解放出来。传统的驱动芯片是 Intel 公司的 8279 可编程键盘显示器接口芯片,它可以同时驱动 16 个数码管和一个 8×8 的矩阵键盘。由于 8279 采用并行接口,需占用较多的 I/O 口,不适合在本控制器中使用。

在智能化禽舍环境控制器中,由于要显示汉字,为方便编程,选用带字库的图形液晶 12864。常用的图形液晶驱动芯片有 KS0108、T6963、SED1520、SED1565、ST7920 等,控制器中的 12864 液晶使用 ST7920 驱动,5 V 电压供电,内置 8192 个 16×16 点阵汉字、128 个字符(8×16 点阵)及 64×256 点阵显示 RAM,可选串行或并行两种控制方式,由外部的 PSB 引脚来进行选择。控制器为节省 I/O 口,采用了串行控制的方式,电路设计如图7.4.5 所示。电位器 RP_1 用于调节液晶屏的对比度,RP_2 用于调节背光灯的亮度,单片机通过三极管 Q_2 控制 12864 液晶屏背光灯的开启和关闭,当长时间无操作时自动关闭背光灯,降低功耗。

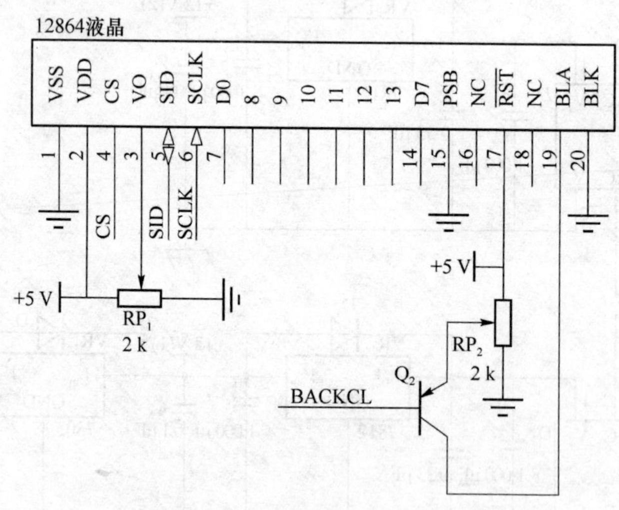

图 7.4.5 液晶显示原理图

在智能化禽舍环境控制器中,报警采用两种方式:发光二极管和蜂鸣器。发光二极管指示当前设备的状态,蜂鸣器作为声音提示。

执行单元部分主要是通过控制器的控制,实现对禽舍环境的动态调节,在本系统中,所采用的环境控制设备均为开关量控制。由于 AVR 单片机是 5 V 电压,而系统的执行机构是 220 V 甚至 380 V 电压，因此单片机对信号进行处理后，需经过继电器驱动执行机构完成相应动作，实现对禽舍环境的控制。电路图如图 7.4.6 所示。

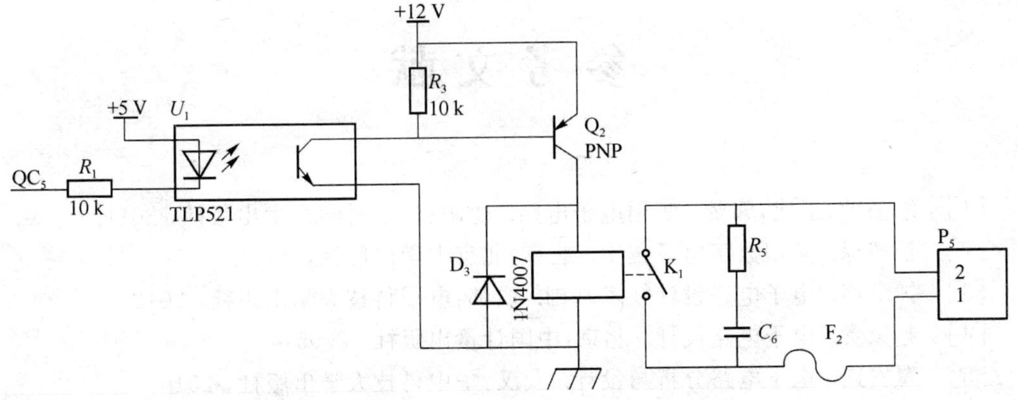

图 7.4.6 继电器驱动电路

参考文献

[1] 库振勋,王建,郭赞. 实用电子电路. 沈阳:辽宁科学技术出版社，2011.
[2] 钱裕禄. 实用数字电子技术. 北京:北京大学出版社，2013.
[3] 钟洪声. 电子电路设计技术基础. 成都:电子科技大学出版社，2012.
[4] 赵家贵. 电子电路设计. 北京:中国计量出版社，2005.
[5] 瞿安连. 电子电路分析与设计. 武汉:华中科技大学出版社，2010.
[6] 梅开乡,梅军进. 电子电路设计与制作. 北京:北京理工大学出版社，2010.
[7] 张宪. 传感器与测控电路. 北京:化学工业出版社，2011.
[8] 汪烈军. 电子综合设计与实验(上). 西安:西安交通大学出版社，2010.
[9] Donald A. Neamen. 电子电路分析与设计——模拟电子技术. 第3版. 王宏宝,于红云,刘俊岭译. 北京:清华大学出版社，2009.
[10] Donald A. Neamen. 电子电路分析与设计. 赵桂钦,卜艳萍译. 北京:电子工业出版社，2003.
[11] 王宏宝,于红云. 电子电路分析与设计:半导体器件及其基本应用. 北京:清华大学出版社，2008.
[12] 毕国芳. 电子电路分析与应用. 哈尔滨:哈尔滨地图出版社，2008.
[13] 胡斌. 电子电路分析方法. 北京:电子工业出版社，2013.
[14] 谢兰清. 电子电路分析与制作. 北京:北京理工大学出版社，2012.
[15] 唐俊英. 电子电路分析与实践. 北京:电子工业出版社，2009.
[16] 岳香梅,闫晓艳,任国凤. 电子电路分析与创新设计. 北京:中国商务出版社，2012.
[17] 刘冬香. 电子电路分析与制作. 北京:清华大学出版社，2011.
[18] 李立华. 电子电路基础. 北京:北京邮电大学出版社，2009.
[19] 丁继斌. 传感器. 北京:化学工业出版社，2010.
[20] 赵玉刚,邱东. 传感器基础. 北京:北京大学出版社，2013.
[21] 王晓敏. 传感器检测技术及应用. 北京:北京大学出版社，2011.
[22] 吴建平. 传感器原理及应用. 北京:机械工业出版社，2009.
[23] 王化祥,张淑英. 传感器原理及应用. 第3版. 天津:天津大学出版社，2007.
[24] 彭承琳. 生物医学传感器原理及应用. 北京:高等教育出版社，2000.
[25] 彭杰纲. 传感器原理及应用. 北京:电子工业出版社，2012.
[26] 戴优生. 基础电子电路设计与实践. 北京:国防工业出版社，2002.
[27] 何希才. 新型集成电路及其应用实例. 北京:科学出版社，2002.